# 创新方法在钢铁领域的应用案例分析

CHUANGXIN FANGFA ZAI GANGTIE LINGYU DE
YINGYONG ANLI FENXI

孔祥伟　孙晓枫　朱翠兰　赵新军　等　编著

化学工业出版社
·北京·

# 内容简介

本书面向钢铁行业转型升级需要创新方法的需求，基于科技部创新方法工作专项的研究成果，对国内部分钢铁企业创新方法应用案例进行详解。从国内外知名钢铁企业创新方法的应用，QC、精益、六西格玛等现代管理方法在钢铁领域中的应用案例分析，钢铁领域全流程不同环节创新方法的应用案例分析、创新方法在钢铁领域应用的综合案例分析等方面全面系统地介绍创新方法在钢铁领域的应用，对促进钢铁企业创新方法的推广和应用具有重要意义。

本书可供从事创新方法应用探索的工程技术人员和高等院校从事相关研究的师生阅读使用，以期推动创新方法的行业应用。

**图书在版编目（CIP）数据**

创新方法在钢铁领域的应用案例分析/孔祥伟等编著. —北京：化学工业出版社，2022.4

ISBN 978-7-122-40587-6

Ⅰ.①创… Ⅱ.①孔… Ⅲ.①钢铁工业-技术革新-案例 Ⅳ.①TF

中国版本图书馆 CIP 数据核字（2022）第 006409 号

责任编辑：金林茹　　文字编辑：蔡晓雅　师明远

责任校对：宋　夏　　装帧设计：王晓宇

出版发行：化学工业出版社（北京市东城区青年湖南街 13 号　邮政编码 100011）

印　　装：大厂聚鑫印刷有限责任公司

787mm×1092mm　1/16　印张 17¾　字数 464 千字　2022 年 6 月北京第 1 版第 1 次印刷

购书咨询：010-64518888　　售后服务：010-64518899

网　　址：http://www.cip.com.cn

凡购买本书，如有缺损质量问题，本社销售中心负责调换。

**定　　价：128.00 元**

# 前言

党的十九大明确提出要将创新摆在国家发展全局的核心位置，强调要坚持走中国特色自主创新道路、实施创新驱动发展战略。科技创新效能的提升离不开创新方法的普及和应用。创新方法是通过研究有关创造发明的心理过程，在创造发明、科学研究或创造性解决问题的实践活动中，总结、提炼出的有效理论、方法、工具的总称，是提高再创新能力与创新成功率的利器，得到世界创新型国家的普遍重视。企业推广应用创新方法是创新方法发挥其功能的重要途径，创新方法被企业员工掌握并使用其解决工程、技术、管理问题，才能真正发挥创新方法推进创新的功能。

2007年以来，创新方法的研究推广应用在学界、政界、企业界备受关注，钢铁企业便是创新方法广泛应用的重要行业之一。在长期的自主创新实践中，中国钢铁企业对以TRIZ为代表的创新方法的应用给予了高度重视，如中国宝武（原宝钢与武钢重组而成）、首钢、太钢、莱钢、本钢、鞍钢、济钢、河钢等均开展了TRIZ、精益、六西格玛等系统性创新方法理论的应用、普及和推广工作，在应用过程中也取得了显著的成效，部分长期困扰企业的生产难题得到顺利解决。同时系统探索创新方法在钢铁领域的运用，对于促进创新方法与钢铁领域国家重大项目高效对接融合，加快创新速度，提高项目实施的质量和水平，实现适用于钢铁行业国家重大项目和钢铁企业的创新方法示范应用和推广，进而达到在资源、能耗、技术、效率、产品质量等方面显著提升的成效，从源头上提升钢铁企业研发效率、竞争力与可持续创新能力具有深远的意义。我国钢铁企业在对创新方法的推广应用中积累了丰富的实践经验。对这些实践经验进行整理、分析，对于丰富创新方法的理论研究，提升创新方法应用水平具有重要意义。在竞争日益激烈的国际国内市场环境下，实现创新发展，尤其是走在技术创新的前端，是中国企业取得成功并实现赶超领跑的重要手段，编写《创新方法在钢铁领域的应用案例分析》恰逢其时。首先，钢铁工业的转型升级需要创新方法在钢铁企业的示范应用推广。虽然我国钢铁行业已跻身世界前列，但是“控产能扩张、促产业集中、保资源安全”仍然是钢铁工业着力解决的三大痛点。为推动我国钢铁行业转型发展，改变钢铁业附加值低、结构不合理的现状，获得较高的经济效益，创新发展显得尤为重要。钢铁企业科研人员学习、掌握和运用创新方法，可显著推动企业创新。其次，本书对于促进钢铁企业创新方法的示范推广和应用具有重要意义。创新方法作为一种知识形态，虽然剔除了主体主观因素，但其亦有许多内容，如何高效、准确地将不同的创新方法或工具遴选出来，并恰当地与不同类型的技术难题相对接，需要行业专家与创新方法应用专家紧密配合。本书正是两方面专家紧密结合的智慧结晶。创新方法的示范推广和应用迫切需要众多鲜活的案例分析，以弥补因创新方法被抽象概括为理论体系而失去其产生语境带来的创新方法推广和适用的局限。

本书是基于科技部创新方法工作专项（钢铁扁平材全流程智能化关键技术创新方法应用示范，项目编号：2018IM030200，指南方向：创新方法在国家重大科技项目实施过程中的应用示范）的研究成果，对国内部分钢铁企业创新方法应用案例进行详解而形成的。全书包括四章：第一章概述了创新方法的发展历程，创新方法研究在中国的起步，创新方法对于钢铁企业的意义，国内外钢铁企业应用创新方法的历史与典型案例；第二章对 QC、精益、六西格玛等现代管理方法在钢铁领域中的应用案例进行了分析；第三章对钢铁领域全流程不同环节创新方法的应用案例进行了分析；第四章对创新方法在钢铁领域应用的综合案例进行了分析。

本书对于创新方法的理解限定在以 TRIZ 创新方法理论体系为核心的创新方法体系内，虽然不限于 TRIZ 创新方法，但主要涵盖以 TRIZ 创新方法为核心的以及与之相互渗透融合而形成的创新方法。

本书由东北大学孔祥伟教授担任主要编著人，参与编著的人员有赵新军、孙晓枫、朱翠兰、陈红兵、吴俊杰、胡智勇、赵丙峰、赵莹、钟莹、周伟、闫帅等。由于创新方法在一个具体行业应用推广案例本身的复杂性，加上笔者水平有限，不妥之处在所难免，恳请读者给予批评指正。

编著者

# 目录

# 第一章 国内外知名钢铁企业创新方法的应用

党的十八大以来，以习近平总书记为核心的党中央把创新摆在国家发展全局的核心位置，高度重视科技创新。科技创新效能的提升离不开创新方法的普及和应用。创新方法是通过研究有关创造发明的心理过程，在创造发明、科学研究或创造性解决问题的实践活动中，总结、提炼出的有效理论、方法、工具的总称，是提高再创新能力与创新成功率的利器，得到世界创新型国家的普遍重视。2008 年，四部委发布的《关于加强创新方法工作的若干意见》中将“创新方法”定义为“科学思维、科学方法和科学工具的总称”，这显然是一个广义的概念，可以理解为包含“科学创新方法”和“技术创新方法”两个方面，并且更强调“技术创新方法”的研究和推广。技术创新方法包括很多种，从方法理论上的完整性，技术上的成熟性，实践应用中的广泛性、有效性等维度考量，TRIZ（发明问题解决理论）方法都具有较突出的优势，它从 20 世纪 90 年代开始受到西方工业国家的重视，一些知名企业利用 TRIZ 理论获得了巨大的经济效益，从而引起了世界范围内的广泛关注。当前，在我国，在行业和企业中推广和应用的创新方法主要是 TRIZ 方法以及能够与 TRIZ 方法联合使用的一些管理创新方法，如六西格玛等。TRIZ 方法的推广和应用，帮助一些行业和企业攻克了一批产业关键技术，研发了一批拥有自主知识产权、核心竞争力的高新技术产品。因此，创新方法在中国的应用推广实践中有更为狭义的理解，即以 TRIZ 创新方法理论体系为核心的创新方法体系。

以阿奇舒勒（G. S. Altschuller）为首的专家，从 1946 年开始，历经多年对上万份高水平专利文献进行研究，建立了一整套体系化的、实用的发明问题解决方法——TRIZ 创新方法理论体系。TRIZ 创新方法自诞生开始，经历了 70 多年，从经典 TRIZ 发展为现代 TRIZ，不仅内增容，扩展和完善自身理论体系和创新程序与技法，而且外拓联，不断尝试与其他创新方法相结合、相协作。TRIZ 理论和方法已经逐渐发展成一套在技术研发（关键、核心技术）、产品研发（产品升级、新产品研发）、技术改造（设备、研发生产条件）和技术配套（技术产品等配套合作）方面能解决实际技术问题的成熟理论和方法体系，因而，狭义的创新方法可以理解为以 TRIZ 创新方法理论体系为核心的创新方法体系。

## 第一节 创新方法发展简史

广义的创新方法研究最早发端于 20 世纪初的美国，其早期的形态是创造技法。

1906年，专利审核人E. J. 普林德尔向美国电气工程师协会提交了《发明的艺术》论文，不仅用事例说明发明的技巧，还建议对工程师进行训练；1928～1929年，J. 罗斯曼撰写了《发明家的心理学》一书，其中谈到通过方法训练促进发明的问题；20世纪30年代初，R. 克劳福德制订了“特性列举法”，并开始在大学传授该方法；1933年，H. 奥肯写成了发明教育讲义；1938年，被称为创造技法发展史上重大里程碑的“头脑风暴法”由A. F. 奥斯本提出。自此之后，美国的创造技法研究快速发展，产生了一批具有特色的“创造技法”，从而奠定了美国在创造技法领域的主流地位。后来，西方发达国家相继引进了美国的创造技法，并结合各国的国情创造出新的技法，标志着创造技法进入世界范围内的发展阶段。20世纪30年代，日本开始引进创造技法，在引进、消化的基础上不断扩展，到了20世纪60年代，产生了一大批适合日本国情、具有日本特点的创造技法。

在创造技法的研究方面除了独具特色的“美国流派”和“日本流派”外，苏联在创造方法研究史上也有着不可磨灭的贡献，并且影响到了东欧社会主义国家。以1946年阿奇舒勒开始构建TRIZ为起点，苏联和东欧社会主义国家逐渐形成了一批以TRIZ为代表的发明方法。

从1946年阿奇舒勒开始产生构建TRIZ的思想萌芽，到1986年TRIZ理论体系构建完成，再发展到今天的现代TRIZ，历经70余年，大致可划分为五个阶段。

第一阶段，萌芽期（1946～1956年）：该阶段是阿奇舒勒初步形成经典TRIZ理论构想，并孕育其创造思想基础的阶段。1956年，阿奇舒勒和好友拉斐尔·夏皮罗（Rafael·Shapiro）一同在《心理问题》杂志上发表了《关于发明创造心理》一文，并以此奠定了ARIZ算法的理论基础，也是萌芽期完成的标志。

第二阶段，发展期（1956～1979年）：该阶段是阿奇舒勒全面构建经典TRIZ理论体系的阶段。重点提出了发明问题解决算法（先后推出7个版本：ARIZ-59、ARIZ-61、ARIZ-64、ARIZ-65、ARIZ-68、ARIZ-71、ARIZ-77）、技术系统进化法则、物场分析原则、40个基本措施和物理效应及现象知识表等经典TRIZ的基础内容。1979年阿奇舒勒出版了《创造是精确的科学》一书，标志着经典TRIZ的基础内容构建完成。

第三阶段，完善期（1979～1986年）：该阶段是阿奇舒勒进一步完善经典TRIZ，并最终完成其理论体系构建的阶段。在该阶段他主要完成了知识效应库的开发，并进一步改进了ARIZ算法，先后发布了ARIZ-82和ARIZ-85两个版本，其中ARIZ-85C是目前公认的较为稳定并广为接受的ARIZ版本。ARIZ-85C的发布和1986年《寻找创意》一书的出版，标志着阿奇舒勒完成了“经典TRIZ”理论体系的构建。

第四阶段，过渡期（1986～1992年）：这一阶段阿奇舒勒除了与兹拉基、祖斯曼、菲拉托夫合著了总结TRIZ理论的著作《寻找新的思想：从恍然大悟到技术思维（发明问题解决理论）》外，很少再亲自参与TRIZ的进一步改进工作，相关工作主要由他的学生和追随者完成。1989年，苏联TRIZ协会成立，阿奇舒勒担任首任主席。

第五阶段，1992年至今：苏联解体后大量TRIZ专家移民西方国家，使TRIZ被世界各国所了解和应用。1993年，TRIZ正式进入美国；1999年，俄罗斯TRIZ协会发展为国际TRIZ协会，美国阿奇舒勒TRIZ研究院和欧洲TRIZ协会相继成立；21世纪，伴随着TRIZ在欧美和亚洲大规模的研究和应用的兴起，TRIZ也进入一个全新的发展阶段。经过不同TRIZ流派的现代化和多元化改造，TRIZ已经逐渐从经典TRIZ发展到现代TRIZ，成为当今最为流行的创新方法。

## 第二节

# 创新方法引入中国后的早期发展

我国创新方法的发展是通过引进国外有关创造技法的研究成果展开的，逐步形成了有一定特色的中国创造方法体系。

依据目前可查阅文献，创造方法传入中国，最早可追溯到1969年中国台湾学者陈树勋出版《创造力发展方法论》一书。1978年，王梓坤出版了《科学发现纵横谈》，这是一部有关创造技法的书籍。

1979年，上海学者许立言等从美国、日本将创造技法引入中国。1980年11、12月，许立言在《科学画报》上，分两次发表了文章《发明的艺术——创造工程初探》，介绍了创造工程产生的必要性、创造工程具有普遍的指导作用、如何开发创造力以及创造发明的方法等。1982年1月，《科学画报》增辟"创造技法100种选载"专栏，陆续登载创造技法，介绍了智力激励法、特性列举法、缺点列举法等创造技法。该专栏一直持续到1984年。

在创新方法方面做出突出贡献的是辽宁省的学者，研究主力是东北工学院（现东北大学）的创造力研究团队。20世纪80年代，谢燮正、徐明泽、魏相等专家学者以科技工作者敏锐的目光，捕捉到了当时被苏联极度看中的创新方法体系，出版了一系列包括TRIZ在内的创新方法理论书籍和应用教材，在各类企业中开展了培训和推广，引领了我国第一波创新方法的研究和推广热潮。1978年，东北大学谢燮正教授在辽宁省自然辩证法会议上报告了有关创造思维的论文。1979年，在全国第一届人才学会上，谢燮正、王通讯、许立言、温元凯等人经过协商，明确谢燮正专注于发明学的研究。谢燮正、刘武和徐明泽带领的东北大学创造力研究团队在全面引进国外创造学研究成果的过程中，将国外多种创造技法和发明方法一同介绍到了我国，不仅有奥斯本的"头脑风暴法"、C. S. 赫瓦德的"焦点法"和克劳福德的"特性列举法"等美国创造技法，还有以市川龟久弥的"等价变换法"为代表的日本创造技法，更有以阿奇舒勒的TRIZ和Г. Я. 布什的"七次探索法"为代表的苏联发明方法。

1983～1984年，东北大学团队在翻译国外资料的同时，与当时的辽宁省科学技术协会的赵惠田副主席共同筹划，编写了一本有关创造方法的教程，即《发明程序大纲》。作为我国最早系统介绍TRIZ的理论书籍，《发明程序大纲》在1985年以内部发行的方式出版，使TRIZ第一次被介绍给国人。魏相和徐明泽两人又在1987年正式翻译出版了《创造是精确的科学》（[苏] Г. С. 阿里特舒列尔著，广东人民出版社），成为我国正式出版的第一部经典TRIZ理论原著。

1987年，赵惠田、谢燮正主编的《发明创造学教程》由东北工学院出版社出版。该教程收入了20世纪50年代以来世界性的创造教育和创造研究热潮中形成的理论成果和实践经验，以及该书作者们近五六年的研究成果。该书突出了创造技法、方法的地位，介绍了智力激励法、联想法、列举法、设问法、综摄法、组合创新法、卡片整理法等在国内外都比较有影响的方法，并对技术发明的一些原理和方法进行了阐述。同时谢燮正编写的《技术发明学》一书也介绍了TRIZ的部分核心理论。

1986年10月～1987年1月，国家科委人才资源研究所委派东北工学院技术与社会研究所研究团队承担了科研项目"科技人员创造力开发"，最终形成了五份研究报告：《创造力开发的国际动态》《关于获奖科技人员创造力的调查》《发明技法的类型、特点和作用》《科技人员短期培训方案及其效果》《创造发明技法 11 种》，刊登在国家科委人才资源研究所的《人才资源开发研究报告》上。该课题对创造方法进行了系统总结，重点是探讨了创造方法在中国推广的模式。

1990 年，吴光威等人重新翻译了阿奇舒勒的代表作并且取名为《创造是一门精密的科学》。1999 年，徐燕申、林岳等人发表了《发明创造的科学方法论——TRIZ》，林岳等人在全国第六届工业学术研讨会上发表了《基于 TRIZ 的计算机辅助产品创新》。2001 年，浙江大学潘云鹤教授、河北工业大学檀润华教授也先后发表了有关 TRIZ 的研究成果。2002 年，更多高校学者开始研究 TRIZ。在众多学者的推动下，以 TRIZ 理论和方法为核心的创新方法的推广应用受到党和政府的高度重视，创新方法的推广活动上升为国家战略。

## 第三节

## 创新方法推广活动上升为国家战略

2006 年 12 月，时任科技部副部长的刘燕华主持部长办公会，布置安排“科学方法大系”研究设计工作，并批示“科学方法整理与研究是实现自主创新的根本性工作，科技部应组织开展。拟同意从《地球科学方法》试点做起，随后再全面部署。”2007 年 3 月，为实现建设创新型国家的目标，提升我国企业的技术创新能力，刘燕华副部长等领导研究决定，在全国范围内开展企业技术创新方法培训工作，并委托中国 21 世纪议程管理中心负责培训的前期筹备与组织实施工作。2007 年 5 月，科技部召开“企业技术创新方法培训研讨会”，刘燕华副部长参加会议并介绍了企业创新方法工作背景情况。浙江、江苏、陕西、四川、黑龙江、新疆生产建设兵团等试点单位代表共 50 多人参会。同年 6 月，王大珩、刘东生、叶笃正三位院士建议加强我国创新方法工作。2007 年 8 月，科技部正式批复黑龙江省、四川省作为技术创新方法试点省（国科发财字〔2007〕479 号）。2007 年 10 月 18 日，科技部、国家发改委、教育部、中国科协上报国务院《关于大力推进创新方法的报告》。2008 年 4 月 23 日，科技部、国家发改委、教育部和中国科协共同印发了《关于加强创新方法工作的若干意见》。各省市先后开展学习并落实各项政策。几个创新方法试点省份，也推出了一系列措施。

在举国上下建设创新型国家的进程中，创新方法又一次形成研究热潮，在中国企业推广应用。作为国内最大的科学技术工作者的群众组织——中国科学技术协会（简称中国科协），也在推广 TRIZ 方面推出了一系列的举措，推动以 TRIZ 理论为代表的创新方法在企业一线的推广普及工作。同时，一些省市级科学技术协会、行业协会以及其他形式的协会也都参与了 TRIZ 相关政策的落实。

2014 年，全国创新方法标准化技术委员会启动会在京召开。2015 年，开始推进科技创新方法助力基层“双创”建设。同年 6 月，科技部扶贫团在定点帮扶的河南省光山县举办创新方法培训会。创新方法领域专家围绕“自主创新，方法先行”与“TRIZ 理论与应用实践”两个主题，运用通俗易懂的语言和大量的案例，向参训人员系统介绍了什么是创新方法、企业如何利用创新方法、国内外企业创新方法应用实践、TRIZ 理论等内容。

2016 年 5 月 19 日，中共中央、国务院印发了《国家创新驱动发展战略纲要》，并发出通知，要求各地区各部门结合实际认真贯彻执行。

2018 年 12 月 28 日，国家市场监督管理总局、国家标准化管理委员会联合发布 2018 年第 17 号中华人民共和国国家标准公告，《企业创新方法工作规范》（GB/T 37097—2018）、

《创新方法知识扩散能力等级划分要求》（GB/T 37098—2018）正式发布。这两项国家标准的正式发布，对于创新方法工作的推广、创新人才的培养起到了积极的引领规范作用。同时，为推动创新方法的推广应用，2016 年开始举办全国创新方法大赛，2018 年将大赛命名为“中国创新方法大赛”。

在政府、各级科协、企业、学界的共同努力下，以 TRIZ 为核心的创新方法会更有力地推动我国的创新驱动发展战略实施、世界科技强国建设和中华民族伟大复兴中国梦的实现。

# 第四节

# 钢铁行业创新方法推广应用的意义

以 TRIZ 理论和方法为核心的创新方法的推广应用是提升科技创新能力、实施创新驱动发展战略、加快推进以科技创新为核心的全面创新的重要途径。

## 一、钢铁行业升级发展需要创新驱动

钢铁是重要的结构和功能材料，在国家基础设施建设、社会经济活动中发挥着重要的作用。钢铁业作为我国国民经济的重要基础产业，是实现新型工业化、现代化的支撑产业，是技术、资金、资源、能源密集型产业，被誉为国民经济平稳运行的“稳定器”和“压舱石”。

站在“两个一百年”的历史交汇点，伴随着世界经济形势的变化，世界钢铁业格局也发生改变。目前，国内许多钢铁企业的装备已经达到国际先进水平，特别是中国钢铁行业中的代表性企业在智能制造、绿色发展等方面已经走在世界钢铁的前沿。中国钢铁工业不仅建立起了全世界规模最大的现代化生产体系，而且整体装备技术已经达到世界先进水平，跻身世界钢铁工业设计和设备制造、施工建设综合能力最强行列，是硬核制造业之一。中国钢铁行业成为世界钢铁创新能力、先进发展方向的主要代表，是中国具有国际竞争优势的大类工业行业。

但“控产能扩张、促产业集中、保资源安全”仍然是钢铁业需要着力解决的三大痛点。中国钢铁行业整体工艺和技术仍有待提升，钢铁企业很大程度上仍存在技术创新能力薄弱、同质化竞争显著、产品结构不合理、产品附加值低、缺乏高品质特殊钢产品等问题，这些都将严重影响中国钢铁业的持续发展，一定程度上将限制我国钢铁业的整体国际竞争力。特别是近年来，钢铁行业的产能迅速增长所带来的行业之间竞争不断加剧，钢铁行业面临着“去产能”的严重挑战，要推动钢铁行业升级发展，改变我国钢铁业附加值低、结构不合理的现状，获得较高的经济效益，创新发展显得尤为重要。

创新是引领发展的第一动力，也是经济可持续发展的必然选择。经济全球化的时代背景下，中国钢铁行业如何进一步培育并巩固引领世界钢铁发展方向的能力，如何进一步提高满足下游行业需求、保障下游行业高质量发展的能力，是进一步打造中国钢铁行业可持续发展综合能力的关键，这是中国钢铁行业为中国经济和世界钢铁发展做出不可替代的贡献的基础。而这一切取决于企业的创新能力。持续不断的技术创新、制度创新、市场创新和管理创新是引领中国钢铁工业突破发展瓶颈、实现高质量发展的强劲动力，是推动中国钢铁强国建设的重要引擎。

## 二、创新方法为钢铁企业创新发展提供原动力

实践证明，坚持创新驱动能够有效提升企业在行业中的优势地位，促进企业树立科学的

发展规划与战略目标。随着钢铁行业国际发展新格局的到来，在产品设计和加工技术上实现自主创新，将成为推动我国钢铁业及其他制造业经济发展的主要手段。创新驱动，方法先行。先进的理论创新和方法不仅是推动钢铁企业创新发展的原动力，更是促进我国钢铁行业转型升级发展的关键。以 TRIZ 为代表的创新方法提供了一整套解决发明难题的分析方法、分析工具、发明原理、解题模型、标准解法等系统工具与方法，对于钢铁企业营造创新氛围、活跃创新思维、构建创新文化、破解技术难题、推动制度创新、实现管理创新等，具有重要意义。

*1. 创新方法是钢铁企业创新发展的有效工具*

在竞争日益激烈的国际市场环境下，实现创新发展，尤其是走在技术创新的前端是钢铁企业取得成功并求得生存的重要手段。相对于传统的问题解决方式，系统的创新方法理论成功地揭示了创造发明的内在规律和原理，使企业的科技发明、制度创新、市场创新和管理创新变得有规律可循。钢铁企业应用创新方法可以改变传统研发工作中靠无数次反复试验或专家灵感突发来解决问题的方式，是钢铁企业创新发展的有效工具。

*2. 推行创新方法能提高钢铁企业的创新效率和产出效率*

系统的创新方法应用不仅可以提高钢铁企业解决技术问题的能力、缩短产品的研发周期，还可使企业技术创新、管理创新的方向具有可预见性，从而降低企业技术创新、管理创新的风险。例如，钢铁企业应用 TRIZ 理论可以实现新产品研发的突破，可以获得能增加市场占有率的专利，可以使研发的新产品避开竞争对手的专利，并在本企业现有技术范围内创建专利“保护伞”，还可以预测下一代产品的研发和技术，缩短企业研究开发的时间，降低研发成本，提高企业创新效率和产出效率。

*3. 掌握创新方法有利于钢铁企业科研人员提升创新能力*

创新能力是指在科学技术、生产经营、商业贸易等各种实践活动中不断提供具有经济价值、社会价值、文化价值、生态价值的新思想、新理论、新方法和新发明的能力。提升创新能力需要有广博的知识、有效的创新方法和希望打破“常规”的人。系统性的创新方法理论一旦被那些希望和善于打破“常规”的科研人员掌握，将极大地提高其创新能力。国内外大量的企业学习应用 TRIZ 的实践结果表明，掌握 TRIZ 理论的科技人员与不掌握 TRIZ 的科技人员比较，其发明创新能力将提高 6～10 倍。钢铁企业的科研人员、工程技术人员通过学习 TRIZ 等创新方法理论，可以由普通的专业人员转变为一个新型的创新发明技术精英，为企业创造极大的效益。

# 第五节

# 中国钢铁企业推广创新方法的历史与现状

## 一、创新方法在我国钢铁行业早期的推广应用

学界在对国外创造方法着手研究的同时，在学校和企业中也开展了早期的普及推广工作。许立言、张福奎等人在引进国外创造技法的同时，建立了推广应用的试验基地。1986 年，全国机械冶金工会在上海第三钢铁厂创办了创造方法培训班，连续举办 41 期，培训 900 多名骨干。工厂依靠这些骨干开展了提合理化建议和技术革新活动，每年都创造了一定的经济效益。根据该厂技术和财务部门评估，两年时间就获益 3000 多万元。可以说，创新方法进入中国的最初阶段就首先在冶金行业应用。

在创造方法应用于企业方面，以工会系统和继续教育系统为主导。全国总工会最开始在辽宁、上海、广东、陕西开办了四个创造力开发的培训中心，推广创造方法，强化科技人员的创造精神和创造性思维训练，提高了工作效率。

中国机械冶金工会自1985年开始，在全系统推广创造方法，在开发职工创造力、企业深化改革、解放生产力、保证产品质量、提高经济效益等方面起到了明显的作用。

从1990年开始，在沈阳市委、市政府的领导和支持下，沈阳市科协联合东北大学创造力研究团队，带领全市各级科协组织，特别是国有大中型企业的科协组织，推广普及创造方法，努力推动企业的技术创新和产品创新。在沈阳市科协的领导下，这些企业科协将引入创造力开发培训，培养企业科技人员的创造性思维和掌握创造理论与方法作为主要工作任务。在沈阳市开展的一系列企业科技人员培训中，也将TRIZ理论的主要内容技术系统进化理论、发明的五个等级、物场分析法和发明程序大纲各有侧重地予以介绍和讲授，极大地推动了企业产品设计的创新和技术革新的开展。同时企业科协在培训的基础上，结合本企业的实际情况开展技术创新方法的研究和实践应用探索。

1991年，沈阳市科协为企业举办了九期创造力开发培训，参加学习人员共1670人。仅轻工系统七天的培训，就有23名学员提出了68个发明创造方案。1992～1998年，每年沈阳市科协都要会同有关部门举办创造发明展览、轻工产品和工业设计展览及青少年小发明展览。在1992年沈阳创造发明成果交流交易会上，共有900个项目参展。

1996年5月，在湖北省宜昌市工人文化宫举行了全国工会系统职工创造力开发研讨会，交流创新方法在企业职工中推广应用的经验。

国防科工委对创造方法的普及推广十分重视，举办多场培训，讲授了创造力开发的原理、创造性解题、创造技法和训练等专题。

## 二、中国钢铁企业推广创新方法概况

TRIZ进入我国以后，在国内一些知名学者的提议下由政府立项推动，各大高校及科研院所展开学术研究，企业积极参与，特别是承担国防科研生产任务，从事为国家武装力量提供各种武器装备研制和生产经营活动的各大军工集团，纷纷投入研究。TRIZ引入中国实践后逐渐得到国内各重大科技工程研制机构的重视，国内军工企业竞相效仿学习，以求大大提升军工企业的自主创新能力和知识产权自我保护能力。

在长期的自主创新实践中，中国钢铁企业对以TRIZ为代表的创新方法应用给予了高度重视，国内知名的一些大的钢铁公司，如中国宝武、首钢、太钢、莱钢、本钢、鞍钢、济钢等均开展了TRIZ、精益、六西格玛等系统性创新方法理论的应用、普及和推广工作，在应用过程中也起到了显著的成效，部分长期困扰企业的生产难题得到顺利解决。例如，中国宝武钢铁集团有限公司从2007年起开展TRIZ理论及项目辅导培训，在企业内部推广TRIZ创新方法理念，帮助技术创新人员掌握TRIZ等创新方法的核心。一段时间的实践表明，TRIZ能够有效帮助宝钢提高创新能力和创新效率，企业的发明专利申请数量和专利授权数量在全国排名第一。山东莱芜钢铁集团为了激发公司技术人员的创新热情，增强员工的创新意识，从2009年开始在企业内部开展系统的TRIZ创新理论培训课程，通过将理论与生产实际结合，公司取得了一系列技术上的突破。引入创新方法仅3年，公司申请专利数量就达到2009年之前近40年专利总和的2倍多；2019年公司总计申请专利200余项，实现营业收入1800多亿元。为解决企业工程技术人员在技术创新过程中“有想法、缺方法”的问题，马鞍山钢铁股份有限公司自2012年起，在分类试点的基础上，在全公司导入TRIZ理论，采取了“五层三类”的TRIZ导入模式，将TRIZ理论应用于现场生产管理、技术研发、技术管理和知识培训等多个方面，有效促进了鞍钢的技术创新，实现了企业和员工的双赢。作为新中国第一个恢复建设的钢铁生产基地，鞍山钢铁从2010年开始，以鞍钢教育培训中心为依托，分普及培训、初级培训、项目指导培训三种模式分步推进创新方法培训，截至2020年，共完成各级各类培训3000多期，超过8000人次参与，员工的创新思维能力极大提升。除了知名大型钢铁企业逐步开启创新方法引入之旅外，很多中小型钢铁企业也先试先行，不断提升对创新方法的重视程度。结合其他企业的推广模式，华菱涟源钢铁有限公司在公司内部开展了一系列带题培训活动，针对理论水平不同的工程技术人员，分别采取初级带题培训和中级带题培训两种层次的创新方法竞赛考试，公司每年授权的发明专利、实用新型专利、软件著作权近50项，发表高质量科研论文30余篇，取得了丰富的科研创新成果。攀钢集团长城特钢传统的连轧厂轧钢设备和“5·12”灾后重建的新连轧设备，安全系数显著提高，其创新的动力就是应用了TRIZ理论。包钢围绕企业工作实际和发展需求，为厂处职干部、科职干部、专业技术人员、操作人员等不同岗位的员工“量身定制”了专属型培训内容，切实提高员工综合素质，适应公司转型升级需要，推进公司向更强更高阶段迈进。在培训内容中，融入了励志讲座、技术创新过程与方法专题讲座、创新方法推广应用深度培训等课程，使员工教育培训更加与时俱进、增添内涵。包钢推广应用TRIZ先进创新方法在产品研发和各个生产技术领域，解决生产中的技术问题，实现产品升级换代和生产技术进步，提高企业的技术水平和产品创新能力，增强产品市场竞争力。例如，2016年，包钢钢联股份有限公司技术中心运用创新方法解决异形坯（H型）连铸生产过程中在二次冷却过程中冷段内弧积水的技术难题。通过将TRIZ理论方法应用到异形坯连铸生产吹水问题的研究中，很好地解决了异形坯连铸过程吹水不足的问题，使初期异形坯裂纹比率由7.3%降到1.5%以下，从而提高了H型钢的研发效率。本钢集团有限公司（简称本钢集团或本钢）举办TRIZ创新方法专项培训班，来自北营公司、矿业公司、板材炼铁厂、板材炼钢厂、板材热连轧厂等60余家单位的科技人员共90多人参加了培训。参加培训人员深入理解了TRIZ创新方法，并应用到了今后的实际工作当中。通过培训，各学员可对TRIZ理论的基本概念、TRIZ的理论基础、分析工具、知识数据库及实际应用案例进行初步理解，对于打造一支履职尽责、勇于担当、富于创新精神和创新能力的骨干人才队伍具有重要推动作用。

上述钢铁企业的实践证明，创新方法的引入和推广，为企业提高钢铁行业技术创新的效率、在钢铁行业提高创新能力、实现经济又好又快发展提供了重要途径。钢铁企业应用创新方法不仅有所作为，而且大有成效。

## 三、钢铁企业推广应用创新方法的典型案例

1.中国宝武钢铁集团有限公司

原宝钢集团有限公司（以下简称宝钢）（现与武汉钢铁集团公司重组成中国宝武钢铁集团有限公司）作为全国最大的钢铁企业，每年需要攻克大量的工程技术难题，在试错法下，公司的创新效率非常低。2007年，宝钢研究院举办了为期4个月的TRIZ理论及项目辅导培训。培训学员全部来自研究院的各研究所，共有30名科研人员带着11个项目参加了此次培训。无论是受训人员对TRIZ的认识还是项目执行效果，都取得了令人满意的结果。

该次TRIZ培训共分五个阶段。前两个阶段为基础理论培训，在第二阶段加入项目辅导，而且每个辅导阶段都有明确的目的，包括：根据不同项目制订创新流程路线图、因果关系分析、功能分析和解决方案设计。所有项目都按培训专家的要求完成项目的根源（因果关系）分析、功能分析、参考解的搜索和评估以及最终方案的设计，完全达到培训之初设定的

目标。培训后期，学员们在日常思维和谈吐中会不经意地流露出 TRIZ 的观点和思维，这也是培训带来的最大、最有价值的财富。纵观整个培训，学员获得以下几点收益：

① TRIZ 创新理论和方法是科研、技术人员的必备工具，几乎所有参加培训的学员都会这么说。通过理论知识讲解与具体项目的结合，持续学习运用 TRIZ 方法及其工具，可显著提高创新水平和解决实际问题的能力。TRIZ 作为一种创新方法，能够在科研人员创新时给予指导，使他们免走弯路，从而节约宝贵的时间和精力。

② TRIZ 破除了科研人员普遍存在的思维定式，扩展了创新视角。通过这种后天的挖掘及系统训练，逐渐消除了科研人员固有的思维定式，提高了创造能力，并使他们的创造性思维及潜能进一步被激发出来。

③ 创新工具重要，创新方法及流程更重要。TRIZ 提供很多实用的创新工具，但 TRIZ 的创新流程对科研人员更为重要。在 TRIZ 的解题过程中，那些近似死板的程式化操作步骤，让科研人员受益匪浅。

TRIZ 要求不能跳跃步骤去思考问题，更不能直接去想最终结果。这个看似僵化的创新流程，实际上蕴含着深刻的含义，它能保证引导创新者不漏掉任何一个可能的解决方案。可以说，对于科研人员来说，理解和熟练掌握 TRIZ 创新方法及流程的意义，远比仅会使用 TRIZ 工具大得多。此后，创新方法培训成为公司活跃员工思维、提升企业自主创新能力的重要平台，并将引入、推广、根植 TRIZ 作为宝钢提升创新软实力的最佳路径。

宝武钢铁集团早期应用创新方法的部分典型成功案例：

2013 年，针对技术难题——排水密封罐中的水位必须保证一定的高度与无法稳定在设定的高度的矛盾，通过采用 TRIZ 理论进行分析，采用创新问题的解决原理与方法，运用矛盾（冲突）及矛盾（冲突）解决原理与方法，对排水管进行创新设计，最终确定一个合适的解决方案并予以实施，该方案还获得了专利授权。

2013 年，针对技术难题——在钢铁产品上做标记的涂料喷枪，涂料或墨水必须有黏性与其堵塞喷嘴和管路的冲突，通过采用 TRIZ 理论进行分析，采用物质场分析方法，采用创新问题的标准问题，对涂料喷枪进行创新设计，提出技术方案，获得了几个可行的方案，并进行后续的测试。最后，研发人员确定了最终方案，并申请了专利。

2013 年，针对技术难题——对线材的冷却进行控制，以达到同时具有低内应力和薄氧化层的要求的冲突，通过采用 TRIZ 理论进行分析，利用 ARIZ 算法解决问题，对涂料喷枪进行创新设计，提出技术方案，在原有的空气冷却装置上增加一个装置来补偿线材内部散失的热量。该装置可以利用电磁场来加热线材内部区域，并通过调节电磁频率来控制加热量。

2. 山东莱芜钢铁集团有限公司

山东莱芜钢铁集团有限公司（以下简称莱钢）是一个在创新知识和创新能力的推广、建设方面形成良性循环的企业，在引入创新方法理论学习应用的实践中，莱钢探索出一整套符合企业实际的培训学习模式，并配套、完备了推广、管理和传承的机制，营造出技术人员随时随地主动学习应用创新方法的浓厚氛围。

2009 年 8 月，莱钢正式导入 TRIZ 创新方法，将其作为提升企业自主创新水平的重要工具，对全公司广大科技人员进行了系统的理论培训和技术指导，进一步增强了全员创新意识，激发了干部职工的创新热情，取得了一批创新成果，特别是在节能减排和循环经济方面。如在烧结机脱硫、转底炉等工艺上，解决了“转炉散料上料系统结构、石灰活性及其相互之间的冲突”的技术难题，取得了一系列技术上的突破，TRIZ 为提升工艺控制水平和产品质量、促进产业优化升级，发挥了有力的推动作用。莱钢的做法引起了科技部、中国科协、山东省科技厅领导和专家的高度重视和关注，他们的做法可以概括为：专家导入，自主培训，典型带动，形成机制。

2015年，在原有TRIZ推广模式基础上，公司又有了新的计划，在公司精益管理的培训方面也采用这种模式，以项目为载体，以PDCA为主线，以多种工具方法为抓手，推动运营转型、精益管理。近年来，公司一直将创新方法推广应用作为一项长期性、战略性工作来抓，大力推进技术创新方法应用，切实增强企业创新能力。实践证明，莱钢TRIZ创新方法推广应用模式效果是显著的。TRIZ创新方法为该公司提升工艺控制水平和产品质量、工程项目管理等起到了重要的推动作用，企业创新的集群效应逐步显现，加速了莱钢技术创新的新突破。

3.马钢（集团）控股有限公司

马钢（集团）控股有限公司（以下简称马钢）是我国特大型钢铁联合企业。公司十分重视技术创新工作，以企业技术中心为依托，建立并不断完善研发、设计、生产、营销、现场持续改进一体化的技术创新体系。通过多年的不懈努力，企业技术创新与研发能力逐步提升，整体实力不断增强，形成了全员关注创新、参与创新、勇于创新的良好氛围。

（1）持续开展“TRIZ理论”普及培训、知识培训和应用实践

马钢选择以TRIZ理论导入培训为切入点，以“安徽省创新方法试点企业”为契机，以“本土化”推广应用模式探索、“本土化”培训师与创新工程师团队建设、“本土化”应用案例打造为重点，坚持面向技术管理人员、工程技术人员和现场技师，持续开展“TRIZ理论”普及培训、知识培训和应用实践，不断提升企业员工技术创新能力、企业系统创新能力和创新对企业经济效益的贡献率，探索具有马钢特色的TRIZ理论推广应用模式，简称“三面向、三本土、三提升”。

根据TRIZ理论推广应用的特点，并结合马钢实际，马钢教育培训中心于2012年针对马钢工程技术人员和生产操作人员开展TRIZ技术创新方法的分层分类培训工作。在导入的初期，分“宣传发动、分类试点、应用推广、总结固化”四个阶段进行。经过多年的探索实践与持续改进，在分类试点的基础上，目前已基本形成“五层三类”分类分层导入模式，如图1-0-1所示。

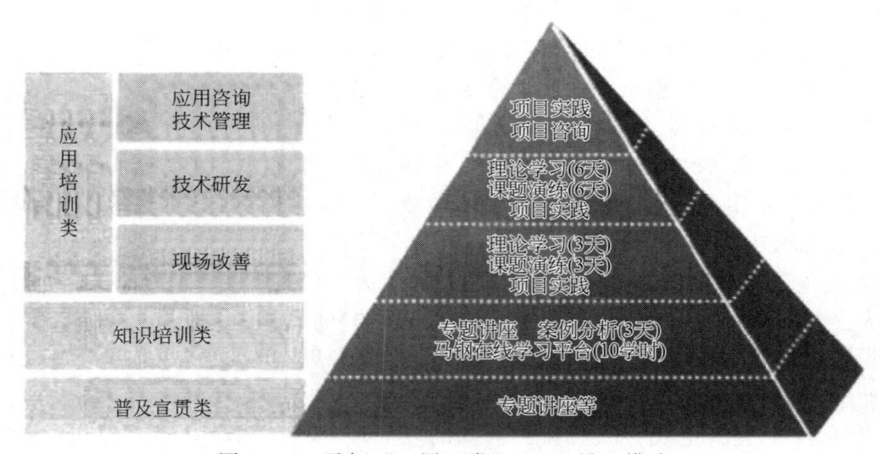


图1-0-1 马钢“五层三类”TRIZ导入模式

一是普及宣贯。重点面向企业中高层管理人员，通过专题讲座等方式，学习了解TRIZ理论的核心思想、推广应用价值及推广策略。

二是知识培训。重点面向工程技术人员和现场技师，通过脱产面授、马钢在线学习平台等，学习TRIZ理论的核心思想、方法工具及典型应用案例，激发创新热情，培养问题意识，为推广应用做思想和知识储备。

三是应用培训。重点面向技术骨干，采取带题学习和课题咨询相结合的方式进行，不仅全面地学习TRIZ理论的核心思想、方法工具，还学习工业工程、精益生产、六西格玛等过程管控技术方法，为培养本土化创新工程师奠定基础。

（2）分步推进创新行动计划

为了助推创新成果向技术成果、商业成果转化，形成良性的创新创效机制，马钢自2013年起，在TRIZ理论推广应用过程中，分步推进创新行动计划。其主要内容包括：

① 专家助力行动。导入培训结束时，举行“创新方案汇报与答辩会”，组织公司内部行业专家，对每位学员应用创新方法工具提出的概念性创新性解决方案、样机验证计划、专利申报意向进行可行性评审，发挥行业专家在创新成果转化中的指导与影响作用。针对学员提出的概念性创新方案，专家结合自己多年来创新实践经验和企业实际，围绕课题选择的实用性、方法工具应用的合理性、解决方案的创新性、方案落地的可行性、成果转化的经济性五个方面进行评价，并提出方案优化建议，指导学员选择相适应的落地途径和方法。专家组意见和建议均以书面形式反馈至学员所在单位。对创新性较强、对企业降本增效有重要价值的重点创新方案，专家组还专题进行研讨，并向公司科技管理部门和学员所在单位推荐立项。

② 创新人伙伴行动。为发挥培训学员在创新方法推广应用中的骨干作用，马钢挑选出一批创新意识强、在公司影响力大、乐于从事创新方法推广应用工作的职工，与初次学习TRIZ理论的学员结为创新伙伴，不仅使新学员学习效率大大提升，同时老学员的创新培训能力与创新咨询能力也得到了锻炼。

③ 雏鹰创新行动。针对新入职的应届高校毕业生，马钢制订了能力提升行动计划，命名为雏鹰行动计划。计划根据公司人才发展规划，以企业发展目标和战略为导向，重点关注品德修养、人际交往能力、专业能力、管理能力、创新能力、自我管理与发展能力的培养，实现雏鹰快速、健康成长。而雏鹰创新行动正是马钢雏鹰行动计划的重要组成部分。根据新入职大学毕业生的实际，安排TRIZ理论三天脱产学习，重点掌握TRIZ理论的核心思想、方法工具及典型应用案例，激发创新热情，培养问题意识，为雏鹰展翅翱翔奠定素养与能力基础。

④ 开展创新竞赛活动。为进一步推动以TRIZ理论为主要内容的创新方法在马钢的推广与应用，适时总结、固化推广应用成果，以赛促学，以赛促转，自2014年以来，公司每年都组织开展“创新方法应用典型案例”征集评选和“创效方法应用大赛”活动，对获奖的案例，公司进行表彰和奖励。通过竞赛发掘典型案例，通过竞赛营造群众性创效的氛围，通过竞赛建立成果转化机制。

竞赛活动内容为本人主持或参与的应用创新方法（TRIZ理论）解决企业技术难题并产生一定经济或社会效益的技术或管理创新案例；案例内容要求真实，叙述简明清晰，内容不得涉及公司技术秘密和商业秘密；对参赛的案例，公司组织有关专家进行创新性、可行性、经济性评审。

（3）自主培训，打造本土化的培训师和创新工程师团队

马钢工艺流程长、工艺路线复杂，工程技术人员和现场技师人数多、涉及专业面广，加之企业降本增效的压力，单纯依靠外部力量来进行推广与应用是难以实现的。只有实现自主培训，打造本土化的培训师和创新工程师团队，才能使TRIZ理论落地并开花结果。为此，马钢将打造本土化的培训师和创新工程师团队作为TRIZ理论推广工作总体目标之一，采用灵活多样的方式，多渠道打造本土化培训师团队。一是选派具有专业背景、实践阅历、创新潜质和教学效果良好的专兼职教师，全程参加创新方法应用培训；二是组织该团队参加“钢

铁企业科技创新方法应用推广研究”课题研究，考察学习兄弟企业成功经验，在研究过程中不断加强对 TRIZ 理论的学习与理解；三是组织教师参与学员课题演练、课题方案汇报答辩、课题方案跟踪等工作，在实践中锻炼成长。

以问题为导向、以课题为载体、以问题解决为目的、以创新方案落地和专利申报数为外在体现形式，是 TRIZ 理论推广与应用的生命力所在。在创新方法推广应用过程中，马钢坚持问题导向，学员围绕企业和岗位实践选择待解决的课题参加导入培训，学习掌握 TRIZ 方法工具后提出创新性解决方案，用流程驱动确保解决方案切实转化为技术成果、商业成果，大大提高了推广应用的效率。创新方法应用培训过程中，培训班学员共提出课题（问题）数百个，内容涉及企业生产、技术、工艺改造、产品质量控制、节能减排、降本增效、工效提升等方方面面，提出创新解决方案数千项。

4. 湖南华菱涟源钢铁有限公司

湖南华菱涟源钢铁有限公司是一家大型钢铁企业，是国家“863”高新技术研究发展计划 CIMS 应用工程示范单位，国家重点支持发展的 300 家工业企业之一。公司的产品种类多、工艺路线复杂，公司拥有许多高学历的人才和经验丰富的工程技术人员。在企业的生产研发过程中，既有科学研究，又有技术创新，近年来公司愈发重视创新方法在企业生产和管理中的应用，借此解决了企业产品的关键技术难题，通过不断提高产品的科技水平含量来提升在市场中的占有量。

（1）创新方法理论的普及与导入

现今，创新方法中的相关理论在全国尚处于推广阶段，很多企业的领导、科技工作者以及一线技术员并不了解创新方法理论，因此华菱涟源钢铁有限公司首先在企业内部开展了一系列的创新方法理论普及与导入工作。迄今为止，华菱涟源钢铁有限公司已成功举办 30 余场创新方法宣讲活动，分厂生产单位和机关部门的工程技术人员皆参与其中，已经有相当一部分人了解了创新方法，并且认同创新方法。为了进一步夯实员工的理论基础，公司给相关的员工发放了创新方法初级、中级、高级等理论教材。以 2019 年为例，公司邀请了数位创新方法专家来公司授课指导，开展创新方法知识讲座，并派遣了以博士、硕士为主的 20 余名优秀员工参加湖南省创新方法协会组织的创新方法培训，积极构建出自己的创新培训体系。

实践表明，带题培训是开展创新培训活动较好的一种方式，能够让参与人员系统地学习创新方法，还能将理论与实践相结合。结合其他企业的推广模式，华菱涟源钢铁有限公司在公司内部开展了一系列的带题培训活动，针对理论水平不同的工程技术人员，分别采取初级带题培训和中级带题培训两个层次的创新方法竞赛考试，通过考试夯实相关理论。华菱涟源钢铁有限公司也借助创新方法大赛这一良好的平台，积极发动各单位和各类科研人员参与其中，通过公司内部初赛、区域赛、省赛、国赛的层层选拔，使参赛人员对创新方法的掌握程度有了较大提高，并多次获得国家级和省级的奖项。

（2）建立创新型的精益研发体系

由于企业所处的行业背景不同，企业有其独特的创新研发流程。为了促进创新方法在现有的研发体系中发挥更大作用，华菱涟钢使创新方法理论与公司的创新工作、与创新工作者的工作、与现有的创新研发制度找到了很好的结合点，从而建立起创新型的精益研发体系，保证企业创新活动能够取得更多的成果和创造更大的效益。

现今华菱涟源钢铁有限公司对于研发人员实施了多项创新性制度，其中包括“小改小革”“金点子”“合理化建议”等，推动了创新工作有序发展。公司引导一线技术人员在撰写创新性建议时，注重与创新方法理论相结合，在实践工作中运用方法有效解决技术难题，实现技术创新，运用创新原理形成解决方案，提高创新的效率。公司积极开展技术创新评定工作，对取得创新成果和效益的创新者进行即时奖励和长效技术奖励，形成鼓励创新的良好企业文化氛围。公司每年授权的发明专利、实用新型专利、软件著作权近50项，发表高质量科研论文30余篇，取得了丰富的科研创新成果。

（3）完善创新组织和培训机制

只有在企业内建立起创新的良性循环机制后，创新活动才是充满活力和可持续的。为了调动科技创新工作者和技术人员的创新热情，华菱涟源钢铁有限公司正不断健全创新的组织形式和培训机制。为了更好地组织创新活动和培育创新人才，华菱涟源钢铁有限公司在技术中心科协下成立企业内部专业的TRIZ协会，该协会负责创新活动的组织、宣讲、培训等工作，帮助员工获得创新资质认证，对达标的技术人员颁发资质证书，并予以一定的物质奖励，来提高技术人员学习和应用创新方法的热情。该协会还组织以专业为类别的创新方法研讨小组，各小组负责本领域创新方法的推广应用与技术研讨，并定期开展创新方法专题研讨会。由TRIZ协会牵头，组织优秀学员参与湖南省技术创新方法研究会组织的"创新工程师"三师认证，鼓励学员获得专业的认证并提高创新水平，公司目前拥有二级创新工程师、三级创新工程师共5名。例如因板坯起皮问题每年热轧产品降等1000余吨，公司安排获得"创新工程师"认定的技术人员参与生产现场、参加各攻关小组，技术人员运用因果分析等创新方法，深入分析起皮的根本原因，做出相关工艺调整后，使公司产品质量得以明显改善，也发挥了创新人才的价值。

企业在大力开展技术创新的同时，也要加快文化、体制、管理、商业模式等各类要素的创新，从而提高创新的系统性、整体性和协同性。创新方法理论对于指导钢铁行业的技术创新有重要参考价值，湖南华菱涟源钢铁有限公司在生产管理、设备管理、资金管理等方面，运用创新方法有效缩短了解决工程技术难题的时间，节约了企业的生产成本，提高了企业科技创新的动力和效率。

5.鞍钢普及和应用创新方法

鞍钢集团从2010年开始，在企业内部开展创新方法培训工作。截至2019年，共完成普及培训班200多期，约7000人参训；完成初级培训班30多期，约1000人参训；完成项目指导培训6期，200人参训。专家以理论与实践相结合的方式，从创新思维方法、因果分析、资源分析、技术矛盾与物理矛盾、功能分析与裁剪、物场模型等TRIZ工具，以及企业如何导入推广创新方法、深入创新方法应用、组建创新方法管理机制、常态化创新方法培训机制等方面做了详细分析讲授。分组带题分析环节中，专家结合学员们的实际工程问题，依托40个发明原理，带领学员应用TRIZ理论进行解题，帮助大家理清思路，寻找解题答案。学员们认为，通过创新方法的学习，在研发思路创新、技术创新、专利申请等各方面学到了很多知识，创新方法可以打破在研发工作中的思维惯性，对自己在今后工作中提高工作效率，推进产品创新非常有益。2018年，针对技术难题——RH插入管和环流管出现缝隙问题，运用创新方法（TRIZ）对其进行了研究，提出了基于TRIZ的改进方案与方向。根据不同创新问题的识别与分析方法，提出多个技术方案。鞍钢集团钢铁研究院"铁水脱硫——扒渣系统革新"项目荣获2019年中国创新方法大赛一等奖；"转炉风机大切问题的研究"项目在2020年辽宁省创新方法大赛中获奖。

6.河钢普及与应用创新方法

2015年，河钢集团应用创新方法ARIZ算法，解决了钢板上残余冷却水影响冷却后钢板温度的测量以及钢板冷却后的质量和性能的技术难题。应用创新方法产生的吹扫系统在550热轧机控冷系统安装后进行实际应用，使用效果较好，可以完全去除冷却后的残余水。首次在控冷后增加吹扫系统，提高了冷却后测温的准确性和冷却钢板温度的均匀性。

2020年8月，河北省创新方法应用推广深度培训班在石家庄正式开班。此次培训由河北工业大学国家技术创新方法与实施工具工程技术研究中心师资团队授课，一阶段理论培训共9天，为了保证培训效果，培训以“带题参训＋课中解题＋应用推广”的实战化实效化培训模式，将方法推广、人才培育、实践应用紧密结合。在课程讲授、难题辅导、分组讨论等环节应用创新方法分析和解决实际工程问题，最后进行创新工程师答辩、认证等工作。通过培训，帮助企业解决技术难题，培养创新方法应用型人才，切实推进创新方法与企业创新体系建设融合，助力企业自主创新能力提升。

# 第六节 创新方法在国外钢铁企业的应用

## 一、创新方法在国外钢铁企业的应用概述

从国外企业的实践经历可以看出，许多创新方法和工具在众多的产业领域得到了广泛且成功的应用。如QFD（质量功能展开）法自产生到现在的几十年里，其应用已涉及汽车、家用电器、服装、集成电路、合成橡胶、建筑设备、农业机械、船舶、自动购货系统和教育等多个领域。稳健设计方法在日本的电子、化工、钢铁、纺织、汽车等工业部门均取得了成功。TOC（约束理论）已应用的产业领域包括航天工业、汽车制造、半导体、钢铁、纺织、电子、机械五金、食品等。在国外许多著名企业得到广泛应用并取得成功的创新方法主要有三大类。第一类是面向产品设计的创新方法，这类方法注重产品设计的流程、质量的控制和产品设计问题的解决。其中包括面向产品质量管理的六西格玛，面向产品质量工程的QFD，面向产品设计的TRIZ、设计结构矩阵（DSM）和公理设计，以及面向产品设计优化的试验设计（DOE）方法（田口等方法）等。第二类是面向产品制造的创新方法，也被统称为先进制造技术，这类方法以并行工程为代表，是集中了CIMS、CAX等诸多信息技术工具在内的先进制造技术方法。第三类方法主要是面向管理创新的方法，如约束理论和客户关系管理（CRM）等方法。

1.创新方法在美国企业的应用

美国创新方法的产生与企业的需求密切相关。20世纪30～60年代，在美国产生了一系列实用的创造技法，在国际上产生了巨大影响，这是创新方法的最初形式，创造技法的产生主要是为了满足企业技术创新的需要。美国通用电气公司、IBM公司、道氏化学公司、通用汽车公司、美国无线电公司等一大批知名公司设立了自己的创造方法训练部，对本公司的科技人员和职工开展经常性的创造方法培训。

苏联解体后，大批的TRIZ专家移居美国，并把TRIZ带到美国，使TRIZ在多个跨国公司迅速推广并为之带来巨大收益。美国的一些世界级公司，如波音、福特、英特尔、通用汽车、克莱斯勒、罗克维尔、强生、摩托罗拉、惠普、宝洁、施乐等在技术产品创新中都开展了理论和实际应用，并取得了显著的效果。美国主要以企业和研究机构联合的方式共同推广、应用TRIZ理论。使用创新方法和工具能够为企业带来实实在在的经济效益。例如，福特汽车公司利用TRIZ创新的产品为其每年带来超过10亿美元的销售利润。美国ITT公司利用田口方法完成了约2000项试验研究，节约成本3500万美元。美国福特2000年以600

万美元引进了六西格玛，到 2004 年，4 年间的收益是 20 亿美元，在全球范围内减少浪费约 10 亿美元。HP 公司采用并行工程来改进产品质量，使公司全部产品的综合故障降低了 83%，制造成本减少了 42%，而产品开发周期缩短了 35%。

2.创新方法在日本企业的应用

日本从 20 世纪 50 年代引进创造学，一部分创造学研究者在研究和传播美国创造技法的同时，结合本国实际，发明了多种创造技法。日本一些大企业，如松下、日立等公司都对职工开展常年的创造方法轮训课程，有力地推动了企业的技术革新和合理化建议活动，促使日本在世界性科技和经济竞争中获得了后发优势，在若干工业部门创造了世界一流的技术和世界名牌产品，占领了国际市场。仅仅花了 30 多年时间，日本一跃成为经济大国，并在一些领域超过美国。

从 1996 年起，日本开始介绍 TRIZ 理论方法及应用实例。1997 年正式引入 TRIZ，东京大学成立了 TRIZ 研究团体。1997 年，日本三菱研究院开始向企业提供 TRIZ 培训和软件产品。1998 年，日本大阪大学建立了日本 TRIZ 网站，日本三洋管理研究所成立了日本 TRIZ 研究小组，向企业、大学和研究机构提供 TRIZ 培训和咨询。1999 年，日本学者基于 TRIZ 理论提出 USIT（Unified Structured Inventive Thinking，统一的结构化创造性思维）。在研发方面，日本的索尼、松下电器、日产汽车、富士施乐、理光、日立制作所等都在技术和产品开发总研究中应用 TRIZ 理论，并取得了成功。使用创新方法和工具能够为企业带来实实在在的经济效益。例如，20 世纪 70 年代后期，日本丰田公司因使用 QFD 而取得巨大的经济效益，新产品开发启动成本累计下降 61%，开发周期下降 1/3。

3.创新方法在苏联/俄罗斯企业的应用

苏联比较重视发明创造，并把它载入宪法之中。政府也重视创造方法（主要是发明方法）的普及工作。苏联在创造方法发展方面有两点较突出：第一，在创造方法研究方面形成了现代发明方法学体系，例如 TRIZ 方法是由苏联发明家阿奇舒勒创立的；第二，建立了创造性教育和人事体制。无论是在冷战时期的苏联还是现在的俄罗斯，都重视将 TRIZ 理论广泛应用于众多的高科技工程领域，并取得了良好的效果。

4.创新方法在欧洲国家企业的应用

欧洲各国主要是以研究机构研发和企业推动相结合的方式推广应用 TRIZ 理论的。2000 年 10 月，欧洲成立了 TRIZ 协会 ETRIZ，旨在推进 TRIZ 理论在欧洲的研究和应用。例如，以瑞典皇家工科大学（KTH）为中心，集中十几家企业开始实施利用 TRIZ 进行创造性设计的研究计划。欧洲最早接触 TRIZ 理论的国家是民主德国。在实践应用方法方面，多所名列世界 500 强的大企业都采用了 TRIZ 理论，如西门子、奔驰、宝马、大众、博世等著名公司都有专门机构和专人负责理论的培训和应用。德国还将 TRIZ 应用到成套设备制造、采掘、家用电器、仪器仪表、航空航天、自动化、化工、医疗、食品、制药、汽车、包装等各个行业。

## 二、创新方法在韩国钢铁企业应用的典型案例

韩国在推广、应用 TRIZ 理论方法时，主要采用企业主导的方式。例如，韩国的三星电子、LG、POSCO 等大企业积极引进 TRIZ 理论，并在技术与产品开发中广泛应用，取得显著成效。三星公司于 1997 年引入 TRIZ 到 2003 年的近 7 年时间里，采用 TRIZ 指导项目研发而节约相关成本 15 亿美元，同时通过在 67 个研发项目中运用 TRIZ 技术，成功申请了 52 项专利。著名的 POSCO 公司在 2003 年开始 TRIZ 试点工作，第二年开始在公司内部进行大规模的 TRIZ 理论推广。POSCO 公司首先培训 POSCO 的 TRIZ 专家，通过这些专家向

其他员工普及 TRIZ 知识。POSCO 还聘请了俄罗斯 TRIZ 专家，与其进行长期合作，共同解决企业创新问题。公司还派学员赴俄接受 TRIZ 培训。2010 年，POSCO 设立 TRIZ 学院。TRIZ 培训体系逐渐完善，TRIZ 学院是 POSCO 实现 3.0 目标的创新基石。TRIZ 学院课程等级划分按照国际 TRIZ 等级认证体系的前三级设置，POSCO 将几种创新方法整合，形成了独特的创新工作体系——PRIZM（POSCO TRIZ inside Methodology），即 POSCO 内部的 TRIZ 方法，该体系以 TRIZ 为核心，增加价值创新，六西格玛、失效模式和效果分析（Failure Mode and Effects Analysis，FMEA）等方法，形成一个功能强大，覆盖整个新产品新技术的研发流程。POSCO 公司运用 TRIZ 形成了独特的推广经验：

① 企业领导高度重视和关注。POSCO 在实施 TRIZ 的过程中，CEO 亲自参与培训与研讨。重视人才，聘请了原三星电子的资深专家。

② 加强 TRIZ 理论培训与交流。培养 TRIZ 骨干专家→专家培训更多员工→对企业全员轮训。TRIZ 学院为开展创造性经营的人才培养中心。个别部门设立 TRIZ 学院，组织“快乐的 TRIZ 研讨会”。

③ 采取“先试点，再推广”的方式。聘请 TRIZ 专家进行指导，并采取先在企业研发机构试点，取得一定成效后再向企业内部其他部门和单位推广的模式。

④ 推行 TRIZ 与其他管理方法结合。将 TRIZ 与六西格玛等其他工具结合起来，形成独特的 POSCO 型 TRIZ。

⑤ 将 TRIZ 引入企业文化，营造创新的文化氛围。

# 第二章 QC、精益、六西格玛等现代管理方法在钢铁领域中的应用案例分析

## 第一节 六西格玛方法在冶金、轧钢和焊接领域的应用案例分析

### 案例1：六西格玛方法在钢铁生产中的应用

#### 一、项目情况介绍

近年来，我国的钢铁行业发展迅速，粗放式的发展是钢铁工业最为突出的问题。钢铁工业的发展离不开矿产资源的有效支撑，由此导致我国的矿产资源消耗严重，并且严重污染生态环境。因此，中国钢铁行业的发展不能仅依靠能源支撑，而要注重内涵式增长，以降低能源消耗并促进资源的可持续发展。建立独特的业务流程、提高企业的生产效率、降低经营成本，是企业不断改善自身问题并发展壮大的有效途径。将精益生产理论和六西格玛方法结合使用能够有效地改善企业生产管理中存在的相关问题，保持企业的竞争优势。

#### 二、问题分析与解决

M企业第一炼铁总厂自2004年成立以来，其烧结矿产量不断提高，在钢铁市场中占据了一席之地。由于自身生产条件及设备能力的不足，该企业的生产能力和技术水平与其他钢铁企业相比还有一定的差距。因此，改善指标和降低成本成了该企业进一步提高自身竞争力的关键。引入六西格玛方法之前，该企业存在的问题有：

1. 原料配比不合理

导致M企业第一炼铁总厂原料配比不合理的原因主要有以下三个方面。

① 参与烧结配矿的原料多达30余种，这些原料的结构及化学成分的含量均不同，氧化铁皮、高炉灰、炼钢污泥和球团返矿等化学成分和物理组分不稳定的冶金副产品也参与了配矿；

② 混匀料厂的烧结配矿设备能力有限，混匀矿配比低，最低可达30%；

③ 原料来源途径多，原料库存供应计划与生产实际不符，导致冶金副产品的产量和原

料配比不稳定，故难以制订出最优的原料配比方案。

由于上述条件的限制，目前该企业还无法制订出最优的烧结参数标准。

2. 操作参数制订不当

原料配比不合理的后果是连续的，频繁变化的原料配比最终导致操作参数难以标准化。由于烧结过程需要控制的参数多达 30 项，企业欲制订最优化操作参数组合更是难上加难。

3. 烧结停机时间长

2013 年 M 企业的生产数据统计显示：计划检修、内因停机和外因停机的时间高达 564.65 小时。除去计划检修时间，内、外因停机的时间之和为 169.24 小时，因设备故障而造成的停机时间占内、外因停机时间之和的 41.88%。按人均工资 10 元/时计算，停机为企业增加的人力（386 人）成本高达 27.36 万元。

4. 烧结矿废品率高

2013 年 M 企业的生产数据统计显示：烧结矿废品率为 2.68%，烧结矿产量为 2716388 吨，废品产量为 72830 吨。按保守损失 500 元/吨计算，2013 年 M 企业因废品而造成的损失高达 3641.5 万元。

5. 人力管理体系问题

如果企业只考虑自身的利益，对员工只有制度约束而没有利益驱动，那么企业项目的开展就不会得到员工的支持，甚至员工还会起阻碍作用。因此，企业必须将自身的利益与员工的利益联系起来，这样才会达到事半功倍的效果。

综上所述，如不完善企业的质量体系和管理体系，M 企业将面临巨大的经济损失。六西格玛方法能有效地降低企业的生产成本并提高企业的综合竞争力，故在企业中推行并实施六西格玛方法具有深远的意义。

## 三、可实施技术方案的确定

1. 定义阶段

（1）理解客户需求

项目定义阶段的首要任务是了解客户的需求。其中，客户不仅仅指外部客户，如建筑制造商、机械制造商等，还包括内部客户，即利益相关者。如图 2-1-1 所示，本案例的顾客有外部顾客和内部顾客。外部客户需要的是质优价廉的钢筋产品，内部客户需要的是品质优良的烧结矿，并以最低的投入达到最高的产出。

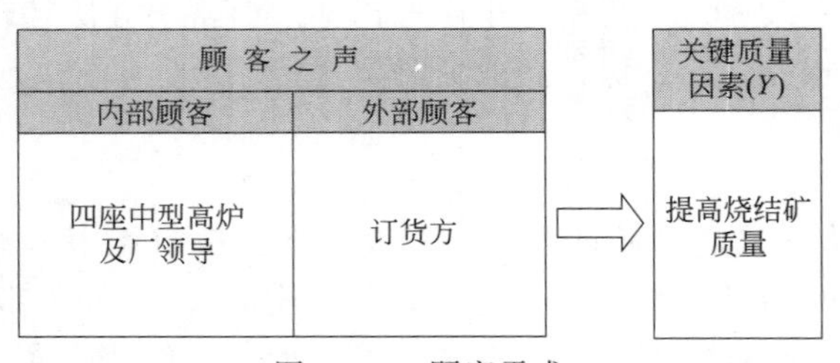

图 2-1-1 顾客需求

（2）确定项目目标

M 企业烧结分厂的主要工作目标为“设备保障有力，生产均衡稳定”。结合顾客要求与烧结分厂的主要工作目标，本案例设定了两个目标：一是实现将过程能力指数由当前的 0.21 提高到 1.34；二是实现将烧结矿转鼓指数由当前的 74.2%提高到 79.4%。

（3）项目范围界定

了解客户需求后，应用 SIPOC（供应者——Supplier、输入——Input、流程——Process、输出——Output、客户——Customer）图将项目的宏观目标转换为内部流程，具体过程如图 2-1-2 所示。项目以烧结过程为中心开展，并向上延伸到配料和混料工序，涉及烧结配料的优化，需要提供足够的时间来保障项目顺利进行。

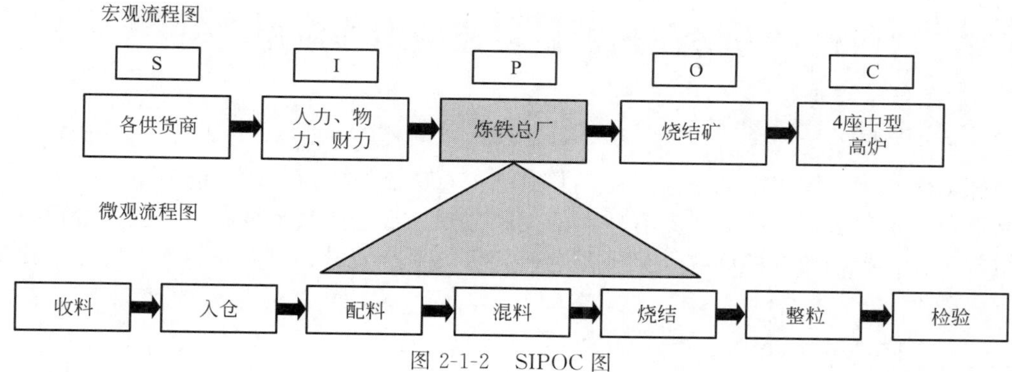

图 2-1-2　SIPOC 图

（4）预期财务收益

根据烧结矿成本和年需求量大致可以算出项目完成后因不合格品的减少而带来的成本节省。

2. 测量阶段

测量阶段主要有两个目标：一是收集测量数据，对问题进行量化；二是分析测量数据及其可靠性。

（1）测量系统分析

分别对点火温度、废弃温度和料层厚度等 17 个操作参数进行测量系统分析，通过 Gage R&R Study（用来分析测量系统的一种方法）对测量系统的重复性进行验证，并评估测量的精确程度及可靠性。

（2）操作参数的过程能力分析

根据上述测量系统分析的结果，再对各操作参数数据做进一步分析，计算其过程能力以及六西格玛水平。

（3）设备变异测定

设备变异测定包括使用因素分析法分析烧结矿产量和使用 Pareto 法分析设备故障原因。

3. 分析阶段

分析阶段的目的是根据生产现状收集有关数据资料，运用统计分析方法，如方差分析、回归分析等，分析自变量与因变量的关系，从众多潜在原因中找出产生问题的根本原因，并对需要改进的部分进行描述。

4. 改进阶段

改进阶段是六西格玛方法中最为关键的阶段，该阶段的目的是寻找问题的最佳解决方案，并验证该方案的有效性。为达到上述目的，需要完成如下工作：制订和评价解决方案、验证改进方案的有效性和实施方案。

5. 控制阶段

控制阶段的目的是避免重返旧的工作程序，保证工作的长期稳定进行，该阶段包括三项任务：制订改进成果的文件、建立过程控制计划和控制工作过程。

## 四、预期成果及应用

六西格玛管理方法自从在 M 企业第一炼铁总厂投入使用以来，取得了良好的效果，逐步形成了以六西格玛为核心的经营管理模式。企业今后的努力方向是将六西格玛管理方法日常化，让六西格玛管理模式在企业内不断完善，使企业的自身竞争力进一步增强。

# 案例2：六西格玛方法在轧钢质量控制中的应用

## 一、项目情况介绍

冷轧工序是钢铁加工链的末端工序，其成品将直接面向客户，成品的质量也代表着公司的产品形象。宝钢公司的冷轧机具有较大的生产范围，且生产效率极高。在生产过程中，酸洗机组常常存在异物压入的问题，严重影响冷轧机的生产质量，故需要新方法对质量控制方法进行改进。

## 二、问题分析与解决

近年来，冷轧产品在钢铁行业中的应用十分广泛。在冷轧产品的制造工序中，酸洗是不可或缺的一步，其工序稳定性严重影响冷轧产品的质量。统计数据表明：轧机和酸洗机组的异物压入严重降低冷轧产品质量。综上所述，本案例计划使用六西格玛管理方法改进冷轧产品的质量控制方法，以提高冷轧产品的生产质量，并确定了下列工作目标：

① 分析酸洗和轧制工艺中存在的影响产品质量的关键因素和单元；

② 利用测量系统分析法分析测量数据的有效性和可靠性；

③ 利用头脑风暴法和因果图分析影响质量的原因，利用统计方法判定关键因素；

④ 对影响质量的关键因素进行改进并监控。

## 三、可实施技术方案的确定

1.确定项目的关键问题

明确DMAIC（定义——Define、测量——Measure、分析——Analyze、改进——Improve、控制——Control）模型在定义阶段的主要任务，确定项目客户的关键要求；记录并对流程进行定性分析；组建有效的团队并确定沟通计划；在企业内建立六西格玛管理方案；确定课题推进制度及沟通方法。

2.分析项目测量阶段的关键

（1）确定测量对象

制作因果矩阵图并设定相应的权重指标。根据因果矩阵图的分析结果可得出辊面损伤、脏污积聚和焊渣吹扫不当等是造成酸洗机组异物压入的主要因素。

（2）制订数据收集计划

根据已确定的测量对象制订相应的数据收集计划。

（3）测量系统分析

本案例主要针对计数性数据进行分析，具体分析步骤如下。

① 测量系统类型：计数型；

② 测量人员：横切和纵切各8位质检员；

③ 样本选择：选取样板共30块；

④ 测量方法：质检员需对同一样本进行两次目测测量；

⑤ 收集数据并分析。

3.分析项目的关键影响因素

对流程进行分层和分析；利用因果分析图识别根本原因；制订根本原因的验证计划；使用检验方法对根本原因进行逐项验证。最终可归结出6个关键影响因素：油脂甩出脏污、辊面损伤剥落、轧机张力损伤、焊渣压入辊子、喂料机脏污积聚和入口压板脏污积聚。

4. 项目改进与控制

（1）制订改进方案

针对分析阶段找出的 6 个关键影响因素，使用头脑风暴方法归结出 10 个改进方案；评估改进方案，使用加权法评选出 3 个最佳方案，并对其进行改进。潜在原因及其解决方案如表 2-2-1 所示。

**表 2-2-1 潜在原因及其解决方案**

| 序号 | 潜在原因 | 方案 | 潜在解决方案 |
|---|---|---|---|
| 1 | 辊面损伤剥落 | 1 | 定期检查辊系并进行更换 |
| | | 2 | 加强设备维护 |
| 2 | 油脂甩出脏污 | 1 | 进行规范加油 |
| 3 | 焊渣压入辊子损伤 | 1 | 加强焊渣的清理工作 |
| 4 | 轧机张力损伤 | 1 | 定期检查辊系并进行更换 |
| | | 2 | 加强设备维护 |
| 5 | 喂料机脏污积聚 | 1 | 退出喂料机 |
| | | 2 | 增强喂料机辊面强度 |
| 6 | 机架入口压板脏污积聚 | 1 | 加强冲洗机架入口压板 |
| | | 2 | 改造机架入口压板 |

（2）评估和选择改进方案

通过综合考虑对六西格玛的贡献、时间周期和收益等方面，制订了相应的评估方案。根据项目的实际情况和各要素的重要性，制订了评分权重，并对各方案的优劣性进行打分。根据评分结果，确定了 3 个解决方案。

（3）制订和实施试点计划

对各个解决方案进行风险评估，落实各个方案的具体负责人并进行试验。方案计划如表 2-2-2 所示。

**表 2-2-2 改进方案及其试行方案**

| 序号 | 改进方案 | 负责人 | 试行方案 |
|---|---|---|---|
| 1 | 退出喂料机 | A | 直接退出，跟踪异物发生情况 |
| 2 | 机架入口压板改造 | B | 设计新型压板 |
| 3 | 机组辊系管理 | C | 规范辊系管理 |

## 四、预期成果及应用

结果表明，六西格玛管理法在轧钢质量控制中的应用效果显著，能够大幅度降低月均改判量，提高了工厂的经济效益。

# 案例 3：六西格玛方法在焊接质量改进中的应用

## 一、项目情况介绍

B 公司的主营业务为生产和加工汽车配件。为承接 C 厂在深圳地区的相关项目，B 公司特在广州设立了分公司。该项目生产的零部件多为关键位置的零部件，其质量水平对车身精度和项目进度有巨大影响。在该项目的试制任务中，B公司因其生产管理制度问题导致零部件批量出现了问题，严重影响了C厂的正常试制任务。

## 二、问题分析与解决

通过分析B公司的实际情况，可总结出B公司存在的问题如下：

（1）组织结构问题

作为典型的中小型企业，B公司中很多关键部门的领导是由家族成员担任的，缺乏专业的管理人才，这种任用模式极度限制了公司的发展。公司人员的从属关系不明确、现场责任不清晰。

（2）制度问题

员工无奖惩措施，工作完成质量与收入无关联。员工出差无补助、加班无奖励，造成员工的工作态度消极、满意度极低。

（3）车间现场问题

车间物品摆放杂乱，无分类摆放区；员工之间缺少沟通，领导与员工之间缺乏有效的反馈机制。

（4）工艺流程问题

缺乏完整的工艺流程，导致焊接的生产节拍和质量严重降低。操作人员常常依据个人经验选取焊接路径，导致焊接产品的质量不达标、生产效率低下。

（5）设备使用问题

检验设备是否满足使用需求、工具选择是否正确、参数设置是否合理都直接影响生产进度和产品质量。

针对B公司的产品质量问题，依据六西格玛质量管理理论提出了改革提升方案，具体思路如下：

① 通过分析现场相关数据，寻找B公司生产过程的质量管理问题，如车间质量管理问题、生产工艺流程问题和生产线平衡问题等；

② 在焊接车间中施行六西格玛管理制度，并严格遵循DMAIC质量改进流程；

③ 总结B公司焊接产品质量的改进经验，不断为六西格玛管理方法提出新的改进措施。

## 三、可实施技术方案的确定与评价

1. 定义阶段

本案例的定义阶段包括收集顾客意见、界定改进范围及明确改进目标。

2. 测量阶段

测量阶段的任务是确定被测对象并测量相关数据，包含确定测量系统的稳定性、收集尺寸质量因数、焊接质量因数和车间价值流数据。

3. 分析阶段

分析阶段需要运用相应的分析方法对测量数据进行原因分析，包括利用鱼骨图及Pareto分析图等图像进行零部件的质量超差分析和瓶颈因素分析。B公司焊接车间虚焊鱼骨图和Pareto分析图分别见图2-3-1、图2-3-2。

4. 改善阶段

改进阶段主要任务包括：

① 制订错孔问题的整改措施；

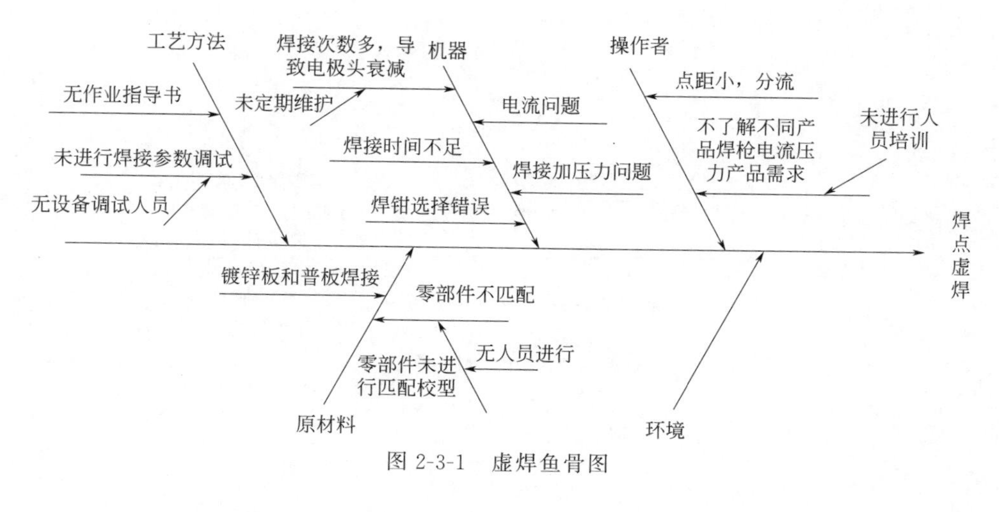


图 2-3-1　虚焊鱼骨图

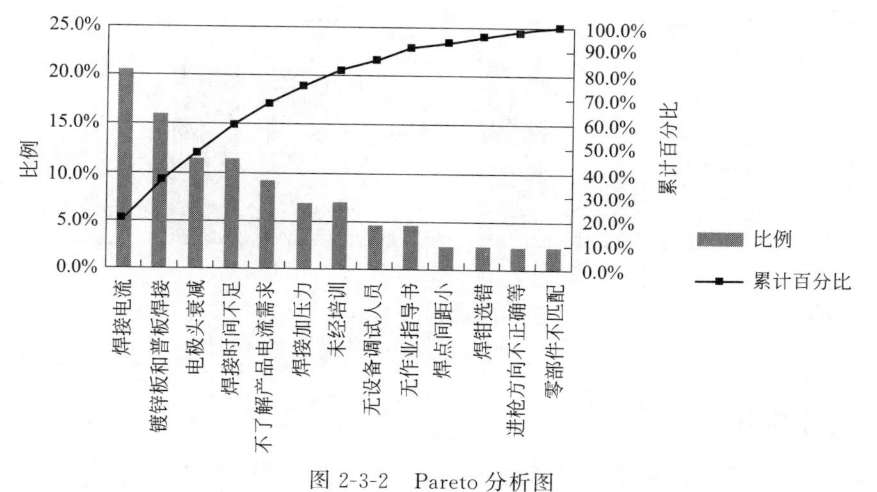


图 2-3-2　Pareto 分析图

② 确定电流参数，制订虚焊问题的改进方案；

③ 制订瓶颈工位问题的解决方案。

5. 控制阶段

(1) 超差改进效果

对六西格玛方法的改进效果进行对比分析，并绘制止口公差对比图，如图 2-3-3 所示。

(2) 虚焊改进效果

参数改进完成后，根据 10 件零（部）件的破坏检测结果制订了半破坏检测方案，极大地提高了检测效率。每百件产品的检测时间由原来的 300min 降低至目前的 15min，其改进效果如图 2-3-4 所示。

(3) 生产率改进效果

生产效率从改进前的 87.6%提升到改进后的 99.3%，生产线闲置时间大幅减少。

(4) 客户满意度提升

引入六西格玛管理方法后，公司的顾客满意度显著提升，在七家供应商的排名中由之前的倒数第一名提升至第三名。

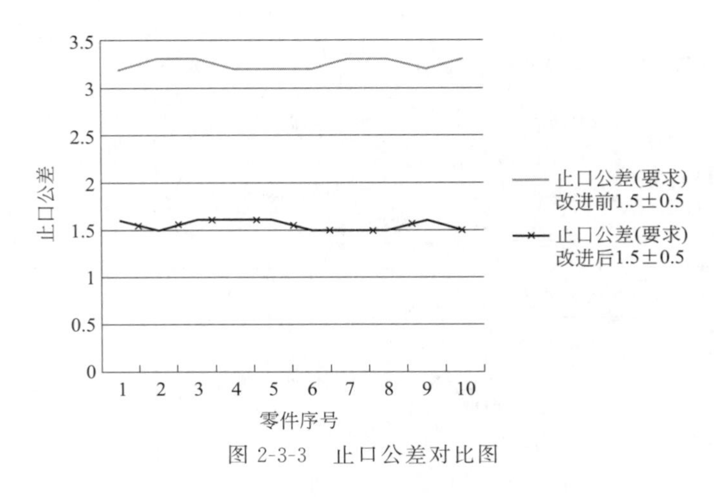

图 2-3-3　止口公差对比图

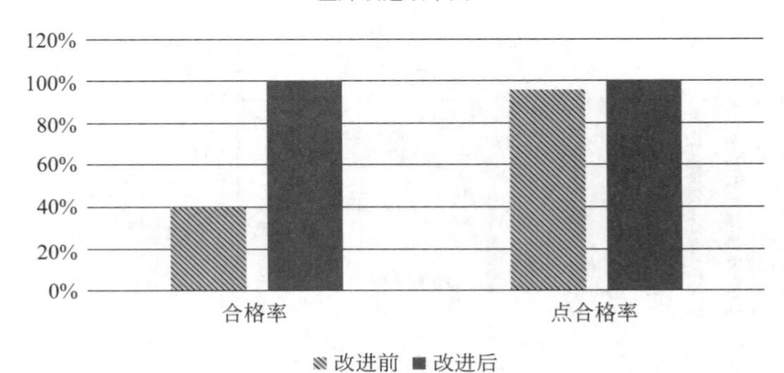

图 2-3-4　虚焊改进效果图

## 四、预期成果及应用

① 产品标件的错焊、漏焊率下降至 0.1%以下，生产线平衡率提高了 12%；

② 利用粒子群算法优化了焊接路径，减少了人力成本及人工经验对生产过程的干扰，有效地提高了瓶颈工位的生产速度及响应能力；

③ 员工的积极性和生产效率显著提升；

④ B 公司的客户满意度和供应商排名大幅提升。

# 案例 4：六西格玛方法在炼钢耗材量控制中的应用

## 一、项目情况介绍

脱氧是炼钢过程中的关键环节，钢材的质量和脱氧密切相关。铝具有很强的脱氧能力，用铝作脱氧剂的脱氧效果较好。近年来，国内外的炼钢厂多用铝作为钢水的脱氧剂。但铝具有回收率低的缺点，使用铝作为脱氧剂会导致炼钢的成本过高。因此，本案例使用六西格玛的思想和方法对铝的使用量进行控制，以实现节能减排和控制成本的目标。

## 二、可实施技术方案的确定

### 1. 项目目标确定

对南钢公司的年吨钢用铝消耗情况进行过程能力分析，过程能力分析图如图 2-4-1 所示。由过程能力分析结果可知，吨钢脱氧用铝的过程能力偏低、月平均消耗的波动范围较大且平均消耗水平较高，需立刻进行改善。计划改善后的吨钢用铝平均消耗下降10%。

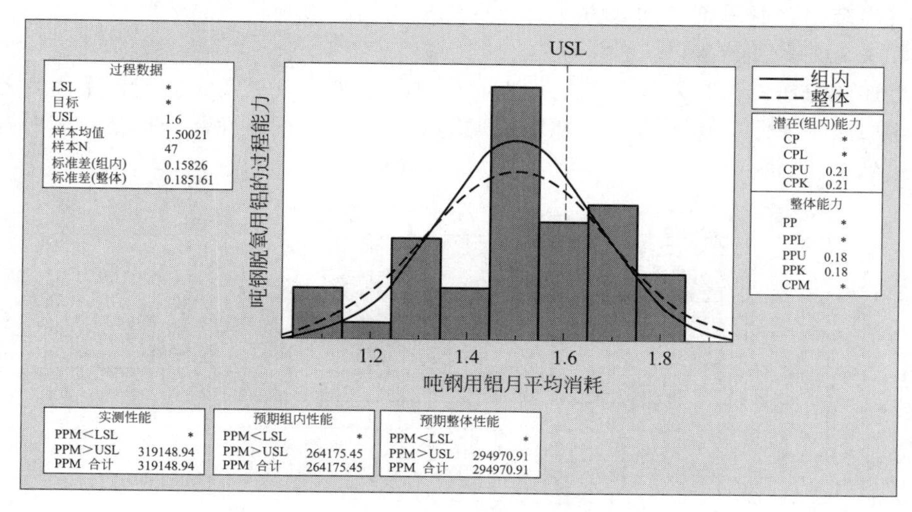


图 2-4-1 过程能力分析图

LSL—可接受标准的下限；USL—可接受标准的上限；PPM—不良率；CP—过程能力指数；CPL—下单侧过程能力指数；CPU—上单侧过程能力指数；CPK—过程能力 K 指数；PP—过程绩效指数；PPL—下单侧过程绩效指数；PPU—上单侧过程绩效指数；PPK—过程绩效 K 指数；CPM—过程能力指数

2. 分析重要因子

使用因果矩阵法对吨钢脱氧用铝的影响度进行分析，筛选出 7 个重要因素作为吨钢脱氧用铝的重要因子，分别为终点温度、铁水温度、炉脱时间、加热制度、石灰质量、合金化制度和脱氧制度。

3. 确定关键因子

通过 FMEA 分析确定关键因子，其 FMEA 分析表如表 2-4-1 所示。通过分析筛选出 2 个关键因子。

**表 2-4-1 FMEA 分析表**

| 序号 | 输入因素 | 潜在失效模式 | 严重度（SEV） | 潜在原因 | 发生的频度（OCC） | 当前控制方法 | 不易探测度（DET） | 风险优先数（RPN） |
|---|---|---|---|---|---|---|---|---|
| 1 | 铁水温度 | 温度低 | 5 | 到站铁水温降大 | 3 | 内控标准 | 3 | 45 |
| 2 | 石灰质量 | 不稳定 | 3 | 石灰生过烧比率高 | 3 | 质量判定标准 | 5 | 45 |
| 3 | 终点温度 | 高 | 6 | 钢种要求、操作不稳定 | 5 | 工艺规程 | 4 | 120 |
| 4 | 合金化制度 | 不合理 | 5 | 工艺规程制订不合理 | 3 | 工艺规程 | 1 | 15 |
| 5 | 脱氧剂加入时机 | 铝烧损严重 | 7 | 渣未化好，前期大量加入 | 7 | 作业标准 | 7 | 343 |
| 6 | 脱氧剂加入方法 | 过程铝消耗高 | 3 | 渣层厚度控制不稳定 | 3 | 作业标准 | 5 | 45 |
| 7 | 脱氧剂自动称量 | 铝消耗大 | 3 | 称量正偏差 | 3 | 设备规程 | 2 | 18 |
| 8 | 脱氧剂人工称量 | 铝消耗大 | 5 | 不称量，随意加入 | 7 | 作业标准 | 9 | 315 |
| 9 | 炉脱时间 | 铝消耗大 | 7 | 脱碳时间控制短 | 3 | 工艺规程 | 3 | 63 |

4. 验证关键因子

为分析脱氧剂的加入方式对吨钢脱氧用铝的影响，定义了两种不同的脱氧剂加入方式。

方式一为在化渣后将脱氧剂一次性加入；方式二为在整个炼钢过程中分批次加入。为分析两种加入方式的差异性，分别使用正态性检验、方差齐性检验和T检验对原假设进行检验分析。最终得出结论：脱氧剂的加入方式对吨钢脱氧用铝的影响较大。

5. 制订改进方案并检验

根据上述的分析结果，对脱氧剂的加入制度进行改进，改进实施后的概率图与控制图如图2-4-2、图2-4-3所示。由图可知，吨钢脱氧用铝数据符合正态性，分析结果表明本次改进方案能够达到项目目标。

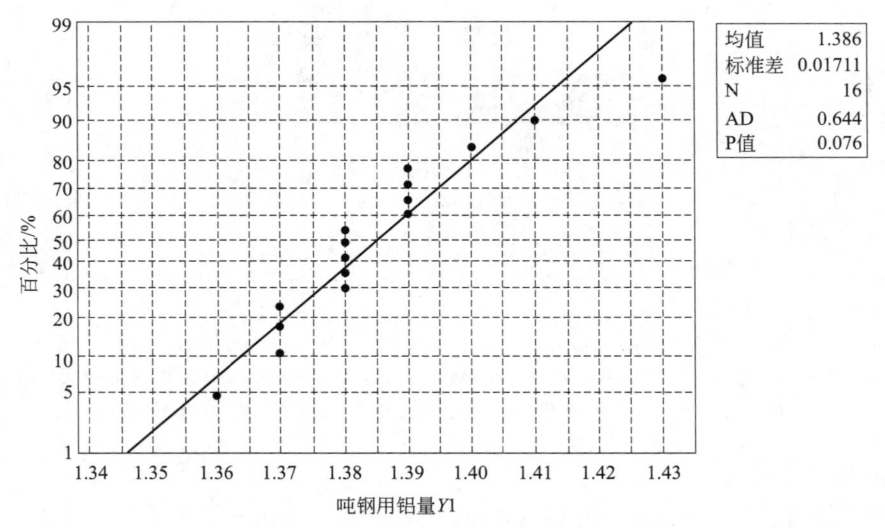


图 2-4-2　吨钢脱氧用铝量的概率图（正态）

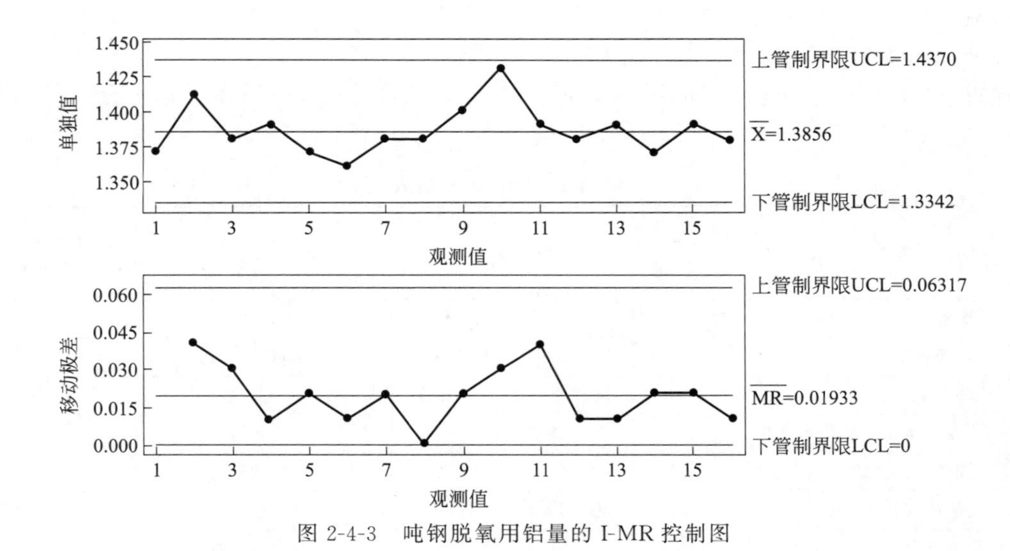


图 2-4-3　吨钢脱氧用铝量的I-MR控制图

## 三、预期成果及应用

通过六西格玛方法实现了炼钢过程中的铝耗降低，提升了公司的管理水平及理念，实现了节能减排和控制成本的目标。

# 案例 5：六西格玛方法在热轧产品质量改进中的应用

## 一、项目情况介绍

T 公司的 2250 热轧生产线是公司的关键工序设备。调研发现，生产线复杂、生产周期长和质量问题等因素，对用户满意程度及生产成本有很大的影响，对公司的品牌产生负面效应。针对上述问题，T 公司计划使用六西格玛方法对生产线中的关键问题进行分析、改进及控制，对提升轧钢生产线乃至整个公司的产品质量具有重要意义。

## 二、可实施技术方案的确定

1. 项目定义

（1）确定用户的关键需求

通过问卷调查、顾客投诉及市场调查等方式，确定质量、价格和交付是用户的关键需求。质量需求包括表面质量、侧翻、性能和尺寸四个方面；价格需求即为成本；交付需求包括生产周期和成材率两方面。从需求分析结果可以看出，不论考虑哪方面的需求，质量都是其关键因素。

（2）宏观流程分析

对该项目的热压不锈钢产品的生产流程进行 SIPOC 分析，其 SIPOC 图如图 2-5-1 所示。

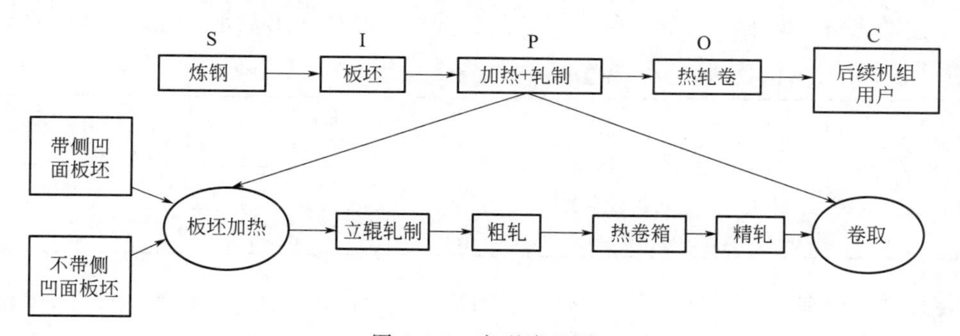


图 2-5-1 宏观流程图

2. 分析潜在原因

对输出缺陷与潜在原因之间的关系进行分析，绘制该案例的鱼骨图，如图 2-5-2 所示。

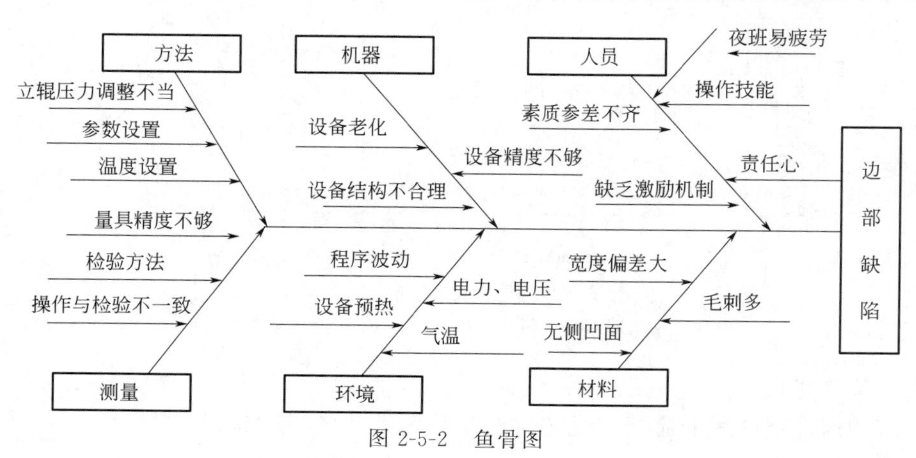


图 2-5-2 鱼骨图

从鱼骨图中的21个输入因子中筛选出17个输入因子进行权重分析，再从中筛选出10个对边部缺陷因子有影响的因子进行分析并绘制其Pareto图，如图2-5-3所示。

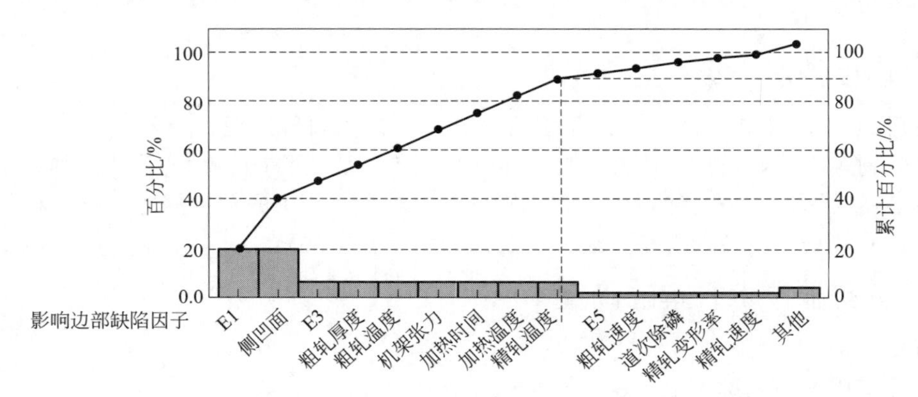


图2-5-3　影响边部缺陷因子的Pareto图

3. 原因分析及初步优化

对各个影响因素进行统计检验和验证分析，找出了8个关键影响因素。对8个关键因素进行相关性分析及回归分析，根据分析结果进行初步优化。优化后的缺陷宽度为11.65mm，较优化前的15mm有明显提升。

4. 全因子试验设计及分析

为寻找最优解，对所有参数进行全因子试验分析，其试验参数水平如表2-5-1所示。

**表2-5-1　试验参数水平表**

| 水平 | 加热时间/min | 宽度/mm | 第一道测压(RE1)/t | 第二道测压(RE3)/t | 加热温度(FDT)/℃ | 粗轧厚度/mm |
|---|---|---|---|---|---|---|
| 1 | 200 | 10 | 70 | 50 | 1010 | 32 |
| 2 | 220 | 20 | 100 | 70 | 1030 | 40 |

选定拟合因子和拟合模型，并对拟合宽度的系数进行估计，其分析结果如图2-5-4所示。

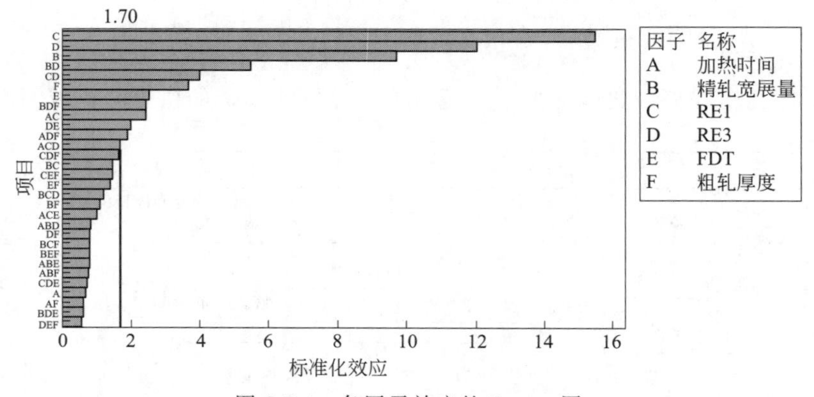


图2-5-4　各因子效应的Pareto图

（响应为缺陷宽度，Alpha=0.10，仅显示30个最大效应）

5. 优化缺陷宽度

在设定的条件下应用响应变量优化器进行最优化求解，其求解结果如图2-5-5所示。

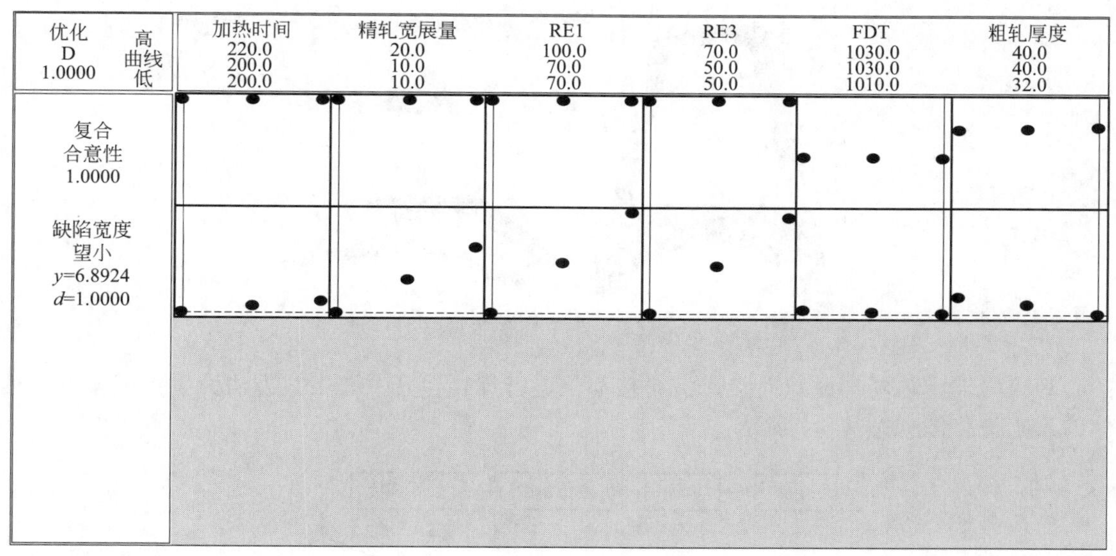


图 2-5-5　输出结果图

优化参数取值表如表 2-5-2 所示。由取值表可知，在优化参数取得最优解时，两次优化的参数的变化趋势一致，说明此次优化的结果具有使用价值。

**表 2-5-2　优化参数取值表**

| 优化 | 加热时间/min | 宽度/mm | RE1/t | RE3/t | FDT/℃ | 粗轧厚度/mm |
|---|---|---|---|---|---|---|
| 一次优化 | 210 | 14 | 85 | 65 | 1020 | 36 |
| 二次优化 | 200 | 10 | 70 | 50 | 1030 | 40 |

## 三、预期成果及应用

通过六西格玛方法实现了对不锈钢边部缺陷宽度的改善，对轧钢生产线乃至整个公司的产品质量的提升具有重要意义。

# 案例 6：六西格玛方法在合金焊接工艺改进中的应用

## 一、项目情况介绍

本案例所涉及的高温合金支架用于约束并支撑航天发动机的内部导管。在工作过程中，合金支架的表面受到高温热流的冲刷和高温介质的热腐蚀作用，工作环境极其恶劣，是航天发动机的危险部件之一。为防止因合金支架的失效断裂而影响发动机的正常工作，现计划对高温合金支架的焊接工艺进行改进，以提高支架的强度和焊缝的质量。

## 二、可实施技术方案的确定

*1. 产品及工艺方法分析*

本案例所涉及的高温合金支架为冷轧钢板支架，其结构示意图如图 2-6-1 所示。

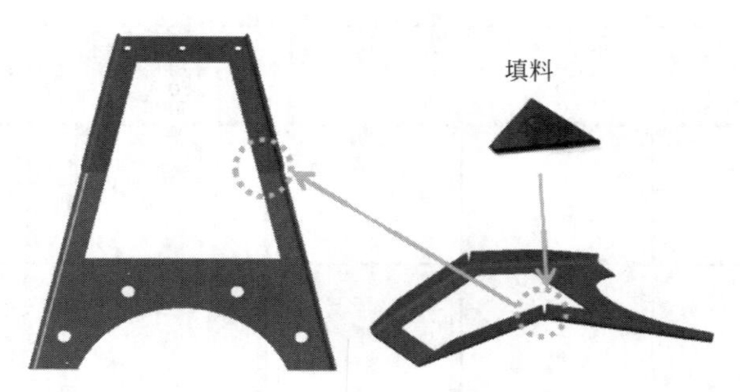

图 2-6-1 支架结构示意图

焊接时需将填料与缺口对接，沿对接部位进行焊接，其主要工艺方法为手工氩弧焊，具体的工艺流程图如图 2-6-2 所示。

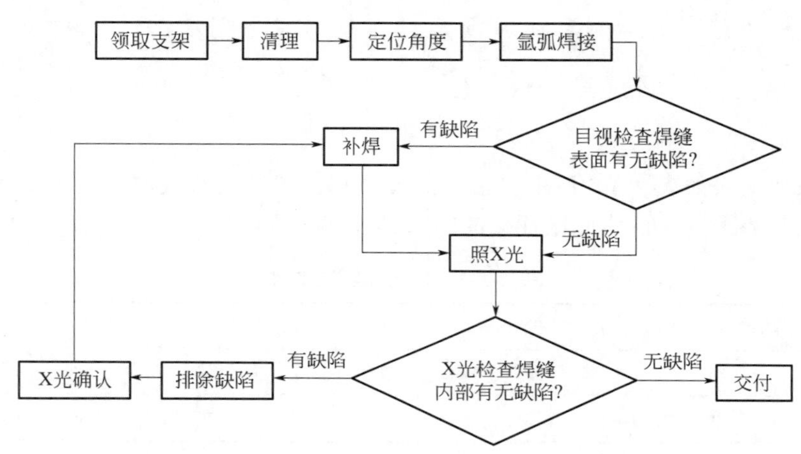

图 2-6-2 焊接工艺流程

2. 缺陷分析及目标定义

对近期生产的合金支架缺陷情况进行统计，其统计结果如表 2-6-1 所示。

**表 2-6-1 焊缝缺陷情况汇总表**

| 项目 | 发生频次 | 比率/% |
|---|---|---|
| 裂纹 | 25 | 69.4 |
| 未焊透 | 9 | 25.0 |
| 气孔 | 1 | 2.8 |
| 夹渣 | 1 | 2.8 |
| 合计 | 36 | 100 |

对支架的生产流程进行 SIPOC 分析，其分析过程如图 2-6-3 所示。由分析结果可确定 X 光检查为焊缝合格率的数据收集点，并设定其项目的资格线为 90%，目标线为 95%。

3. 目标过程能力分析

利用泊松分布对改进前的焊缝控制水平进行过程能力分析，分析数据如表 2-6-2 所示。其分析报告如图 2-6-4 所示。

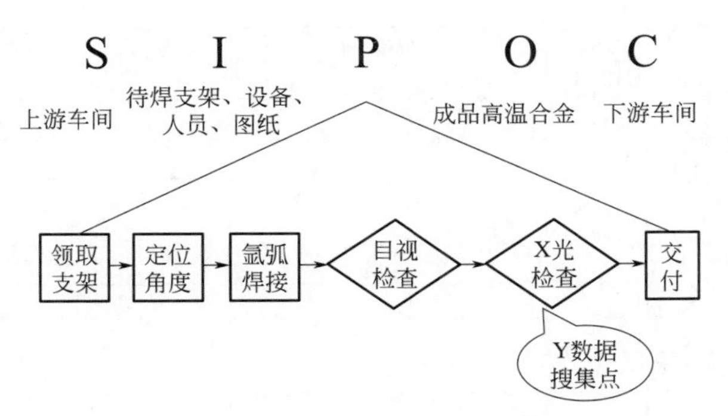


图 2-6-3　支架生产过程 SIPOC 流程

**表 2-6-2　焊缝缺陷数据统计表**

| 序号 | 焊缝数/条 | 缺陷数/个 |
| --- | --- | --- |
| 1 | 20 | 15 |
| 2 | 20 | 14 |
| 3 | 20 | 16 |
| 4 | 20 | 17 |

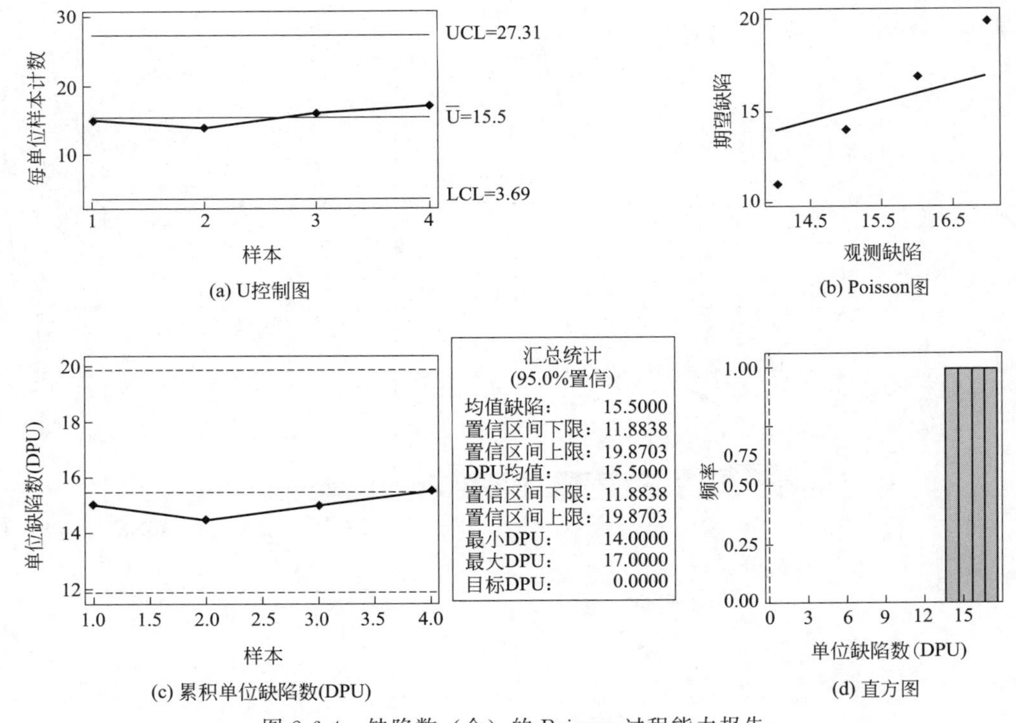


图 2-6-4　缺陷数（个）的 Poisson 过程能力报告

4. 寻找关键因子

分析焊接过程的流程变量，其流程变量图如图 2-6-5 所示。通过头脑风暴法确定了 14 个焊接影响因子。采用因果矩阵法对影响因子进行打分，利用帕累托图筛选出影响占比较大的 9 个影响因子。帕累托图如图 2-6-6 所示。

| 6M | 输入 | C | U | X | S | 下限 | 目标 | 上限 | 流程步骤 | 输出(品质特性) |
|---|---|---|---|---|---|---|---|---|---|---|
| 人 | 测量人员技能 | | U | | | | | | 步骤1<br>领取零件，检查零件质量 | 判断材料、尺寸是否合格 |
| 料 | 检测方法和判断准则 | C | | | S | | 材料、尺寸合格 | | | |
| 人 | 清理人员技能 | | U | | | | | | 步骤2<br>清理 | 焊丝与零件表面有油污等 |
| 法 | 运输过程保护 | C | | | S | | 无油污 | | | |
| 人 | 定位钳工技能 | | U | | | | | | 步骤3<br>角度定位 | 焊缝歪斜、缝隙大 |
| 人 | 焊接人员技能 | | U | | | | | | 步骤4<br>氩弧焊接 | 焊接产生气孔、夹杂、裂纹、未焊透等缺陷 |
| 环 | 焊接温度 | C | | | S | 15℃ | | | | |
| 环 | 焊接湿度 | C | | | S | | | 75% | | |
| 机 | 设备稳定性 | | U | | | | | | | |
| 法 | 起弧位置 | C | | | S | | 距焊缝10mm | | | |
| 法 | 焊接后冷却时间 | | U | | | | | | | |
| 人 | 检验人员技能 | | U | | | | | | 步骤5<br>X光检测 | 误判 |
| 机 | 探伤仪器精度及稳定性 | | U | | | | | | | |

图 2-6-5　焊接过程流程变量

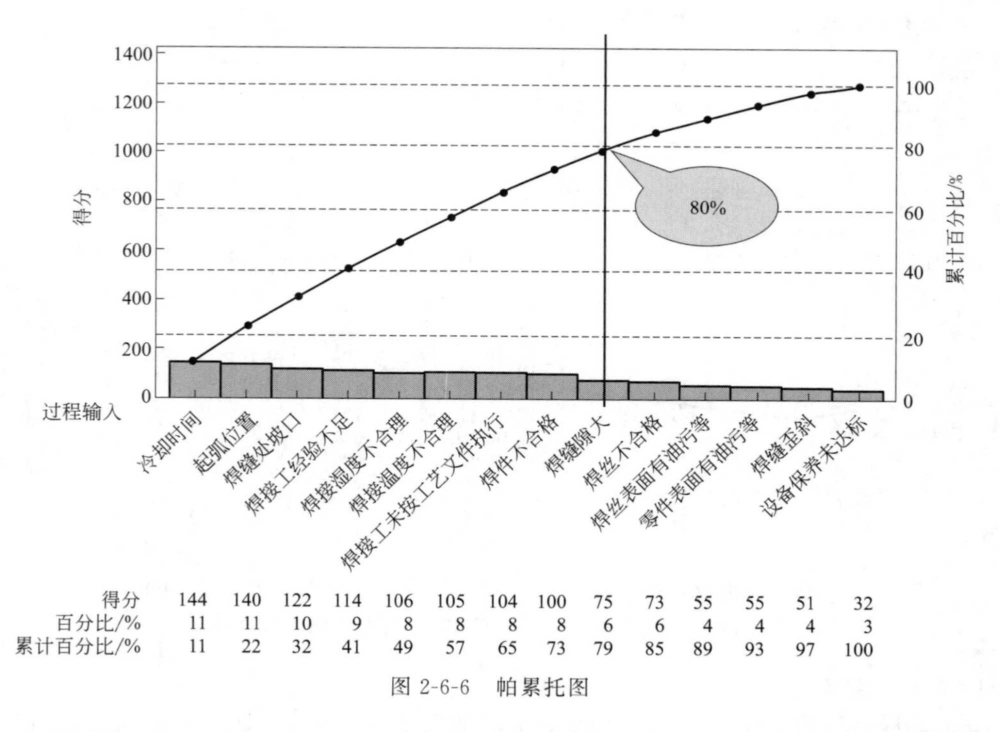


| | | | | | | | | | | | | | | |
|---|---|---|---|---|---|---|---|---|---|---|---|---|---|---|
| 得分 | 144 | 140 | 122 | 114 | 106 | 105 | 104 | 100 | 75 | 73 | 55 | 55 | 51 | 32 |
| 百分比/% | 11 | 11 | 10 | 9 | 8 | 8 | 8 | 8 | 6 | 6 | 4 | 4 | 4 | 3 |
| 累计百分比/% | 11 | 22 | 32 | 41 | 49 | 57 | 65 | 73 | 79 | 85 | 89 | 93 | 97 | 100 |

图 2-6-6　帕累托图

通过帕累托图可以找出对焊缝质量影响最大的 5 个关键因子，分别为：起弧位置、焊接坡口、焊接冷却时间、焊接温度和焊接湿度。

5. 关键因子分析

对五个关键因子分别进行分析，其具体分析情况如表 2-6-3 所示，可以确定起弧位置、焊接冷却时间和焊接坡口为关键因子。

**表 2-6-3　因子分析情况汇总表**

| 序号 | 影响因子 | 概率 | 检验工具 | 关键因子 | 改进方式 |
|---|---|---|---|---|---|
| 1 | 焊接冷却时间 | 0.000 | 双比率检验 | 是 | 进入Ⅰ阶段改善 |
| 2 | 起弧位置 | 0.001 | 双比率检验 | 是 | 进入Ⅰ阶段改善 |
| 3 | 焊接坡口 | 0.000 | 双比率检验 | 是 | 进入Ⅰ阶段改善 |
| 4 | 焊接温度 | 0.760 | 卡方检验 | 否 | 快赢改善 |
| 5 | 焊接湿度 | 0.791 | 卡方检验 | 否 | 快赢改善 |

6. 改进设计

根据上述分析结果可以确定，影响焊缝质量的三个关键因子为起弧点距焊缝的距离、冷却时间和坡口处材料厚度。对各关键因子进行参数改进，其改进数据如表 2-6-4 所示。

**表 2-6-4　因子分析情况汇总表**

| 因子 | 低 | 高 | 中心点 |
|---|---|---|---|
| 起弧点距焊缝的距离/mm | 10 | 40 | 25 |
| 冷却时间/min | 20 | 50 | 35 |
| 坡口处材料厚度/mm | 0.4 | 1.6 | 1 |

通过响应优化器进行优化分析，分析结果如图 2-6-7 所示。

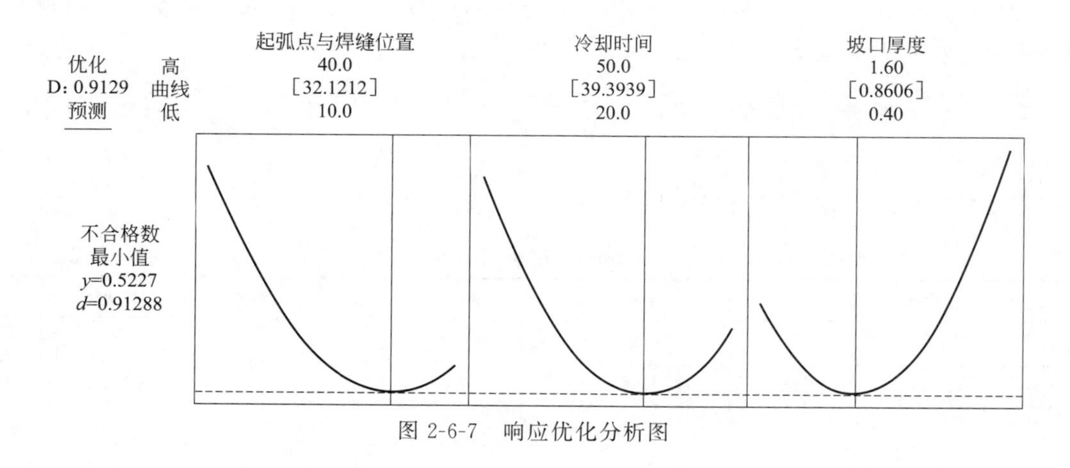


图 2-6-7　响应优化分析图

## 三、预期成果及应用

改进后的 3 批焊接的焊缝缺陷数分别为 2、2、1，焊缝合格率为 95%，达到了 95%的标准。统计数据显示：在改进后的一年内，公司的生产成本共减少了 62.7 万元，经济收益和社会效益明显。

# 第二节

# DOE 试验设计在焊接、温控和选矿领域的应用案例分析

## 案例 7：DOE 试验设计在波峰焊接工艺优化中的应用

### 一、项目情况介绍

21 世纪以来，“绿色制造”逐渐成了电子制造业的发展趋势，在此趋势下，无铅波峰焊接异军突起。无铅波峰焊接的工艺过程复杂，会产生桥连、冷焊和拉尖等缺陷，严重影响焊接工艺的质量。国内的焊接厂商常常通过生产经验和加工设备的工艺参数来制订生产工艺流程，这是一种不科学且不严谨的拟定方式，往往难以保证产品的焊接质量。无铅波峰焊原理图如图 2-7-1 所示。

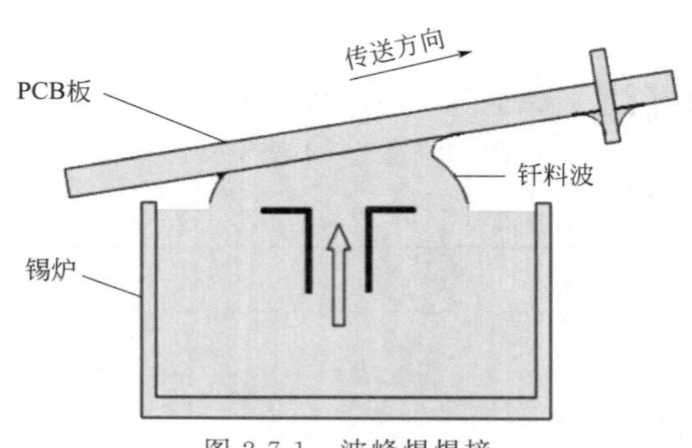

图 2-7-1　波峰焊焊接

### 二、问题分析与解决

无铅波峰焊的工作过程涉及预热温度、焊接时间、轨道倾角和冷却速度等影响因素，这些因素将直接影响焊点的质量。行业中普遍认为无铅化波峰焊组装缺陷率不应超过 2000ppm❶，但国内的缺陷率高达 5000ppm，严重违背了成本控制理论的要求。

为了提高焊接质量，本案例将采用 DOE 方法对焊接工艺中常见的两种缺陷（桥连和冷焊）进行改进，进而实现对实际生产的预测和指导。

### 三、可实施技术方案的确定

1. 试验方法及步骤

拟定的试验因子水平如表 2-7-1 所示。

表 2-7-1　试验因子水平

| 因子 | 因子名称 | 高水平 | 低水平 |
|---|---|---|---|
| A | 助焊剂量 | 500μg/in²① | 1500μg/in² |
| B | 预热温度 | 120℃ | 140℃ |
| C | 浸锡时间 | 2s | 4s |
| D | 压波高度 | 0.8mm | 1.2mm |
| E | 锡炉温度 | 260 | 270 |
| F | 轨道倾角 | 5° | 6° |

① 1in=2.54cm。

❶ 1ppm=$10^{-6}$。

试验的具体步骤如下：

① 将碳膜电阻插装在 PCB 板上；

② 按照设计的焊接参数进行波峰焊接试验；

③ 分别统计桥连和冷焊的试验结果并分析试验结果。

试验结果显示：PCB 板中只存在桥连和冷焊缺陷，故只对桥连和冷焊进行分析。

2. 试验数据分析

分别对桥连和冷焊两种情况进行数据分析，绘制标准化效应的正态概率图（图 2-7-2、图 2-7-4）和 Pareto 图（图 2-7-3、图 2-7-5），并进行因子的交互作用分析、方差分析、回归分析、试验设计的统计学分析和机理分析。

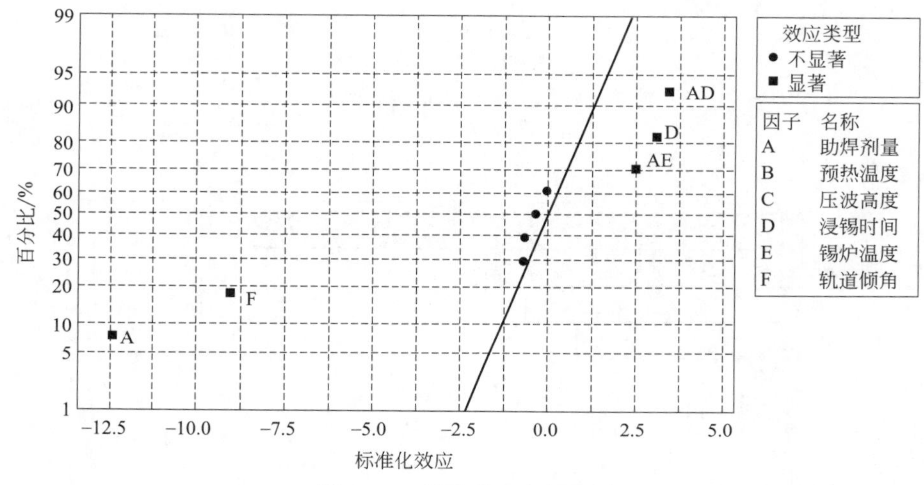


图 2-7-2 桥连的正态概率图

（响应为桥连，Alpha＝0.05）

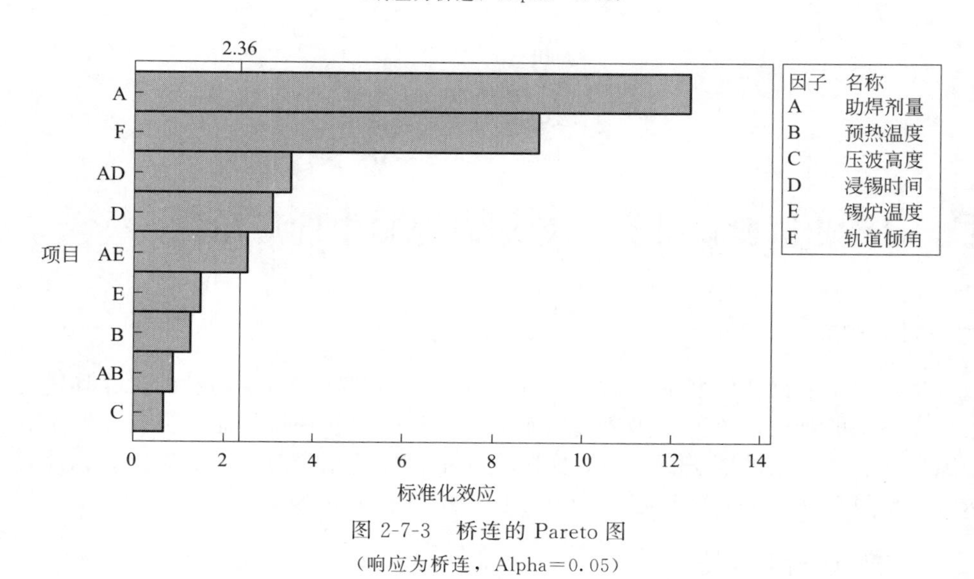


图 2-7-3 桥连的 Pareto 图

（响应为桥连，Alpha＝0.05）

## 四、预期成果及应用

试验结果表明：改进后的焊接缺陷率显著降低，焊接质量明显提升。

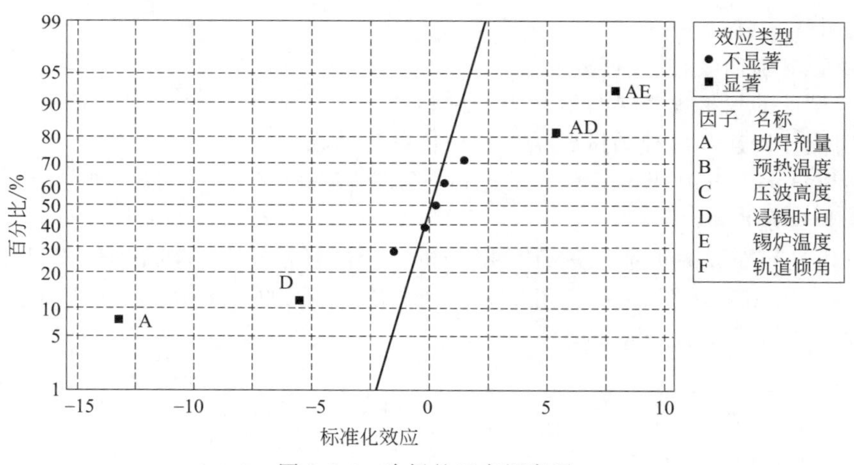


图 2-7-4 冷焊的正态概率图

（响应为冷焊，Alpha=0.05）

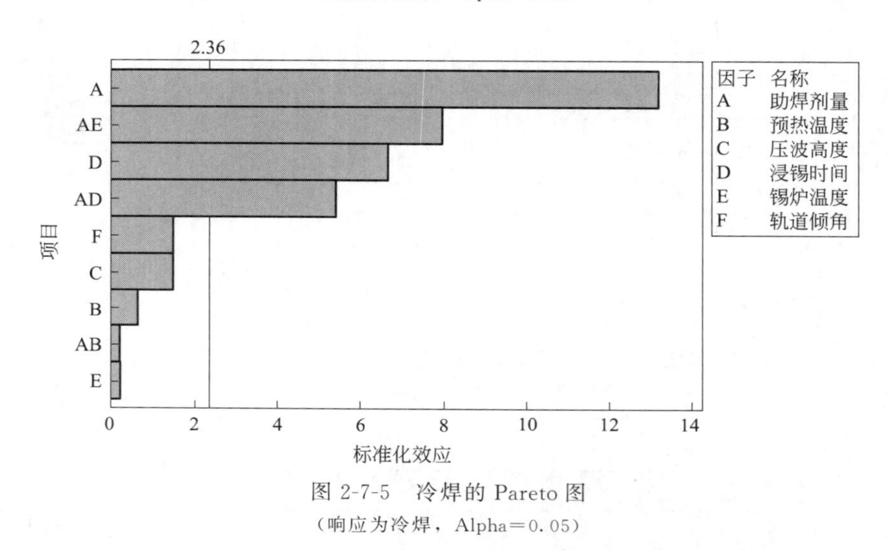


图 2-7-5 冷焊的 Pareto 图

（响应为冷焊，Alpha=0.05）

## 案例 8：DOE 试验设计在高炉炉温控制中的应用

### 一、项目情况介绍

顺行是高炉正常操作的前提，而炉温稳定是顺行的基础。由于高炉的工作环境复杂，炉温测量存在一定的难度，人们大多通过铁水的硅含量来间接评价炉温。但是，铁水硅含量的测量必须在铁生成之后才能进行，导致实际生产中存在严重的时间滞后现象。因此，合理控制铁水的硅含量对保持高炉的稳定生产及强化冶炼具有重大意义。

### 二、问题分析与解决

之前，很多钢铁企业的炉温控制完全依靠工长的经验判断，并据此制订措施，且很少对判断效果进行量化处理。利用 DOE 试验设计方法建立炉温的量化控制模型能够大幅减少试验成本和时间，在生产实践中具有深远的意义。

## 三、可实施技术方案的确定

1. 确定 DOE 试验因子

通过头脑风暴法和鱼骨图，从原燃料质量、入炉控制和炉内参数等方面对所有可能影响铁水硅含量的因素进行筛选和分析，从而可以得到影响硅含量的主要因素，包括热风温度、富氧量、透气性指数、小时料速、铁水温度和燃料比，在保证其他工艺条件相对稳定的前提下，以上述六种因素作为试验因子进行 DOE 试验。

2. 创建因子设计

本试验采用 2 水平 6 因子 1/4 部分试验，另添加 3 次中心点试验，共需进行 19 组试验。DOE 因子水平设计表如表 2-8-1 所示。

**表 2-8-1　DOE 因子水平设计表**

| 关键根本原因 | +1 | −1 | 0 |
|---|---|---|---|
| 热风温度/℃ | 1110 | 1000 | 1055 |
| 富氧量/($m^3$/h) | 12000 | 10000 | 11000 |
| 透气性指数 | 33 | 28 | 30.5 |
| 小时料速/(批/h) | 7 | 5 | 6 |
| 铁水温度/℃ | 1510 | 1490 | 1500 |
| 燃料比/(kg/t) | 530 | 490 | 510 |

若炉况在试验期间出现波动，应立即终止试验。

3. 进行 DOE 试验

在高炉中进行试验，记录现场工艺参数并转化为试验结果。

4. DOE 试验模型

根据 DOE 试验分析结果可得出用于表示硅含量的回归方程，即硅含量的量化控制模型：$w([Si])=0.001986\times$热风温度$+0.0681\times$透气性指数$-0.07125\times$小时料速$+0.000688\times$燃料比$-0.000064\times$热风温度$\times$透气性指数$-1.71$。

将上述四个变量代入回归方程中即可求得硅含量。此方法实现了量化控制硅含量的目的，使工厂能够提前获得铁水中的硅含量值。

## 四、预期成果及应用

自采取此量化模型以来，硅含量的偏差较之前有了明显的下降，其变化趋势如图 2-8-1

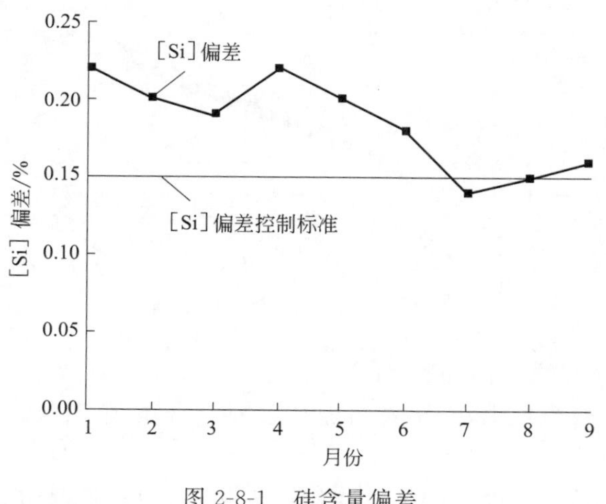


图 2-8-1　硅含量偏差

所示；高炉的炉温受控率由85%提高至95%，炉温受控率变化趋势如图 2-8-2 所示。由此可见，DOE 试验模型能够有效地保证高炉的长期稳定顺行和提高生铁质量。

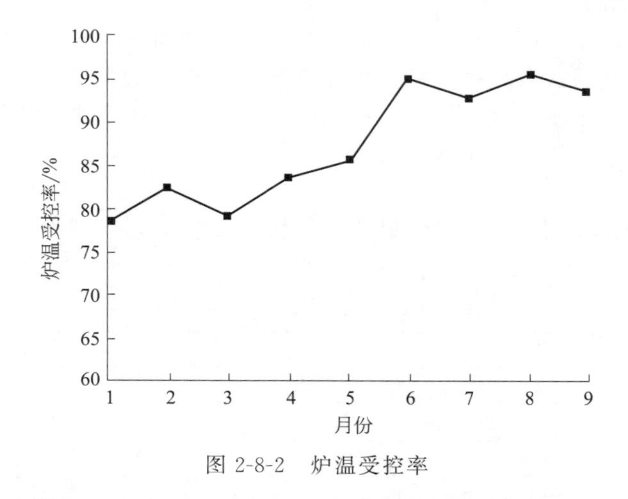


图 2-8-2 炉温受控率

## 案例 9：DOE 试验设计在选矿工艺中的应用

### 一、项目情况介绍

2015 年 9 月之前，某选矿厂的平均生产品位为 28.5%，生产稳定率较高（6～9 月份平均 82.54%）。受国际矿价的影响，10 月后各民营选矿厂陆续停止处理品位较低的混合矿及氧化矿，故采矿厂所采集的所有矿石都需通过该选矿厂处理，导致精矿的生产稳定率降低且波动较大，10～11 月的平均稳定率仅为 66.83%。为保证高炉能够稳定顺行，提高铁精矿品位的全铁稳定率势在必行。

### 二、问题分析与解决

应用 Minitab 软件进行铁精矿品位的过程能力分析，其分析结果如图 2-9-1～图 2-9-3 所示。

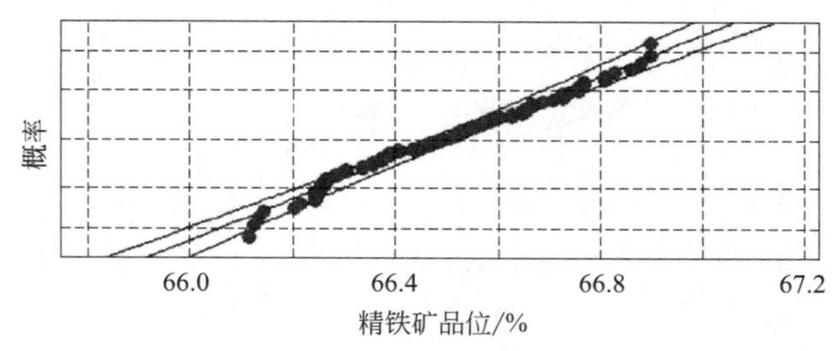


图 2-9-1 正态概率图

由图 2-9-1 可知，检测数据呈正态分布。

由图 2-9-2 可知，各点在控制界限内随机波动，无异常现象，由此判定该生产过程稳定。

由图 2-9-3 可知，CP＝0.98，CPK＝0.42，两者均小于 1，说明过程能力不足。

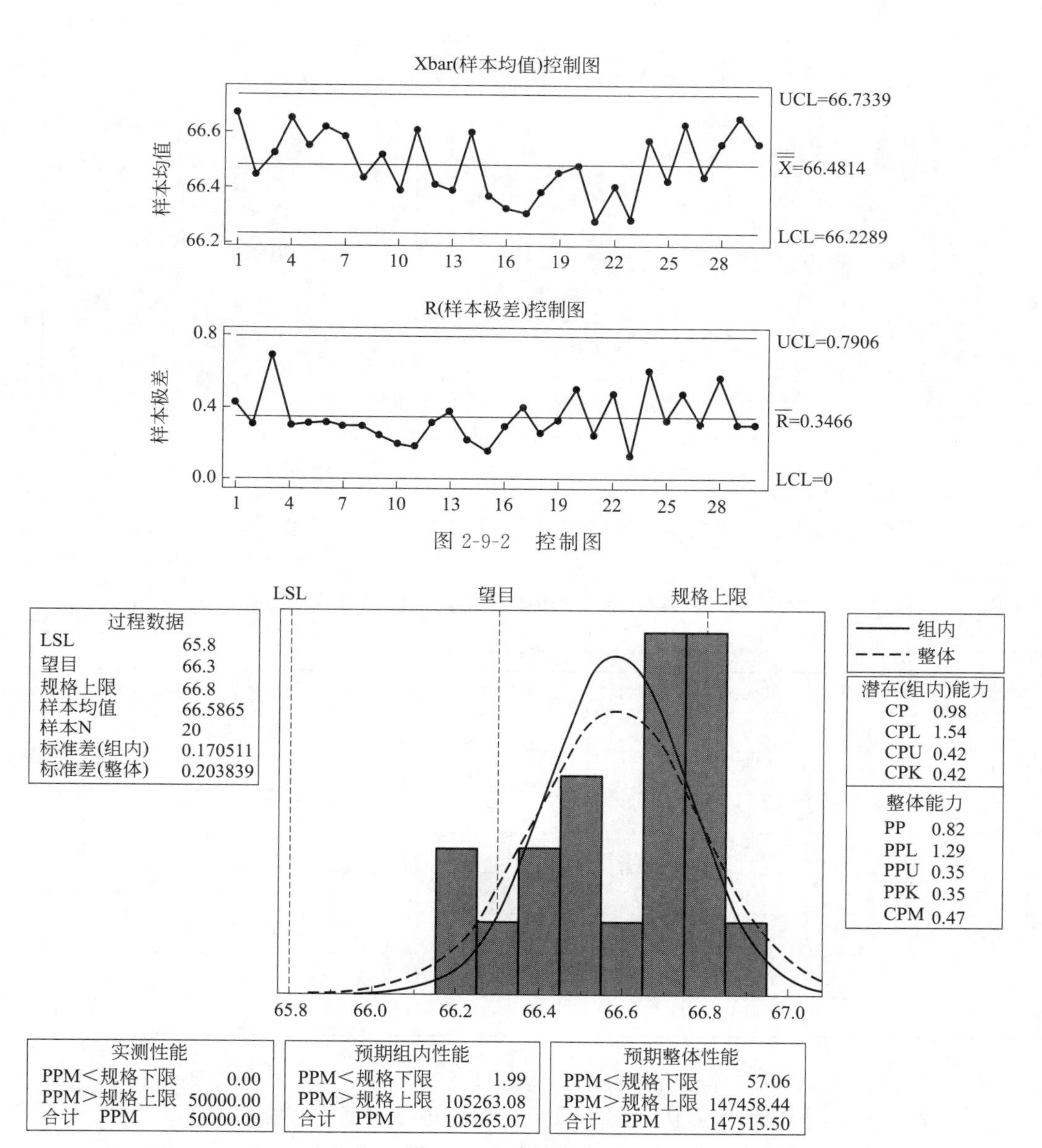


图 2-9-2 控制图

图 2-9-3 过程能力图

## 三、可实施技术方案的确定

1. 确定关键因子

运用回归分析、PFMEA（Process Failure Mode and Effects Analysis）分析和方差分析等方法，确定 9 类 18 个关键因子。

2. 制订试验方案

为找到关键因子的最优设置方案以使铁精矿的全铁稳定率达到最优值，现根据关键因子和实际生产过程设计了两套用于确定最优参数的试验方案：

方案 1：进行部分因子试验。

方案 2：按工序分类进行全因子试验。

考虑部分关键因子试验中存在流程较长且各效应间存在相互影响的问题，故选择方案二进行试验。全因子试验的设计方案如图 2-9-4 所示。

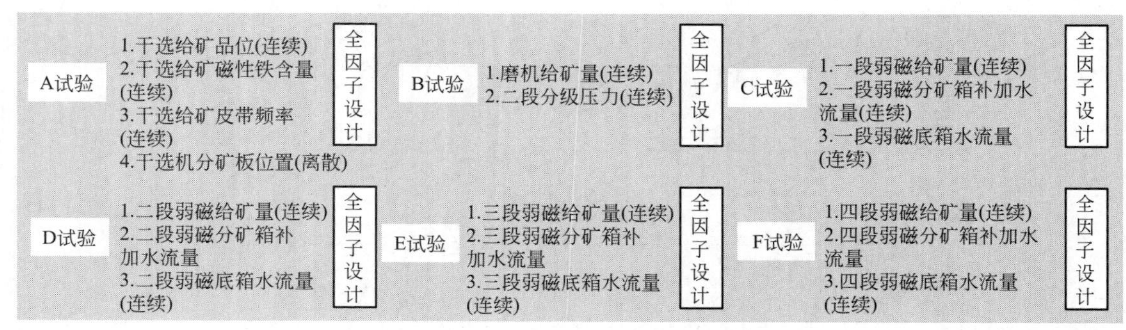

图 2-9-4　试验设计方案

3. 进行全因子试验

为减少不合格产品率，需控制全因子的高、低水平界限，试验结果应取多次试验结果的平均值。

以全因子试验 B 为例进行铁精矿品位全因子试验，试验结果如表 2-9-1 所示。

**表 2-9-1　全因子试验结果**

| 标准序 | 运行序 | 中心点 | 区组 | 磨机给矿量/(t/h) | 二段分级压力/Pa | 铁精矿品位/% |
|---|---|---|---|---|---|---|
| 7 | 1 | 0 | 1 | 340 | 120 | 66.38 |
| 4 | 2 | 1 | 1 | 350 | 130 | 66.44 |
| 6 | 3 | 0 | 1 | 340 | 120 | 66.42 |
| 2 | 4 | 1 | 1 | 350 | 110 | 66.20 |
| 5 | 5 | 0 | 1 | 340 | 120 | 66.44 |
| 8 | 6 | 0 | 1 | 340 | 120 | 66.43 |
| 1 | 7 | 1 | 1 | 330 | 110 | 66.46 |
| 3 | 8 | 1 | 1 | 330 | 130 | 66.65 |

利用 Minitab 对模型进行分析，分析结果如图 2-9-5 所示。由分析结果可得：

① 两个主效应的 P 值均小于 0.05，故可判定本模型有效。

② 弯曲项的 P 值=0.355>0.05，故可判定无弯曲；失拟项 P 值=0.455>0.05，故可判定无失拟。

③ 回归模型显著性的度量指标：R-Sq=96.87%和 R-Sq(调整)=95.61%较为接近，R-Sq(预测)=91.16%较高，故本模型有效。

④ 进行残差分析：

a. 散点图中的各点在水平轴的附近随机分布；

b. 正态概率图中的残差服从正态分布；

c. 无漏斗形和喇叭形；

故可判定残差正常。

⑤ 最终确认的回归方程为：

铁精矿品位=69.19−0.011875×磨机给矿量+0.010625×二段分级压力。

4. 改进效果验证

在给定的条件下进行试验取样，收集的数据如表 2-9-2 所示。

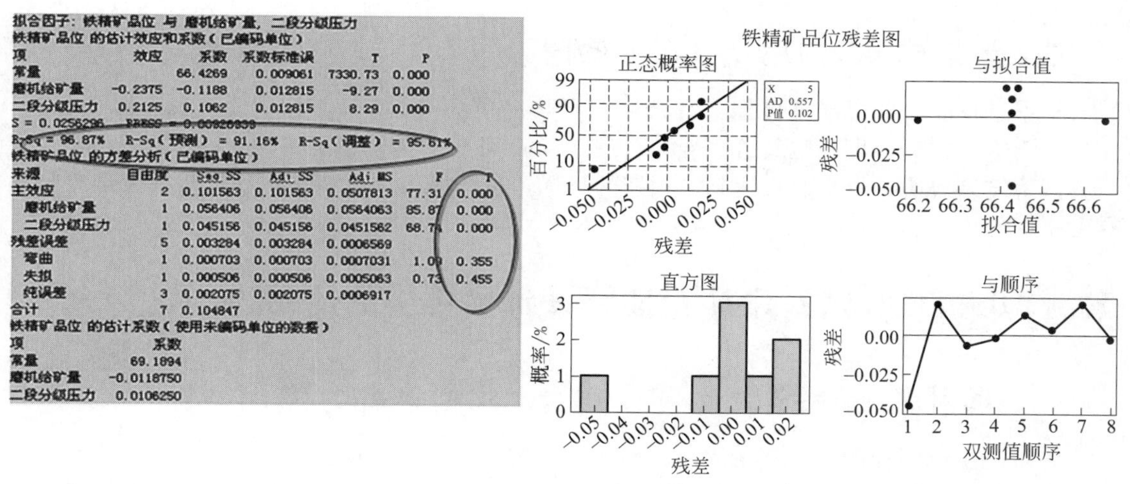


图 2-9-5　残差图

**表 2-9-2　收集数据表**

| 区组 | 铁精矿品位/% | 铁精矿品位/% | 铁精矿品位/% | 铁精矿品位/% |
|---|---|---|---|---|
| 1 | 66.14 | 66.31 | 66.10 | 66.44 |
| 1 | 66.41 | 66.26 | 66.46 | 66.27 |
| 1 | 66.48 | 65.84 | 66.17 | 66.34 |
| 1 | 66.37 | 66.33 | 66.07 | 66.20 |
| 1 | 66.22 | 66.48 | 66.38 | 66.14 |
| 1 | 66.15 | 66.07 | 66.32 | 66.38 |
| 1 | 66.39 | 66.41 | 66.13 | 66.18 |
| 1 | 66.29 | 66.13 | 66.19 | 66.39 |

使用过程能力分析方法对比验证改进前后的数据，其验证结果如图 2-9-6 所示。

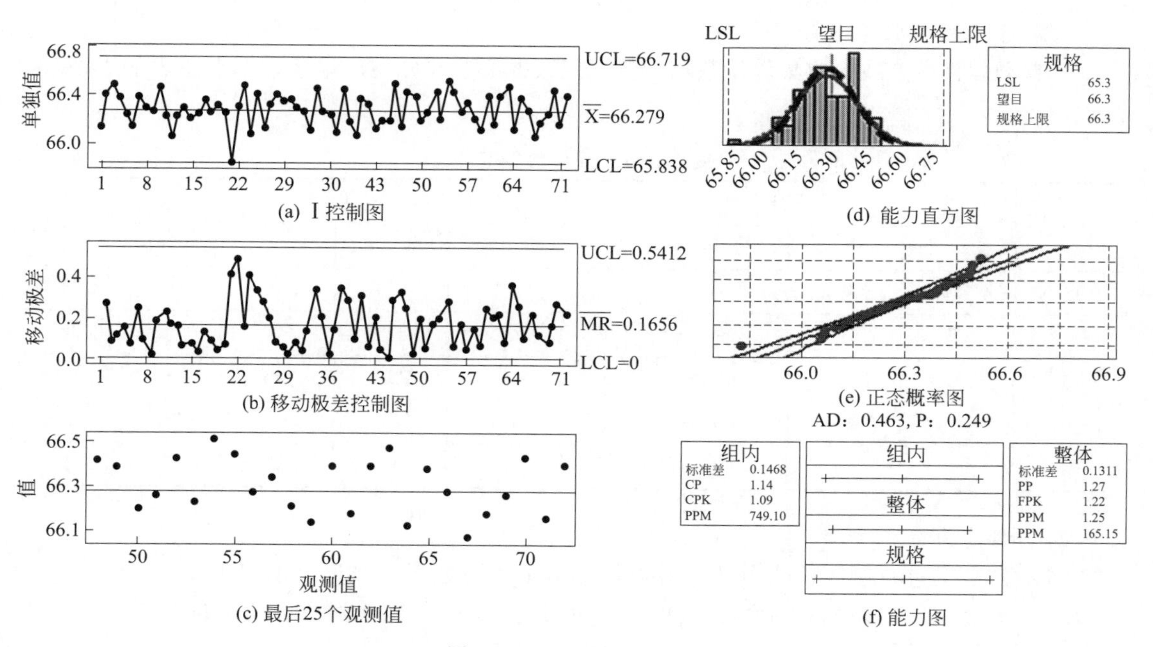


图 2-9-6　过程能力分析

## 四、预期成果及应用

根据过程能力分析结果可知：铁精矿的平均品位为66.28%，标准差为0.1311，CP=1.14、CPK=1.09，可判定其过程能力合理。72个批次的全铁稳定率为98.61%。

试验结果表明，本次改进达到了预期的目标，过程能力和铁精矿全铁稳定率较试验前均有大幅度的提升。

# 案例10：DOE试验设计在插针设备优化中的应用

## 一、项目情况介绍

为解决生产管理问题，富士康集团引入了大批量的自动化设备，用以代替人工生产，并凭借自身先进的技术为该进程提供保障。然而，随着自主研发的自动化设备的大量引进，其存在的问题也逐渐显现。由于设计周期较短，自主研发的自动化设备的次品识别能力较差，导致其产品合格率较低，甚至无法达到人工焊接的质量，为在生产线中普及自动化设备造成了很大的困难。

## 二、问题分析与解决

本案例所研究的自动化设备为APOLLO公司生产的自动焊接机，具有较好的焊接质量，其设备及焊接材料的价格也易于被企业所接受。该自动焊接机具有自动送锡丝的功能，在焊接前需要对线材进行预沾锡处理，故线材摆放等输入因素对焊接质量有很大的影响，因此将优化输入和焊接参数作为提升焊接质量的核心内容。为解决产品合格率低的问题，本案例将采用DOE方法对自动焊接机的关键焊接参数进行优化，以使产品的焊接质量大幅提升。

## 三、可实施技术方案的确定

1. 焊接数据的收集与分类

在自动焊接生产线中收集焊接数据，将焊接数据汇总并分类。焊接数据汇总表如表2-10-1所示。

**表2-10-1 焊接数据汇总表** 个

| 类型 | 九月 | | | | 十月 | | | | 总计 |
|---|---|---|---|---|---|---|---|---|---|
| | 第一周 | 第二周 | 第三周 | 第四周 | 第一周 | 第二周 | 第三周 | 第四周 | |
| 锡点小 | 941 | 702 | 857 | 904 | 752 | 872 | 869 | 959 | 6856 |
| 锡点大 | 357 | 614 | 409 | 324 | 443 | 414 | 327 | 389 | 3277 |
| 空焊 | 152 | 165 | 143 | 209 | 211 | 195 | 204 | 83 | 1362 |
| 锡尖 | 52 | 82 | 56 | 128 | 101 | 84 | 96 | 77 | 676 |
| 其他 | 17 | 29 | 40 | 37 | 30 | 46 | 53 | 26 | 278 |

2. 制程能力分析

对不良数据进行制程能力分析，并绘制制程能力分析图，如图2-10-1所示。

为了更直观地反映出各种不良数据的分布信息，采用如图2-10-2所示的柏拉图对不良类型汇总进行分析。

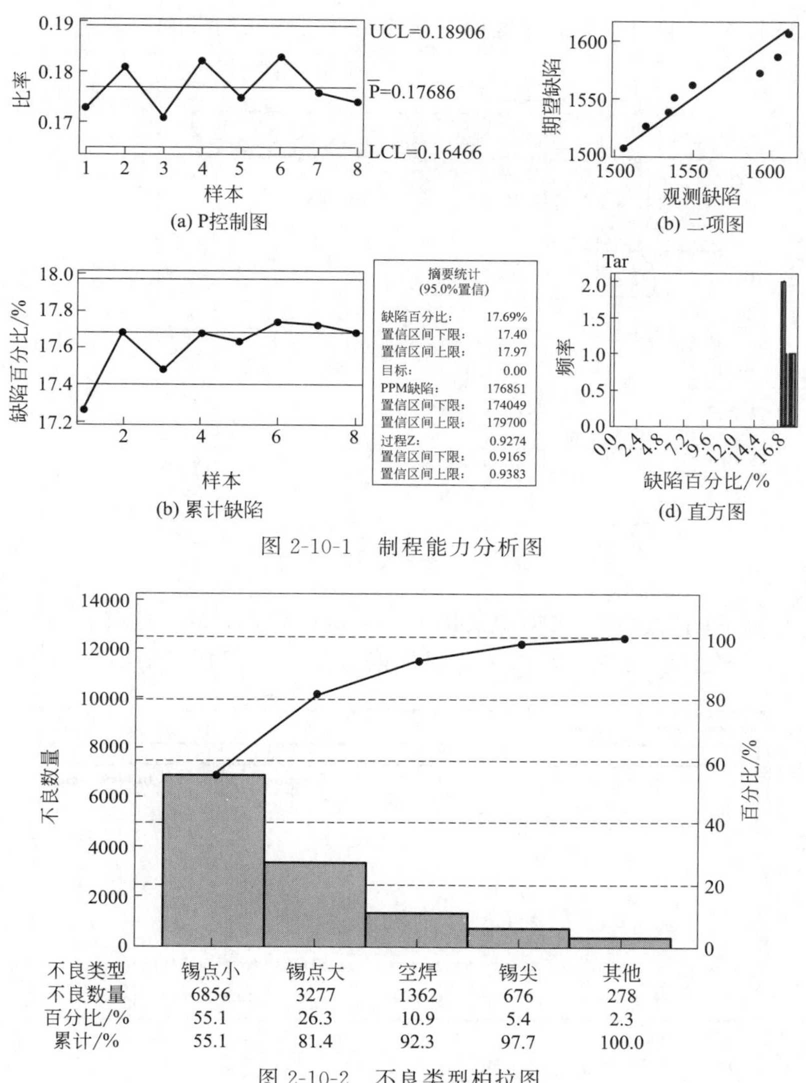


图 2-10-1 制程能力分析图

图 2-10-2 不良类型柏拉图

3. 筛选影响因子

根据各类型缺陷的发生频率制订了严重度权重判定标准，如表 2-10-2 所示。

**表 2-10-2 权重标准表**

| 类型 | 不良数 | 不良率 | 权重 |
| --- | --- | --- | --- |
| 锡点小 | 47614 | 54.29% | 9 |
| 锡点大 | 32034 | 36.53% | 6 |
| 空焊 | 4363 | 4.98% | 1 |

利用严重度权重和 FMEA 风险评估方法对各因子进行分析和筛选，选出严重度最高的六个因子进行验证和优化。六个因子分别为送锡时间、焊接温度、焊接时间、烙铁功率、沾锡时间和沾锡温度。

4. 显著因子的分析与优化

使用 Minitab 软件对影响因子进行分析，其分析结果如图 2-10-3 所示。由分析可知，对结果影响最大的四个影响因子为焊接温度、送锡时间、焊接时间和三者之积。

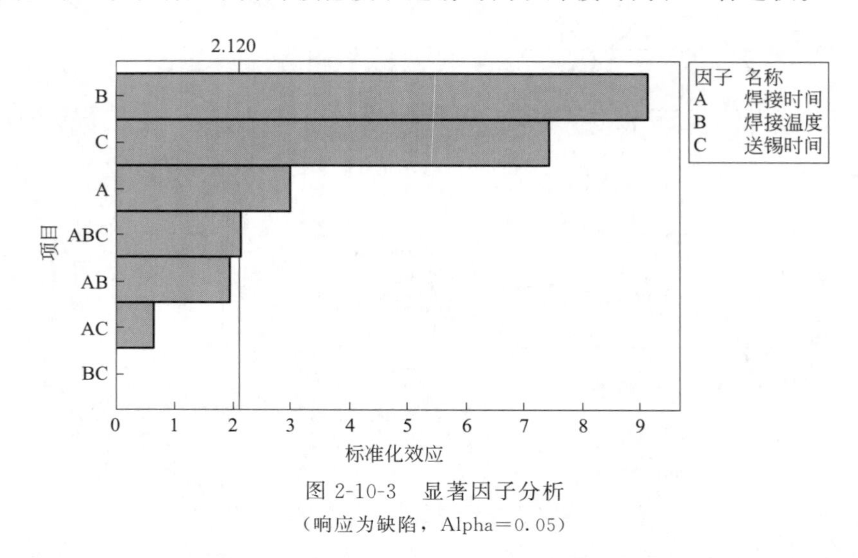


图 2-10-3　显著因子分析

（响应为缺陷，Alpha＝0.05）

使用 Minitab 的响应优化工具对显著因子参数进行优化，其响应优化设置如图 2-10-4 所示，设置输入目标的对消废品率为 0.06，目标值为 0.05。优化结果如图 2-10-5 所示。

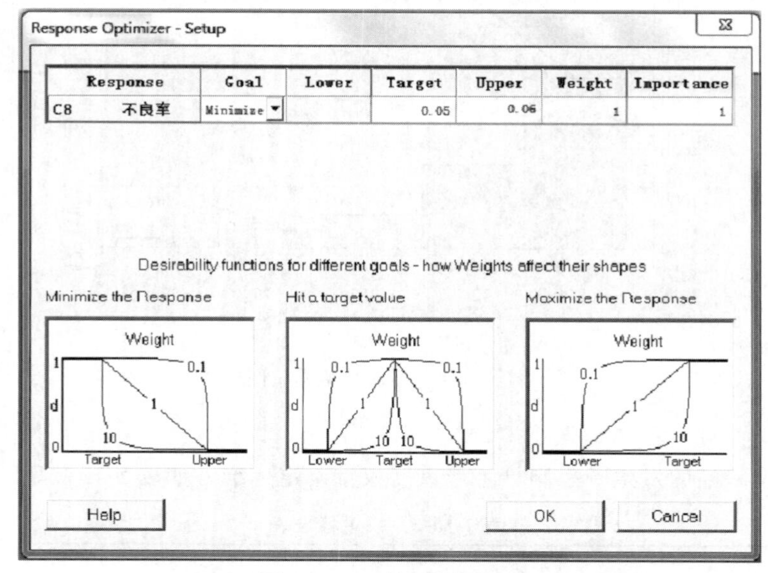


图 2-10-4　响应优化设置

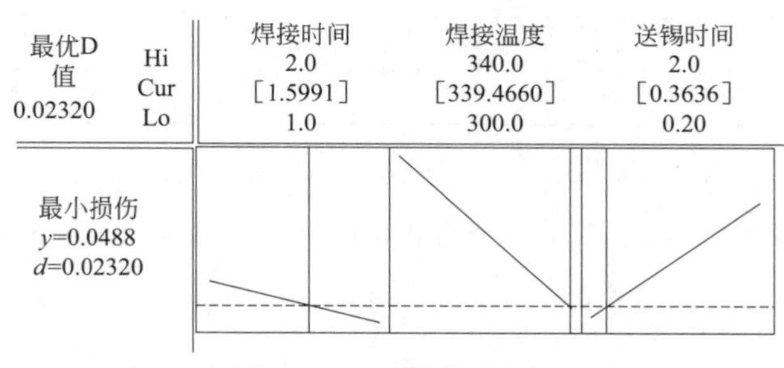


图 2-10-5　参数优化结果

5. 优化结果验证

应用数理统计的方法对参数优化的结果进行验证，收集优化后的不良数据。对优化后的数据进行制程能力分析，其分析结果如图 2-10-6 所示。

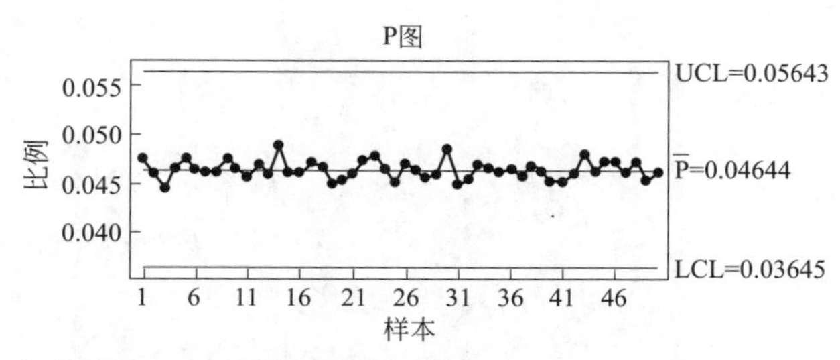


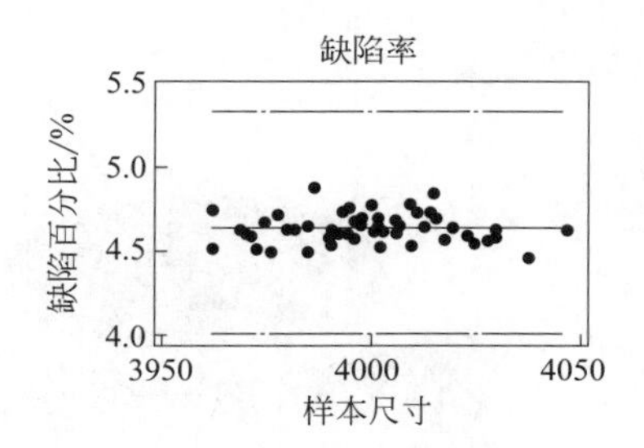


在不同样本尺寸下进行的试验

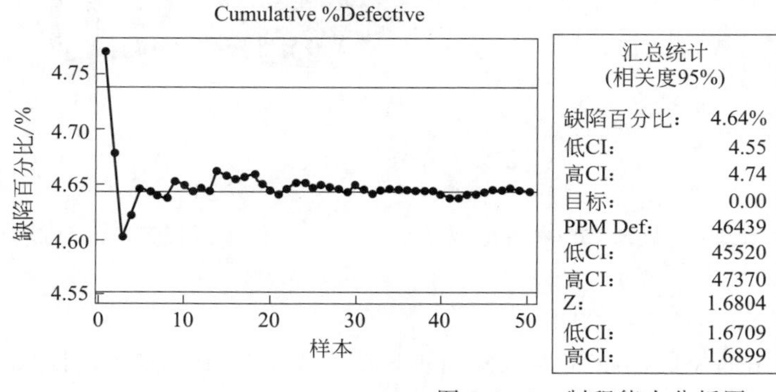


缺陷百分比的距离

图 2-10-6　制程能力分析图

## 四、预期成果及应用

由制程能力分析结果可知，参数优化后产品的不良率降低至 4.6%，制程能力可以达到三西格玛水平，优化效果显著，为该企业创造了约 51 万元的经济效益。

# 案例 11：DOE 试验设计在铸钢件铸造工艺优化中的应用

## 一、项目情况介绍

缩孔缺陷是铸钢生产中需要重点解决的问题。缩孔缺陷对铸钢的生产质量有较大的影响，其影响因素包括浇注温度、铸件结构和冒口等。增设冒口可以有效地解决缩孔缺陷问题，但对于大型铸件，由于冒口凝固和铸件凝固的时间较为接近，导致用来补缩的金属液无法流入铸件的部分区域，进而在铸件的内部形成了缩孔。针对大型铸钢件存在的上述问题，在生产过程中常使用增大冒口体积和增加补贴的方式来消除缩孔缺陷，但却导致铸件的工艺出品率大幅降低。

## 二、问题分析与解决

1. 下架体铸件的工艺分析

本案例中的下架体的材质为 ZG310，质量约为 46.6t，其结构如图 2-11-1 所示。

目前，我国常用的下架体铸造工艺如图 2-11-2 所示，采用 4 个直浇道和 3 层横浇道的阶梯式浇注系统，工艺出品率约为 64%。该铸件的热节集中在内、外圈和筋板的结合部位，与冒口的距离较远，导致在冷却过程中热节部位的凝固速度较慢，易产生缩孔缺陷。

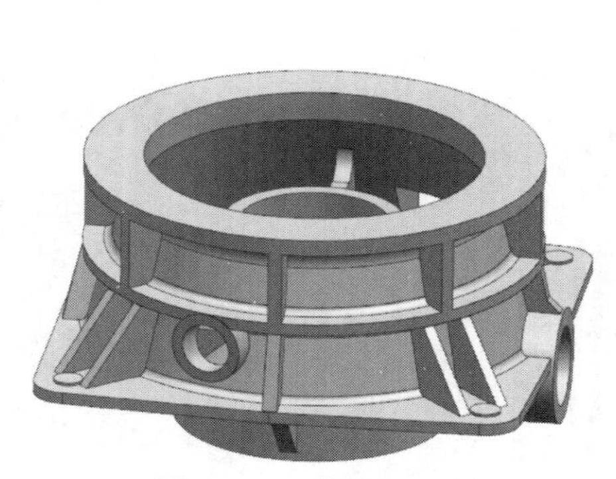

图 2-11-1 结构示意图

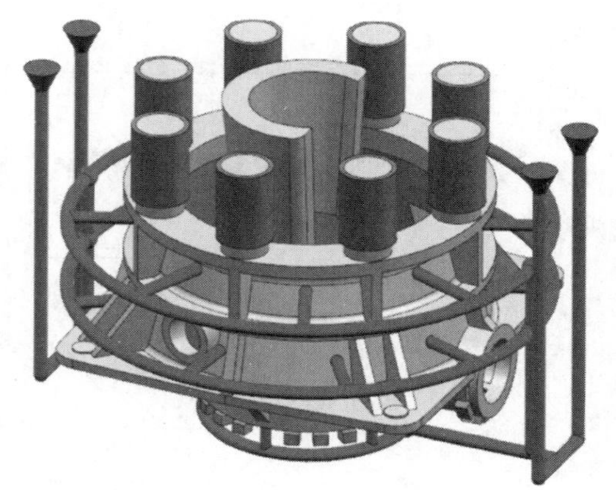

图 2-11-2 工艺示意图

2. 确定 DOE 试验指标

根据铸件的生产要求确定了试验的两个试验指标为较小的缩孔体积和较高的工艺出品率。

3. 确定 DOE 试验因子

将影响铸件缩孔体积和工艺出品率的因素作为试验因子，四个试验因子分别为内圈冒口类型、外圈补贴、内圈补贴和浇注温度，每种因素设置三个水平。试验因子水平如表 2-11-1 所示。

**表 2-11-1 DOE 试验因子水平表**

| 水平 | 因素 | | | |
|---|---|---|---|---|
| | 内圈冒口类型 A | 外圈补贴 B | 内圈补贴 C | 浇注温度 D/℃ |
| 1 | 环形普通冒口 | 无 | 无 | 1540 |
| 2 | 环形保温冒口 | 按双辐板设计 | 环形补贴 | 1560 |
| 3 | 4 个圆柱形发热冒口 | 按三辐板设计 | 4 个补贴 | 1580 |

4. 设计 DOE 正交试验

根据试验水平的情况，制订正交试验方案如表 2-11-2 所示。

**表 2-11-2 DOE 正交试验表**

| 试验号 | 因素 1 | 因素 2 | 因素 3 | 因素 4 |
|---|---|---|---|---|
| 1 | 1 | 1 | 1 | 1 |
| 2 | 1 | 2 | 2 | 2 |
| 3 | 1 | 3 | 3 | 3 |
| 4 | 2 | 1 | 2 | 3 |
| 5 | 2 | 2 | 3 | 1 |

续表

| 试验号 | 因素 1 | 因素 2 | 因素 3 | 因素 4 |
|---|---|---|---|---|
| 6 | 2 | 3 | 1 | 2 |
| 7 | 3 | 1 | 3 | 2 |
| 8 | 3 | 2 | 1 | 3 |

5. CAE 模拟试验

应用 ProCast 模拟正交试验，以第 2 组试验为例进行模拟试验，可得其缩孔分布图如图 2-11-3 所示。

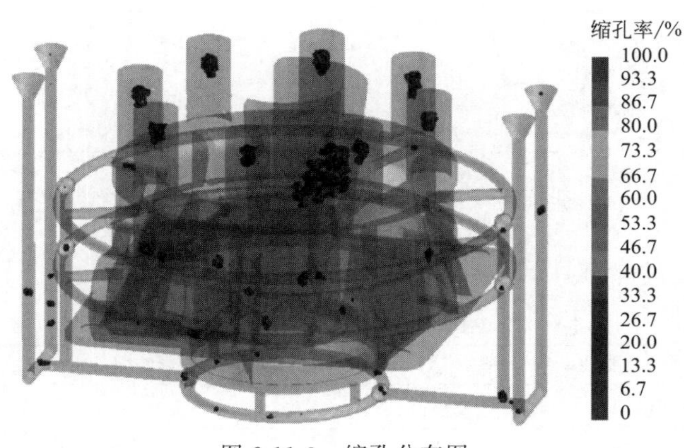


图 2-11-3　缩孔分布图

6. 模拟结果分析

对各组试验方案进行模拟，各组试验指标分析结果如表 2-11-3 所示。

**表 2-11-3　DOE 正交试验模拟计算结果**

| 试验号 | 试验指标 | |
|---|---|---|
| | 铸件的缩孔定量体积/$cm^3$ | 工艺出品率/% |
| 1 | 14917.2 | 64.1 |
| 2 | 5274.7 | 62.5 |
| 3 | 5706.5 | 63.3 |
| 4 | 6869.1 | 63.1 |
| 5 | 1654.6 | 63.3 |
| 6 | 4300.3 | 63.5 |
| 7 | 6124.4 | 69.6 |
| 8 | 3897.6 | 69.2 |
| 9 | 1791.3 | 68.0 |

分别计算出模拟结果的均值和极差，可获得试验因子对试验指标的影响趋势，如图 2-11-4 所示。

分析各试验因子对缩孔体积和工艺出品率的影响程度，其汇总表如表 2-11-4 所示。

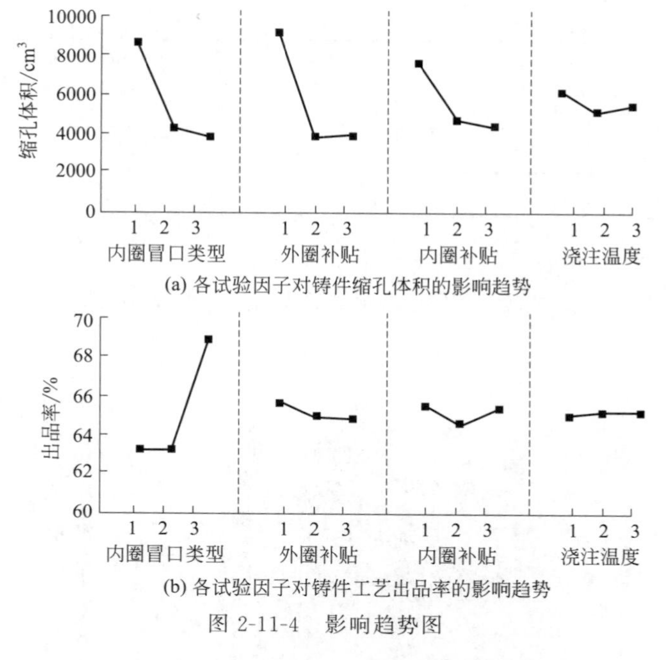


图 2-11-4 影响趋势图

**表 2-11-4 DOE 试验分析汇总表**

| 试验指标 | 因子重要性 | 有利的影响因子水平 | | | |
|---|---|---|---|---|---|
| 缩孔体积 | BACD | $A_3$ | $B_2$ | $C_2$,$C_3$ | $D_2$ |
| 工艺出品率 | ACBD | $A_3$ | $B_1$ | $C_1$,$C_3$ | $D_1$,$D_2$,$D_3$ |

最终确定了最佳铸造工艺方案为 $A_3B_2C_3D_2$。

## 三、预期成果及应用

经过模拟计算，优化后的铸件缩孔体积约减小到原体积的十分之一；工艺出品率由原来的64%提升至69%。利用探伤检测功能对改进的铸造工艺方案进行检验，其结果表明通过DOE正交试验制订的铸造工艺方案可以消除铸件内部的缩孔缺陷，能够达到铸件生产质量的要求。

# 案例 12：DOE 试验设计在钎焊焊接工艺参数优化中的应用

## 一、项目情况介绍

为响应国家节能减排的号召，开发小直径钎焊棒材铸件逐渐成为钎焊技术的重点发展方向，使用其将有助于微钻头生产厂商的成本控制。第一代钎焊产品如图 2-12-1 所示，不锈

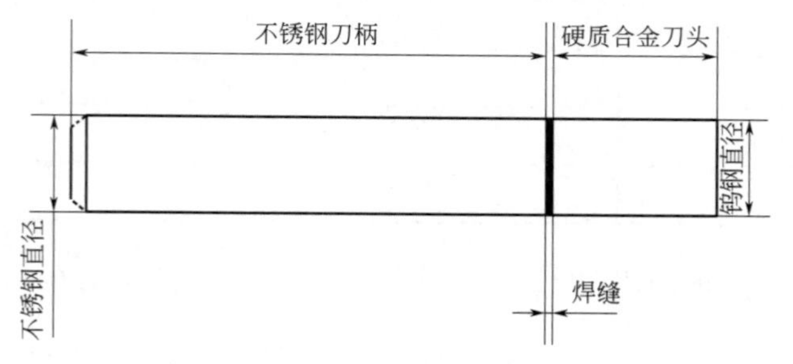


图 2-12-1 第一代钎焊刀具示意图

钢和钨钢部分的直径相同。第二代钎焊产品如图 2-12-2 所示，不锈钢部分的直径大于钨钢部分的直径。按照第一代钎焊产品的焊接参数对第二代钎焊产品进行焊接试验，并对其棒料进行强度测试，发现第二代钎焊产品的强度较低，无法达到预期目标。

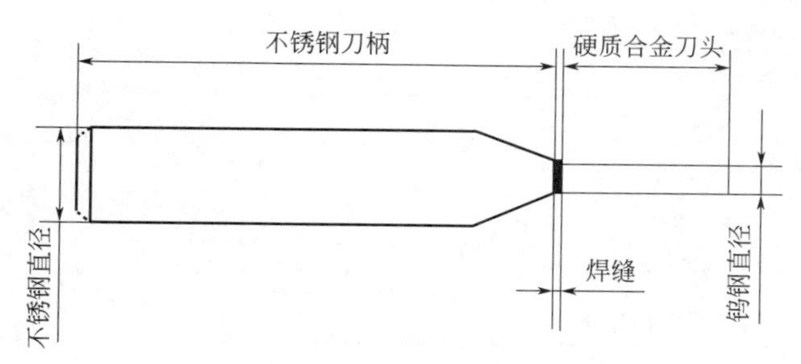


图 2-12-2 第二代钎焊刀具示意图

## 二、问题分析与解决

钎焊部位断面形貌的显微视图如图 2-12-3 所示，通过 EDS（能谱仪）分析发现其表面有钎剂成分残留。钎剂的作用是在焊接过程中清除表面氧化膜并改善焊接环境，其残渣在焊接结束后不应残留在焊接表面。钎剂残留现象表明钎焊过程存在明显的缺陷，是焊接强度不足的直接原因。为顺利研发新规格的钎焊棒材铸件，本案例将采用 DOE 方法对钎焊工艺参数进行优化，以使第二代钎焊产品的质量能够达到要求。

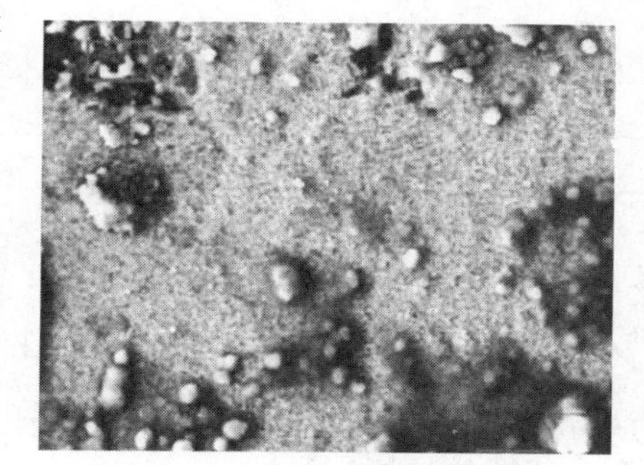

图 2-12-3 钎焊断面显微视图

## 三、可实施技术方案的确定

1. 确定主要影响因素

本案例采用正交试验进行 DOE 分析，汇总其固定条件如表 2-12-1 所示，选用的因素及其水平如表 2-12-2 所示。

**表 2-12-1 固定条件表**

| 因素 | 条件 |
|---|---|
| 不锈钢直径/mm | 3.25 |
| 钨钢直径/mm | 1.0 |
| 加热线圈位置 | 钨钢 1/3，不锈钢 2/3 |
| 冰水温度/℃ | 25.7 |
| 抗剪强度施力点/mm | 钨钢端距钎焊面 2.1 |

**表 2-12-2 试验因素水平表**

| 代号 | 因素 | 水平 1 | 水平 2 |
|---|---|---|---|
| A | 高频电流发生器功率比率 | 0.9 | 0.6 |
| B | 第二次压力/MPa | 0.04 | 0.05 |
| C | 钎剂流量 | 3 圈 | 1.5 圈 |
| D | 钎剂入口气压/MPa | 0.06 | 0.04 |
| E | 温度/℃ | 830 | 730 |

续表

| 代号 | 因素 | 水平 1 | 水平 2 |
|---|---|---|---|
| F | 保温时间/s | 0.8 | 0.6 |
| G | 二次加压延迟时间/s | 0.1 | 0.3 |
| H | 焊片量/(mm×mm×mm) | 0.15×1.2×1.2 | 0.15×1.2×0.8 |
| I | 材料反射率 | 0.7 | 0.4 |
| J | 机内抗折力/N | 50 | 40 |
| K | 冷却时间/s | 2.0 | 3.5 |
| L | 二次加压时间/s | 0.5 | 0.7 |
| M | 抗折下压保持时间/s | 0.3 | 0.4 |

根据已确定的试验因素进行正交试验，得到各试验所对应的剪切强度值。计算每种试验指标的总偏差平方和与均方和，整理结果数据如表 2-12-3 所示。

**表 2-12-3　试验分析结果**

| 来源 | 偏差平方和 | 自由度 | 均方和 | F 比 | 贡献率 |
|---|---|---|---|---|---|
| 第二次压力 | 1896.820 | 1 | 1896.820 | 24.019 | 41.997% |
| 温度 | 547.209 | 1 | 547.209 | 6.929 | 10.818% |
| 二次加压时间 | 936.819 | 1 | 936.819 | 11.863 | 19.819% |

根据第一阶段的分析结果可知，主要的影响因素为第二次压力、温度和二次加压时间。

2. 主要因素的参数优化

将上述三个因素作为参数优化试验的试验因素，其他因素作为确定条件。与第一阶段的方法相同，采用正交试验法设定各因素的水平数值并进行 DOE 试验分析，确定出各因素的优化参数值为：温度 860℃；第二段压力为 0.055MPa；二次加压时间为 0.7s。

3. 试验验证

根据由 DOE 试验得出的最佳参数进行试验验证，由焊接截面的 EDS 分析可知，优化后的截面元素组成接近理想钎焊面的情况。优化后的钎焊面 EDS 成分图如图 2-12-4 所示。

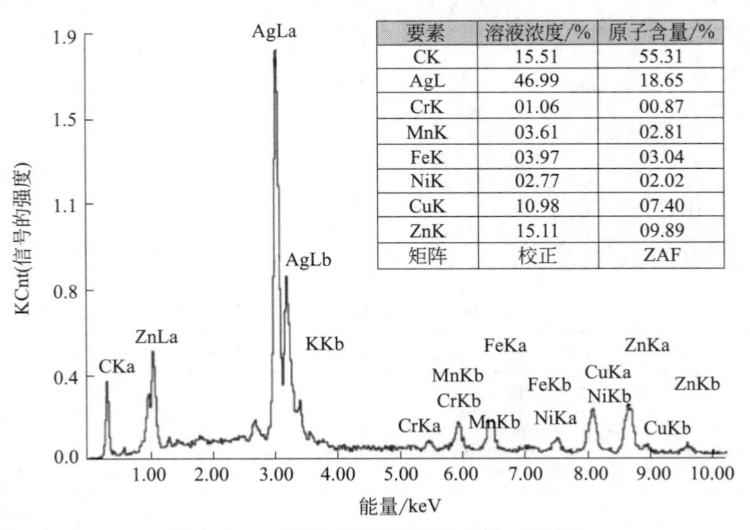

图 2-12-4　优化后的钎焊面 EDS 成分图

## 四、预期成果及应用

试验验证可知，优化后的钎缝的抗剪强度可达 217MPa，相对于优化前的抗剪强度提升了 44.67%，其钎缝强度和焊接质量有明显提升。

# 第三节 FMEA 工具在钢铁领域的应用案例分析

## 案例 13：FMEA 在管头焊接质量控制中的应用

### 一、项目情况介绍

环氧乙烷（EO）反应器的设计和制造要求符合 JB 4732—1995（R2005）《钢制压力容器——分析设计标准》，采用 SHELL 授权工艺，为Ⅲ类立式反应器，属固定管板、管壳式换热器，其结构如图 2-13-1 所示。

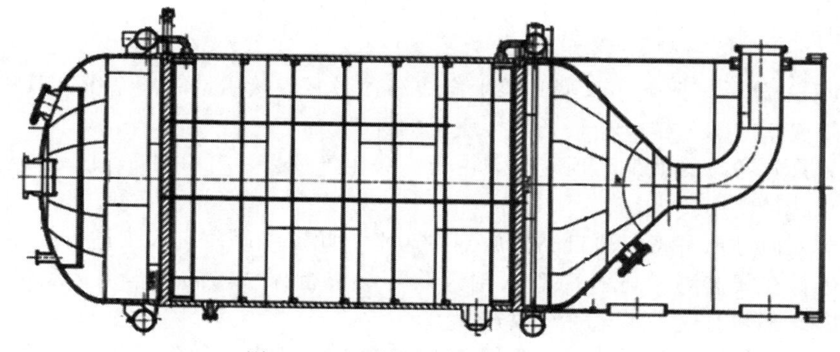

图 2-13-1 环氧乙烷反应器结构图

其中环氧乙烷反应器在制造过程中最容易出现质量问题的是管子管板角焊缝（管头）的焊接，因此环氧乙烷反应器的制造过程中非常关键的一点就是如何有效控制管头的焊接质量。

### 二、项目来源

常见的环氧乙烷反应器管头角焊缝具有很多典型的缺陷，出现这些缺陷以后制造厂则会进行维修，这就会造成工期的延期以及成本的上升，为了不留下质量隐患，选择采用 FMEA 工具来控制管头焊接的质量。

### 三、问题分析与解决

在基于以前类似设备的监理经验的基础上，利用 FMEA 工具对环氧乙烷反应器管头焊接缺陷的成因和后果进行分析，有针对性地提出优化的措施，然后将优化措施的落实情况反馈到 FMEA 继续分析，从而不断修订和完善这一过程。主要过程包括：首先找出潜在的故障模式，然后对潜在故障模式进行风险评估；其次列出故障起因，进行预防和改进。

## 四、预期成果及应用

采用FMEA工具对环氧乙烷反应器管头焊接进行质量控制后，对反应器上共计25134个管头进行检查，均未发现有外观质量缺陷和焊接质量缺陷，符合工艺文件和标准要求；通过无损探伤检测，没有发现缺陷，符合相关的密封压力设备密封要求。同时，通过对管头进行氦泄漏检验以及水压试验，均未发现泄漏，且无异响和变形，质量合格。

# 案例14：多车型生产车顶激光焊接质量控制

## 一、项目情况介绍

激光焊接技术目前已比较成熟，在汽车车身顶盖的焊接中已经被广泛应用，上海通用汽车有限公司为了抢占中高级汽车市场，也引入了激光焊接技术。但是为了减少成本，往往在单条生产线生产多种车型，这对于生产线来说是一项相当严格的要求，所以要合理地处理好零部件的配置安装以及激光焊接质量的控制。

利用FMEA可以对激光焊接的质量要求和工艺过程逐条分析，明确影响车顶激光焊接质量的高风险项目，从而进行改进，确保焊接的质量和项目的实施，并且可以快速寻找到风险优先级最高的项目，更加有针对性地进行质量控制和风险把控。

## 二、问题分析与解决

通过FMEA分析，建立多车型共线生产线车顶激光焊接质量管理系统，其中FMEA的两个关键项是现场的工艺排布和激光焊接质量的标准。

工艺排布首先考虑的就是车顶安装，由于一条生产线要生产多种车型，所以要对其进行评估，以使其满足使用要求。

首先机器人通过抓手将车顶自动摆放到整车上，此道工序没有人工进行监控，也没有相关摄像设备进行在线监测。利用FMEA对风险等级进行评估，其中车顶选装错误是最高的失效项目，因此必须对这一工艺进行改进。

激光焊接方面的缺陷有十几种，我们首先要通过FMEA评估来计算出风险较高的项目，按照其严重等级、频度等级、探测度等级进行计算，得到其最终的风险优先数（RPN），根据该数值来确定其风险的等级和优先改进的顺序。

通过相应的分析可以看出焊缝偏移是最高风险的项目，这是由激光焊接本身的特性引起的，所以要求激光焊接设备必须具备非常高的精度，可以采取的措施是选择加装焊缝寻找系统来提高精度。

## 三、可实施技术方案的确定与评价

要对车顶选装错误进行改进，就要了解其安装工艺的步骤：

① 识别车顶；

② 选取车顶；

③ 自动抓取并放至整车上。

可以看出首先要解决的问题就是车型的识别，可以对每辆车都设置一个唯一的条形码，这在行业内已经是常规模式。

车顶从来料到整车共有四个环节，分别为人工翻料、车顶绲边、驳运、机器人抓手安装车顶。下面针对绲边过程的改进进行详细说明：

机器人首先要具备识别不同配置的料架的能力，所以在摆放料架的周围位置安装若干个感应器，让感应器和料架的底部位置相对应，让计算机读取感应器的信号来判别零件的信息，从而确认信息无误。针对这种情况，提出了两种方案。

方案1：对于目前的生产线来说，工厂共有8种车顶，所以按照二进制码区分只需要3个感应器。该种方案的好处是设备使用较少，可以基本满足主线的使用需求，但是一个感应器的损坏就会使整条生产线受到影响。

方案2：对每种配置都安装两个感应器，首先用感应器读取车型的相关信息，在读取车型的基础上再读取配置信息，这样的话需要6个感应器才能满足8种车型的配置。优点是当感应器有损坏时，计算机读取到错误信息后操作将自动停止，不会导致误装，而且可以及时发现设备异常的情况。

## 四、预期成果及应用

从表2-14-1可以知道方案2的防错能力更强，更适合实际的生产情况，由于感应器的价格比车顶的价格要相对低很多，所以即便发生错误，也只是维修感应器，造成的损失更小，因此具有较好的经济效益。

**表2-14-1　方案对照表**

| 项目 | 方案1 | 方案2 |
| --- | --- | --- |
| 目前使用感应器数量 | 3个 | 6个 |
| 增加车型是否需要增加感应器 | 可能增加,但数量较少 | 必须增加,每车型一个 |
| 是否存在编码误读 | 是 | 否 |
| 增加车型改动程度 | 较小 | 较大 |

对于车顶激光焊接改进方案来说，由于焊缝是需要随车顶的位置变化而变化的，因此选择在机器人上安装在线激光测量系统。首先测量车顶四个顶角上不同方向的三个点，并将测量的结果传递到计算机。然后计算机进行模拟分析，计算出焊缝的轨迹，接着驱动激光焊机沿着模拟好的焊缝位置进行焊接。由于激光测量系统的精度在0.1mm以内，所以它可以准确计算出车顶位置，通过这种高精度的测量，可以解决激光焊接需要高精度定位这一要求。

改进后的车顶焊接FMEA分析如表2-14-2所示，可以看出焊缝偏移的RPN值明显下降，危险等级明显减小。根据实际的焊接统计结果可知，发生焊缝偏移的情况共有四种，而且是因为机器人本身的设备故障造成的，并非尺寸误差导致的，因此可以认为实际的焊接效果与FMEA评估的结果相同。

**表2-14-2　更新后的车顶焊接FMEA**

| 区域 | 工位 | 步骤 | 过程功能 | 要求 | 潜在失效模式 | 潜在失效影响 | 严重度 | 级别 | 潜在失效原因 | 现行过程 |  |  |  | RPN |
| --- | --- | --- | --- | --- | --- | --- | --- | --- | --- | --- | --- | --- | --- | --- |
|  |  |  |  |  |  |  |  |  |  | 控制预防 | 发生度 | 控制探测 | 探测度 |  |
| JFM | 150 | 1 | 激光焊接 | 焊缝位置满足要求 | 焊缝偏移 | 部分报废(7)<br>100%离线返修(6)<br>降低结构强度(7) | 7 |  | 机器人无法找到焊缝 | 焊接前测量车顶位置 | 3 | 本工位100%目视检查(7) | 7 | 147 |
|  |  |  |  |  |  |  | 7 |  | 板材之间尺寸配合变化 |  | 3 | 本工位100%目视检查(7) | 7 | 147 |

# 案例 15：FMEA 在铁矿主溜井堵塞故障风险分析中的应用

## 一、项目情况介绍

密实结拱、大块挤压、粉矿黏结是主溜井放矿过程中三种常见的堵塞故障，这些故障会给溜井的正常生产造成比较严重的影响。因此，要综合分析这三种堵塞故障，确定其危险的优先等级，然后根据其危险等级进行有序的改进和防治。

## 二、问题分析与解决

根据各种堵塞故障和主溜井之间的关系，建立主溜井堵塞故障树，如图 2-15-1 所示。其中主溜井堵塞故障是该模型树的顶事项，密实结拱、大块挤压、粉矿黏结是该模型树的基本事件，各故障之间是“或”的关系。

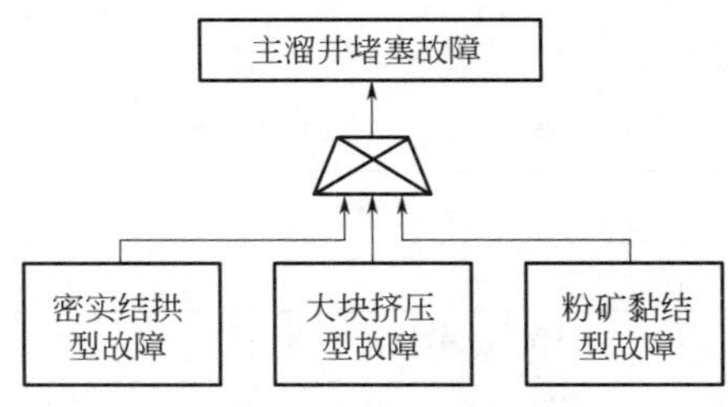


图 2-15-1 主溜井堵塞故障树

首先需要确定这三种堵塞故障的频度、严重度和可探测度三个指标，各类指标确定了以后便可以确定各类故障的风险优先数 RPN，从而对三种堵塞故障进行风险等级的确定。

## 三、可实施技术方案的确定与评价

在计算各类故障的风险优先数（RPN）前需确定故障发生的频度、严重度及可探测度指标参数各自的权重，为了避免人的主观意志在计算权重时对结果产生影响，导致三类故障的指标出现差异，在计算指标权重的时候用熵值法来进行计算。将计算得到的权系数代入公式可得各类故障的 RPN 值，如表 2-15-1 所示。

**表 2-15-1 主溜井堵塞故障类型和风险优先度** %

| 堵塞故障类型 | 发生频度 | 严重度 | 可探测度 | RPN |
|---|---|---|---|---|
| 密实结拱 | 45.66 | 3.16 | 1.34 | 50.16 |
| 大块挤压 | 36.53 | 5.11 | 1.40 | 43.04 |
| 粉矿黏结 | 3.04 | 2.79 | 0.97 | 6.08 |

通过表 2-15-1 可知，三类故障的严重度和可探测度数值都比较小也比较接近，密实结拱和大块挤压的发生频度要比粉矿黏结大很多。密实结拱和大块挤压的风险优先数比较接近，粉矿黏结的风险优先数比较小。密实结拱故障的风险优先数最大，是最主要的堵塞故障，需要重点进行预防和改进。

## 四、预期成果及应用

为了验证 FMEA 分析结果和实际情况是否相符，需要对实际的堵塞情况进行统计。

表 2-15-2 是金山店铁矿 2015 年各类故障发生的次数和处理的结果统计表。

**表 2-15-2　2015 年堵塞故障次数及处理次数统计**

| 项目 | 堵塞故障类型 | | |
|---|---|---|---|
| | 密实结拱堵塞 | 大块挤压堵塞 | 粉矿黏结堵塞 |
| 堵塞故障次数/次 | 181 | 51 | 1 |
| 发生频率/% | 77.68 | 21.89 | 0.43 |
| 爆破处理次数/次 | 476 | 132 | 1 |
| 严重度 | 2.63 | 2.59 | 1.00 |

从表 2-15-2 中可以看出，金山店铁矿主溜井在 2015 年发生的 233 次堵塞故障中有 181 次是密实结拱堵塞，占总数的 77.68%，该堵塞故障在爆破总次数中占 78.16%。从表中可以看出密实结拱堵塞是三种堵塞中最主要的故障类型，因此需要对该堵塞故障进行优先治理和改善，该统计结果和通过 FMEA 分析得到的结果正好相符，证明通过 FMEA 分析所得到的结果的准确率较高，适用于该情况。

# 案例 16：PFMEA 在筒体焊接质量控制与改进中的应用

## 一、项目情况介绍

在压力容器的筒体与筒体和筒体与斜插管的焊接部位会有各种因焊接而出现的质量问题，这些焊接缺陷会严重影响产品质量，所以在压力容器的使用过程中不允许出现。

针对上海锅炉厂生产的某超临界燃煤电站锅炉的启动分离器，运用 PFMEA 方法对该产品的筒体焊接进行分析。

## 二、问题分析与解决

对筒体焊接进行研究首先要进行焊接的失效模式与原因分析，筒体焊接存在的失效模式及原因分析主要有以下几种：

① 焊接气孔、未焊满、未焊透等缺陷会影响产品的质量，主要原因是没有严格按照标准的焊接规范进行操作。

② 焊错、漏焊等缺陷会影响产品的使用安全和质量，原因是焊接不规范。

③ 焊接裂纹。该缺陷是非常严重的一种缺陷形式，在使用的过程中有一定的潜伏期，可能是在焊接的过程中没有严格按照加热规范进行操作。

④ 漏检会导致一些不合格的产品流入下一道工序，主要是检验员的失误造成的。

⑤ 斜插管与筒体焊接变形。主要是焊接过程中产生的残余应力造成的，该应力会导致焊接结构件的变形，从而导致产品结构的承载能力降低，影响产品尺寸和焊缝质量。

⑥ 焊缝的缺陷不能够完全探测以及部分缺陷的定位不够准确，因为焊接结构部分区域是曲面，常规的无损探伤方法有一定的局限性。

用 PFMEA 对筒体焊接变形进行分析的时候要对严重度（S）、频度（O）和可探测度（D）进行合理估分，然后根据估分得到风险顺序数 RPN 的取值，该数值越大表明失效的风险越大，从而确定各风险的优先级。

详细的严重度评分标准见表 2-16-1，频度评分标准见表 2-16-2。

**表 2-16-1　推荐的严重度评分标准**

| 严重度 | 后果 | 评审标准 |
|---|---|---|
| 10 | 严重危害(无预兆的) | 严重影响项目,没有预兆 |
| 9 | 严重危害(有预兆的) | 严重影响项目,有预兆 |
| 8 | 极其严重 | 主要影响项目;可能造成严重后果 |
| 7 | 严重 | 严重影响进度、预算或绩效;工作可以完成,但客户非常不满 |
| 6 | 中等 | 影响某些进度、预算或绩效,客户不满意 |
| 5 | 轻 | 轻微影响,客户略微不满 |
| 4 | 极轻 | 对项目有些影响,客户意识到影响 |
| 3 | 微小 | 对项目有小影响,客户意识到影响 |
| 2 | 极微小 | 影响非常小,客户基本注意不到影响 |
| 1 | 没有 | 没有不良后果 |

**表 2-16-2　频度评分标准**

| 频度数 | 失效发生可能性 | 可能的失效率 | 过程能力指数(CPK) |
|---|---|---|---|
| 10 | 很高:失效几乎是不可避免的 | ≥1/3 | <0.33 |
| 9 | | 1/3 | ≥0.33 |
| 8 | 高:反复发生的失效 | 1/8 | ≥0.51 |
| 7 | | 1/20 | ≥0.67 |
| 6 | 中等:偶尔发生的失效 | 1/80 | ≥0.83 |
| 5 | | 1/400 | ≥1.00 |
| 4 | | 1/2000 | ≥1.17 |
| 3 | 低:相对很少发生的失效 | 1/15000 | ≥1.33 |
| 2 | | 1/150000 | ≥1.5 |
| 1 | 极低:失效不大可能发生 | ≤1/1500000 | ≥1.67 |

将以上失效模式及原因分析结果分别填入 FMEA 表，然后根据 RPN＝S×O×D 计算 RPN 数值。对于严重度大于等于 8 和 RPN 数值大于等于 100 的失效模式需要采取防错措施。通过计算可知，需要进行防错措施的失效模式有自动焊接裂纹及焊接参数不合格、斜插管与筒体焊接变形、斜插管与筒体焊接缺陷定位不准确。

## 三、可实施技术方案的确定与评价

为了对这些失效模式进行防错，分别采取措施：建立自动焊接实时监控系统；利用光学测量仪器对筒体焊接结构的变形进行监控；提高无损探伤技术水平。

① 对该失效模式的防错可以采取在焊机上安装实时的监控设备，对焊接数据进行实时的监控，同时还可以对该数据进行储存，然后可以通过与正常的数据进行对比，实时监测异常数据，若出现异常，机器便会预警。

② 该失效模式的防错可以建立实时的变形监测系统，根据测得的变形数据进行焊接工艺的调整，严格控制变形量。

③ 通过超声波对缺陷进行探伤定位的时候通常无法准确地判断出缺陷的具体位置，因

为缺陷的位置由深度 $H$ 和弧长 $L$ 共同确定，但是由于筒体曲率的影响，实际的 $H$ 和实际的 $L$ 与平板工件中缺陷的深度和水平距离有较大差别。因此为了解决该问题，需计算实际的深度 $H$ 值和实际的弧长 $L$ 值。

### 四、预期成果及应用

将针对这几种失效模式所采取的防错措施重新采用 PFMEA 处理，对得到的严重度、频度、探测度数值进行计算，得到 RPN 数值。通过对比防错措施前后的 RPN 数值可以看出，自动焊裂纹及焊接参数不合格失效模式的 RPN 显著降低，斜插管与筒体焊接变形失效模式的 RPN 由 210 降到 72，斜插管与筒体焊接缺陷定位不准确失效模式的 RPN 由 252 降为 54。

通过对比可以看出，采取防错措施有效地降低了 RPN 的数值，因此在筒体焊接的过程中提高了焊接的质量和产品的合格率，该方法值得在相关的产品制造和生产过程中推广使用。

## 案例 17：PFMEA 在车身顶盖激光焊接中的应用

### 一、项目情况介绍

汽车车身顶盖与侧围通常采用激光焊接，在焊接过程中任何一个小环节出现问题都会导致缺陷的产生，从而导致后续整车漏雨的情况，而这种情况是绝对不允许出现的。所以，要充分考虑如何来预防和克服激光焊接缺陷。

### 二、项目来源

为了在使用激光焊接车顶的同时能充分保障质量，公司组建了 PFMEA 分析小组，专门针对此种情况进行过程分析，以确定导致激光焊接缺陷的成因，从而进行改进。

### 三、问题分析与解决

针对激光焊接的主要失效模式，分别采取不同的解决措施，在考虑激光焊接主要失效模式的时候，要充分考虑以下因素：

① 各装配件的公差要求，要保证合理的公差范围。

② 激光焊接过程中形位公差的保证。

③ 焊接零部件各配合面的接触关系正确。

④ 焊接点的合理确定以及准确度的保证。

⑤ 焊接部件接触面间隙的控制。

⑥ 工件位置的确定以及测量的方法和设备如何保证测量的精度。

⑦ 激光的强度、焊接的轨迹、焊枪的角度和距离等因素。

通过对以上因素进行考虑，可以总结以下几种失效模式，这几种失效模式在不考虑风险顺序数、频度和可探测度的条件下，就严重度而言，也达到了必须要进行控制的要求，必须提出合理的解决办法和措施，以下是所列出的故障模式和解决措施：

① 焊接裂纹的产生。该失效模式产生的原因主要是零件及焊丝材料异常，可以通过分析钣金及焊丝的材质，对缺陷进行评审和返修等措施解决。

② 焊接烧穿。该失效模式产生的原因是电压过高、焊接速度过快，解决措施是降低焊接电压，使用适当的焊接速度。

③ 焊缝未焊满。该失效模式产生的原因是角度不当、零部件之间的间隙选取的不合适，可以通过选择合适的角度、调整零部件之间的间隙来解决此类问题。

④ 焊接偏移。该失效模式产生的原因主要是角度不当、零部件之间的间隙选取不合理、焊接参数选取不合理，主要的解决措施有选择合适的焊接角度、调整零部件的间隙、选择合适的焊接参数。

### 四、可实施技术方案的确定与评价

通过使用 PFMEA 分析顶盖激光焊接的整个过程，对影响激光焊接的每个工序都进行了详细的分析，针对每一种工序出现的故障模式都采取了相应的措施来进行改错，所以在激光焊接的调试阶段，都有针对各种失效模式的反馈结果，当激光焊接到第 20 台车的时候，已经可以找出出现问题的原因，相对比国内其他的生产车间来说，已经大大提高了效率，提高了经济效益。

PFMEA 分析的时候，在考虑激光焊接前零部件之间的焊缝间隙的测量这一工艺时，早期考虑的是采取扫描设备进行扫描，然后根据测量面进行数据转化，以确定间隙的大小。但是在实际的测量过程中发现，使用扫描设备会使该工艺更加烦琐，而且准确度也不是很高，所以选择采用塞尺直接进行测量，该方法具有更高的效率。

同时，在考虑激光焊接出现连续虚焊以及断续缺陷的时候，经过 PFMEA 前期的分析可以确定导致该故障的主要原因是送丝管道弯曲曲率太小，导致卡丝。类似的问题在激光焊接的前期都没有考虑，是后期在 PFMEA 分析中考虑。

### 五、预期成果及应用

在保证规定的焊接面间隙的前提下，保证了焊接的质量，在焊接面间隙有偏移的情况下，可以通过实时的监测系统来调整激光焊接的轨迹，以此来保证焊接质量。

① 实时的焊接面间隙激光监测系统可以实时监测焊接过程中是否有过大的间隙误差，误差过大会停止焊接。

② 外观质量检测系统，在激光焊接过程完成后，可以在极短的时间内进行质量检测，检查微小的气孔和裂纹及其他的缺陷。

# 第四节

# 田口方法在钢铁领域的应用案例分析

## 案例 18：基于田口方法的焊接工艺参数优化

### 一、项目情况介绍

目前，汽车副车架的材质已经由原来的钢铁材料慢慢转变为铝合金材料，相比于变形铝合金，铸造铝合金在制造汽车副车架的过程中更加简捷、高效。同时，铸造铝合金还具有更高的热导率、更强的氧化性和导电性。但是铸造铝合金在铸造的过程中会产生部分气孔，这会导致材料在焊接的过程中出现气孔、夹渣和裂纹等缺陷，造成焊接质量下降，影响产品整体的质量。

## 二、项目来源

针对铸造铝合金材料的焊接工艺，采用田口方法，对部分焊接参数进行设计正交试验，求得焊接参数对焊接力学性能的影响，以便对焊接工艺进行改进和优化。

## 三、问题分析与解决

A356 铸造铝合金的化学成分见表 2-18-1。试件的焊接接头形式如图 2-18-1 所示，焊接的填充材料为 ER5554 焊丝，化学成分如表 2-18-1 所示。

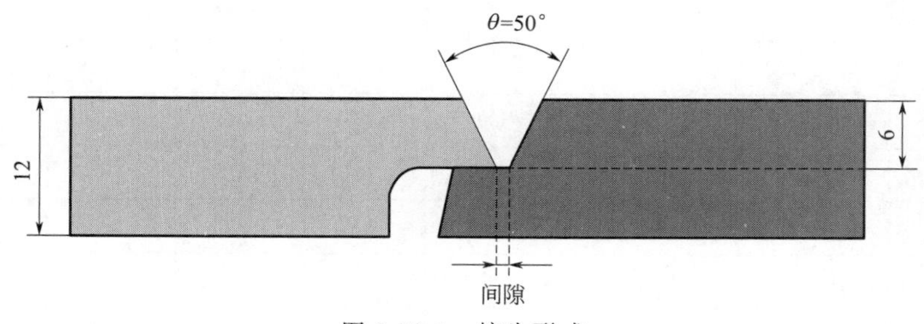


图 2-18-1　接头形式

**表 2-18-1　A356 及 ER5554 化学成分**（质量分数）　　%

| 材料 | Cu | Mg | Mn | Si | Fe | Zn | Ti | Al |
|---|---|---|---|---|---|---|---|---|
| A356 | ≤0.25 | 0.20～0.45 | ≤0.35 | 6.7～7.5 | ≤0.6 | ≤0.35 | ≤0.25 | 余量 |
| ER5554 | 0.1 | 2.4～3.0 | 0.5～1.0 | 0.25 | 0.4 | 0.25 | 0.05～0.2 | 余量 |

在考虑焊接工艺参数的时候只针对焊接电流 $I$、焊接速度 $v$、间隙 $D$、焊枪倾角 $\theta$ 及干伸量 $L$ 设计的正交试验因素及水平见表 2-18-2。

**表 2-18-2　正交试验因素及水平**

| 因素 | 水平 1 | 水平 2 | 水平 3 |
|---|---|---|---|
| 焊接电流 $I$/A | 180 | 191 | 200 |
| 焊接速度 $v$/(mm/min) | 400 | 450 | 500 |
| 间隙 $D$/mm | 1.5 | 2.5 | 3.5 |
| 焊枪倾角 $\theta$/(°) | 60 | 70 | 80 |
| 干伸量 $L$/mm | 10 | 12 | 14 |

根据所设计的正交试验，进行了 27 组试验。焊缝尺寸的示意图如图 2-18-2 所示，图中 $W$ 为焊缝的熔宽、$H_1$ 为余高、$H_2$ 为根部侧壁未熔合的高度，这三个量需要进行测量。具体的试验方案及结果见表 2-18-3。

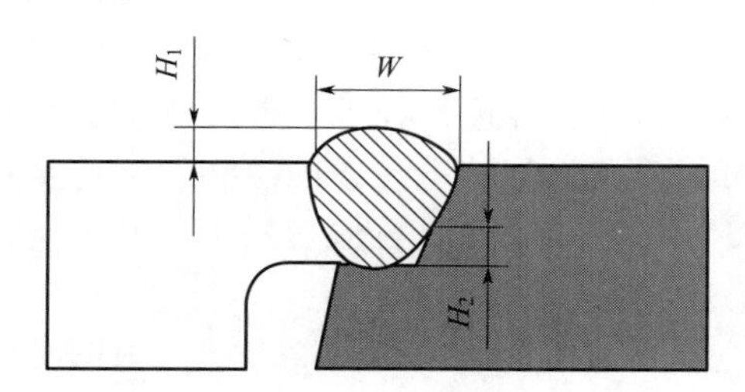


图 2-18-2　焊缝尺寸测量示意图

表 2-18-3 试验方案及相应试验结果

| 编号 | $I$ /A | $v$ /(mm/min) | $D$ /mm | $\theta$ /(°) | $L$ /mm | $W$ /mm | $H_1$ /mm | $H_2$ /mm | $\sigma_b$ /MPa |
|---|---|---|---|---|---|---|---|---|---|
| 1 | 180 | 400 | 1.5 | 60 | 10 | 12.89 | 0.80 | 2.28 | 76.72 |
| 2 | 180 | 400 | 1.5 | 60 | 12 | 12.60 | 1.09 | 2.32 | 75.68 |
| 3 | 180 | 400 | 1.5 | 60 | 14 | 13.93 | 1.18 | 2.74 | 62.12 |
| 4 | 180 | 450 | 2.5 | 70 | 10 | 11.49 | −0.18 | 0.13 | 135.45 |
| 5 | 180 | 450 | 2.5 | 70 | 12 | 11.17 | −0.24 | 0.09 | 140.1 |
| 6 | 180 | 450 | 2.5 | 70 | 14 | 10.80 | −0.19 | 0.08 | 130.15 |
| 7 | 180 | 500 | 3.5 | 80 | 10 | 8.14 | −1.34 | 0 | 89.25 |
| 8 | 180 | 500 | 3.5 | 80 | 12 | 8.78 | −1.02 | 0 | 74.23 |
| 9 | 180 | 500 | 3.5 | 80 | 14 | 8.31 | −1.30 | 0 | 71.95 |
| 10 | 191 | 400 | 2.5 | 80 | 10 | 12.44 | 1.06 | 0.2 | 234.71 |
| 11 | 191 | 400 | 2.5 | 80 | 12 | 12.74 | 1.09 | 0.23 | 230.35 |
| 12 | 191 | 400 | 2.5 | 80 | 14 | 12.45 | 0.49 | 0 | 232.15 |
| 13 | 191 | 450 | 3.5 | 60 | 10 | 11.36 | −0.72 | 0 | 215.24 |
| 14 | 191 | 450 | 3.5 | 60 | 12 | 11.44 | −0.54 | 0 | 210.17 |
| 15 | 191 | 450 | 3.5 | 60 | 14 | 10.91 | −0.60 | 0 | 222.15 |
| 16 | 191 | 500 | 1.5 | 70 | 10 | 11.86 | 0.55 | 1.33 | 119.98 |
| 17 | 191 | 500 | 1.5 | 70 | 12 | 11.16 | 0.78 | 2.07 | 78.93 |
| 18 | 191 | 500 | 1.5 | 70 | 14 | 11.99 | 0.92 | 0.76 | 126.93 |
| 19 | 200 | 400 | 3.5 | 70 | 10 | 13.11 | 0.41 | 0.53 | 182.12 |
| 20 | 200 | 400 | 3.5 | 70 | 12 | 13.45 | 0.28 | 0 | 194.93 |
| 21 | 200 | 400 | 3.5 | 70 | 14 | 12.71 | −0.41 | 0 | 202.13 |
| 22 | 200 | 450 | 1.5 | 80 | 10 | 12.13 | 1.12 | 0.31 | 196.7 |
| 23 | 200 | 450 | 1.5 | 80 | 12 | 12.30 | 0.67 | 0.8 | 190.02 |
| 24 | 200 | 450 | 1.5 | 80 | 14 | 11.60 | 0.93 | 0.43 | 191.72 |
| 25 | 200 | 500 | 2.5 | 60 | 10 | 11.44 | −0.12 | 0.7 | 165 |
| 26 | 200 | 500 | 2.5 | 60 | 12 | 11.48 | −0.36 | 0.56 | 170.12 |
| 27 | 200 | 500 | 2.5 | 60 | 14 | 11.40 | −0.18 | 0.5 | 171.78 |

针对上述结果，采用 Minitab 软件进行分析，得出各焊接参数对焊缝成形的主要影响关系，见图 2-18-3。从图中可以看出，焊接电流、间隙和焊接速度对焊缝熔宽 $W$、余高 $H_1$ 和焊缝根部侧壁未熔合高度 $H_2$ 影响较大。焊枪倾角对 $H_2$ 的影响较明显。干伸量对 $W$、$H_1$、$H_2$ 没有显著影响。

各焊接参数对焊接接头抗拉强度的影响见图 2-18-4。由图可知，焊接电流、间隙和焊接速度对抗拉强度影响较大，干伸量和焊枪倾角对抗拉强度影响较小。

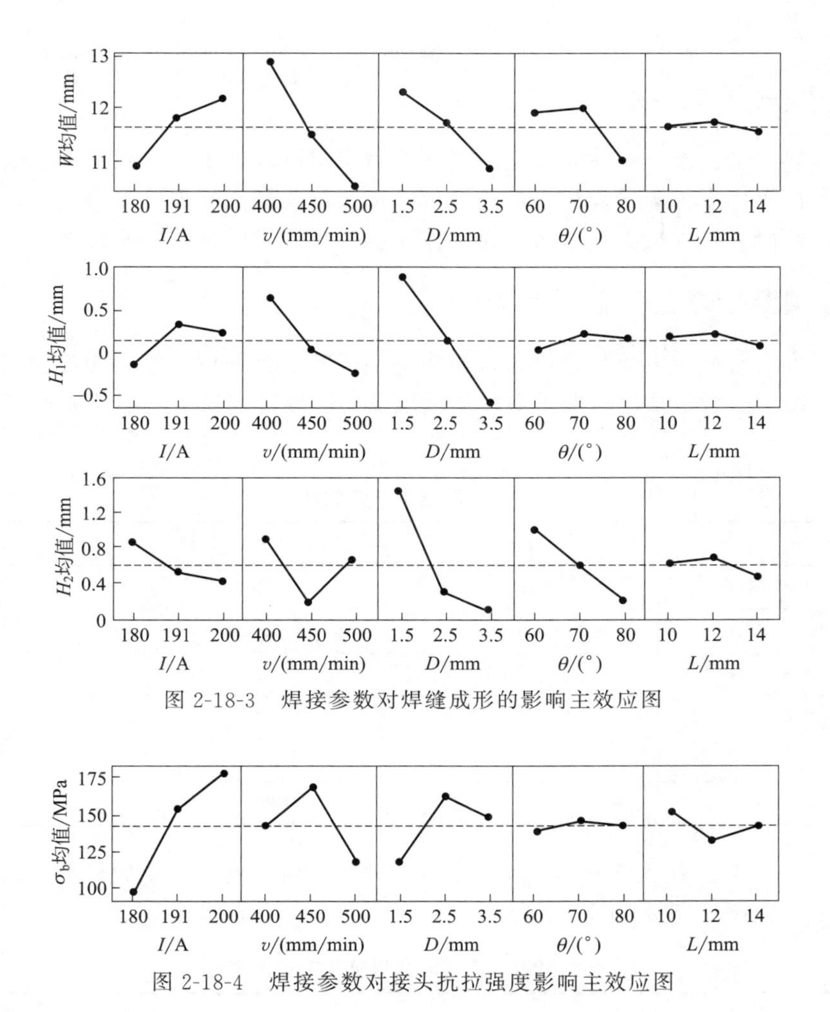


图 2-18-3　焊接参数对焊缝成形的影响主效应图

图 2-18-4　焊接参数对接头抗拉强度影响主效应图

## 四、预期成果及应用

通过田口方法可知铸铝 A356 焊接工艺参数中的焊接电流、间隙和焊接速度对接头的抗拉强度有很大的影响。而干伸量和焊枪倾角对抗拉强度影响不大。间隙对根部侧壁熔合有较大的影响，间隙过小将会导致根部侧壁不能熔合，进而影响抗拉强度。

该方法建立了一个关于铸造铝合金的预测数学模型，且预测值和实测值能较好地吻合，为后续的铸铝副车架设计的改进提供了理论依据和实践指导。

# 案例 19：田口方法在旋转电弧焊接工艺参数优化的应用

## 一、项目情况介绍

旋转电弧焊因为其电弧稳定、焊缝成形美观和易于控制的特点被广泛应用于各个领域，但是由于其焊接工艺比较复杂，影响因素较多，所以常常会产生一些焊缝缺陷，影响工件的焊接质量。

采用田口方法来分析各焊接工艺对焊缝质量的影响程度，为提高焊缝质量提供优化工艺参数。

## 二、问题分析与解决

首先根据焊接工艺参数来建立正交模型，然后拟定试验方案。在此基础上根据研究目的以田口方法的信噪比作为衡量焊缝质量的评价指标，寻找最优的焊接参数组合，使焊缝的质量达到最好，并研究各焊接工艺参数的相互作用以及对焊接质量的影响程度。

## 三、可实施技术方案的确定与评价

利用田口方法对旋转电弧传感器角接接头焊接工艺进行分析，建立的焊接参数及水平见表 2-19-1。考虑的因素包括焊接电压 $U$、焊接电流 $I$、焊接速度 $v$、旋转频率 $f$、干伸量 $L$ 及气体流量 $Q$。

**表 2-19-1　焊接工艺参数及水平**

| 控制因子 | 水平 1 | 水平 2 | 水平 3 |
|---|---|---|---|
| 焊接电压 $U$/V | 20 | 22 | 24 |
| 焊接电流 $I$/A | 150 | 180 | 210 |
| 焊接速度 $v$/(cm/min) | 30 | 42 | 48 |
| 旋转频率 $f$/Hz | 16.5 | 20 | 25 |
| 干伸量 $L$/mm | 10 | 15 | 20 |
| 气体流量 $Q$/(L/min) | 15 | 20 | 25 |

将表 2-19-1 的数据代入 Minitab 软件中进行分析，得到的正交试验模型见表 2-19-2，输出的信噪比主效应图见图 2-19-1。

**表 2-19-2　旋转电弧焊接正交试验表**

| 编号 | $U$ /V | $I$ /A | $v$ /(cm/min) | $f$ /Hz | $L$ /mm | $Q$ /(L/min) |
|---|---|---|---|---|---|---|
| 1 | 20 | 150 | 30 | 16.5 | 10 | 15 |
| 2 | 20 | 150 | 30 | 20.0 | 15 | 20 |
| 3 | 20 | 150 | 30 | 25.0 | 20 | 25 |
| 4 | 22 | 180 | 42 | 16.5 | 10 | 20 |
| 5 | 22 | 180 | 42 | 20.0 | 15 | 25 |
| 6 | 22 | 180 | 42 | 25.0 | 20 | 10 |
| 7 | 24 | 210 | 48 | 16.5 | 10 | 25 |
| 8 | 24 | 210 | 48 | 20.0 | 15 | 15 |
| 9 | 24 | 210 | 48 | 25.0 | 20 | 20 |
| 10 | 20 | 180 | 48 | 16.5 | 15 | 15 |
| 11 | 20 | 180 | 48 | 20.0 | 20 | 20 |
| 12 | 20 | 180 | 48 | 25.0 | 10 | 25 |
| 13 | 22 | 210 | 30 | 16.5 | 15 | 20 |

续表

| 编号 | $U$ /V | $I$ /A | $v$ /(cm/min) | $f$ /Hz | $L$ /mm | $Q$ /(L/min) |
|---|---|---|---|---|---|---|
| 14 | 22 | 210 | 30 | 20.0 | 20 | 25 |
| 15 | 22 | 210 | 30 | 25.0 | 10 | 10 |
| 16 | 24 | 150 | 42 | 16.5 | 15 | 25 |
| 17 | 24 | 150 | 42 | 20.0 | 20 | 15 |
| 18 | 24 | 150 | 42 | 25.0 | 10 | 20 |
| 19 | 20 | 210 | 42 | 16.5 | 20 | 15 |
| 20 | 20 | 210 | 42 | 20.0 | 10 | 20 |
| 21 | 20 | 210 | 42 | 25.0 | 15 | 25 |
| 22 | 22 | 150 | 48 | 16.5 | 20 | 20 |
| 23 | 22 | 150 | 48 | 20.0 | 10 | 25 |
| 24 | 22 | 150 | 48 | 25.0 | 15 | 10 |
| 25 | 24 | 180 | 30 | 16.5 | 20 | 25 |
| 26 | 24 | 180 | 30 | 20.0 | 10 | 15 |
| 27 | 24 | 180 | 30 | 25.0 | 15 | 20 |

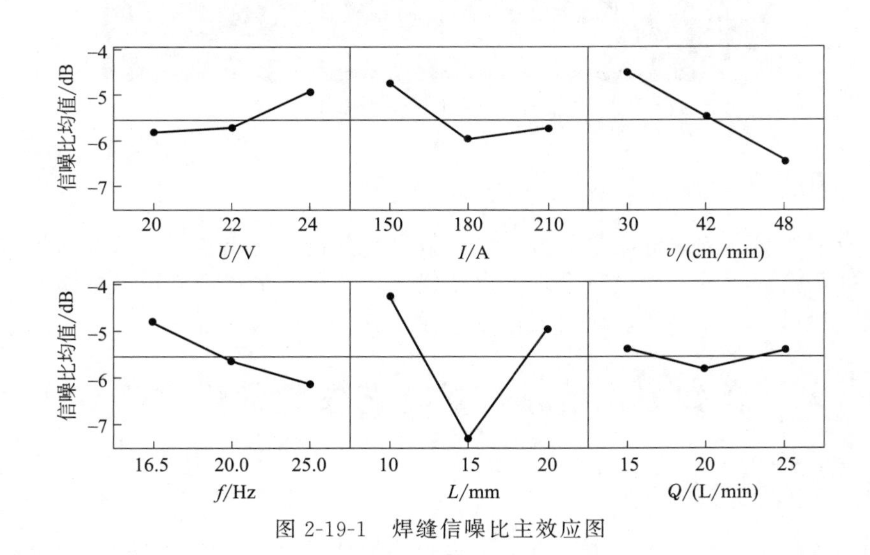


图 2-19-1　焊缝信噪比主效应图

从图 2-19-1 中可以看出各焊接工艺参数对焊缝质量的影响程度，信噪比越大，说明系统越稳定，其误差也越小。斜率越大，对质量的影响也越大，图中可以看出焊接速度和干伸量的斜率较大，因此这两个参数对质量的影响比较大。由图可以看出，最好的一组工艺参数是：$U=24\text{V}$，$I=150\text{A}$，$v=30\text{cm/min}$，$f=16.5\text{Hz}$，$L=10\text{mm}$，$Q=15\text{L/min}$。

焊缝的信噪比响应见表 2-19-3，该表反映了各焊接工艺参数对于焊缝质量的影响程度。从表中可以看出各焊接工艺参数对焊缝质量的影响程度依次为：干伸量、焊接速度、旋转频率、焊接电流、焊接电压、气体流量。

表 2-19-3 焊缝信噪比响应表

| 水平 | $U$ /V | $I$ /A | $v$ /(cm/min) | $f$ /Hz | $L$ /mm | $Q$ /(L/min) |
| --- | --- | --- | --- | --- | --- | --- |
| 1 | −5.857 | −4.802 | −4.554 | −4.829 | −4.257 | −5.368 |
| 2 | −5.754 | −6.016 | −5.530 | −5.643 | −7.349 | −5.797 |
| 3 | −4.980 | −5.773 | −6.507 | −6.118 | −4.985 | −5.426 |
| 最大和最小平均响应值之差 | 0.876 | 1.215 | 1.954 | 1.289 | 3.092 | 0.429 |
| 排序 | 5 | 4 | 2 | 3 | 1 | 6 |

根据上述的分析，以分析结果作为焊接的初始条件，采用最优的焊接工艺参数，焊接后的焊缝如图 2-19-2 所示。从图中可以看出，该焊缝的质量良好，表面无明显的缺陷，经检查，各项指标均达到标准要求，从而验证了田口方法在该方面的正确性，为后续的研究改进提供了一定的借鉴。

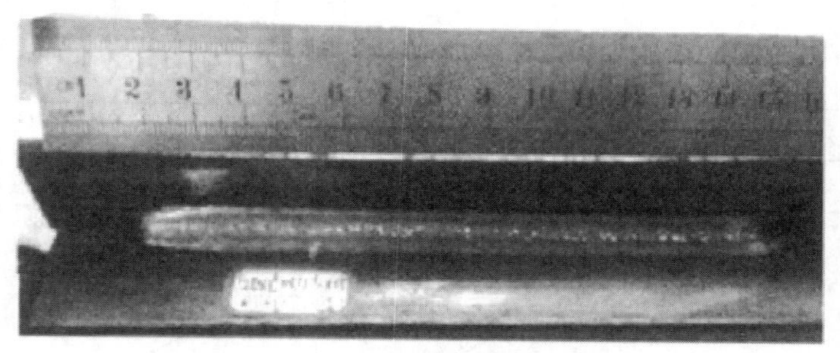

图 2-19-2 角接接头焊缝

## 四、预期成果及应用

基于田口方法对影响焊缝质量的各工艺参数进行分析，得出各工艺参数对焊接质量的影响程度，根据影响程度的不同进行合理的参数优化，选择出最优的工艺参数组合，为后续焊接工艺的研究提供一定的参考，对研究熔池尺寸具有一定的指导意义。

# 案例 20：基于田口方法的熔炼炉工艺参数优化

## 一、项目情况介绍

传统的熔炼炉工艺参数优化主要是基于经验法和试误法，这些方法都需要进行大量的试验，严重耗费人力和物力，而且很难得到较好的工艺参数。本案例对影响熔炼性能的主要因素进行分析，运用 Fluent 软件对不同的工艺参数组合进行模拟分析，基于田口方法寻找最优的参数组合。

## 二、问题分析与解决

铝熔炼炉几何模型如图 2-20-1 所示，铝液位于炉子的下部，侧面装有燃烧器。

模型的基本假设：

① 只考虑单个烧嘴的燃烧。

② 默认铝液不发生运动，且表面没有化学反应，只考虑与空气的对流和辐射以及温度的变化。

③ 铝液表面为完全氧化的 $Al_2O_3$，氧化层厚度为 5mm，发射率为 0.33。

④ 不考虑反应过程中的热损失。

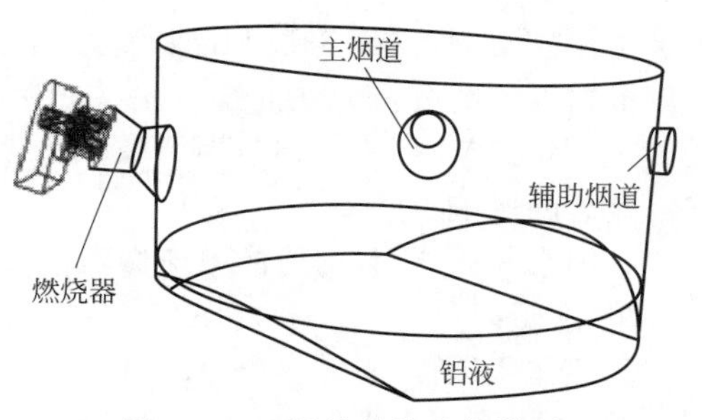

图 2-20-1　铝熔炼炉几何模型

为了对工艺参数进行优化，首先确定要进行优化的参数，初步选定的参数为 8 个，分别为：燃烧器倾角 A 和高度 B、辅助烟道 C、旋流数 D、燃烧器水平夹角 E、空气预热温度 F、天然气流量 G、空气消耗系数 H，建立的因子水平表见表 2-20-1。

**表 2-20-1　因子水平表**

| 水平 | A/(°) | B/mm | C | D | E/(°) | F/K | G/($m^3$/h) | H |
|---|---|---|---|---|---|---|---|---|
| 1 | 14 | 1407 | 0 | 0 | 85 | 500 | 475 | 1.1 |
| 2 | 15 | 1507 | 1 | 0.1286 | 90 | 550 | 500 | 1.15 |
| 3 | 16 | 1607 | 2 | 0.2528 | 95 | 600 | 525 | 1.2 |

## 三、可实施技术方案的确定与评价

在田口方法中，信噪比（S/N）是衡量产品质量是否稳健的一个指标。经过分析，决定选择铝液温度的相对标准差（Y1）、实际升温时间/理论升温时间（Y2）和炉膛温度相对标准差（Y3）作为优化指标。Y1、Y2、Y3 的信噪比的计算公式如下：

$$\eta = -10\lg \frac{1}{n}\sum_{i=0}^{n}$$

式中，$n$ 为试验次数。

各影响因素对 S/N 和均值的贡献率见图 2-20-2。将控制因子分为四类。

① 重要因子：对 S/N 和品质都有影响。

② 稳健因子：对 S/N 有影响，对品质特性没有影响。

③ 调节因子：对 S/N 没有影响，对品质特性有影响。

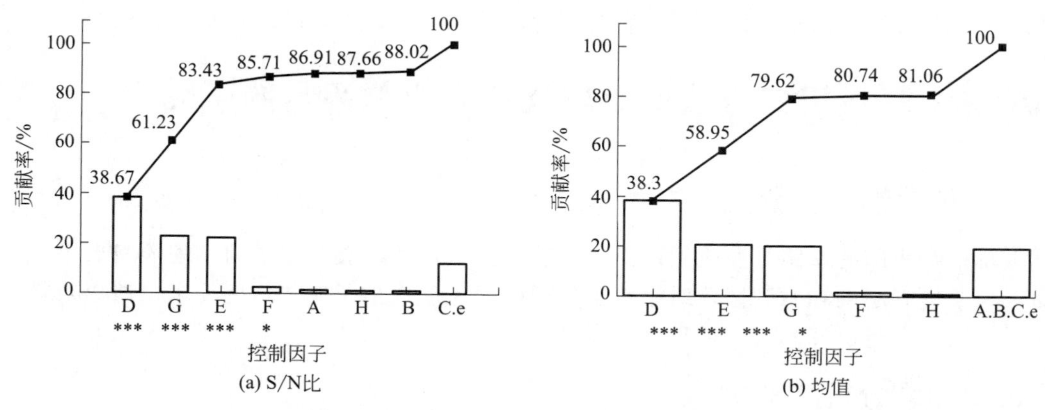

图 2-20-2　各因素对 S/N 和均值的贡献率

* 的多少表示该因子对 SN 和均值的影响程度；e 代表其他次要因子。

④ 次要因子：对 S/N 和品质都没有影响。

根据以上的分析，在此次试验中的控制因子主要分为以下几类：重要因子有 D、E、F、G，稳健因子有 A、B，调节因子有 H，次要因子有 C。其中 D、E、G 对 S/N 和均值具有非常显著的影响。

各因素对 S/N 和均值的效应图见图 2-20-3。从图中可以得到的推定结果如下。

① 重要因子：当取 D3、E1、F3、G3 时，S/N 达到最大，均值最小。

② 稳健因子：当取 A2、B1 时，S/N 达到最大。

③ 调节因子：当取 H3 时，均值最小。

④ 次要因子：当取 C1 时，S/N 达到最大，均值最小。

综上所述，选取的最佳的设计参数为：A2、B1、C1、D3、E1、F3、G3、H3。对 D3、E1、F3、G3 进行推估计算可得均值和 S/N 分别为 0.5424dB、4.8366dB。

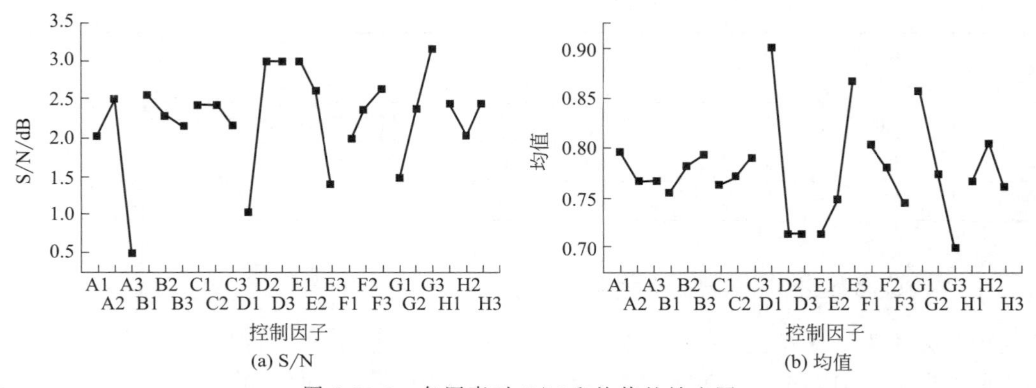

(a) S/N　(b) 均值

图 2-20-3　各因素对 S/N 和均值的效应图

对最佳的参数组合进行试验模拟，可以得到铝液的 Y1 为 0.014,，Y2 为 1.0045，Y3 为 0.1535。由此可知，验证试验所得的品质特性为 0.5307，与推估均值 0.5424 相差很小，试验验证的 S/N 为 5.5028dB，与推估的 S/N 4.8366dB 相近。

### 四、预期成果及应用

通过田口方法对一系列相关的参数进行分析，建立了评价铝液温度指标的模糊比较判断矩阵，分析得到了最优的工艺参数组合。经过分析确定了重要因子、稳健因子、调节因子和次要因子，然后通过试验验证了所得出的结论，优化了工艺参数的最佳组合方式。

## 案例 21：基于田口方法的重轨钢脱碳影响因素的研究

### 一、项目情况介绍

重轨钢在我国的铁路行业应用广泛，随着铁路行业的发展，对重轨钢的质量要求也不断增加，为了提高刚度和耐磨性，对重轨钢的脱碳层深度提出了更严格的要求，所以对重轨钢脱碳影响因素进行研究具有非常重大的意义。

### 二、问题分析与解决

本案例研究的对象是 U75V 重轨钢，在其热处理的过程中与温度、时间和炉内气氛等条件有关，这些因素会影响其表面氧化和脱碳过程。因为其炉内气氛较难控制，而且控制的范围有限，所以在分析的时候认为该参数保持恒定，只针对温度和时间这两个参数进行研究和分析。重轨钢脱碳的主要控制因素及水平见表 2-21-1。

**表 2-21-1 U75V 重轨钢脱碳的主要控制因素及水平**

| 水平等级 | 1 | 2 | 3 | 4 |
|---|---|---|---|---|
| 加热温度/°C | 800 | 900 | 1000 | 1100 |
| 保温时间/min | 20 | 60 | 90 | 120 |

## 三、可实施技术方案的确定与评价

首先对试样进行加热保温，然后空冷至室温。记录加热前后的质量作为试样的氧化量。然后按照表 2-21-1 中的条件进行处理，便可以得到脱碳层的组织形貌，该形貌也是影响重轨钢使用性能的因素之一。不同热处理工艺下的脱碳层深度见图 2-21-1。

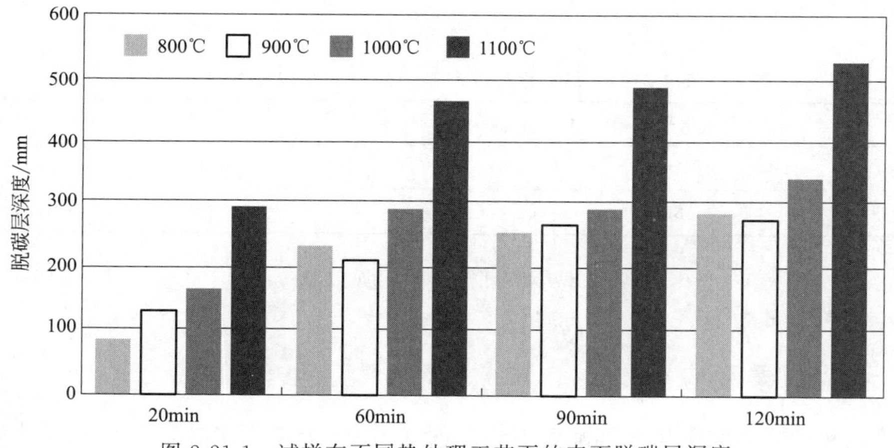


图 2-21-1 试样在不同热处理工艺下的表面脱碳层深度

由图 2-21-1 可知，在相同的加热温度下，随着保温时间的增加，脱碳层深度也跟着增加，但是增加的比较缓慢。随着加热温度的升高，脱碳层深度也随之增大。

将加热温度 A 和保温时间 B 作为两个独立的变量单独对脱碳程度进行作用，根据田口方法，设计的方案和测试结果见表 2-21-2。

**表 2-21-2 田口正交稳态试验方案及结果**

| 序号 | 加热温度(A) | 保温时间(B) | 脱碳层深度/mm | S/N |
|---|---|---|---|---|
| 1 | 1 | 1 | 83.8551 | 8.5870 |
| 2 | 1 | 2 | 233.4366 | 9.9833 |
| 3 | 1 | 3 | 254.0141 | 17.3725 |
| 4 | 1 | 4 | 283.7082 | 20.4097 |
| 5 | 2 | 1 | 132.9690 | 18.7286 |
| 6 | 2 | 2 | 212.2472 | 26.0310 |
| 7 | 2 | 3 | 268.2266 | 34.8601 |

续表

| 序号 | 加热温度(A) | 保温时间(B) | 脱碳层深度/mm | S/N |
|---|---|---|---|---|
| 8 | 2 | 4 | 279.4181 | 27.0340 |
| 9 | 3 | 1 | 165.3119 | 24.1376 |
| 10 | 3 | 2 | 292.1193 | 21.9652 |
| 11 | 3 | 3 | 297.3734 | 16.7135 |
| 12 | 3 | 4 | 343.8761 | 12.4446 |
| 13 | 4 | 1 | 297.3501 | 22.9909 |
| 14 | 4 | 2 | 467.5483 | 19.8900 |
| 15 | 4 | 3 | 489.1331 | 18.8957 |
| 16 | 4 | 4 | 530.9640 | 7.9004 |

根据表 2-21-2，将每个参数的平均 S/N 值求和，然后列出每一水平的参数所对应的平均 S/N 值，见表 2-21-3。

**表 2-21-3 每一水平的参数所对应的平均 S/N 值** dB

| 水平等级 | 水平 1 | 水平 2 | 水平 3 | 水平 4 |
|---|---|---|---|---|
| 加热温度(A) | 14.09 | 26.66 | 18.82 | 17.42 |
| 保温时间(B) | 18.61 | 19.47 | 21.96 | 16.95 |

由表 2-21-3 可知，加热温度 A 取到了最大值，所以认为加热温度是影响 U75V 重轨钢脱碳层深度的最主要参数。

### 四、预期成果及应用

U75V 重轨钢表面脱碳层深度随着加热温度（A）的升高而增加，且当温度达到 1000～1100℃ 时最深，当保温时间大于 60min 时，重轨钢表面脱碳层以全脱碳为主，在实际的生产中应该避免该情况的发生。利用田口方法进行分析可知，相对比于保温时间，加热温度对表面脱碳层深度的影响更大。

## 案例 22：田口方法在搅拌摩擦点焊工艺参数优化中的应用

### 一、项目情况介绍

搅拌摩擦点焊因其焊接时具有温度低、热量小、固相连接等特点在点焊接领域被广泛应用，其焊接工艺的特殊性可以有效避免传统焊接中出现的气孔和裂纹等缺陷。但是由于影响因素较多，需要进行更加深入的研究。

### 二、问题分析与解决

研究对象为 AZ31 镁合金轧制板材，通过 FSW-RT31-003 型号的搅拌摩擦焊机进行搭接焊接。主要研究的焊接工艺参数为旋转速度、停留时间和下压量，焊接参数及水平见表 2-22-1，焊接工艺参数组合见表 2-22-2。

表 2-22-1 焊接参数及水平

| 参数 | 水平 1 | 水平 2 | 水平 3 |
|---|---|---|---|
| 旋转速度 $v$/(r/min) | 800 | 900 | 1000 |
| 下压量 $h$/mm | 4.6 | 4.8 | 5.0 |
| 停留时间 $t$/s | 3 | 4 | 5 |

表 2-22-2 焊接接头的拉伸断裂载荷、信噪比及选用的正交表

| 试样编号 | 旋转速度 $v$/(r/min) | 下压量 $h$/mm | 停留时间 $t$/s | 断裂载荷 $L$/kN | 信噪比(S/N)/dB |
|---|---|---|---|---|---|
| 111 | 800 | 4.6 | 3 | 1.40 | 2.9226 |
| 122 | 800 | 4.8 | 4 | 1.39 | 2.8603 |
| 133 | 800 | 5.0 | 5 | 1.78 | 5.0084 |
| 212 | 900 | 4.6 | 4 | 1.77 | 6.9595 |
| 223 | 900 | 4.8 | 5 | 2.18 | 6.7691 |
| 231 | 900 | 5.0 | 3 | 2.05 | 6.2351 |
| 313 | 1000 | 4.6 | 5 | 3.49 | 10.8565 |
| 321 | 1000 | 4.8 | 3 | 2.40 | 7.6042 |
| 332 | 1000 | 5.0 | 4 | 2.46 | 7.8187 |

## 三、可实施技术方案的确定与评价

将焊接后的试件放到万能试验机上进行拉伸试验。拉伸后采用截线法进行晶粒尺寸的测量，采用显微硬度计进行硬度测量并采用扫描电镜对断口进行观察。

信噪比（S/N）是田口方法中反映质量指标波动的指标，数值越大说明承载能力越大，质量越好。

正交表已经给出各组合对应下的信噪比（表 2-22-2）。利用 Minitab 软件求得的信噪比见表 2-22-3。焊点的拉伸载荷信噪比、均值主效应见图 2-22-1。

表 2-22-3 拉伸载荷信噪比响应

| 水平 | 旋转速度 $v$/(r/min) | 下压量 $h$/mm | 停留时间 $t$/s |
|---|---|---|---|
| 1 | 1.523 | 2.220 | 1.950 |
| 2 | 2.000 | 1.990 | 1.873 |
| 3 | 2.783 | 2.097 | 2.483 |
| Delta | 1.260 | 0.230 | 0.610 |
| 排序 | 1 | 3 | 2 |

由表 2-22-3 可知，影响焊点拉伸载荷最主要的参数是搅拌头的旋转速度，其次为停留时间和下压量。

根据分析可得最佳工艺参数组合为：$v=1000$r/min、$h=4.6$mm、$t=5$s。

经过计算可知在该组合下，最大的拉伸力为 3.28kN，比其他任意组合的拉伸力都大，实际的最大拉伸力为 3.49kN，该组合的数值和该数值相差不大。

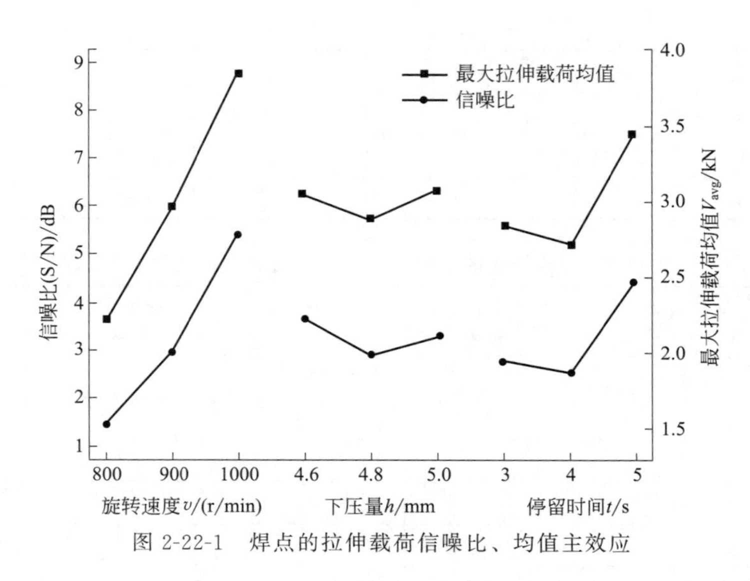

图 2-22-1　焊点的拉伸载荷信噪比、均值主效应

利用 Minitab 软件计算出各参数的均方差，利用方差分析可以进一步计算各参数对拉伸载荷的贡献率，见表 2-22-4。

**表 2-22-4　各参数均值方差表**

| 类别 | 自由度<br>DF | 相继平方和<br>$S_{eq}SS$ | 调整均方差<br>$A_{dj}MS$ | *F* 值 | 贡献率<br>*P*/% |
|---|---|---|---|---|---|
| 旋转速度 | 2 | 2.42842 | 1.21421 | 12.41 | 72.15 |
| 下压量 | 2 | 0.07949 | 0.03974 | 0.41 | 2.36 |
| 停留时间 | 2 | 0.66242 | 0.33121 | 3.39 | 19.68 |
| 残余误差 | 2 | 0.19562 | 0.09781 | — | 5.81 |
| 总和 | 8 | 3.36596 | — | — | 100 |

注：*F*＝因子 MS/误差 MS。

由表 2-22-4 可知，贡献率最大的工艺参数是旋转速度，其次是停留时间和下压量，该表与上述的分析结果正好相对应。

## 四、预期成果及应用

针对 AZ31 镁合金搅拌摩擦点焊，旋转速度是影响最大拉伸力的最主要参数，其次是停留时间和下压量。根据田口方法得到的最优的工艺参数组合为 $v=1000$r/min、$h=4.6$mm、$t=5$s。

# 第三章
# 钢铁领域全流程不同环节创新方法的应用案例分析

## 案例 1：解决球磨机给料器磨损过快的方法

### 一、项目来源

球磨机给料器进口与出口的啮合部 S 是强烈磨损区，使给料器整体使用寿命下降，而啮合部设计保护层是最有效的方法。本项目旨在解决该问题。

### 二、问题分析与解决

#### （一）物场模型

首先对给料器的功能（加钢球与给矿石）进行物场分析，其磨损的主要原因为钢球冲击破坏。钢球为目标物 $S_1$，给料器为工具 $S_2$，F 为机械力。给料器与钢球既有好的作用（给料器的导向），又有坏的作用（冲击破坏）。为解决问题查 76 个标准解，提示我们：添加一修正物 $S_3$，如图 3-1-1 所示。

图 3-1-1　物场模型

#### （二）物理矛盾

1. 提出问题

球磨机给料器的啮合部 S 冲击磨损较快，与其他部位的磨损情况不一样，造成整体使用寿命下降，如图 3-1-2 所示。

2. 导出问题

① 时间：加球时既要快又要慢（与生产效率有关）；

② 条件：给料器既要厚又要薄（与传动系统有关）；

③ 空间：钢球与给料器既要接触又要不接触（与冲击有关）。

3. 分析问题

① 因生产工艺的原因，加球时应停产，且一次性加 1 吨，故加球快可以提高生产效率，加球慢可以减小因重量与速度产生的机械能过大所带来的冲击破坏。

② 给料器太厚会增加成本，而且会影响球磨机传动机构，运转磨矿时的动态失衡会产

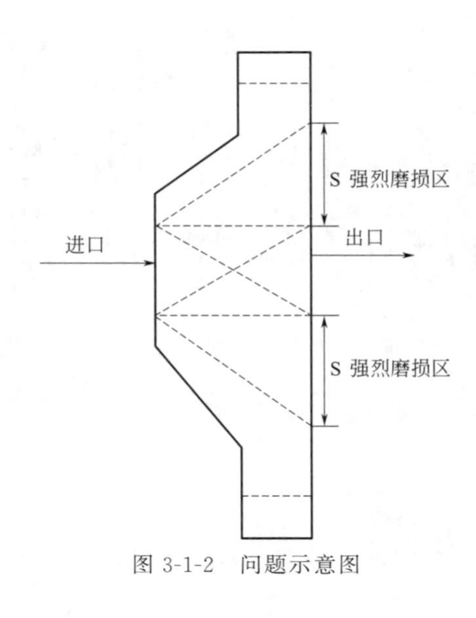

图 3-1-2 问题示意图

生振动，球磨机进料端过重，使得局部应力集中发生变形或折断等设备损伤。给料器太薄不耐用，所以只能按照给料器设计的标准质量，通过分析整体与部分的关系，采用局部处理的方法。

③ 钢球与腔体轨道直接接触时导向性好、速度快，因而需要采用其他方式转换为间接接触。

## 三、可实施技术方案的确定与评价

① 采用自动加球机，可以解决间断、匀速加球的问题，避免瞬间的冲击损坏，但成本高；

② 降低加球点的高度和角度，能减小速度、降低冲击力，但受到现有厂房环境的限制，无法实施；

③ 保证给料器设计的标准质量，在啮合部的内外加焊合适的钢板，提高其耐磨性，可以提高 30%的使用寿命，现已采用；

④ 采用微量给矿或其他介质，在钢球与给料器腔体内形成保护层，但钢球与矿石（强磁性矿）在腔体内会互相吸附，流动慢且易堵塞，效果不好。

## 四、预期成果及应用

① 自动加球机每台 50 多万，价格高且设备维护成本高，使用寿命不长，现场使用不便，从诸多因素综合考虑，没有选用该设备，现在主要采用人工加球。

② 由于厂房在加球点的空间位置狭小，无法进行整改，重新进行建筑设计影响生产时间且耗资大，实施的可能性不大。

③ 在啮合部的内外加焊合适的钢板，设计方及现场施工方操作方便，效果明显。给料器造价约 5.8 万，改进前后的使用寿命分别为 60 天与 90 天，降低了故障率，两台球磨机一年可节约 20 万。

# 案例 2：出料炉门的创新设计

## 一、项目来源

### （一）工作原理

液压缸升降炉门隔热层隔绝热量。

### （二）主要问题

高温气体腐蚀使隔热层变形，耐火材料卡堵炉门，重质耐火材料加重炉门质量。

### （三）问题发生的条件

管坯环形加热炉加热温度高，装出料的节奏快，炉门需要高频率的启闭。

### （四）初步思路或类似问题的解决方案

改变装出料炉门装置结构，将升降式装出料炉门改为侧开式炉门结构，能够克服现有升降式装出料炉门的缺陷，使其更具有实用性。

**（五）待解决的问题**

缓解耐火材料的磨损，改善炉门卡堵现象，减轻炉门质量，提高装置的可操作性。

## 二、问题分析与解决

**（一）技术问题必要的技术数据、技术要求**

新型装出料炉门应该拥有现有炉门的功能，并且能改善炉门使用寿命，结构简单，保证物件均匀加热效果。图 3-2-1 所示为炉门受力示意图。

**（二）物理矛盾**

以上问题抽取的物理矛盾为：既要减轻耐火材料的重量，同时又要保证耐火材料的质量，避免降低耐火材料层的使用寿命。

解决物理矛盾的分离方法为：空间分离。

采用方案 1：采用中介物原理。采用轻质耐火材料，同时在耐火材料层外增设炉门主框架，启闭过程中，炉门主框架和炉门门框相互摩擦，避免耐火材料层和炉门门框的直接摩擦，延长使用寿命。

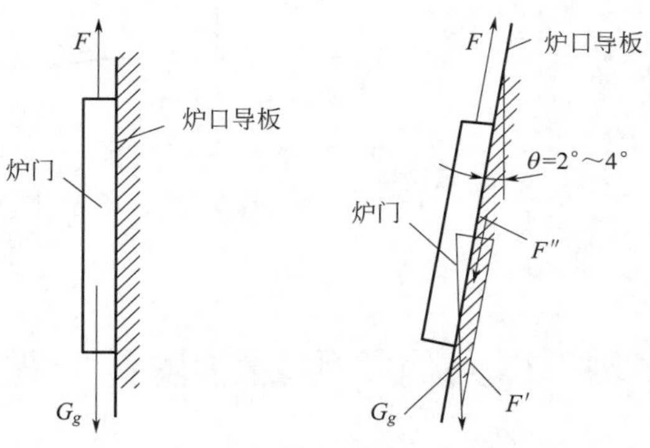


图 3-2-1　炉门受力示意图

**（三）技术矛盾**

以上问题抽取的技术矛盾为：改善物资的无效损耗导致静止对象所需的能量恶化。

利用矛盾矩阵查询创新原理为：28 机械系统替代原理、27 廉价替代品原理、12 等势原理、31 多孔材料原理。

采用方案 2：依据等势原理，采用侧开式装出料炉门装置，用侧向启闭的方式代替了传统装出料炉门的升降式启闭方式，从而避免炉门打开时，高温烟气外溢上浮而腐蚀炉门的各个构件，延长炉门的使用寿命。

图 3-2-2 为侧开式装出料炉门的结构图，图 3-2-3 为侧开式装出料炉门与炉口的结合示意图。

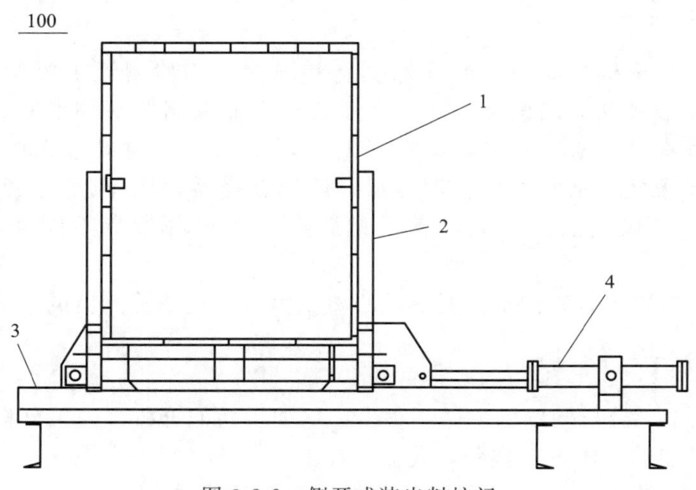


图 3-2-2　侧开式装出料炉门

1—炉门；2—炉门框架；3—轨道部；4—驱动装置

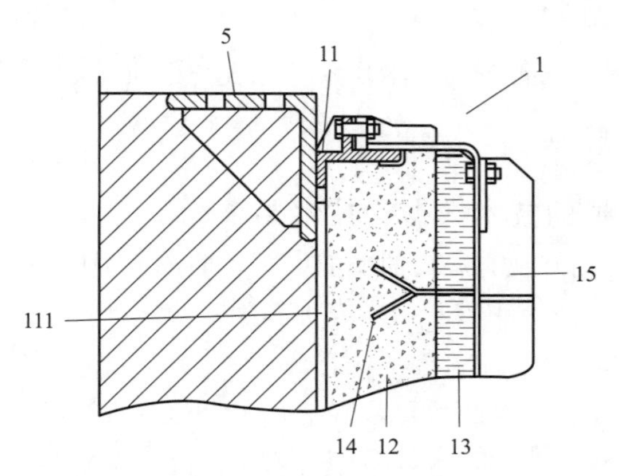


图 3-2-3 侧开式装出料炉门与炉口结合示意图

1—炉门；5—炉口门框；11—炉门主框架；12—耐火材料层；13—纤维毯层；
14—锚固件；15—金属外壳层；111—开口部

# 案例 3：火焰检测器“偷看”现象的解决方法

## 一、项目情况介绍

锅炉燃烧的基本要求在于建立和保持稳定的燃烧火焰。在锅炉中，燃烧工况组织不合理造成的燃烧不均匀、火焰中心偏斜、火焰刷墙等，是导致炉膛结焦、炉管爆破、炉膛灭火、炉膛爆炸等运行事故的重要原因。因此，对锅炉火焰燃烧进行诊断具有很重要的现实意义。但由于我国燃煤煤质和煤种经常变动，以及各个企业所用的燃料极不稳定、情况复杂，所以设定火焰检测器的参数比较困难。另外，工业燃烧过程自身具有瞬态变化、随机湍流、设备尺寸庞大、环境恶劣等特征，给相关参数的在线测量带来了困难，难以获得描述实际火焰燃烧状况的准确参数，这样导致某些参数调整得不到可靠的依据，燃烧最优化运行无法实现。目前这已成为提高大型燃烧设备安全性和经济性的瓶颈。

## 二、项目来源

目前，市场上用于检测锅炉炉膛火焰燃烧状况的火焰检测器主要通过火焰光谱信号的强度、频率等参数判断火焰燃烧状况。由于各个企业采用的锅炉形状、燃料各不相同，火焰检测器普遍存在“偷看”状况，即在一对一燃烧器火焰检测过程中，由于其他燃烧器的火焰燃烧状况极佳，某些物理量辐射到附近的燃烧器，从而影响火焰检测器的判断，造成误判。因此，仅仅通过火焰光谱信号的强度、频率等参数不能准确判断火焰燃烧状况。

从上述的问题描述中，我们把问题的核心概括为解决火焰检测器的“偷看”现象。

## 三、问题分析与解决

在 TRIZ 理论中，分析问题的方法有很多，例如：功能分析、因果分析、物场模型分析等。针对火焰检测器的“偷看”现象，我们选择因果分析，分析如图 3-3-1 所示。

在因果分析中，我们把火焰检测器的“偷看”现象具体化，即“火焰检测器误动作”，根据这个结果一层一层分解去寻找问题的原因。

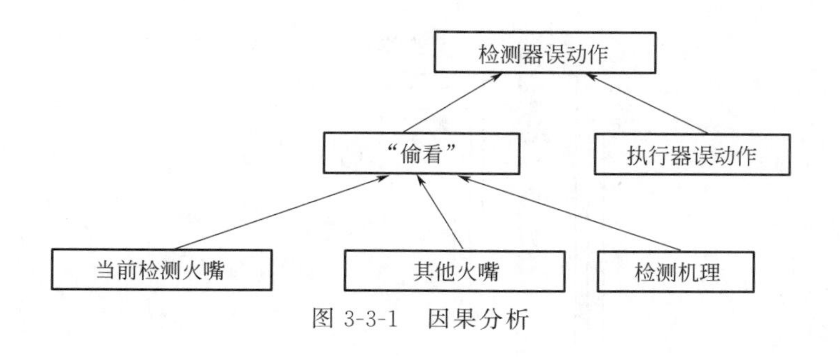

图 3-3-1　因果分析

## 四、可实施技术方案的确定与评价

通过简单的因果分析，我们找到了 3 个原因。考虑火焰检测器的应用工况，还有许多边界条件和不确定因素没有分析全面，因此没有把原因分析得很透彻。如：我国燃煤煤质和煤种经常变动，各个企业所用的燃料极不稳定、情况复杂，锅炉燃烧器炉型不同、燃烧方式各不相同；工业燃烧过程自身具有瞬态变化、随机湍流、设备尺寸庞大、环境恶劣等特征。这些现象和因素以及针对锅炉燃烧器燃料燃烧状况的具体数据和数学模型较少，都给分析带来了困难。

我们分析这个问题存在物理矛盾，可能也存在技术矛盾。参照 TRIZ 理论的解题方法，我们查询了冲突矩阵、39 个工程参数、40 个创新原理、76 个标准解、科学效应库等，最终给出的建议是：对各种燃料的燃烧火焰进行细致参数检测和分析，等具备大量的数据之后再应用 TRIZ 理论分析问题。或者按照技术进化论预测，利用非接触式传感器检测火焰燃烧状况的技术可能已经处在成熟期并逐渐进入退出期，或许可以进行新技术的研发——图像火检，可与天津大学展开合作。

# 案例 4：干熄焦水冷套管内泄漏结构优化设计

## 一、项目来源

在干熄焦生产过程中，置换完红焦显热的高温氮气经过一次除尘器（简称 1DC），除尘后通过余热锅炉产生 3.2MPa 的中压蒸汽，通过汽轮发电机发电回收。1DC 沉降下的大颗粒红热焦粉经多管式水冷套管冷却后排出，此处的 2 个多管式水冷套管由于设计缺陷以及循环水质的影响，使用 3～6 个月就出现内泄漏，水汽进入密闭的循环氮气系统，造成系统 HB 和 COD 超标，存在塌炸危险。因此，被迫进行停产更换，每次至少需要 22h，直接和间接生产损失高达 500 多万元，直接备件费用为 36 万元。为了高炉的稳定顺产，计划进行长寿化攻关。

## 二、问题分析与解决

### (一) 问题分析

水冷套管的单根水冷套管为三重套管，循环水流道较窄，在环形封头处水垢、杂物等淤积造成流道淤堵不畅，同部换热不充分，钢材热胀冷缩将环形封头焊缝撕裂，造成冷却水泄漏。

通过功能和组件分析初步判断原因，如图 3-4-1 所示，形成 IFR（最终理想结果）。

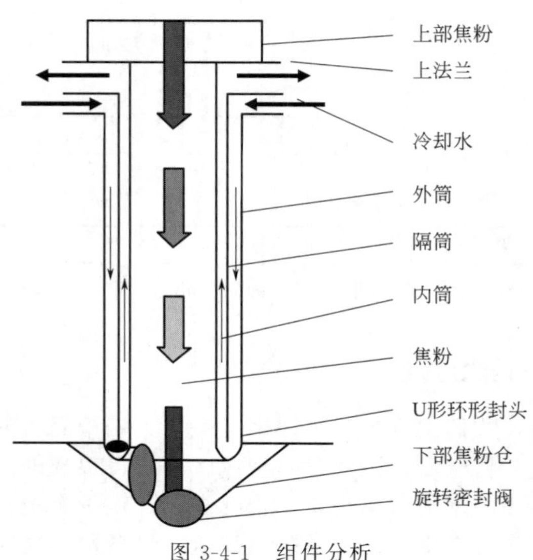


图 3-4-1　组件分析

技术系统：焦粉冷却系统。

技术系统功能：降低焦粉温度，如图 3-4-2 所示。

工作对象：焦粉。

技术系统对工作对象的作用：冷却。

最终理想结果（IFR）：焦粉实现自我降温，避免 U 形环形封头干烧开裂。

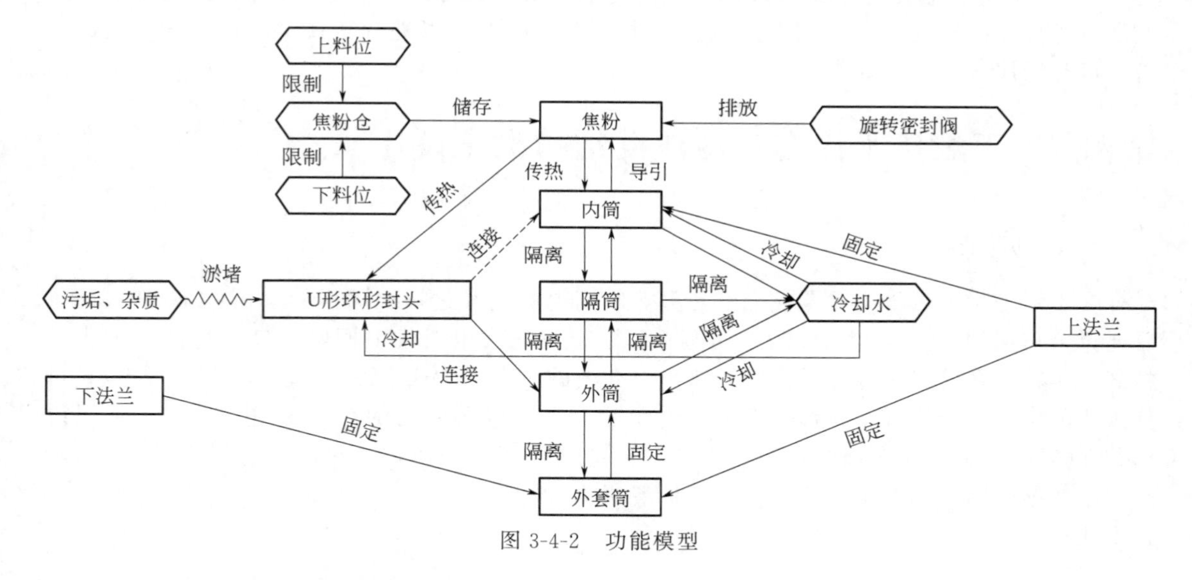


图 3-4-2　功能模型

## （二）问题求解工具选取与应用

基于水冷套管泄漏的问题，运用新理论，对水冷套管结构进行分析，运用 TRIZ 发明原理，对其功能系统进行组件分析，通过三轴分析、定义技术矛盾和物理矛盾，建立物场模型，然后进行标准解和知识库查询，以及进化曲线理论推导，共得到 15 种解决方案，从安全性、成本、效率这 3 个维度综合评价，最终选取 1 种最经济、便捷、有效的改造方案。

1. 裁剪

运用系统裁剪法（trimming）得出方案 1：裁剪掉外套筒、U 形环形封头、隔筒、上法兰、下法兰，直接用内筒和外筒形成的循环冷却水腔来完成换热过程，见图 3-4-3。

2. 因果分析

方案 2：冷却水流道的横截面积增加 2 倍，宽度由 8mm 增加到 50mm，延缓淤堵时间。

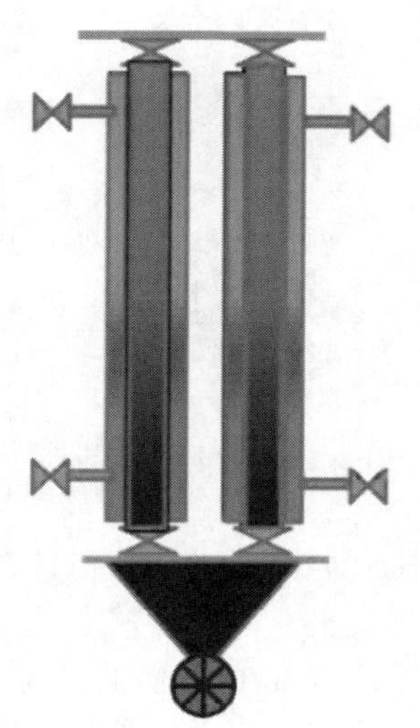

图 3-4-3　裁剪方案

3. 资源分析

方案 3：在冷却水进水口之前加装水质净化装置，保证水质干净达标。

方案 4：在水冷套管前加装管道泵，增加冷却水流速，保证热焦粉冷却充分。

4. 技术矛盾、矛盾矩阵

根据阿奇舒勒的 40 个发明原理和 39×39 矛盾矩阵，一一对应查找，得到如下方案。

方案 5：发明原理 30（柔性壳体或薄膜原理），制作成列管式换热器，内筒采用 DN100 钢管均布，管程走热焦粉，壳程走冷却水，外筒焊接 1 个大柔性膨胀节来消除热胀冷缩的应力。

方案 6：发明原理 30（柔性壳体或薄膜原理），制作成列管式换热器，内筒采用 DWN100 钢管均布，每根管焊接 1 个膨胀节来消除热胀冷缩的应力，管程走热焦粉，壳程走冷却水。

方案 7：发明原理 14（曲面化原理），内筒曲面是梅花状的波纹管，内部功能是水流动，外部圆筒内走冷却水，中间曲线区域部分走红热焦粉，见图 3-4-4。

5. 物理矛盾

方案 8：发明原理 17（空间维数变化原理），将原来三维的圆筒形结构改为二维的板式换热器结构，在每侧的冷却侧安装下进高出的独立阀门，既可以根据下灰的不均匀性调节每个冷却腔的冷却水量，又可以反洗排污，见图 3-4-5。

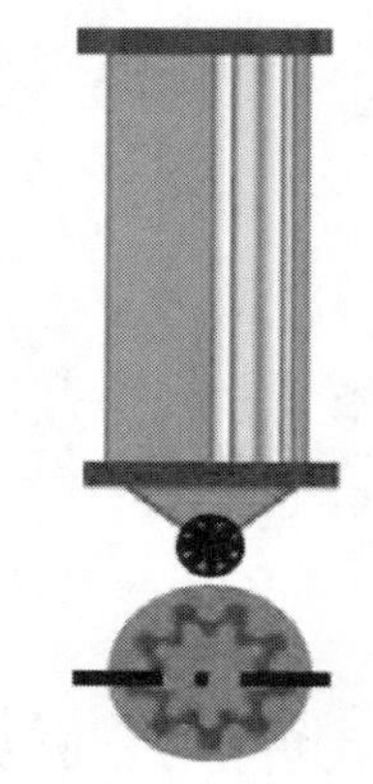

图 3-4-4　内筒梅花波纹管

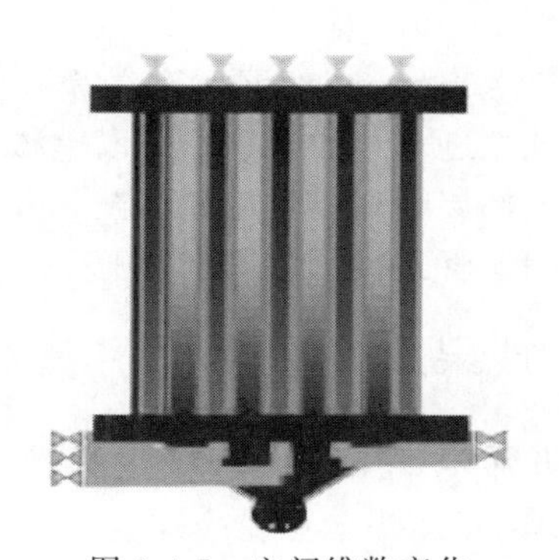

图 3-4-5　空间维数变化

方案 9：发明原理 11（事先防范原理），在每个 U 形环形封头处加装 1 个排污口，定期排污。

方案 10：发明原理 13（反向作用原理），将每个 U 形环形封头倒立安装，防止泥沙沉积在 U 形封头处。

图 3-4-6　翅片管冷却

6. 知识库查询

由专利之星检索系统查询类似冷却装置，受到《饲料生产用物料分级冷却装置》专利的启发，得到方案 11：将中间换热部分做成翅片管，焦粉从翅片管的间隙边走边冷却，见图 3-4-6。

7. 物场分析

通过建立物场模型，针对性地对有害的场予以加强或屏蔽，得到方案 12 和方案 13。

方案 12：在焊口处焊接 50mm 宽的 20G 钢板圈增加其抗拉强度。

方案 13：在焊口处增加一除垢超声波发生器。

8. 因果分析（运用 S 曲线应用、进化法则）

根据进化法则中向超系统进化法则的思路，得到方案 14 和方案 15。

方案 14：根据向超系统进化法则，将热焦粉下灰管道连接到循环风机后的管道上，通过负压将焦粉抽入干熄炉底部，被低温循环气体二次降温，随着干熄焦炭排出。

方案 15：根据提高理想度法则，将一次除尘器和水冷囊管全部剪切掉，根据流体力学的原理，将干熄炉冷却段的横截面积减小到预存段横截面积的 1/4，循环气体在预存段的流速也会相应下降到原来的 1/4，这样置换完热量的循环气体就不会再夹带焦粉。冷却段用水冷壁降温即可。

20 世纪 80 年代，德国发明的水冷壁式干熄焦装置采用的就是这个原理，已应用于德国 TSOA 公司，在韩国浦项和中国台北有推广，目前我国的设计院没有引进消化。

## 三、可实施技术方案的确定与评价

从方案的成本、复杂程度、制作周期、可操作性等几个维度综合评价，最终选定方案 8：对多管式水冷套管结构进行改造，选用板式换热器结构。具有如下优点：

① 结构简单，易于制作；

② 不需要其他附属配套件；

③ 流道选用 120mm 宽；

④ 换热板厚度 10mm，保证换热效率；

⑤ 冷却腔独立进水，如有损坏可以单独切断；

⑥ 冷却腔上部接触高温焦粉处填充 50mm 厚耐热浇注料；

⑦ 换热面积比管式换热装置多 17.7%，流通面积比原来多 135%，冷却效果更佳。

## 四、预期成果及应用

### （一）预期成果

此方案取得两项题为“焦粉冷却装置”、一项题为“焦粉换热装置”的发明专利，申请受理专利号分别为 201810236733.3、201810235176.3、201810235024.3。

### （二）效益

保守计算，水冷套管寿命由 6 个月至少延长到 1 年。

备件效益：原来每个水冷套管 36 万元，每套干熄焦装置配备 2 台，共计 72 万元。

$$36\text{万元/台}\times 2\text{台}\times(12\text{月}/6\text{月})=144\text{万元}$$

焦炭效益：原来每次更换需停产 22h，每小时损失干熄焦焦炭 219t 左右（每炉干熄焦 36.5t，1 炉 10min），干湿焦炭差价为 50 元/t。

219t/h×50 元/t×22h×(12 月/6 月)≈48 万元

发电效益：干熄焦配套汽轮发电机为 18000kW·h [按价格 0.34 元/(kW·h) 计]，同时损失余热发电量。核算经济损失为：18000kW·h×0.34 元/(kW·h)×22h×(12 月/6 月)≈26.9 万元。

节省人工费用：每次检修人工费用为 2 万元，每年最少 2 次检修，因此可减少人工费用 4 万元/a。

直接经济效益＝(备件效益＋焦炭效益＋发电效益＋节省人工费用)×2 套干熄焦
＝(144＋48＋26.9＋4)万元/a×2＝445.8 万元/a。

针对 200t/h 干熄焦装置水冷套管的频繁泄漏问题，基于 TRIZ 理论对其分析，最终探索出了一种性价比高、制造简单、易于更换的新型设计思路，并进行了长达 1 年的工业试验，效果良好，满足了干熄焦装置的连续生产需求。

# 案例 5：铁矿石烧结矿粉化问题改进

## 一、项目来源

silo 是存放铁矿石烧结矿的容器，烧结矿在 silo 25m 的高度落下时，由于强大的撞击力，部分原料会产生碎裂粉化的现象，若想避免烧结矿粉化就应缩小 silo 的容积，但是这会增加生产成本。

## 二、可实施技术方案的确定与评价

silo 内部有 16 个隔板，在隔板上依次凿出孔洞，这样 1 号 silo 的原料累积到一定程度时，75％的原料将自动运输至 2 号 silo，原料落下时的高度降低，原料耗损率也从之前的 30％降至 10％，这为 POSCO 节省了 63 亿韩元的成本。方案示意图如图 3-5-1 所示。

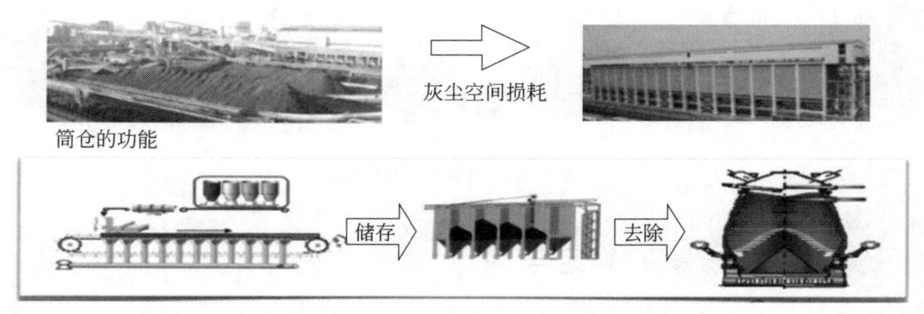


图 3-5-1　方案示意图

# 案例 6：烧结原料运输通气棒改进设计

## 一、项目来源

在传送带运输烧结原料的过程中，原料被送至传送带末端并层层堆积上去，上层的原料因为重力的原因压迫下方原料，致使原料之间的间隙过窄挤压成块，所以上方原料被点燃以后火焰很难快速传至下方原料。吸烟者为了加长烟叶的燃烧时间，在点火之前弹几次过滤嘴以提高烟叶的填充力也是同样的原理。图 3-6-1 所示为烧结原料的运输。

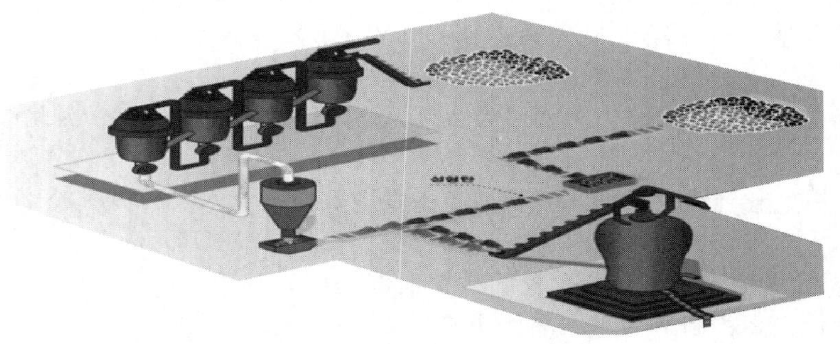

图 3-6-1　烧结原料的运输

## 二、问题分析与解决

这一工程希望达到的结果是原料之间存在一定空隙，上方原料在被点燃时，下方原料可以迅速借助间隙的空气加速燃烧，最后达到提高生产效率的目的。但是目前原料之间几乎没有空隙，燃烧速度较慢，所以在本工程里会使用一种叫通气棒的杆状物，贯穿到原料里制造空隙，但是效率较低，功能模型如图 3-6-2 所示。

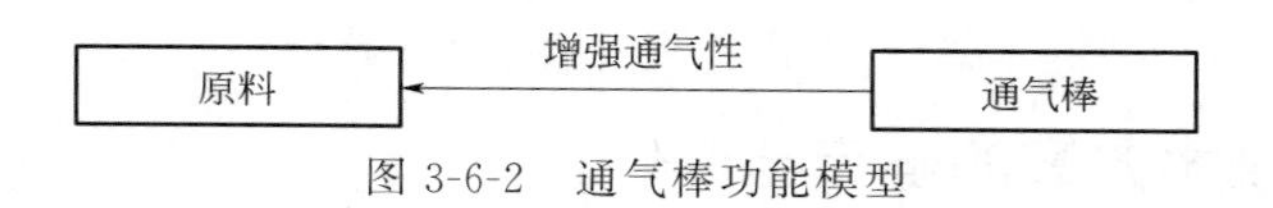


图 3-6-2　通气棒功能模型

首先应该为通气棒的功能做个定义，在此工程里工程师将通气棒的功能定义为：提高烧结原料的通气性。TRIZ 在做功能模型的定义时建议使用较为通俗的词语。所以“通气棒”可以简化为“棒子”，“原料”简化为“粉末”，功能是“棒子让粉末的密度降低”“让空气进入”“让粉末变小”，如图 3-6-3 所示。

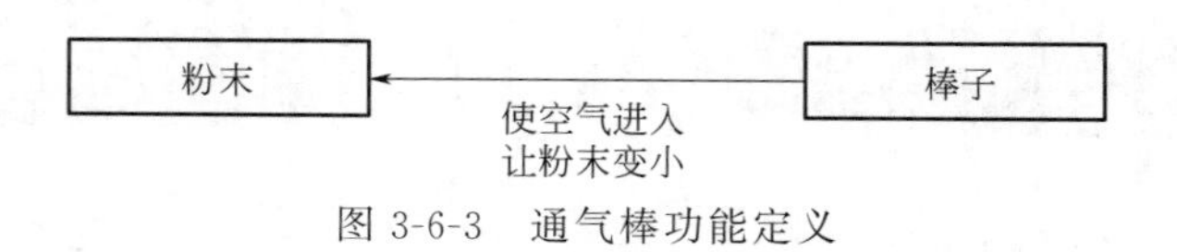


图 3-6-3　通气棒功能定义

## 三、可实施技术方案的确定与评价

用较为通俗的词重新定义功能模型后发现，通气棒的功能与耕地的工具犁类似。犁的功能也是加大颗粒物——土与空气的接触面，提高土的空隙率，将大土块变小变碎，最终降低土的密度，所以可以将通气棒的形态从单纯的杆状物转换成犁状物，便可以提高效率。而且在某本讲述中世纪农业革命的书籍里讲到了犁的改良过程，16 世纪左右发明的犁铧，在增加耕地面积的产量方面起到了很大的作用，生产效率大幅提高，由此可见，原料供给工程也可以参照犁铧的形态。通过功能模型寻找解决方案的 open innocation（开放式创新）的优点是可以参考在其他领域已经得到验证的成果，这样可以大大降低失败率。

# 案例 7：金属探测仪金属剔除系统改进

## 一、项目来源

### （一）技术系统示意图（图 3-7-1）

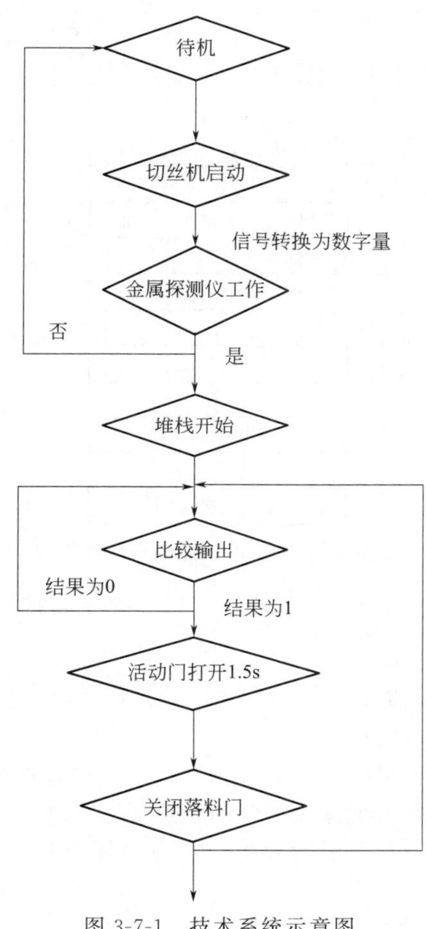


图 3-7-1　技术系统示意图

### （二）背景描述

制丝线工艺设置中，金属探测仪安装于切丝机入口前，起到剔除物料中的铁磁性物质的作用，以减少金属杂质对切丝机本身的损坏、对切丝质量和后续工艺的影响。

### （三）问题概况

正常生产时，叶片中含有的金属物经过金属探测仪时发出脉冲信号，延时 11s 到达落料口，气缸打开翻板，叶片直接从落料斗落入接料箱。但在实际生产过程中，金属探测仪不能完全有效检测金属物，特别是皮带机频繁启停和连续出现 2 个或 2 个以上金属物时，程序会自动清除前面几个金属物信号，以最后一个金属物信号为准，前面几个金属物不能被剔除，导致含金属物的叶片进入切丝机，造成切丝机刀辊刀片损坏或下刀门盖板脱落。根据维修统计，平均每周出现10次打刀现象，打刀后的换刀、磨刀时间长达20min。如果盖板脱落，安装后调整间隙，停机时间会更长，造成烘丝机跑空，出现干头干尾，影响产品质量。另外，刀片损坏严重时全部更换一次费用达624元。

### （四）与此问题相关的技术数据、技术要求

金属探测仪的精确性和可靠性取决于电磁发射器频率的稳定性，该探测仪工作频率为80～800kHz，检测范围大约1.5m，要求平均每周打刀5次降到目标值1次。

## 二、问题分析与解决

### （一）技术问题因果树分析（图3-7-2）

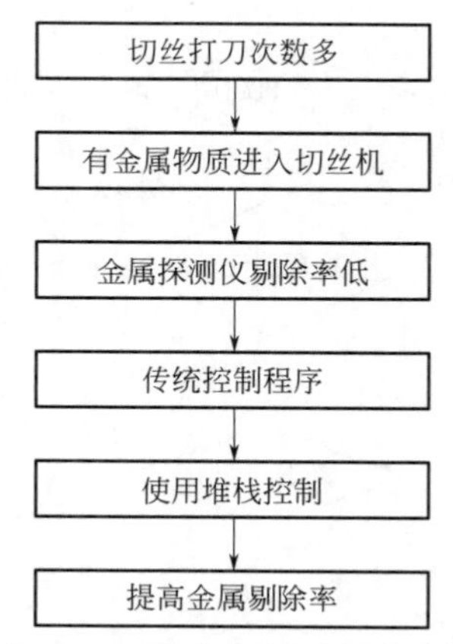


图3-7-2　技术问题因果树分析

### （二）解决方案

1.技术矛盾分析及解决方案

① 金属探测仪控制系统改进；

② 金属探测仪金属剔除率低；

③ 消除皮带频繁启动对金属探测仪的影响，提高金属探测仪金属剔除量；

④ 造成物料剔除过多，增加了操作工劳动强度；

⑤ 将延时控制改为堆栈控制，消除模拟信号延时不准确和皮带启停带来的影响，将金属物逐次剔除。

2.物理矛盾分析及解决方案（图3-7-3）

① 导出矛盾：金属探测仪剔除率既要高又要低。

② 分析矛盾，物理矛盾如表3-7-1所示。

表3-7-1　物理矛盾分析

| 矛盾分离 | 矛盾分析 |
|---|---|
| 空间分离 | 故障库信息量既要大，又要查询、修改、保存方便 |
| 时间分离 | 剔除率高的状态和低的状态在不同时间交替出现 |
| 空间分离 | 剔除率高一直存在，落料分离，降低劳动强度 |

③ 最终采用空间分离方法，提高金属探测仪金属剔除率，同时在金属探测仪至振动输送机处，加装落料装置，减少落料量，降低职工劳动强度。

图 3-7-3　方案结构图

3. 方案实施

① 将金属探测仪动作脉冲调整为 0.6s，消除误动作。

② 将模拟延时控制改为数字堆栈控制，即将金属探测仪实时采集的金属物模拟量信号转换为数字量，用 0（正常）和 1（金属）保存在数据块中，并随时间的计时，逐次出栈，消除模拟信号延时不准确和皮带启停带来的影响，将金属物逐次剔除。

## 三、可实施技术方案的确定与评价

### （一）最终解决方案

① 消除皮带启停对金属探测仪的干扰；

② 消除连续金属物丢失信息的弊端；

③ 在下落管道中设计金属分拣装置。

### （二）实施方案评估

① 改进后，切丝机打刀次数明显减少，确保了设备正常运行，保证了烘丝产品质量的稳定。

② 改进前每周打刀 10 次，据统计，更换刀片和盖板费用为 5000～6000 元。改造后，每周打刀 1 次，即使刀片全部损坏（全部更换一次费用 624 元），每周也可节约维修费用约 5000 元。

③ 降低了职工的劳动强度。操作工换刀的次数降低，维修工检修强度降低，落下的叶片不用挑拣直接倒入切丝前的喂料机内。

# 案例 8：延长磨煤机制备生产中的热电偶使用寿命

## 一、项目情况介绍

在鞍钢炼铁厂磨煤制粉生产工艺中，磨煤机出口温度是一个重要的生产监控参数，现场用热电偶（E 型）来测量温度，如图 3-8-1 所示。

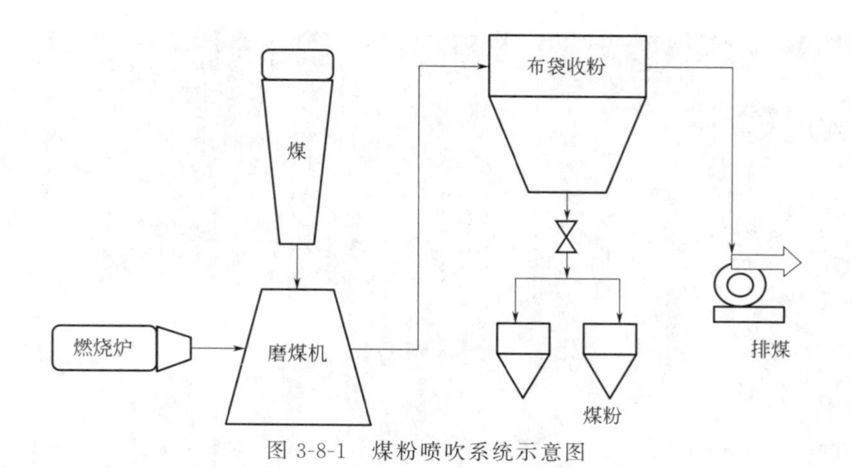


图 3-8-1 煤粉喷吹系统示意图

## 二、项目来源

将热电偶插入输煤管道中，管道中高速流动的煤粉、热风混合物不间断冲刷热电偶插入管道中的部分，热电偶保护管被磨漏后，其温度失准，必须更换。图 3-8-2 所示为磨煤机出口温度测量示意图。

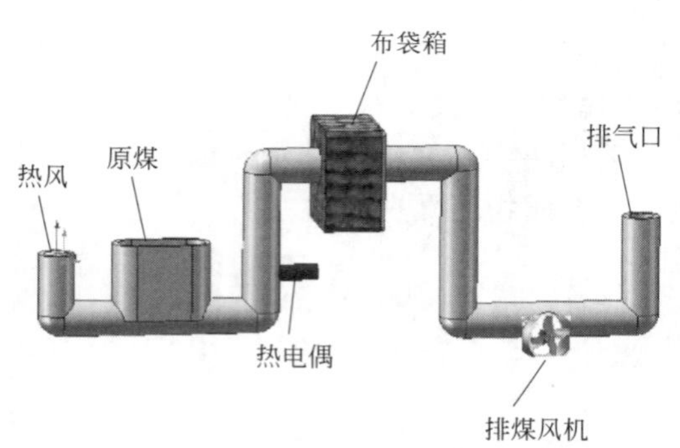


图 3-8-2 磨煤机出口温度测量示意图

一般来说，热电偶三个月就会因为磨漏而失准，有些地方甚至一个星期就损坏失准。如此高的故障频率大大增加了计量人员的工作量，浪费生产厂资源，增加生产成本，影响现场工艺参数检测，费时、费力影响安全生产。图 3-8-3 所示为电偶磨损前后对比。

这个问题长期困扰着生产厂及计量、维护人员，多次进行技术改造但效果均不理想。

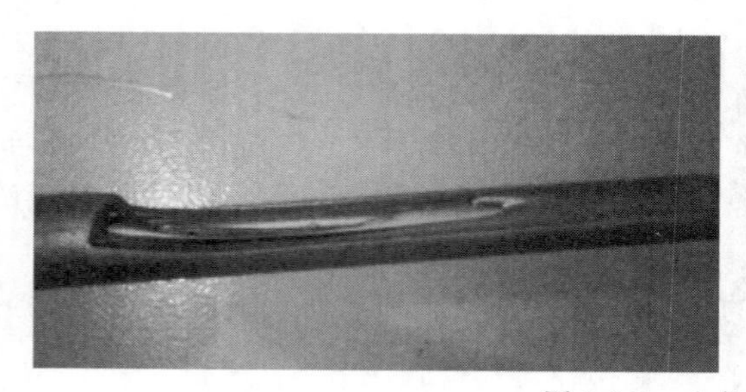
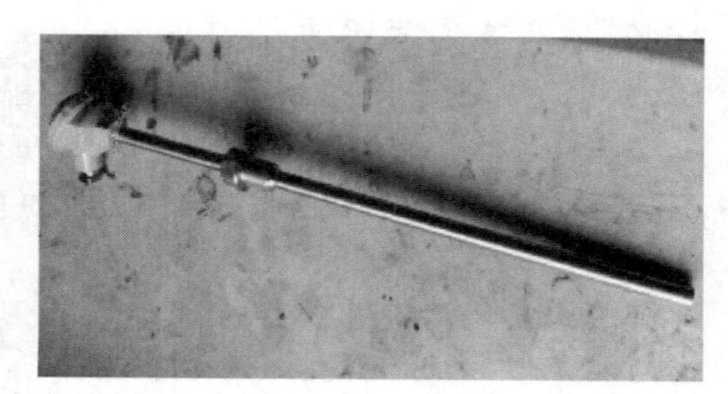

图 3-8-3 电偶磨损前后对比

方案 1：在热电偶插入部分套装耐磨陶瓷管（图 3-8-4）。但此方案共使用两次，均以仪表计算机板被损坏而告终，究其原因是煤粉摩擦陶瓷表面而产生静电，静电荷通过热电偶的导线传出而烧毁计算机板。

方案 2：在热电偶前段插入部分喷涂耐磨层（图 3-8-5）。这一工序委托热电偶生产厂来完成，这样会使热电偶的价格略有增加，现在使用的热电偶均为喷涂耐磨层的热电偶。但即使这样，热电偶三个月（甚至一个星期左右）还是会损坏失准进而需要更换。

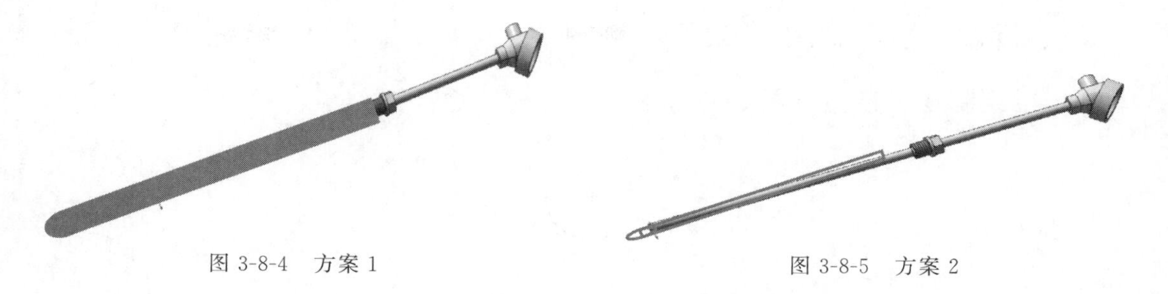

图 3-8-4　方案 1　　　　图 3-8-5　方案 2

方案 3：现场改进的第三个方案是在管道中热电偶上风口位置加装挡板（图 3-8-6），这是一个好的想法，但在实际使用中，挡板不久就被磨损掉。考虑直接在热电偶上改进较复杂，因此我们考虑改进挡板。问题的关键是如何让挡板在起到保护作用的同时延长其自身的寿命。

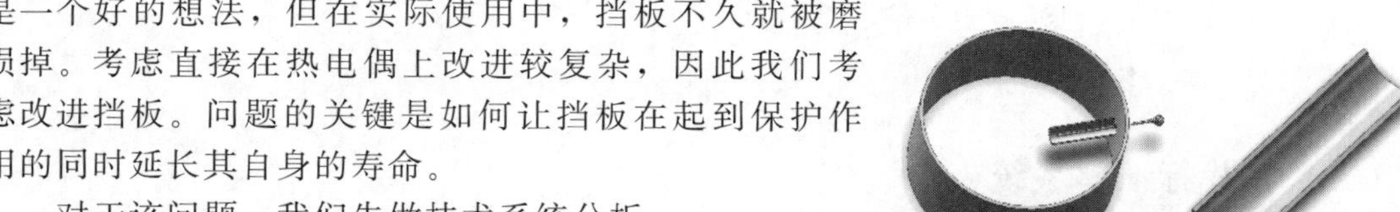

图 3-8-6　方案 3

对于该问题，我们先做技术系统分析：

① 技术系统名称：热电偶测量磨煤机管道温度；

② 技术系统的主要功能：测量温度；

③ 技术系统存在的问题产生的原因：热电偶被磨损；

④ 给出技术系统汇总的主要子系统及相应的功能：绘制功能分析图，如图 3-8-7 所示。

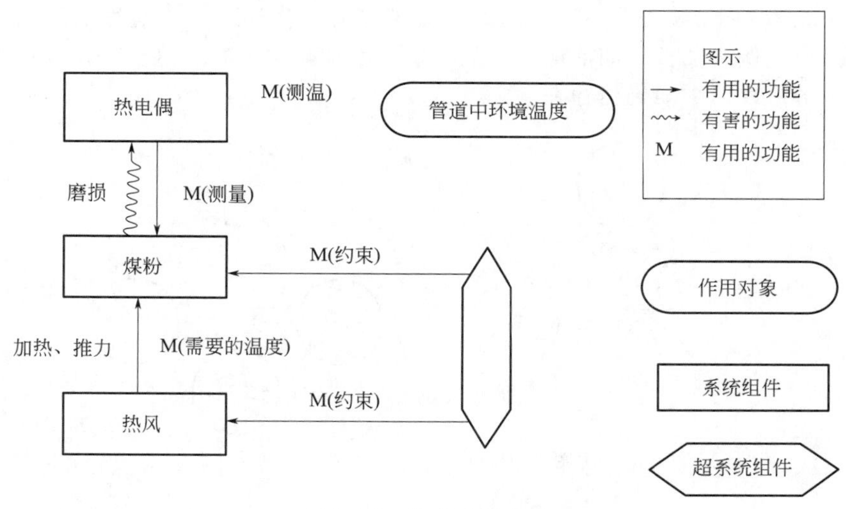


图 3-8-7　技术系统分析

⑤ 资源分析（表 3-8-1）

**表 3-8-1　资源分析**

| 系统资源 | | 超系统资源 | 场资源 |
|---|---|---|---|
| 工具 | 作用对象 | | |
| 管道、进热风口、进煤粉口、热电偶、排煤风机、排气口 | 煤粉、热风 | 空气、管壁、管道、厂房 | 机械场<br>热场<br>磁场 |

## 三、问题分析与解决

### （一）绘制物场模型（图 3-8-8）

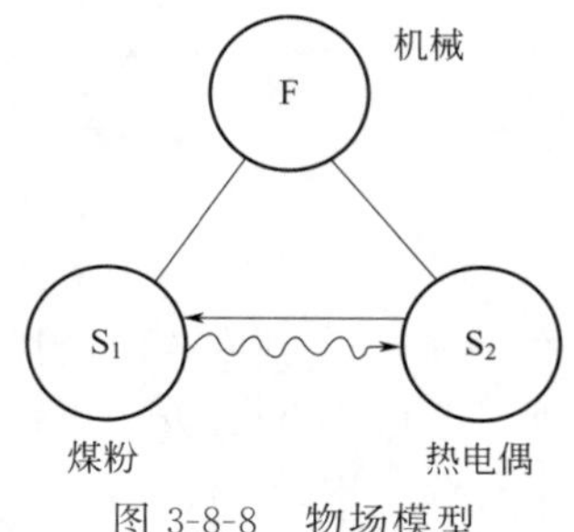


图 3-8-8　物场模型

### （二）查找标准解系统

1.2.1 引入第三种物质（$S_3$）来抵消有害作用。

1.2.2 通过改变现有物质来消除有害作用。

1.2.3 通过消除场的有害作用来消除系统中的有害作用。

1.2.4 引入第二个场（$F_2$）来抵消有害作用。

1.2.5 系统中由于元件存在磁性而产生有害作用，将该元件加热到居里点以上来消除磁性或引入相反磁场来抵消原磁场。

标准解 1.2.1（图 3-8-9）为引入物质 $S_3$ 来消除有害作用。对于这里的问题，就是增加一种物质来保护电偶或挡板，如前所述在热电偶上增加耐磨材料，这在一定程度上可以提高热电偶的使用寿命，但磨损仍然存在。

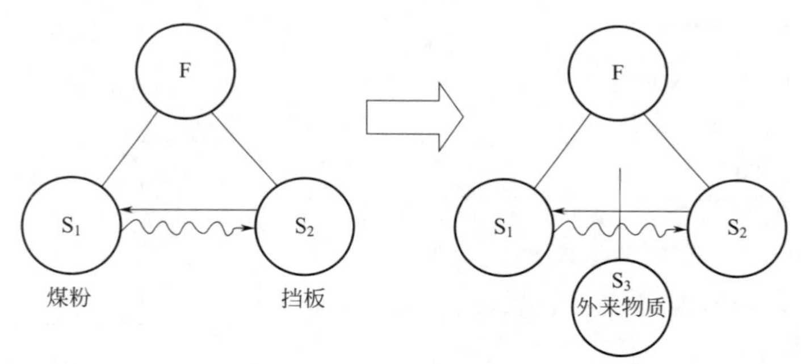


图 3-8-9　标准解 1.2.1 模型

标准解 1.2.2 为通过引入变形后的物质 $S_1$ 和（或）$S_2$ 来消除有害作用。图 3-8-10 中的物质 $S_3$ 为系统中现有的物质（$S_1$，$S_2$，$S_1+S_2$）或现有物质的变形（变异）[$S_1'$,$S_2'$,$(S_1+S_2)'$]

标准解 1.2.4（图 3-8-11）为利用场 $F_2$ 来抵消有害作用。该标准解考虑从“机、热、化、电、磁”等场中引入场的作用来解决问题。经过对场进行分析，我们并没有找到合适的场，对于各种场对本问题的作用原理还有待做进一步分析研究。

标准解 1.2.3 为“排除”有害作用。该标准解的模型属于缺失模型，并不适合本问题。

标准解 1.2.5 为“切断”磁场的影响。该标准解是有磁场影响的情况，并不适合本问题。

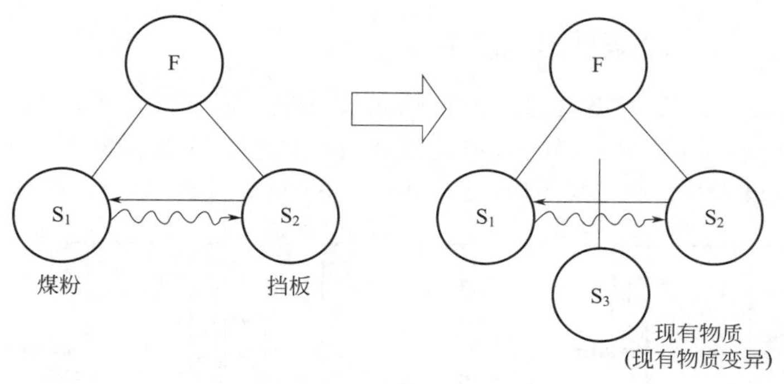


图 3-8-10　标准解 1.2.2 模型

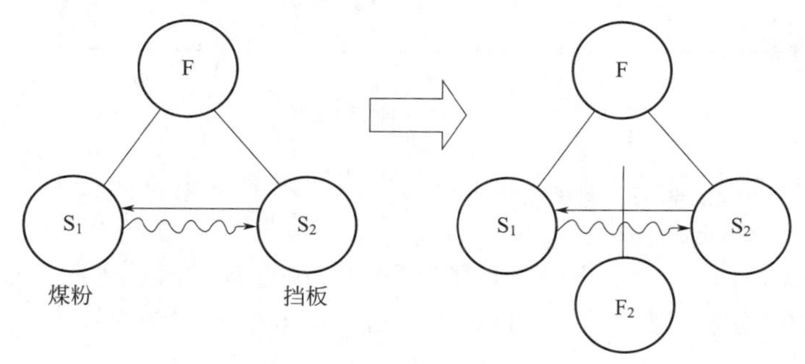


图 3-8-11　标准解 1.2.4 模型

综上，1.2.2 通过引入物质（煤粉）本身来对问题进行改进是一种比较理想的解决方案，该方案能够消除磨损，有效地提高挡板的寿命；另外，该方法并不复杂，改进费用也不高，比较容易实现。图 3-8-12 为改进设计。

图 3-8-12　改进设计

对挡板还可以做进一步的改进设计，以加强对自身的保护作用。将挡板设计成弧形沟槽，并在沟槽中加粗糙面或隔断，以加强滞料效果，如图 3-8-13 所示。

(a) 改进前挡板

(b) 改进后挡板

图 3-8-13　改进设计

或将挡板设计成斜坡形状，并在斜坡上形成突起或加上隔板，如图 3-8-14 所示。

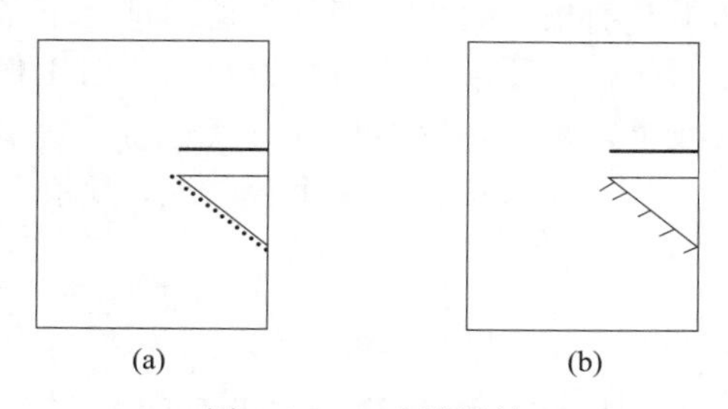


图 3-8-14　改进设计

## 四、实施技术方案的确定与评价

对该问题我们还有许多改进设想。如将电偶放置在管道壁内，通过测量管道内边缘的温度得出测量点的温度，以减少电偶的磨损；或者将电偶放置在管道壁上，通过测量管道壁表面或一定深度的温度来推断测量点的温度，如图 3-8-15 所示。

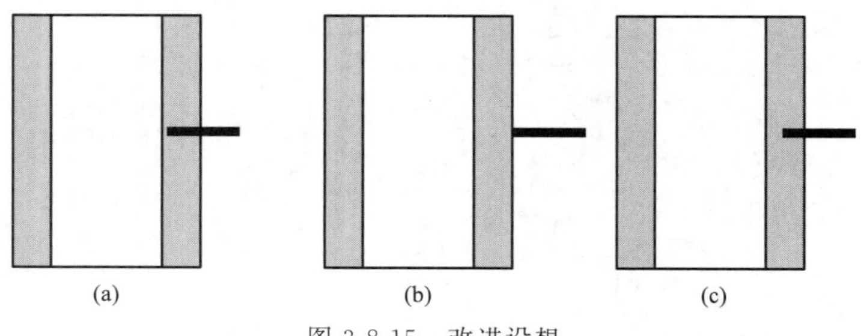


图 3-8-15 改进设想

这里需要进行试验，通过试验得到推断模型，利用数学模型间接获得测量点的温度信息。未来，我们将考虑进行进一步的试验研究。

通过实践问题的研究，我们不仅获得了问题的解决方案，而且还在实践中进一步学习了 TRIZ 理论；同时在实践中感受到了 TRIZ 理论这一高效创新方法的魅力。

# 案例 9：转底炉换热管壁附着杂质清除技术改进

## 一、项目情况介绍

“转底炉直接还原处理钢铁厂含锌尘泥成套工艺”项目，是国家发改委批准的 2007 年循环经济高技术产业化重大专项项目。其中一个环节是利用转底炉产生的高温烟气对空气进行预热，达到节能的目的。

## 二、项目来源

烟气中含有钾、钠等杂质，温度降低时会生成 NaCl、KCl、硅酸盐等，这些杂质粘在换热管管壁上影响换热效果，同时需要经常对管壁上黏结物进行清除，增加了工人工作量，影响生产节奏。因此我们提出了“如何解决杂质附着在换热管壁上的问题”的技术创新课题。

## 三、问题分析与解决

我们分别运用预先作用原理，标准解 1.2.1 引入外部物质，消除有害作用，标准解 1.2.2 改变现有物质、消除有害作用，标准解 1.2.4 采用场抵消有害作用等提出多个概念解。最终通过多个概念解的组合与集成提出在烟气管道内部上下各设置 4～8 个乙炔激波器，以增大振动力，同时增加振动频率，要求乙炔激波器每 2 小时工作一次，清除黏附在管壁的灰尘。为提高乙炔激波器的效果，将换热管的排列方式进行改进，上下排列较密，中间排列稀疏；将部分换热管改为吹扫管，即吹扫管开多个狭缝或多个孔，定期吹出高压空气，清除管壁上黏附的灰尘。

## 四、预期成果及应用

以上措施综合使用后能够定期清除换热管管壁上黏附的灰尘，减少黏附在管壁上的灰尘，提高换热效率，减少停机清灰次数，减轻工人的工作强度。

## 案例 10：RH 真空精炼炉脱气能力改进设计

### 一、项目来源

炼钢工艺生产中，转炉炼钢后要进行精炼，要通过 RH 真空精炼炉来去除钢水中的部分碳和氢、氧、氮等气体。RH 真空精炼炉的工作原理是在低真空环境下，通过循环钢水的方式来去除钢水中的有害气体。原理示意图如图 3-10-1 所示。

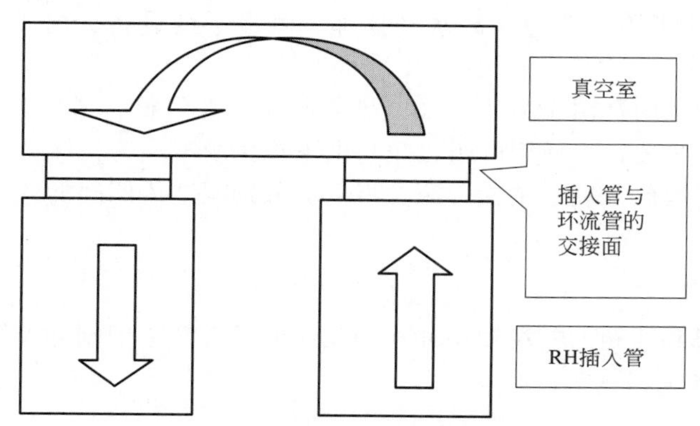


图 3-10-1　精炼炉的工作原理

RH 精炼炉在处理钢水的过程中，由于受钢水的机械冲刷，RH 插入管和环流管之间会出现缝隙。外界空气从缝隙被吸入真空室内，导致真空度下降，脱气能力下降，使得环流过程不能进行，必须提前更换，从而导致生产成本增加。据了解，目前行业中并没有其他好方法解决这个问题。

### 二、问题分析与解决

#### （一）建立功能模型

通过对系统组件之间关系的分析建立系统功能模型，如图 3-10-2 所示，确定问题的关键点为钢水与耐材之间存在有害作用，之后建立问题的物场分析。

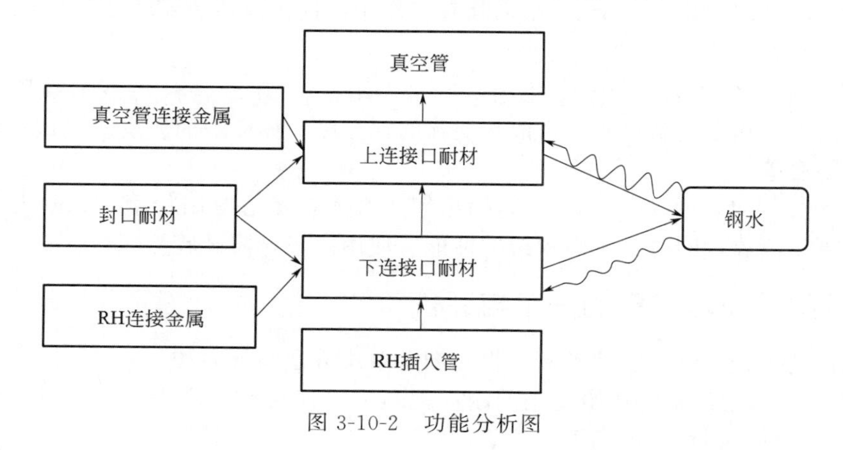


图 3-10-2　功能分析图

### （二）最终理想解

根据 TRIZ 理论中的最终理想解理论分析问题如下：

① 设计的最终目标：保持密封。

② 最终理想解：系统自己保持密封、无缝隙。

③ 达到理想解的障碍：接口不平、耐火泥不能与耐材成为一体、上下连接不能成为一体。

④ 出现这种障碍的原因：很难制造平、没有合适的同质耐材泥、上下部分独立。

⑤ 不出现这种障碍的条件：高水平技师及测量平度设备、同质耐材泥、上下对接后自动成为一体。

⑥ 创造这些条件所用的资源：高水平技师、测量平度设备、同质耐火泥、可变耐材、连接方法。

据此，推测可利用的资源应为：钢水、热资源、现有耐材、结构资源。提出技术方案：一是考虑用钢水的热量使初始使用的耐火泥与上下连接耐材成为一体；二是由于很难使上下两个构件平滑对接，因此，利用结构资源，将上下分别制造成凹凸形状，对接后自动成为一体机构。

### （三）物场分析

由功能分析图得到问题的物场模型并找到相应的标准解，依据标准解对问题展开讨论。

1. 问题模型（图 3-10-3）

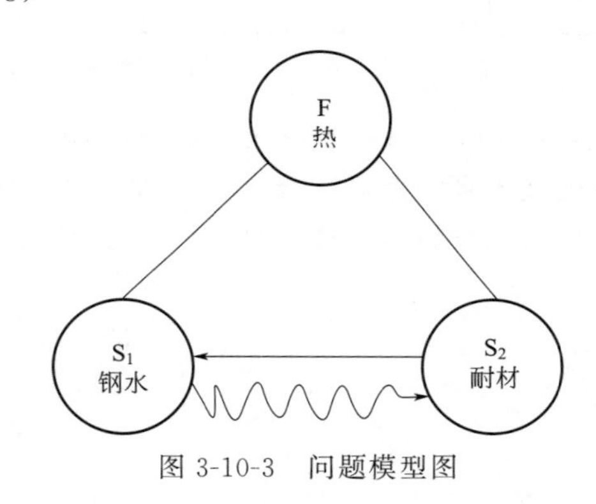


图 3-10-3　问题模型图

2. 解决方案模型

① 标准解 1.2.1，增加一个 $S_3$ 来消除有害作用。提出解决方案：采用一种更耐高温的保护物质。

② 标准解 1.2.2，增加一个 $S_3$ 来消除有害作用；$S_3$ 为 $S_1$、$S_2$ 的变形物质。提出解决方案：利用耐材受热变为新物质，形成一层新的保护膜，如高炉的渣皮。要重新设计内部构造，使其不易脱落。

③ 标准解 1.2.4，增加一个场 $F_2$。提出解决方案：考虑应用化学场，耐火泥中添加化学原料使其更耐高温，同时具有高耐磨的性能。使用磁场，需试验测试。

## 三、可实施技术方案的确定与评价

综合之前的讨论，结合实践经验，得到问题解决方法与方向如下：

① 考虑用钢水的热量使初始使用的耐火泥与上下连接耐材成为一体；适当在耐材中添加化学材料来增强密封性和耐高温性能。

② 由于很难使上下两个构件制造平，因此，利用结构资源，将上下分别制造成凹凸形状或上凹三角下凸三角（有利于对接和耐材保持），对接后自动成为一体机构。

③ 应用更耐高温的保护物质，需要进一步研究与探索。

④ 利用耐材受热变为新物质，形成一层新的保护膜，如高炉的渣皮。要重新设计内部构造，将表面设计成凹凸面，使其不易脱落。

# 案例 11：加热炉炉门的创新设计

## 一、项目情况介绍

生产大型锻件产品的棒材厂水压机车间现有五座加热炉、一台水压机。生产时，先将原料钢锭在加热炉中加热至 1240℃左右，加热时炉门关闭，起到密封保温作用。当温度达到要求时，由电机带动提升机构将炉门提起，取出锻件进行锻造；当温度降至终锻温度以下时，再将其放入加热炉进行加热，如此反复多次加工，使锻件的最终形状和材质达到工艺要求。在炉门提升和下降过程中，炉门两侧的滚筒轴起到“限位”作用，以保证炉门垂直起降。

## 二、项目来源

### （一）问题描述

通过对系统进行分析，绘制出系统功能建模图，见图 3-11-1。

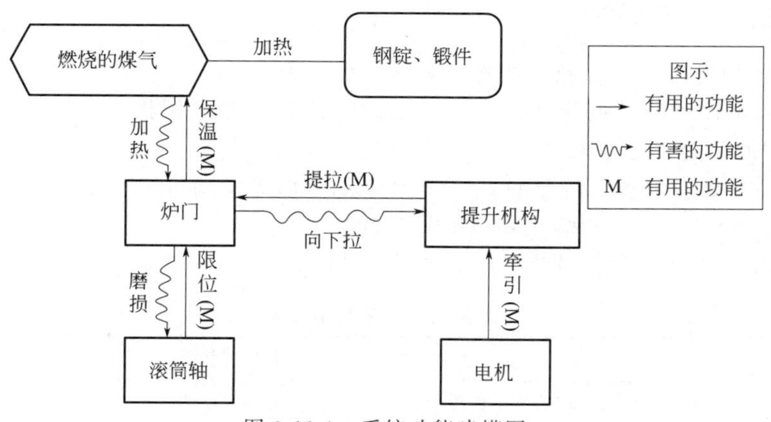


图 3-11-1 系统功能建模图

技术系统达到的目标：在加热锻件时，关闭加热炉炉门，起到密封保温作用，使锻件受热均匀并节省燃料。为了实现这一目标，炉门重量要轻，而且要坚固耐用。

通过系统功能建模图对系统进行分析。水压机加热炉炉门采用的是四周护铁、中间浇注料的结构。在使用过程中主要存在以下问题，进而产生有害功能：

① 由于炉门长时间处于高温烘烤状态，并且底部温度偏高，经常出现炉门底部护铁被烧坏或发生脱落、浇注料出现塌陷的状况。

② 炉门护铁为合金材料，价格昂贵（每块 11700 元），使用周期短，成本大。

③ 电机带动提升机构来完成炉门升降，由于浇注料密度很大，每个炉门重量达到 4 吨左右，提升机构经常出现故障，而且炉门两侧的滚筒轴磨损也比较严重，需要经常更换。

由于存在上述问题，一般 3 个月就要将浇注料全部更换一次，半年对炉门底部护铁更换一次，提升机构和滚筒轴根据使用情况不定期更换，不仅维修费用大，而且严重影响了生产的连续性。

解决问题的限制：

① 不能投入太大的成本（不能使用价格更高的、更耐热的材料）；

② 技术系统结构不能有大的改变（尽量不改变原有技术系统）。

### （二）问题初步分析

1. 定义问题模型

技术矛盾 1：加热炉温度足够高，可以很好地满足锻造工艺要求，但高温对炉门的破坏力很大，需要频繁更换相应部件。

技术矛盾 2：降低加热炉的温度，可以保护炉门不被烧损，但锻件温度太低无法满足工艺要求。

技术矛盾 3：增加炉门的重量，那么炉门更加坚固耐用，可以有效防止受热变形或扭曲，但势必会加快提升机构和滚筒轴的磨损。

技术矛盾 4：减小炉门厚度可以减轻其重量，但保温性能也会随之降低，而且炉门的结构稳定性也会变差。

根据技术系统的主要生产过程——锻造，从技术矛盾 1 和技术矛盾 4 入手解决问题。

2. 确定最终理想解

对炉门进行最小的改动，提高其耐热性，同时要在保证结构牢固的前提下，减轻炉门重量，减少对提升机构和滚筒轴的磨损，同时还要确保费用成本足够低。

## 三、问题分析与解决

将技术矛盾用通用工程参数来描述：

技术矛盾 1：针对的子系统是加热炉，要改善的参数是“温度”，恶化的参数是“有害副作用”“结构的稳定性”“静止物体的耐久性”。

技术矛盾 4：针对的子系统是炉门，要改善的参数是“静止物体的质量”，恶化的参数是“强度”“结构的稳定性”“静止物体的耐久性”。

对照这些参数查找矛盾矩阵表，结果见表 3-11-1。

**表 3-11-1　矛盾矩阵表**

| 改善的参数 | 恶化的参数 | | |
|---|---|---|---|
| | 31 有害副作用 | 13 结构的稳定性 | 16 静止物体的耐久性 |
| 17 温度 | 22,35,0,24 | 01,35,32 | 19,18,36,40 |
| 改善的参数 | 恶化的参数 | | |
| | 14 强度 | 13 结构的稳定性 | 16 精致物体的耐久性 |
| 02 静止物体的质量 | 28,02,10,27 | 26,39,01,40 | 02,27,19,06 |

1. 22 变害为益原理

解决方案 1：可以将炉门处的高温能量转移，用于加热锻件，即在炉门处加一大功率风机，将火焰吹向锻件。

2. 24 中介原理

解决方案 2：炉门浇注料、护铁一般都为固态，在炉门内部增加液态循环冷却系统则能起到很好的降温作用。

解决方案3：在火焰和炉门之间增加一个隔热层。

3.1 分割原理

解决方案4：原来更换浇注料时全部更换，但上部和下部损坏程度不一样，全部更换会造成资源浪费，可以将原来整体的浇注料改成小的模块，并用挡板分成上下两部分，对重量无影响。

4.40 复合材料原理

解决方案5：寻找一种更好的材料代替现有的护铁加浇注料，要求是材料重量要轻，成本比原来材料要低。

## 四、可实施技术方案的确定与评价

### （一）方案评价

通过上述分析，共得出五种方案。下面，对各方案进行评价分析。

方案1：在炉门处加一大功率风机将火焰吹向锻件，成本较低，而且可以变害为利，但由于加热炉是密封的，若开一风口，则破坏了整体密封性，所以实现难度很大。

方案2：将炉门内部改为液态循环冷却系统，虽然能起到很好的降温作用，但需要增加一套循环冷却设备，成本巨大，而且实施起来也非常困难，没有很好的经验可以借鉴。

方案3：在火焰和炉门之间增加一个隔热层，想法很好，但炉内空间有限，隔热层必须很薄，而且耐火、耐高温性能要好，目前市场上还没有合适的产品。

方案4：将原来整体的浇注料改成小的模块，并用挡板分成上下两部分，更换时只更换下部烧损较严重的模块，成本较低，实施起来也比较容易。

方案5：用一种更好的材料代替现有的护铁加整体浇注料，而且这种材料重量要轻。研究发现，现在市场上的耐高温材料较多，耐高温程度不同、密度不同，价格差异也很大。经过综合考虑，可以选用一种高温陶瓷纤维，可以承受1500℃高温（工艺需求1240℃左右），且重量较轻（每个炉门的质量可降低一半以上），价格适中。

根据上述分析，对五种方案进行综合评价，评价结果见表3-11-2。

**表3-11-2 对各方案评价的结果**

| 方案名称 | 成本 | 实现的难易程度 | 评价 |
| --- | --- | --- | --- |
| 方案1 | 增加 | 难 | 不能实施 |
| 方案2 | 增加 | 难 | 不能实施 |
| 方案3 | 增加 | 难 | 不能实施 |
| 方案4 | 低 | 容易 | 可以实施 |
| 方案5 | 低 | 容易 | 可以实施 |

将方案4、5综合起来考虑，结合现场实际情况，可以采用高温陶瓷纤维材料替换原有的底部护铁和浇注料，同时将这种纤维材料制成300mm×300mm×400mm的模块，在炉门底部靠下位置焊接一挡板，这样更换时可以有针对性地只更换底部烧损较严重的模块。使用该种模块后，整个炉门质量仅为原来的一半左右。但是，更换材料后的炉门强度降低，需要继续研究分析。

### （二）问题再分析

利用前面的方案，炉门的耐高温问题和质量问题都得到了解决，但是炉门整体强度降低了，需要继续根据表 3-11-1 的矛盾矩阵表对强度进行分析。

根据原理 26 “复制原理”，可以将炉门加厚，增加其稳定性和强度，但是质量和材料成本增加了，此为方案 6。

根据原理 10 “预先作用原理”，预先对物体（全部或部分）进行必要的改变，可以考虑常用的“加强筋”方法，即在炉门外面加上筋板，此为方案 7。

其他原理均未找到合适的解决方案。

### （三）方案再评价

利用方案 7，即在炉门外面加上筋板，强度问题得到解决，而且不影响方案 4、5 的实施，所以决定将这三种方案结合起来一起实施（图 3-11-2）。

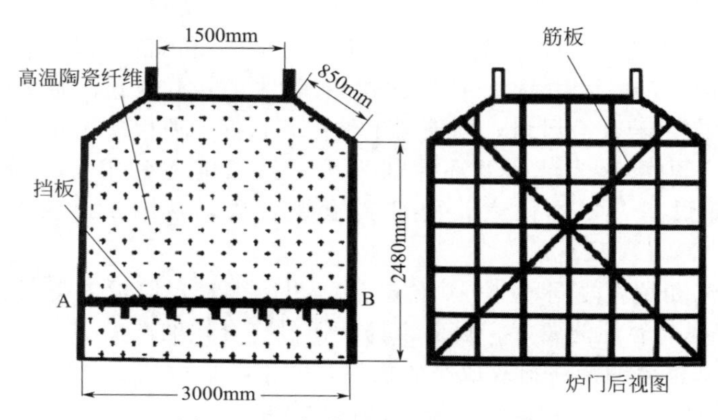


图 3-11-2　加热炉炉门结构示意图

### （四）最终解决方案

最终解决方案如图 3-11-2 所示。在炉门底部靠下位置焊接一挡板，将原来炉门底部护铁和浇注料改为高温陶瓷纤维模块。

① 首先在 A-B 位置焊接一块挡板，并在下方焊 5 块筋板加固。挡板规格：3000mm×300mm×18mm。

② 在挡板上下固定高温陶瓷纤维模块。高温陶瓷纤维模块规格：300mm×300mm×400mm。

③ 在炉门外面加上筋板，避免在应用时炉门因为受热发生变形或扭曲。

④ 在使用过程中，如果炉门底部高温陶瓷纤维出现磨损、脱落，仅需将挡板下部的高温陶瓷纤维更换即可。

## 五、预期成果及应用

### （一）现场应用情况

① 改造后的炉门底部护铁和浇注料由高温陶瓷纤维模块代替，使用中未出现异常。

② 改造后的炉门经过 7 个月的使用，只更换了底部两块高温陶瓷纤维模块，大大减少了更换浇注料和底部护铁所造成的资源消耗。

③ 由于改造后的炉门质量仅为原来的一半，提升机构和滚筒轴损坏现象大大减少，保证了生产的顺行和持续性。

④ 改造后的炉门保温效果更好，使钢锭的加热更为均匀。

### （二）取得效益

1.经济效益

改造前，每个炉门隔3个月需要更换浇注料，每次需要浇注料4t，每年需浇注料16t。炉门底护铁半年更换一次，每年需要更换炉门底护铁4块。浇注料每吨1600元，护铁每块11700元，费用为16×1600＋11700×4＝72400（元）。

改造后，每年仅需更换一次高温陶瓷纤维，当出现碰撞损坏时，只需更换挡板以下的陶瓷材料即可，预计共需3.876$m^3$。按8050元/$m^3$计算，费用为3.876×8050＝31202.8（元）。

每个炉门年节省费用：72400－31202.8＝41197.2（元）。水压机车间共有5座加热炉，5个炉门全部进行了改进，每年可节省维修费用41197.2×5＝205986（元）。

改造后的炉门，重量更轻，安全系数更高，每年减少对提升装置和滚筒轴的维修费用为8000元。

综上所述，此项目实施后年可创造经济效益：205986＋8000＝213986（元）。

2.社会效益

改造后的加热炉炉门使用周期更长，减轻了维修人员的劳动强度，保证了生产工艺的连续性和生产的顺行，保温效果更好，提高了锻件加热质量和产量，缩短了锻件交货期，提升了顾客满意度。

## 案例12：耐热钢复合辊环的改进

### 一、项目来源

辊底式加热炉或热处理炉在钢铁冶金、有色冶金及机械等行业中被普遍使用。在辊底式加热炉或热处理炉的生产过程中，被加热工件置于炉辊上，炉辊置于加热炉内。因此，其结构、材料直接影响所生产薄板的性能。

#### （一）工作原理

炉辊在生产线上传送金属薄板。

#### （二）主要问题

炉辊接触高温薄板；薄板传递给炉辊热量；炉辊将热量传递给水。

#### （三）问题发生的条件

① 高温下的耐热钢辊环时常黏结氧化铁皮，对板坯下表面造成破坏。

② 由于耐热钢热导率较大，并且直接暴露于高温环境中，通过耐热钢辊环所带来的热损失很大，不利于节能和消除加热钢坯“黑印”。

③ 高温下的耐热钢辊环会逐渐被氧化，导致材料结构疏松，最后导致辊环损坏。

④ 由于在高温下耐热钢的强度大幅度降低，辊环在炉内高温和钢坯重压的双重作用下逐渐产生蠕变，最终导致辊环被损坏。

### 二、问题分析与解决

#### （一）技术问题必要技术数据、技术要求

保证炉辊拥有普通炉辊的所有功能，同时保证辊身表面温度均匀，无需使用冷却介质，提高强度，降低成本。图3-12-1所示为炉辊的功能示意图。

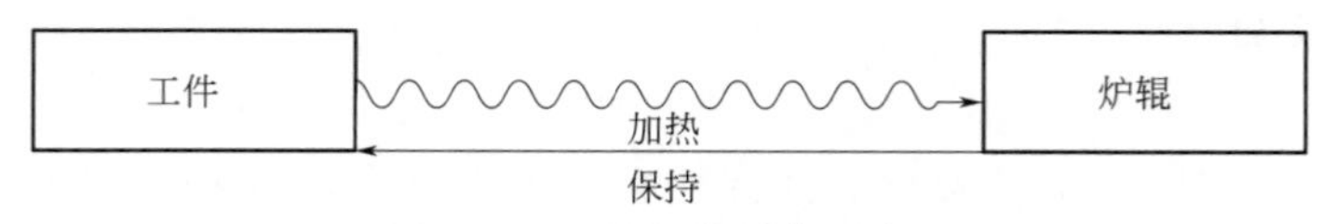

图 3-12-1　炉辊的功能示意图

### (二) 技术矛盾

对以上问题抽取技术矛盾为：既要对辊身加热，同时又不希望高温炉辊对工件产生破坏。

利用矛盾矩阵查询创新原理为：35 性质的转变、40 复合材料、27 用后放弃、39 惰性的环境。

采用方案：炉辊由高温陶瓷材料在 1200℃下采用震动浇注烧制而成，成分包含三氧化二铝、氧化铬、氧化锆、二氧化硅和少量氧化钙。图 3-12-2 为炉辊的功能示意图。

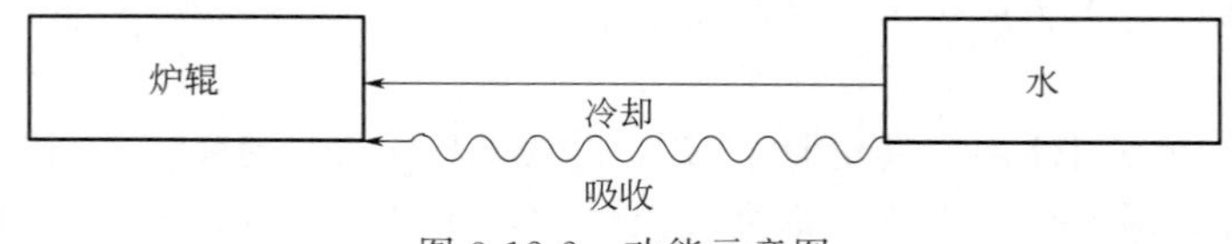

图 3-12-2　功能示意图

### (三) 物理矛盾

对以上问题抽取物理矛盾为：炉辊既要散热又要保证不会有太多能量损失。

解决物理矛盾的分离方法为：空间分离。

采用方案：采用陶瓷-耐热钢复合辊环结构，包括外环和内环，外环的材料为高温陶瓷材料，内环的材料为耐热钢，内环与外环之间通过键连接，如图 3-12-3 所示。

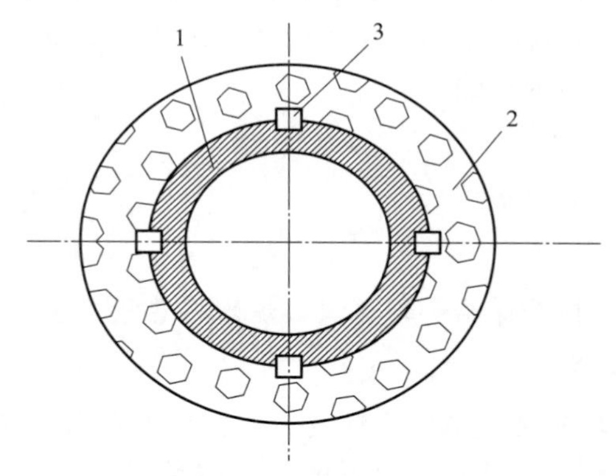

图 3-12-3　改进后的炉辊

1—耐热钢；2—高温陶瓷；3—键

## 案例 13：一种钢管坯管内表面的除磷方法

### 一、项目来源

钢管内表面麻坑一直是钢管的重大质量缺陷之一。造成内表面麻坑的原因：一是坯管加热过程中，内表面产生较多的氧化铁皮，二是在后续的旋扩机组，内表面的氧化铁皮经旋扩轧机的顶头碾轧后，压进管壁，形成麻坑，严重影响钢管的内表面质量。图 3-13-1 为现有旋扩轧机结构。

### （一）工作原理

旋扩轧辊 1 压紧加热后的坯管 2；旋扩顶头 3 扩开加热后的坯管 2；形成扩径后的毛管 4。

### （二）主要问题

经过旋扩轧机的扩径后，加热后的坯管 2 的内表面出现麻坑。

### （三）问题发生的条件

旋扩机将加热后的坯管扩径后。

### （四）初步思路或类似问题的解决方案

在加热后的坯管送入旋扩轧机后，配置浓度为 10％～11％的盐水，经盐水泵打入旋扩轧机内，将氧化铁皮爆破成碎末并吹出。

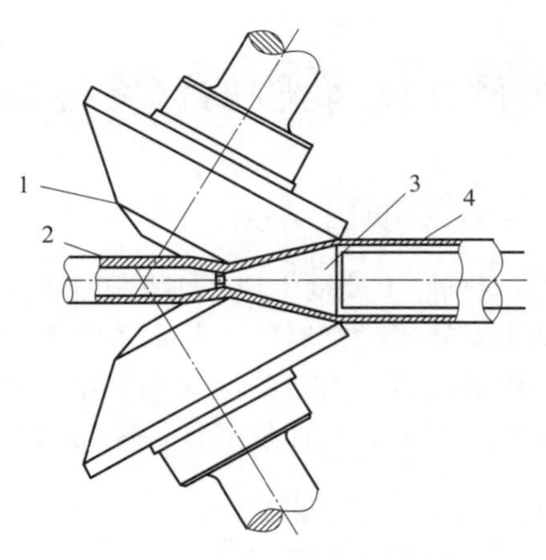


图 3-13-1 现有旋扩轧机结构

1—旋扩轧辊；2—加热后的坯管；3—旋扩顶头；4—扩径后的毛管

## 二、问题分析与解决

对以上问题抽取物理矛盾为：既要对坯管加热，同时又不希望对坯管加热使坯管产生氧化铁皮。

解决物理矛盾的分离方法为：条件分离。

利用矛盾矩阵查询的创新原理：38 强氧化作用、35 性质的转变、28 机械系统的替换。

采用方案：配置浓度 10％～11％的盐水，经盐水泵打入盐水管路，经过顶杆内盐水管，送到顶杆前端的喷头处。从旋扩机轧辊咬入坯管时开始，顶杆前端的喷头向坯管内表面喷射经压缩空气加压到 39bar[1] 的盐水，盐水中的离子遇到高温的氧化铁皮，产生盐爆作用，将氧化铁皮爆破成直径 1～2cm 的碎末。用高压盐水将氧化铁皮碎末吹出，待坯管壁厚减薄，成为毛管时，盐水停止喷射。结构示意图如图 3-13-2 所示。

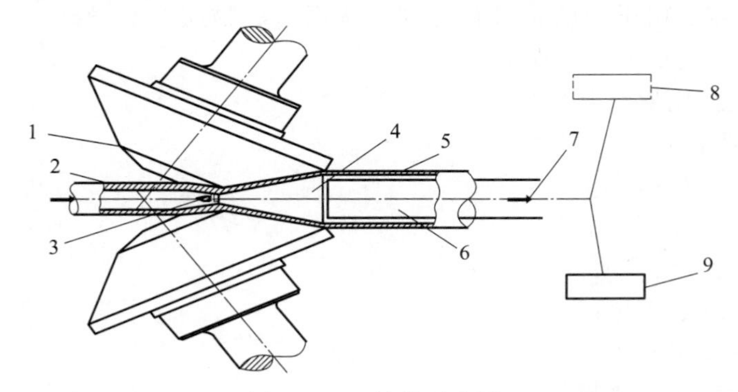


图 3-13-2 结构示意图

1—旋扩轧辊；2—加热后的坯管；3—喷头；4—旋扩定投；5—扩径后的毛管；6—顶杆；7—顶杆内盐水管；8—压缩空气系统；9—盐浴系统

[1] 1bar＝$10^5$Pa。

# 案例 14：轧辊的气雾冷却

## 一、项目情况介绍

热轧 H 型钢生产线多采用万能连轧机组，轧辊需要高压水进行冷却以保护轧辊。当冷却水对轧辊冷却时，冷却水落在 H 型钢轧件上。由于 H 型钢呈槽状，冷却水落入槽内，不能脱离轧机。大量的冷却水留在轧机里引起腹板温度降低，而翼缘受冷却水影响较小，温度降低不明显，从而造成轧件断面温差大、成品内应力大。

## 二、项目来源

轧辊对轧件进行加工，而轧辊与轧件接触时热量会传递到轧辊上导致轧辊温度升高，需要大量的冷却水对轧辊进行冷却；大量的冷却水落在轧件上，引起腹板温度降低。图 3-14-1 为功能分析图。

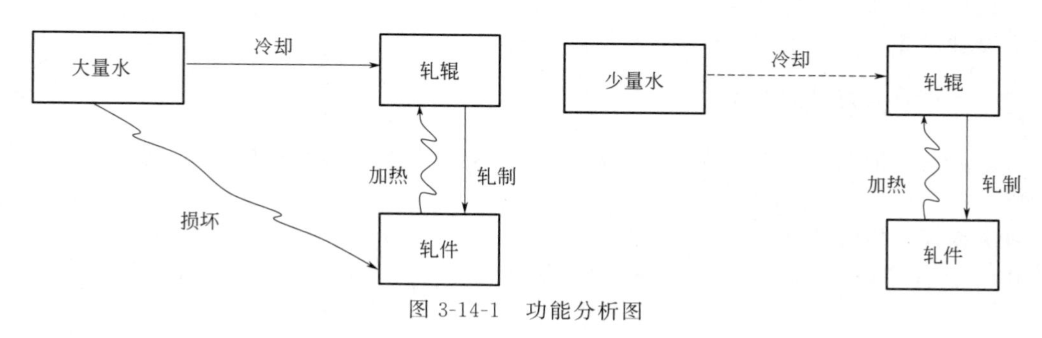


图 3-14-1　功能分析图

## 三、问题分析与解决

### （一）物理矛盾

通过分析发现本技术系统存在物理矛盾：为很好地冷却轧辊需要大量的水，为防止轧件腹板的温度降低又需要用很少的水进行冷却，从而形成物质的数量既要多又要少的物理矛盾。通过分离方法得到如下原理提示。

原理 35：物理或化学参数改变；

原理 3：局部质量；

原理 31：多孔材料；

原理 1：分割；

原理 10：预先作用；

原理 17：空间维数变化；

原理 28：机械系统替代；

原理 30：柔性壳体或薄膜。

### （二）物场分析

1. 使用大量水冷却时的物场模型分析

根据对技术系统的分析绘制使用大量水对轧辊进行冷却的物场模型，见图 3-14-2。

根据标准解系统的消除或抵消系统内的有害作用中的标准解（1.2）提出解决方案。

标准解（1.2.2）——引入系统中现有物质的变异物；

标准解（1.2.3）——引入第二种物质。

2.使用少量水冷却时的物场模型分析

根据对技术系统的分析绘制使用少量水对轧辊进行冷却的物场模型，见图 3-14-3。

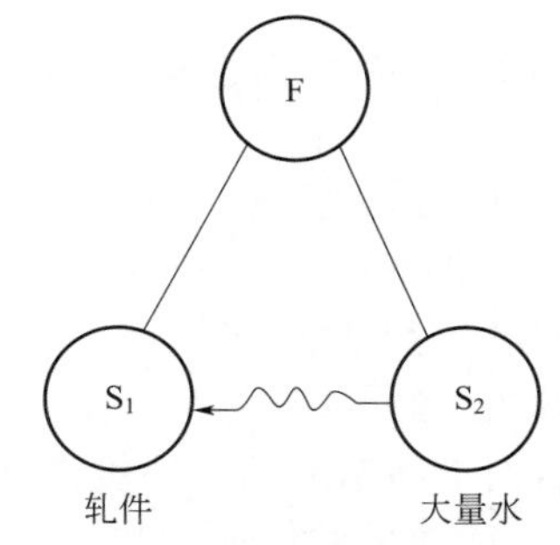

图 3-14-2　大量水时的物场模型

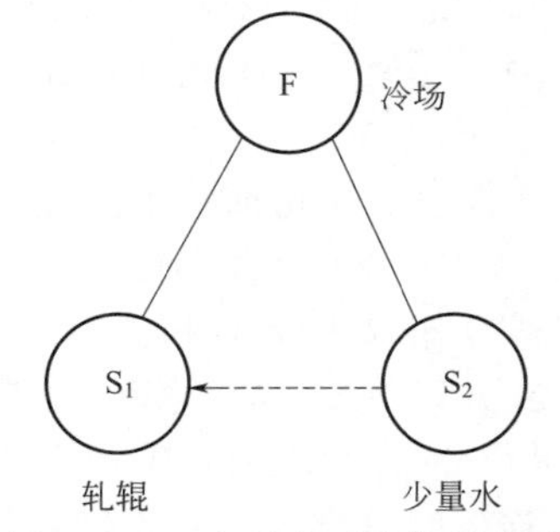

图 3-14-3　少量水时的物场模型

标准解（2.1.1）为向链式物质场跃迁。

## 四、可实施技术方案的确定与评价

方案 1：根据 35 号发明原理（状态或参数变化原理）B 项（改变物体的浓度或密度），提出可将冷却水雾化并以一定的压力喷到轧辊上，这种冷却方式需要的水量小，但冷却效果比水冷好。

方案 2：根据 17 号发明原理（多维化原理）C 项（将物体倾斜或侧向放置），可以将 H 型钢轧件倾斜放置，也就是说轧制 H 型钢不要水平轧制而是改为倾斜轧制。

方案 3：根据 17 号发明原理（多维化原理）D 项（利用物体的另一面）和发明原理 10 预先作用，原有技术系统中水冷却的是轧辊的外表面，根据此原理想到用水冷却轧辊的内表面，要想冷却内表面，预先要在轧辊内部穿过一冷却水管来冷却轧辊，这样水就不会落在轧件上，从而消除了水对轧件的有害作用。

方案 4：根据 17 号发明原理（多维化原理）D 项（利用物体的另一面），让水从轧辊的下方朝上方喷出，在重力的作用下水会自然下落，而不会落在轧辊上。

方案 5：利用水的变异物——水雾进行冷却，用水量大大减少，减轻了水对轧件的有害作用（与解决方案 1 是相同的）。

方案 6：用惰性气体进行冷却（如液态氮）。

方案 7：引入另一种物质（如冷的气体）来增强冷却的效果。

## 五、采用方案

方案 1 用冷却水雾化冷却方式代替原先水冷方式，成本增加不大，在现场容易实现。因此，确定方案 1 为最终解决方案。根据现场生产实际情况和生产任务安排，确定在小型 H 型钢生产进行试验。

## 六、预期成果及应用

在实验室通过热模拟机绘出温降曲线，对气雾冷却和水冷效果进行了比较，可以发现采用气雾冷却的方式来冷却试样，与达到相同冷却效果的水冷方式相比，所需要的水量仅为水冷方式下的 1/3。这是因为在相同水量下，气雾冷却由于水被压缩空气雾化，水蒸发量大，水滴小，单位面积带走的热量多，从而使得传热系数大大提高，冷却更均匀，使试样的冷却效果更好，增加轧辊的使用寿命。从节能的方面考虑，气雾冷却所用水量比完全水冷要少得多，节约了大量的水资源。冷却水量大幅度降低，也大幅度减少了H型钢腹板残留的冷却水，降低了H型钢轧制过程不同部位的温差，从而减小了因断面温差造成的H型钢的残余应力，提高了产品质量，减少了残次品的产生。

通过在小型H型钢线上精轧机组末架轧机 $U_3$ 上进行轧辊气雾冷却试验，得出气雾冷却轧辊具有以下优点：

① 保证轧件表面质量前提下，过钢量由原来的800t提高到1050t，提高了约30%；

② 达到了轧辊冷却强度的前提下，采用气雾冷却方式冷却轧辊仅为水冷方式耗水量的1/3；

③ 用气雾冷却方式冷却轧辊时，型钢腹板内冷却水减少约2/3；

④ 用气雾方式冷却时，型钢表面最高温度部位温度在920～940℃之间，最低温度部位腹板温度在800～840℃之间；采用水冷方式时，型钢表面最高温度部位外翼缘温度在920～940℃之间，最低温度部位腹板温度在790～820℃之间；可知采用气雾冷却方式，型钢表面最大温差减少了10℃左右。

由此可知，轧辊气雾冷却可以有效提高产量、改善轧件性能。

## 案例15：一种高效、稳定的MES系统建立方法

### 一、项目情况介绍

1780MES系统是1780生产线运作的中枢，在热轧生产、质量管理等环节扮演着重要的角色，同时也是连接二级生产过程控制系统和公司ERP管理系统的桥梁和纽带，由PCC（生产管理）、SYC（板坯库管理）、CYC（钢卷库管理）三个子系统组成，如图3-15-1所示为智能统计系统。

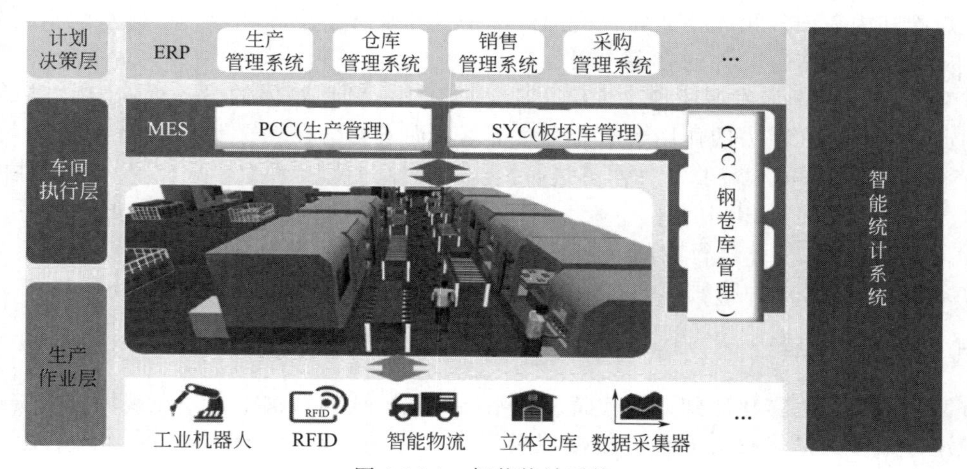


图3-15-1 智能统计系统

### 二、项目来源

#### （一）问题描述

1780MES系统功能大幅增强的同时，系统性能的开销也大幅增加，系统的整体性能呈

下滑趋势，操作人员时常反映MES应用程序反应迟缓，系统性能已经处于高负荷状态；同时，服务器的备品备件得不到保障，从而使整个MES系统都处于一个高风险运行状态。

旧集群系统的故障点较多，不利于系统的稳定运行。

### （二）问题初步分析

同类问题（国内外）其他企业的解决方案及所处水平（用于确定今后解决问题的方向）。

国内外各领域各行业，根据业务需求及自身情况不同，采取的解决方案不尽相同，目前普遍采用单机、集群、虚拟化、容错服务器等方案建立MES系统，采用MQ等主流通信中间件实现通信，采用ORACLE、DB2、MYSQL等数据库存储数据。

新建立的MES系统，主要技术需求为保证系统高效、稳定运行，提高系统运行可靠性，降低硬件故障时间及单机故障切换时间，同时可以减少系统软硬件投入，实现最高性价比。系统方案评估优于组建服务器集群的方案，能够达到如下技术要求，即达到系统建设目标：服务器可靠性理论值达到99.9%以上，全年的服务器硬件故障停机时间小于1h；单机故障切换时间小于1min；投入软硬件成本小于150万元。

## 三、问题分析与解决

### （一）系统功能分析

功能分析结论为系统中数据共享的集群工作不可靠，需要寻找一种新的技术取代。如图3-15-2所示。

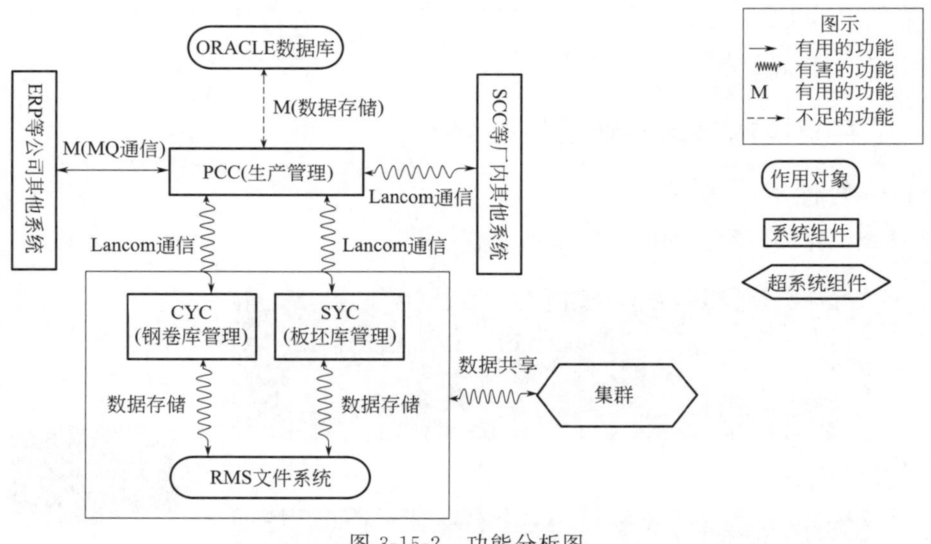


图3-15-2　功能分析图

### （二）可用资源分析（表3-15-1）

表3-15-1　可用资源分析表

| 资源类型 | 现成的 | 派生的 |
|---|---|---|
| 物质资源 | 现有MES系统服务器 | 当前主流服务器、数据库、通信中间件 |
| 信息资源 | 现有系统中生产数据、系统参数资源，技术白皮书、官方参数 | 现有系统参数与其他参数比较 |
| 时间资源 | 需求调研的时间、项目设计开发调试时间 | 单体调试时间可以合并到开发时间里 |

续表

| 资源类型 | 现成的 | 派生的 |
|---|---|---|
| 空间资源 | 热轧1780计算机室 | 无 |
| 功能资源 | 热轧MES系统生产管理、板坯库管理、钢卷库管理子系统功能模块 | 将三部分子系统功能模块整合 |
| 系统资源 | 单机、集群、虚拟化、容错 | 无 |

### （三）九屏幕法（图3-15-3）

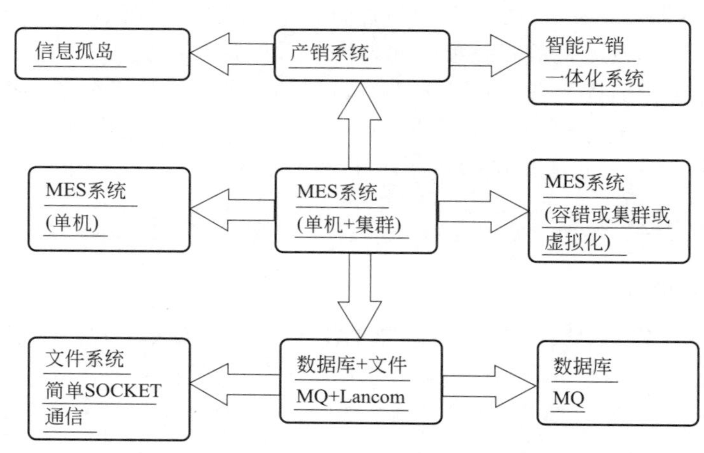


图3-15-3　九屏幕法

## 四、可实施技术方案的确定与评价

### （一）一般性解决方案

集群系统工作的可靠性如图3-15-4所示。

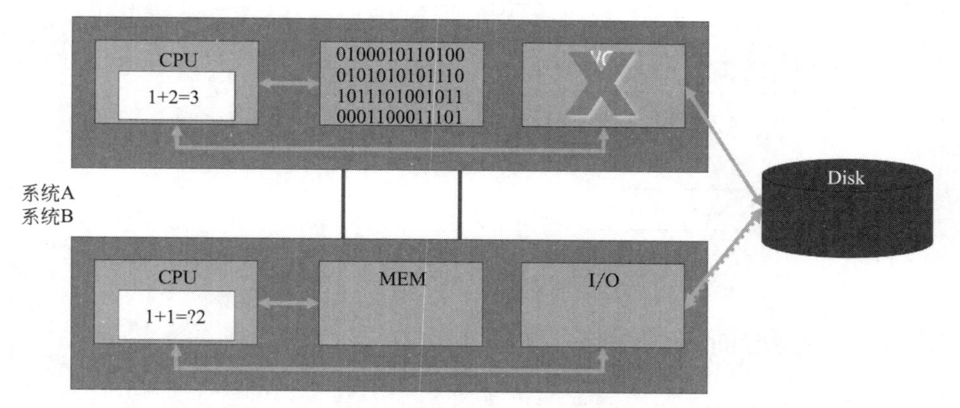


图3-15-4　解决方案图

1.创新原理与技术矛盾应用一

针对集群服务器的可靠性问题，定义技术矛盾（表3-15-2）。

改善的参数：27 可靠性；

恶化的参数：21 功率。

**表 3-15-2 技术参数（一）**

| 改善参数 | 恶化参数 | | | |
|---|---|---|---|---|
| | …… | …… | 21 功率 | …… |
| …… | | | | |
| 27 可靠性 | | | 21、11、26、31 | |
| …… | | | | |

查矛盾矩阵表得到以下创新原理。

（1）11 预先应急措施原理

预先准备好相应的应急措施，以提高物体的可靠性。

（2）21 减少有害作用的时间原理

非常快速地实施有害的或者有危险的操作。

（3）26 复制原理

① 用简化的复制品来替代物体；

② 如果已经使用了可见光的复制品，那么使用红外光或者紫外光的复制品；

③ 用光学图像替代物体（或物体系统），然后缩小或放大它。

（4）31 多孔材料原理

① 让物体变成多孔的，或者使用辅助的多孔部件；

② 如果一个物体已经是多孔了，那么事先往里面填充某种物质。

解决的想法：集群服务器为一工一备，为提高可靠性可采用复制原理，可采取一工两备或两工一备，如图 3-15-5 所示。

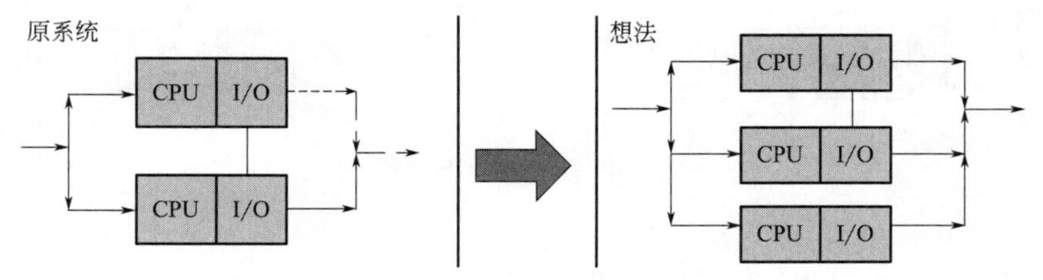


图 3-15-5 解决想法图

2. 创新原理与技术矛盾应用二

针对集群服务器的可靠性问题，定义以下技术矛盾（表 3-15-3）。

改善的参数：24 信息损失；

恶化的参数：25 时间损失。

**表 3-15-3 技术参数（二）**

| 改善参数 | 恶化参数 | | | |
|---|---|---|---|---|
| | …… | …… | 25 时间损失 | …… |
| …… | | | | |
| 24 信息损失 | | | 24、26、28 | |
| …… | | | | |

查矛盾矩阵表得到以下创新原理。

（1）24 中介物原理

① 使用中间物体来传递或执行一个动作；

② 临时把初始物体和另一个容易移走的物体结合。

（2）26 复制原理

① 用简化的复制品来替代物体；

② 如果已经使用了可见光的复制品，那么使用红外光或者紫外光的复制品；

③ 用光学图像替代物体（或物体系统），然后缩小或放大它。

（3）28 替代机械系统原理

① 用光、声、热、嗅觉系统替代机械系统；

② 用电、磁或电磁场来与物体交互作用；

③ 用移动场替代静止场，用随时间变化的场替代固定场，用结构化的场替代随机场；

④ 使用场，并结合铁磁性颗粒。

解决的想法：根据 28 替代机械系统原理提示，以硬件实现无缝切换来替代软硬件实现故障切换功能。

3. 流分析方法应用一

针对集群服务器的可靠性问题，采用流分析方法。

① 分析确定技术系统的流问题类型——有缺陷的流。

② 查询措施，选择改善利用率有缺陷的流中的 9 个改进措施中的 5——重新分配流。

③ 根据提示的改进措施获得概念解决方案（1），如图 3-15-6 所示。

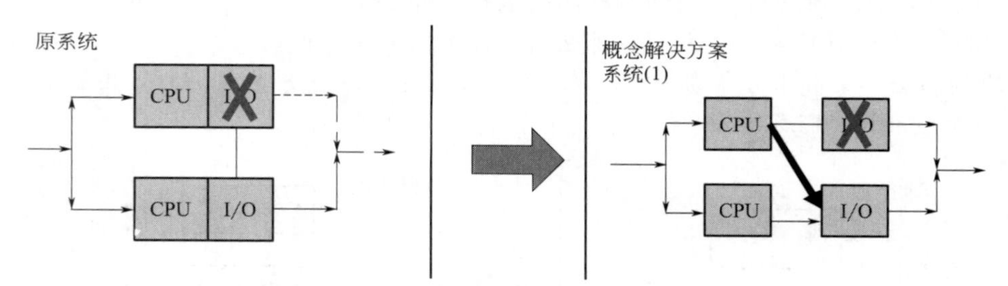


图 3-15-6 概念解决方案图（1）

4. 流分析方法应用二

针对集群服务器的可靠性问题，采用流分析方法。

① 分析确定技术系统的流问题类型——有缺陷的流。

② 查询措施，改善流的导通性的 14 个改进措施中的 7——扩大流通道的各个独立部分的导通性。

③ 根据提示的改进措施获得概念解决方案（2），如图 3-15-7 所示。

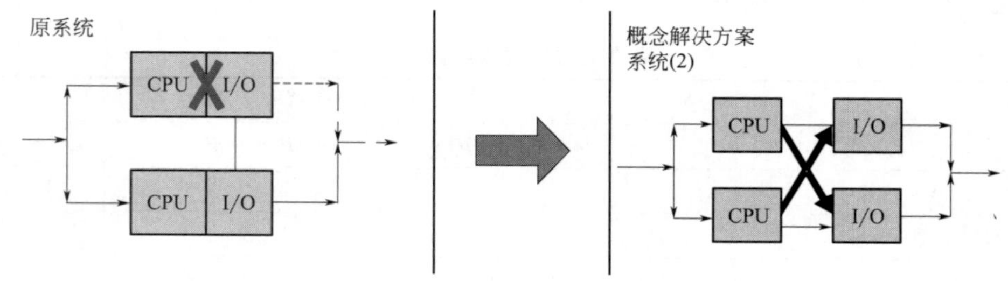


图 3-15-7 概念解决方案图（2）

5. 小人法的应用

针对集群服务器的可靠性问题，采用小人法（图 3-15-8）。

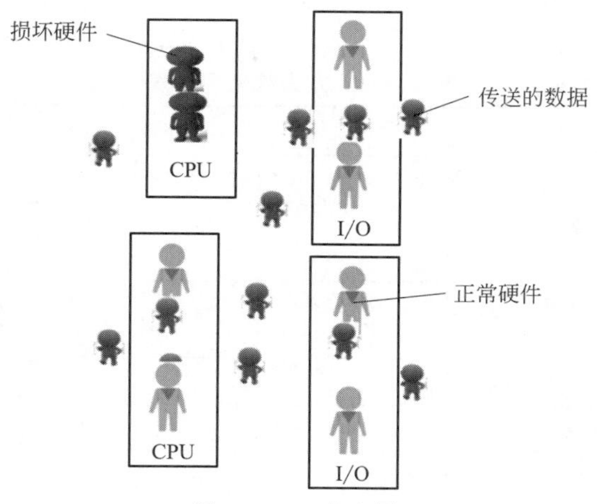


图 3-15-8　小人图

小人法结论：让小人走没有损坏的硬件即可，如图 3-15-9、图 3-15-10 所示。

当CPU板出问题时...

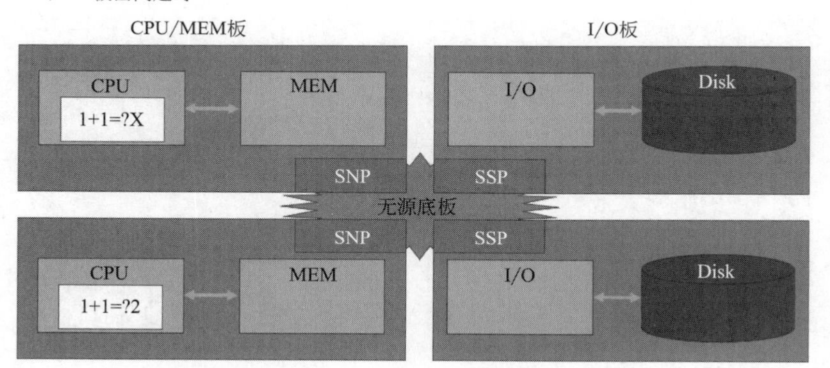


任何一块CPU板上的任何部件损坏，都不会影响系统的正常运行。正在进行的运算和操作像没发生问题一样继续下去。

图 3-15-9　CPU 问题解决图

如果I/O板再出问题呢?

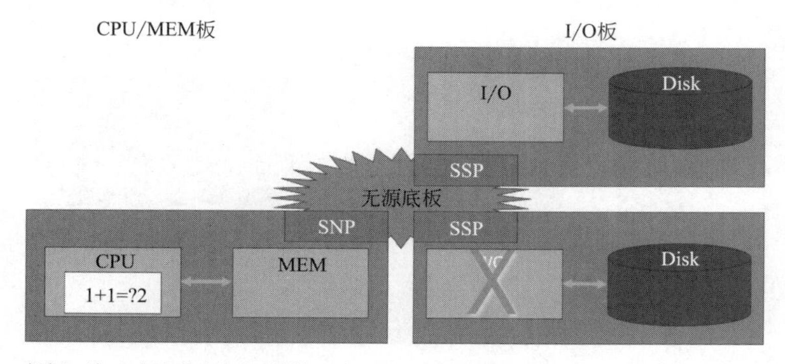


任何一块I/O板上的任何部件损坏，都不会影响系统的正常运行。正在进行的运算和操作像没发生问题一样继续下去。

图 3-15-10　I/O 板问题解决图

## （二）具体解决方案

1. 方案的综合评价

方案综合评价见表 3-15-4。

**表 3-15-4　方案综合评价表**

| 序号 | 解决方案名称 | 评价指标 | | | 综合评分(100) |
|---|---|---|---|---|---|
| | | 业务实用性(50) | 预想效果(成本、经费)(40) | 其他(10) | |
| 1 | 采用复制原理，可采取一工两备或两工一备 | 30 | 20 | 5 | 55 |
| 2 | 以硬件实现无缝切换来替代软硬件实现故障切换功能 | 40 | 40 | 10 | 90 |
| 3 | 让小人走没有损坏的硬件 | 35 | 35 | 5 | 75 |
| 4 | 流分析方法——重新分配流 | 30 | 35 | 8 | 73 |
| 5 | 流分析方法——扩大流通道的各个独立部分的导通性 | 45 | 38 | 8 | 91 |

2. 最终方案——正常工作的容错机（图 3-15-11）

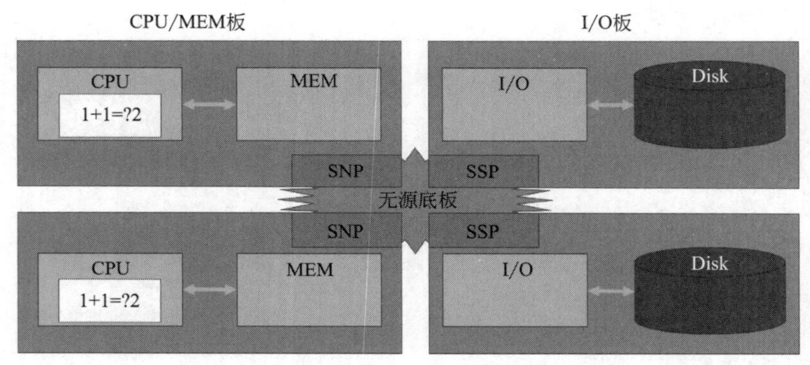


(a) 所有运算在不同板上同时进行

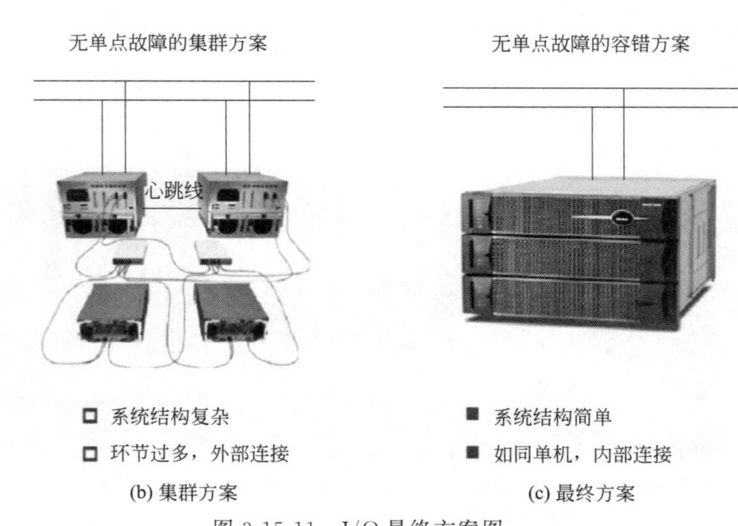


(b) 集群方案　　(c) 最终方案

图 3-15-11　I/O 最终方案图

## 五、预期成果及应用

直接效应，使用 Stratus 容错服务器建立鞍钢热轧 1780MES 系统，大幅度降低了一次性投入的经济成本，为企业节省开支；在生产运营过程中系统安全、稳定运行，大大减少因系统故障造成的生产停滞时间，从而减少企业的经济损失。

间接效应，通过 TRIZ 创新分析方法，建立高效、稳定的 MES 系统，大大提高了企业生产管理的自动化、信息化程度，为企业达到同行业领先目标打下坚实的基础。

通过使用本方案，建立了高效、稳定的 MES 系统。

# 案例 16：一种粗轧机新型除鳞技术

## 一、项目情况介绍

2150 粗轧机是由中国一重设计并制造的热连轧设备，在 2005 年 12 月安装完毕并开始生产。2150 生产线肩负着鞍钢本部 500 万吨的年生产量，所以 2150 粗轧机是 2150 热连轧生产线的重要设备之一。2150 粗轧机除鳞导卫装置包括上集管 2 根，下集管 2 根，还有上导卫和下导卫装置，上下集管分别排布 22 个水嘴，所有喷嘴均采用由德国莱克勒公司生产的 694.807.27 型号喷嘴，喷射角为 30°，喷嘴间距为 105mm，喷射距离为 155mm，在轧钢过程中通过上下集管喷出除鳞高压水将钢板表面产生的氧化铁皮除掉，为了防止除鳞水四处飞溅，增加了反喷装置，将残留除鳞水冲走，保证钢坯表面没有残余高压水，减少钢坯的温度损失。

## 二、项目来源

在 2150 热连轧生产开工初期，中间坯下表面经常有条状黑印出现，最终导致钢板表面出现条状铁皮，给冷轧及下道工序带来很大麻烦，最终的结果就是客户提出质量异议导致退货，严重影响 2150 线的产品质量。

图 3-16-1 和图 3-16-2 就是钢板缺陷的图片。图 3-16-1 是外观图，可以看到的条状铁皮都是沿着轧制方向排列的，而且间距都在 100～105mm 之间，跟除鳞集管的水嘴分布间距一样，图 3-16-2 是局部放大图，可以清晰地看到铁皮是嵌入的，说明缺陷是在精轧以前产生的，已经被轧入钢板里面。这种缺陷对使用钢板的用户是致命的，严重影响用户的产品质量，所以面对这种缺陷，用户的选择都是退货，故钢板表面条状铁皮缺陷是影响 2150 线产品质量的重要因素，是制约 2150 线开发新品种占领市场的老大难问题，必须要解决掉。

图 3-16-1　钢板缺陷（一）

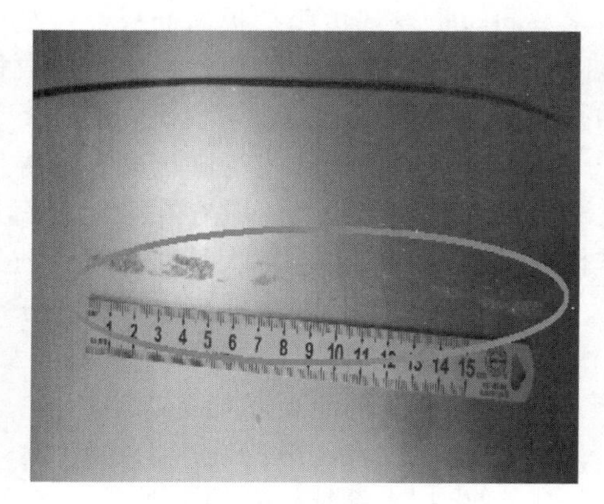


图 3-16-2　钢板缺陷（二）

通过检查缺陷我们发现条状铁皮主要发生在下表面，上表面也有，但是不是很集中，呈分散状态。分析铁皮的状态可以肯定是轧制过程中产生的二次氧化铁皮，所以在轧制过程中查找原因，特别是下表面的条状铁皮间距都在 100～105mm 之间，这与下除鳞集管的水嘴分布重合到一起，通过打击试验发现留在钢板上的痕迹的搭接量在 8mm 左右（图 3-16-3），理论值应该为 3～6mm，超过标准近 2 倍，正是由于搭接量过大，导致对钢坯表面的冷却不均匀产生了二次氧化铁皮，被轧入钢板中，产生缺陷。

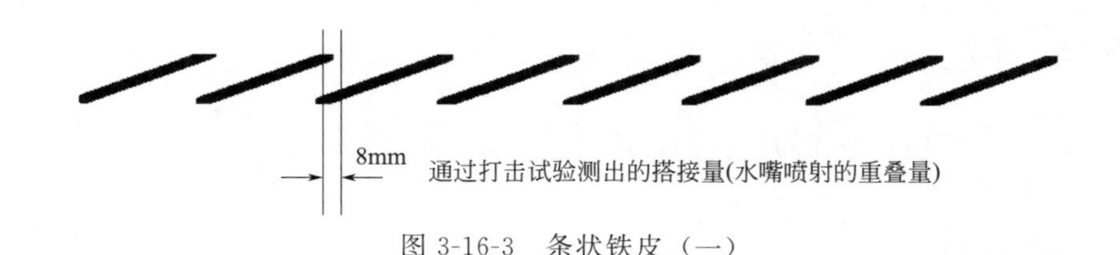


图 3-16-3　条状铁皮（一）

首先改进了下集管，在喷射距离不变的情况下要减小搭接量就必须减小喷嘴的喷射角度，在喷嘴中喷射角度是固定值，通过样本发现喷射角度为 26°的喷嘴可以满足使用要求，但在喷射距离为 150mm 时搭接量不足，必须增加喷嘴数量来解决，所以将喷嘴间距调整为 95mm，并增加 2 个喷嘴，这样可以保证重叠量在 3～6mm 之间（图 3-16-4），26°喷嘴在打击力方面比 30°喷嘴高，同时保证了重叠量。

图 3-16-4　条状铁皮（二）

经过一段时间设备运行后，发现搭接量理想了，黑印也减少了很多，但是还有黑印，钢坯下表面还有少量条状铁皮。

## 三、问题分析与解决

经过分析，机架辊护板为满足生产需求、满足钢坯下表面的冷却，采用 20 号铸钢机械加工而成，设计成鱼刺形，但是在除鳞时除鳞冲击水沿鱼刺筋板的空隙流出，对钢坯表面形成局部集中冷却，使钢坯产生条状铁皮，导致带钢表面质量下降，这是产生条状铁皮的主要因素。同时也发现鱼刺护板的筋板经常被钢坯撞掉，不仅容易发生卡钢事故而且护板的寿命也降低了，每 3 个月就要更换一次，造成很大的浪费。经过多次研究总结，发现机架辊护板的外形是导致钢坯下表面条状铁皮的重要原因之一。

本创新成果尚未被发现在国内、国外使用。目前在国内的宝钢、马钢、本钢和鞍钢，都有相同的粗轧机组设备，都存在带钢表面条状铁皮缺陷的问题，所以，该技术拥有广泛的推广使用价值，具有产生巨大社会效益的前景。

我们运用 TRIZ 方法进行技术系统分析：

① 技术系统名称：除鳞导卫系统；

② 技术系统的主要功能：除鳞功能；

③ 技术系统存在的问题产生的原因：机架辊护板形状；

④ 列出技术系统汇总的主要子系统及相应的功能：绘制功能分析图（图 3-16-5）。

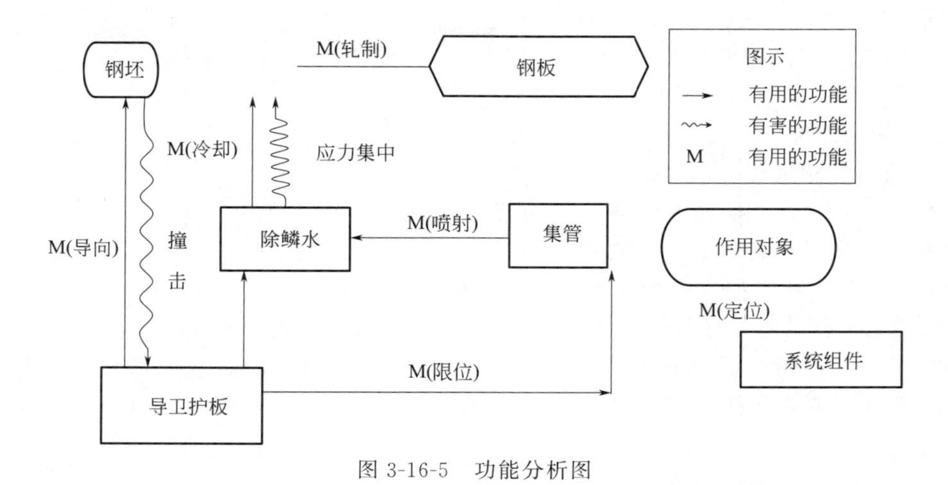


图 3-16-5 功能分析图

## （一）物质、场资源分析（表 3-16-1）

表 3-16-1 物场模型分析

| 系统资源 | | 超系统资源 | 场资源 |
|---|---|---|---|
| 工具 | 作用对象 | | |
| 粗轧机、导卫装置、高压水及其参数、喷嘴、集管、护板及参数 | 钢坯、钢坯温度、钢坯成分、材料信息 | 空气、车间、空间 | 重力场、机械场、电场、热场 |

## （二）利用技术矛盾解决问题

2150 生产线为了满足轧制需求、满足钢坯下表面的冷却，机架辊护板采用 20 号铸钢机械加工而成，设计成鱼刺形喷射除鳞水，而鱼刺形机架辊护板的外形使得除鳞时除鳞冲击水对钢坯表面形成局部集中冷却，导致钢坯下表面条状铁皮的产生，造成带钢表面质量下降，同时鱼刺护板的筋板经常被钢坯撞掉，容易发生卡钢事故而且护板的寿命也降低，这些对钢坯产生的有害作用需要被消除，使其工作可靠，质量提高。

针对这种情况，可以构建的技术矛盾是：改善的参数是除鳞水对钢坯表面形成的局部集中冷却，即机架辊护板的外形；同时恶化的参数是带钢表面质量下降，发生卡钢事故而且护板的寿命降低等。

对照矛盾矩阵表查看技术矛盾，在 39 个通用工程参数中，改善的参数是：形状，它的序号为 12，同时恶化的参数是对象产生的有害作用，它的序号是 31。在矛盾矩阵表中对应的解决此技术矛盾的单元格中创新原理的编号是：35、01。

我们来分析一下这些创新原理。

(1) 35 物理或化学参数改变原理

① 改变系统的物理状态；

② 改变浓度或密度；

③ 改变柔性；

④ 改变温度。

物理或化学参数改变原理提示我们可以考虑改变系统或者对象的任意属性，包括对象的物理或化学状态、密度、导电性、机械柔性、温度、几何结构等，来实现系统的新功能，使带钢表面质量提高，避免发生卡钢事故，而且可以提高护板的寿命，同时增加系统的理想化水平，减少有害功能，降低成本。我们可以考虑改变机架辊护板的形状，使除鳞水不再沿着导板的条形空隙流出，机架辊护板采用整体设计。

（2）1 分割原理

① 将物体分割成相互独立的部分；

② 使物体成为可组合的易于拆卸和组装的部分；

③ 提高系统的可分性，以实现系统的改造。

分割原理提示我们如果系统因为质量或体积过大而不易操纵，则将其分割成若干轻便的子系统，使每一部分均易于操纵，可以将一个物体分成相互独立的部分。

此案例中机架辊护板形状改进为整体设计，如何实现除鳞时除鳞冲击水对钢坯表面的均匀冷却呢？根据分割原理，将护板分割成若干部分，使喷嘴沿钢坯表面散射喷出高压水。

### （三）阐述最终理想解

理想解：在除鳞过程中，护板自身可以防止除鳞水的集中冷却。

思考方向：机架辊护板表面开若干均匀孔，使除鳞水从孔中均匀喷出。

### （四）物场分析标准解及解决方案

图 3-16-6 为物场模型分析图，属于有害的物场模型。一般解法：①引入第三种物质 $S_3$ 消除有害作用。$S_3$ 可以是通过 $S_1$ 或 $S_2$ 改变而来，或由 $S_1$、$S_2$ 共同改变而来。对于这里的问题，就是增加一种物质来保护钢坯。②通过改变现有物质来消除有害作用。我们想到了利用护板自身来防止钢坯表面的应力集中的方法。③通过消除场的有害作用，消除系统的有害作用。该标准解的模型属于缺失模型，并不适合本问题。④引入另外一个场 $F_2$ 来抵消原来有害场 F 的效应。经过对场的分析，我们并没有找到合适的场。⑤增加另外一个场 $F_2$ 来抵消原来有害场 F 的效应。该标准解是含有磁场影响的情况，并不适合本问题。

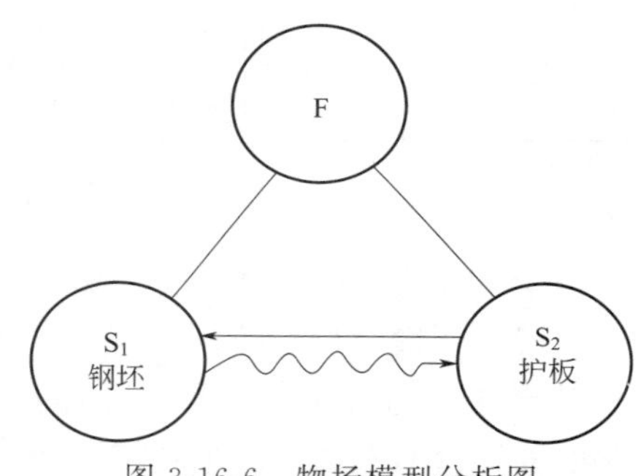

图 3-16-6　物场模型分析图

## 四、可实施技术方案的确定与评价

从实现的成本高低、实现的难易程度等方面对方案作评价。根据 35 物理或化学参数改变原理，1 分割原理，理想解、功能分析，资源分析及物场模型标准解的提示，结合现场实际情况，提出最终解决方案如下。

将机架辊护板采用整体设计，取消筋板，在护板表面开 25 个孔，使喷嘴从孔中喷出高压水，从而保证除鳞后的除鳞冲击水不是集中沿一个方向流走，而是沿钢坯表面散射开，有效地防止钢坯下表面的集中冷却，减少了条状铁皮的发生。

图 3-16-7 是原有护板的形状，筋板比较单薄，强度较低，可以看到空隙较大，除鳞水在喷射时都是沿着筋板的空隙流走，对钢坯造成局部冷却，导致铁皮的产生。

图 3-16-8 是改进后的护板，取消了筋板设计，采用整体设计不仅提高了强度，而且使喷射出来的高压水沿钢坯表面散射出去，有效防止了集中冷却，消除了条状铁皮的产生，同时 20 号铸钢耐磨性差，采用 D646 堆焊焊条进行表面堆焊 10mm，提高了耐磨性和强度。

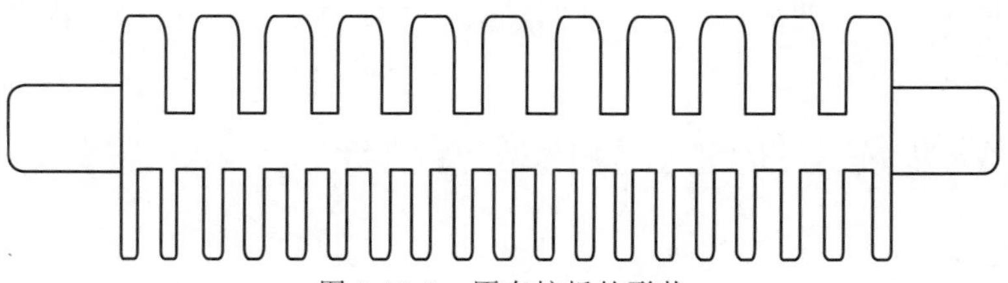

图 3-16-7　原有护板的形状

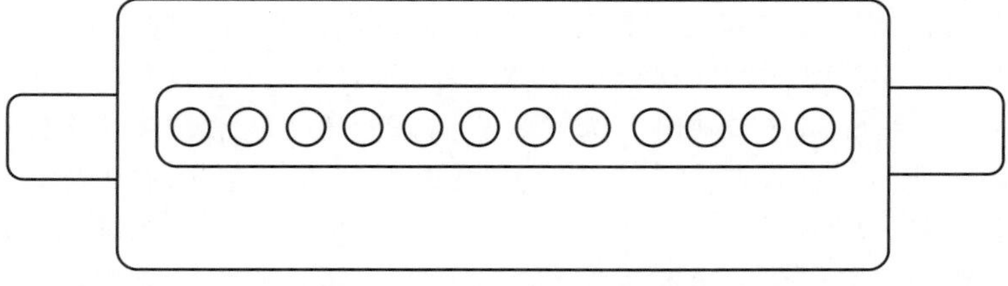

图 3-16-8　改进后的护板形状

## 五、预期成果及应用

### (一) 经济效益

改进前的护板每 3 个月就要更换一次，一年需要更换四次，每次更换前后共 2 块护板，每块护板采购价格是 8.7 万元，所以每年消耗备件资金为 8.7 万元/块×2 块/次×4 次/年＝69.6 万元/年；更换护板的维修费是 6 人×16h/次×33 元/h/人×4 次/年＝12672 元/年；护板备件维修费合计为 69.6 万元/年＋1.27 万元/年＝70.87 万元/年。改进前平均每年现货量：(6127＋6083)/2＝6105t；废品量：(603＋614)/2＝608.5t。2011 年减少损失为：现货损失减少 (6105－28)×5163×10％＝313.76 万元，废品损失减少 608.5×(5163－2300)＝174.21 万元，合计创效为 313.76＋174.21＝487.97 万元；2012 年减少损失为：现货损失减少 (6105－24)×4474×10％＝272.06 万元；废品损失减少 608.5×(4474－2220)＝132.16 万元，合计创效为 272.06＋132.16＝404.22 万元；2013 年减少损失为：现货损失减少 (6105－34)×4314×10％＝261.9 万元，废品损失减少 608.5×(4314－1950)＝143.85 万元，合计创效为 261.9＋143.85＝405.75 万元。其中应当减去下护板延长寿命后更换需要的资金量，改进后的护板三年更换一次，所以三年期间应当减去一次更换的费用，8.7 万元/块×2 块/次＋6 人×16h/次×33 元/h/人≈17.7 万元。

三年的效益总额为：487.97＋404.22＋405.75－17.7＝1280.24 万元。

### (二) 社会效益

本发明成功研制了一种新型 2150 粗轧机除鳞导卫装置，有效消除了带钢表面条状铁皮缺陷并提高了轧制工艺稳定性。突破了国内带钢表面条状铁皮的技术难题，属国内首创的技术。这个技术的产生，起到推动所属行业技术进步、提高所属行业科学技术水平的积极作用。

本发明技术自从在鞍钢股份热轧带钢厂 2150 线粗轧机投入使用以来，提高了生产产品的成材率，降低了生产工艺成本，避免了由于钢板表面条状铁皮产品质量不合格产生的废品，同时改进后的下护板寿命得到了明显提高，不仅降低了备件消耗资金也节约了人力物力，为降本增效工作做出了巨大贡献。

国内本钢、宝钢、马钢等很多家企业都是使用相同类型粗轧机除鳞导卫装置，具有广泛的推广空间和使用价值。如在全国及世界同行业推广使用，将会获取可观的经济效益，产生巨大的社会利益。

## 案例 17：异型坯连铸吹水装置改进设计

### 一、项目来源

在异型坯连铸生产过程中，由于断面形状特殊呈“H”形，在二次冷却过程中，冷段内弧中冷却水无法像方坯、板坯等可从侧面流出，而是积留在内弧腹板处，容易导致内弧积水，造成铸坯表面局部的过冷，使得铸坯整体冷却不均匀，应变力大，产生裂纹，产生表面质量问题，进而给后续轧制带来缺陷，为了收集内弧上残留的水，在二冷区扇形段设置吹水装置，如图 3-17-1 所示。在投产初期，铸坯内弧表面一直存在残留的积水，而且铸坯腹板内裂质量缺陷率一直居高不下，在连铸工艺相对稳定的情况下缺陷率仍然出现。为了防止异型坯腹板内弧纵裂，稳定优化了生产工艺参数，但是，铸坯腹板内弧积水仍无法消除，给生产和铸坯质量带来诸多不良影响。因此，对现有的异型坯连铸吹水装置进行改进。

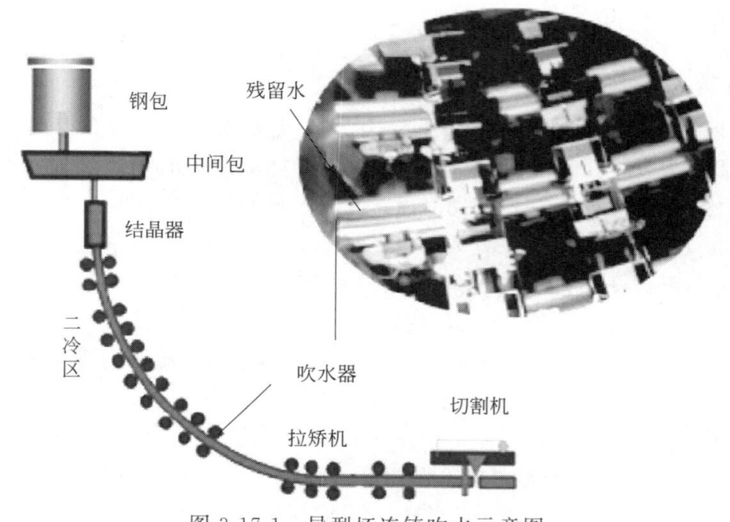


图 3-17-1　异型坯连铸吹水示意图

### 二、问题分析与解决

在解决问题时，首先聚焦于内弧上残留水的问题，内弧积水过多的一个主要原因是吹水器与铸坯接铁的面积小，造成残留水多，可以采取增大接铁面积的办法来吹掉多余的水，减少铸坯内弧纵裂，从而提高生产效率。图 3-17-2 为影响腹板内裂的各种原因。因此，在吹水系统中，存在生产率和静止钢体的面积 2 个工程参数的技术矛盾。利用 TRIZ 发明原理，通过查找冲突矩阵，得到发明原理 10、原理 35、原理 17 和原理 7。依据发明原理 10 预先作用原理，在外弧也增加一套吹水装置；依据原理 35 物理或化学参数改变原理，通过改变残留水的状态使之为气态，很快蒸发掉；依据原理 17 空间维数变化原理，使物体倾斜或改变其方向，由 H 形浇铸模式变为工形浇铸。

另外，可以以减少二冷区的水量为入手点解决问题物理冲突，物理冲突描述：为了铸坯内外弧均匀冷却需要大量的水，为了减少内弧残留水需要少量的二冷区水量，可认为物质的

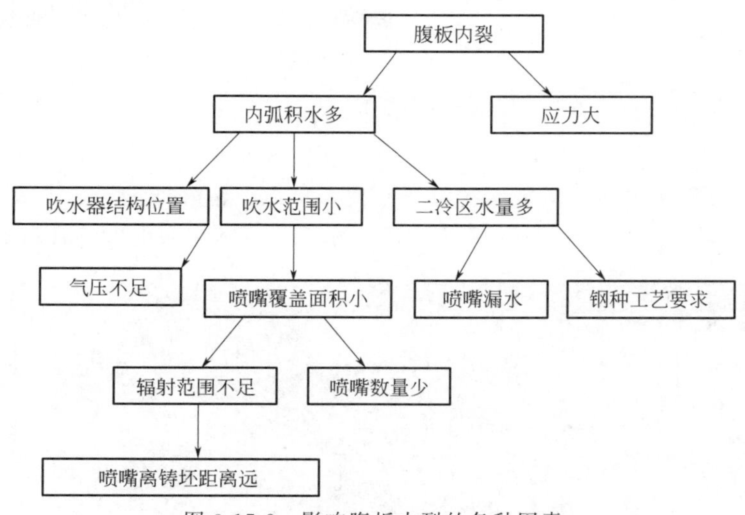

图 3-17-2 影响腹板内裂的各种因素

数量既要多又要少的物理矛盾。选用 TRIZ 发明原理空间分离原理中的预先作用，在残留水还没有积累在铸坯内弧上时，就先将多余的水吹掉，从而减少腹板纵裂的产生。所以将吹水器的位置移到铸坯开始冷却初期。

利用上述物场分析方法，根据吹水不足问题建立物场模型，通过引入第二种物质，得到问题的解如下：用惰性气体对铸坯进行冷却（液态氮）。

### 三、可实施技术方案的确定与评价

综合分析若干创新解，通过评价，确定了最优解。将原来的吹水器位置往上移，移到扇形 2 段，在二冷初期就将多余的水吹掉，以使铸坯达到均匀冷却的目的。

通过将 TRIZ 理论方法应用到异型坯连铸生产吹水问题，很好地解决了异型坯连铸过程内弧积水的问题，使初期异型坯裂纹比例由 7.3%降低到 1.5%以下，从而提高了 H 型钢的生产效率。

## 案例 18：厚板冷却 ACC 系统中钢板变形问题改进

### 一、项目来源

由于宽厚板工艺要求，经常出现钢板在粗轧和精轧之间辊道上来回摆动的现象。由于钢板上下表面热量散失速度不同，使得钢板上下表面出现较大的温差，从而导致钢板在经过 ACC 系统之后出现板形问题。经过调查分析，表面氧化铁皮厚度是产生钢板上下表面温差的主要原因，同时也与氧化铁皮厚度不均匀和辊道冷却水的使用有很大关系。

### 二、问题分析与解决

根据 TRIZ 理论，这个问题可以形成一个物场模型，即由钢板、辊道和冷却水组成系统，三者分别通过力学模型、温度模型和化学模型建立相互之间的联系。该系统主要功能是水冷却辊道、辊道搬运钢板，有害功能是水会产生氧化铁皮、钢板保持氧化铁皮。主要功能和有害功能是相互矛盾的，即如果增强水的冷却效果，势必会增加钢板上下表面氧化铁皮厚度差，如果为了降低氧化铁皮厚度差要减少水量，就导致辊道冷却效果下降，从而产生辊道不转等设备故障。

## 三、可实施技术方案的确定与评价

通过 TRIZ 理论分析，J. E. Cho 博士认为可以调整辊道设计，使辊子具有研磨钢板表面的功能，利用机械方法去除钢板表面的氧化铁皮，可以大幅降低钢板上下表面温差，解决了 ACC 后钢板变形问题。图 3-18-1 为实施方案现场，图 3-18-2 为钢板热轧过程。

图 3-18-1　实施方案现场

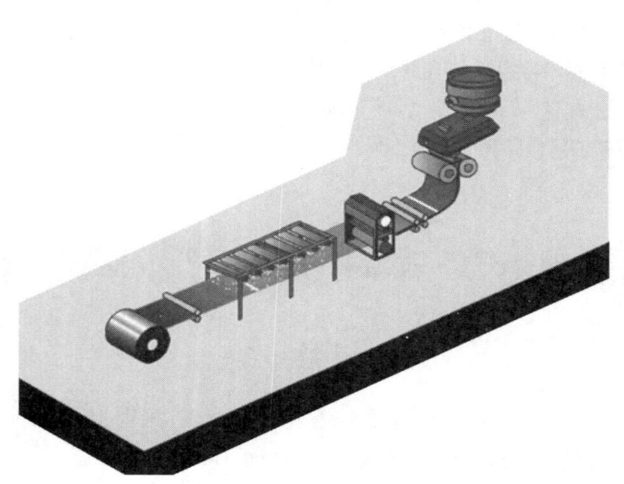

图 3-18-2　钢板热轧过程

# 第四章 创新方法在钢铁领域应用的综合案例分析

## 案例1：高炉炉缸实时监测状态技术方案设计

### 一、项目情况介绍

炉缸是高炉的关键部件，其工作状态直接影响高炉的寿命。因此，如何对炉缸的工作状态进行准确监测、延长其使用寿命，已成为高炉运行的关键因素，将极大地影响钢铁企业的生存、发展和竞争力。近20年来，人们对炉缸的失效机理进行了大量的研究，并对炉缸的状态通过实时监测数据建立模型进行监测。但遗憾的是，大多数实时监测炉缸状态的方法都是间接的，存在较高偏差。

### 二、项目来源

现代系统创新理论由发明问题解决理论（TRIZ）、价值工程理论（VE）、六西格玛设计理论（DFSS）、失效模式和效应分析（FMEA）等众多理论组成，包括了一系列用于进行问题识别、问题解决和方案评估的工具和方法。

**（一）高炉炉缸侵蚀机理的因果链分析（CECA）**

作为一个黑匣子，大多数关于高炉炉缸侵蚀机理的研究都是通过假设提出的。这些假设可以在CECA模型中显示，详见图4-1-1。

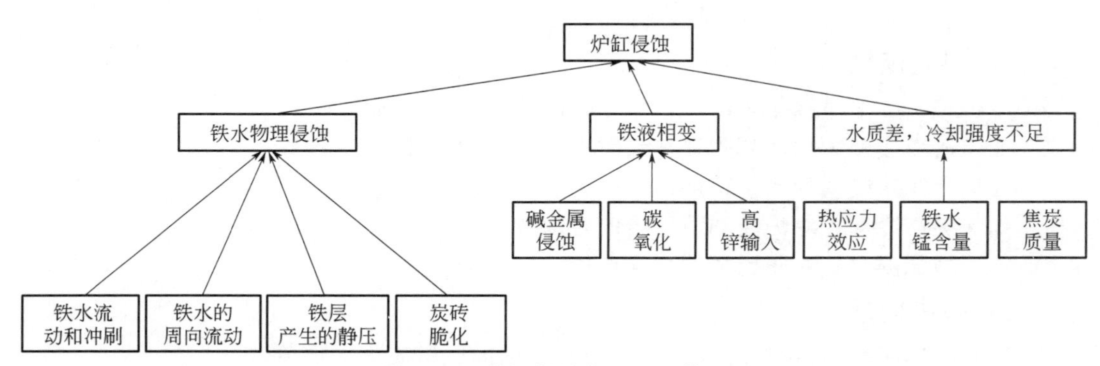


图4-1-1　炉缸侵蚀的CECA模型

## （二）实时监测炉缸工作状态的方法

高炉的热测量条件可分为三类：①炉缸内有两层热电偶；②炉缸内有单层热电偶；③炉缸内没有热电偶，只有冷却水管道。因此，实时监测炉缸状态的方法可以相应地分为三类。

第 1 类：根据两个位于同一水平或同一圆圈的热电偶的检测温度，采用大平板和长圆柱体的导热理论（线性模型）计算出 1150℃的等温点，从而监测炉缸内耐火砖的剩余厚度。

第 2 类：根据现有热电偶上的测量温度，利用有限元法、有限差分法、边界法等方法，采用固体（二维模型）导热理论方程计算 1150℃的等温点，从而对炉缸内耐火砖的剩余厚度进行监测。

第 3 类：测量冷却水入口和出口的温度，通过水温差异的变化对炉缸内砖的剩余厚度进行监测和估计。

从上述分析可以看出，无论是高炉炉缸侵蚀机理，还是实时监测炉缸状况的方法，目前都是建立在对现有高炉进行假设和统计分析的基础上的。因此，有必要对炉缸问题模型进行重构，以便于分析，并开发出一种更直接的实时监测炉缸状态的方法。

# 三、问题分析与解决

## （一）功能分析

图 4-1-2 显示了高炉炉缸的典型结构。基于此可建立如图 4-1-3 所示的系统功能模型。

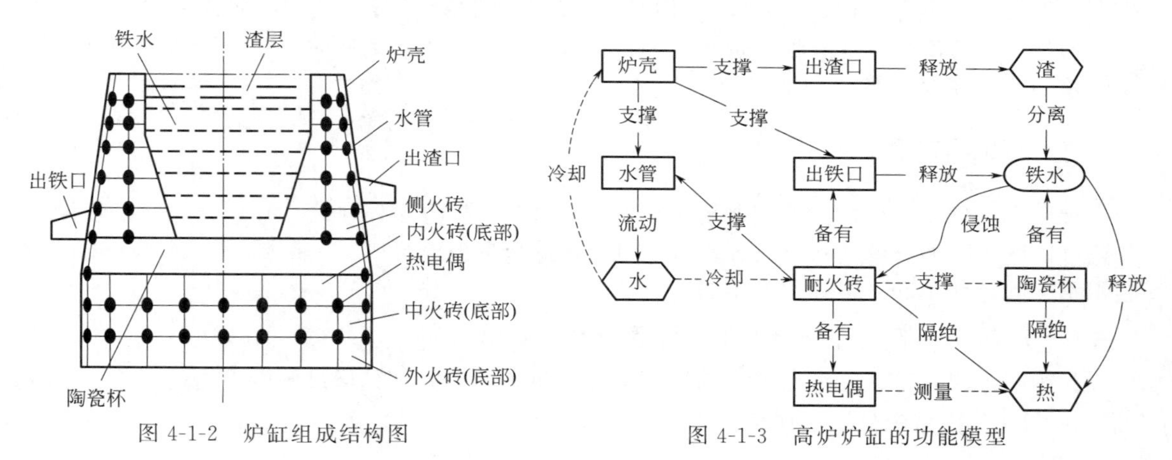


图 4-1-2　炉缸组成结构图

图 4-1-3　高炉炉缸的功能模型

## （二）问题识别

在图 4-1-3 中，根据系统创新方法，识别出的待解问题如下：

① 如何避免或减少铁水与陶瓷杯和耐火砖之间的侵蚀；

② 如何提高热电偶的测量精度；

③ 如何提高冷却水对炉壳和耐火砖的冷却效果；

④ 如何增强耐火砖对陶瓷杯的支撑作用。

## （三）解决问题

基于 TRIZ 理论的标准解方法，功能模型中的问题解决方案如下。

问题 1：如何避免或减少铁水与陶瓷杯和耐火砖之间的侵蚀？该问题的物场模型如图 4-1-4

所示。

根据 TRIZ 的创新标准解方法，针对上述模型，有两种标准解。

① 标准解 1-2-1：如果物场模型中的两种物质之间出现有益和有害的影响，并且不需要保持物质之间的直接接触，则通过在它们之间引入第三种物质来解决问题。

② 标准解 1-2-4：如果物场模型中的两种物质与直接接触之间出现有益和有害的影响，一个新的场可以中和有害的影响（或将有害的影响转化为有用的影响）。

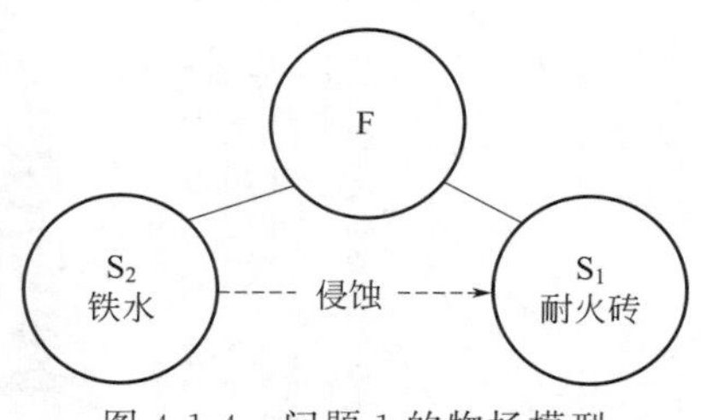

图 4-1-4　问题 1 的物场模型

同理，基于 TRIZ 创新标准解提出解决问题的思路，得到如下备选方案。

方案 1：引入一种熔点比铁高的材料（薄膜）作为铁水与耐火砖之间的第三种物质。如采用石墨（熔点 3652～3697℃）、高温陶瓷（熔点＞1702℃）等。

方案 2：引入冷却水作为新的场来中和热量这一有害影响，即在炉缸内设置冷却水管道。

方案 3：在炉缸内设冷却水管道（冷却壁）冷却铁水，将形成的凝铁层作为第三种物质，隔离铁水与耐火砖之间的有害影响。

表 4-1-1 列出了其他待解问题的解法。

**表 4-1-1　其他问题及解决方案**

| 问题 | 物场模型 | 标准解 | 备选方案 |
|---|---|---|---|
| 如何提高热电偶的测量精度 | $S_2$ 热电偶 --- 测量 ---> F | 标准解 4-3-1：利用物理效应可以提高测量物场模型的效率 | 方案 4：在耐火砖中用黄铜（熔点为 1083℃）或灰铸铁（熔点为 1200℃）代替热电偶 |
| 如何提高冷却水对炉壳和耐火砖的冷却效果 | F；$S_2$ 水 --- 冷却 ---> $S_1$ 炉壳 | 1. 标准解 4-3-1：通过将物场模型的一个部分转化为一个独立可控的 SFM，形成链型 SFM，可以提高 SFM 的效率 | 方案 5：引入干冰等挥发性物质，提高冷却效率<br>方案 6：将壳体由实心转变为蜂窝结构，引入风场，提高冷却效率 |
| 如何提高冷却水对炉壳和耐火砖的冷却效果 | F；$S_2$ 水 --- 冷却 ---> $S_1$ 耐火砖 | 2. 标准解 2-1-2：如果需要提高 SFM 的效率，并且不允许更换 SFM 元件，则引入易于控制的第二个 SFM，可以通过合成双 SFM 来解决这个问题 | 方案 7：引入干冰等挥发性物质，提高冷却效率<br>方案 8：将砖由固体变为多孔，并引入风，以提高冷却效率 |
| 如何增强耐火砖对陶瓷杯的支撑作用 | F；$S_2$ 耐火砖 --- 支撑 ---> $S_1$ 陶瓷杯 | 3. 标准解 2-2-1：可通过用控制良好的场取代不受控制的（或控制不良的）场来提高 SFM 的效率 | 方案 9：将陶瓷杯由实心结构改为蜂窝结构，以提高杯的强度 |

如上所述，通过 TRIZ 方法找到了 9 种备选方案。在这些解决方案中，方案 4 是一种新的、直接的和省时的实时监测高炉状态的方法，因为温度被广泛用于确定炉缸侵蚀状态的指标，而铁的凝固温度为 1150℃，因此黄铜（熔点 1083℃）或灰铸铁（熔点 1200℃）可作为砖块侵蚀程度的参考指标。此方案的 CAE 仿真结果如图 4-1-5、图 4-1-6 所示。

从 CAE 模拟结果看，采用黄铜或灰铸铁作为炉缸砖侵蚀的指标是可行的。其他基于资源的解决方案，如利用干冰、风等，也是可以实现的。

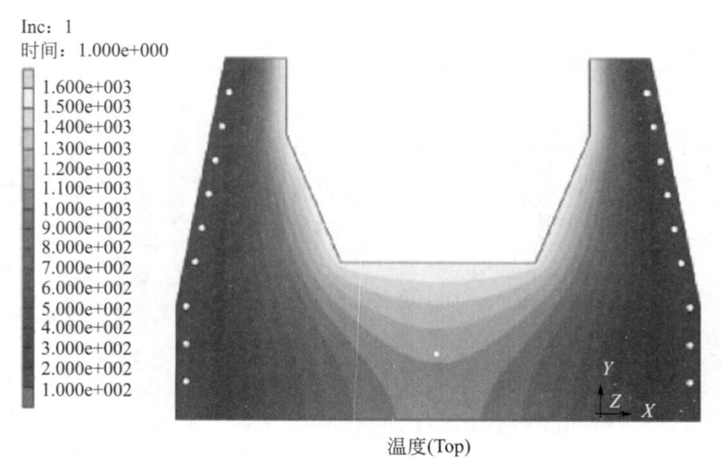

图 4-1-5　炉缸温度图

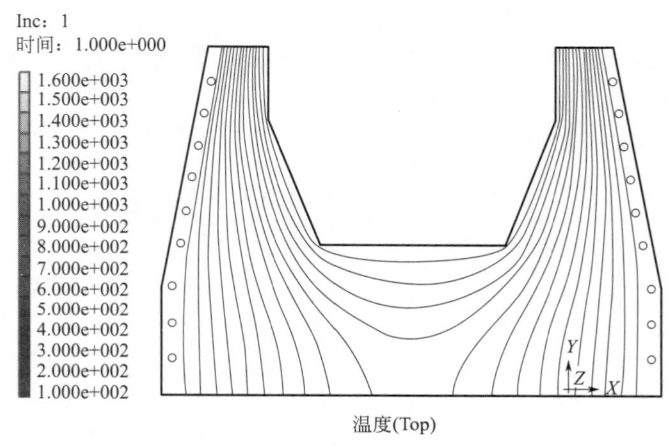

图 4-1-6　炉缸温度等温线图

## 四、可实施技术方案的确定与评价

针对问题 1——如何避免或减少铁水与陶瓷杯和耐火砖之间的侵蚀，根据 TRIZ 理论给出解决方案 1～3。在高炉炉缸内设置冷却系统，将高炉炉缸内部的热量通过水及时传出，在铁水与耐材的接触区域形成一定厚度的凝铁层，将铁水与耐材隔开，进而减缓铁水侵蚀耐材，延长炉缸寿命（图 4-1-7）。凝铁保护层已在炼铁业内形成了共识，凝铁保护层的控制对于延长高炉炉缸寿命有着十分重要的作用(图 4-1-8)。

图 4-1-7　高炉炉内冷却壁

在高炉炉役后期，炉缸耐材侵蚀较为严重，一般在现场通过添加钛矿进行护炉操作，其目的也是在炭砖热面生成一层高熔点的 TiC、TiN 及其固熔体

图 4-1-8　某高炉炉缸形成的凝铁保护层

Ti（C，N），直接将铁水与耐材进行隔离，进而保护炭砖，延缓或减少耐材侵蚀，延长高炉寿命（图 4-1-9）。

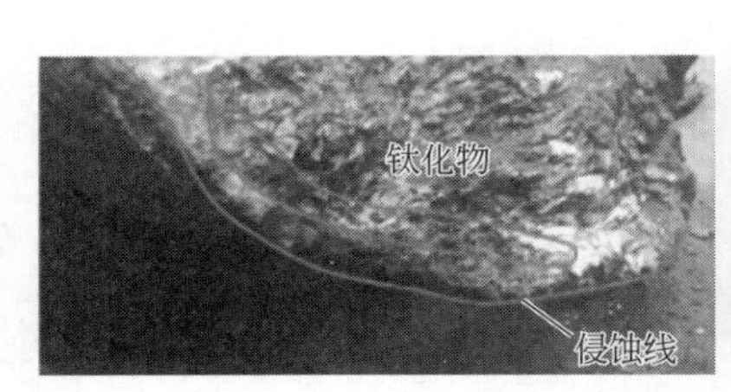

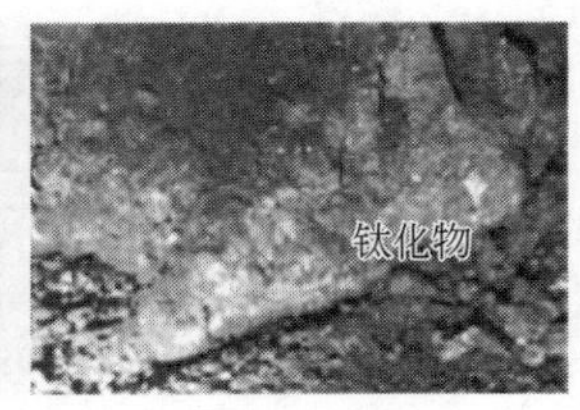


图 4-1-9　某高炉炉缸炭砖热面形成的高熔点的 Ti（C，N）

### 五、预期成果及应用

现代系统创新理论（包括 TRIZ 方法）作为一个功能强大的工具包，对于解决工业中的问题非常有用。

## 案例 2：煤粉过滤器污染回收装置设计

### 一、项目情况介绍

在高炉煤粉喷吹过程中，过滤器是不可缺少的关键设备，过滤器的先进与否直接影响整个高炉煤粉喷吹的生产能力，直接影响高炉的经济指标，直接危害职工身心健康。因为高炉煤粉喷吹是高危作业，提高过滤器自身的安全可靠程度，可以达到高炉安全高产、喷煤高效、节能减排、低碳环保的目的。

## 二、项目来源

### (一) 问题描述

鲅鱼圈钢铁炼铁制粉系统由干燥气发生炉系统、煤粉制备系统、煤粉收集与输送系统组成。输送系统煤粉仓下设两个并联的喷吹罐，交替喷吹煤粉，不间断产出产量为 108t/h、粒度为 200 目（≥80%）的煤粉。

由于原煤中混有粗大颗粒物及其他杂物，所以在煤粉生产中管道堵塞时常发生，为此原设计在每个系统喷煤总管上增设了双曲线结构的双道煤粉过滤器，一工一备，交替切换，始终保证一条喷煤管线畅通，起到连续喷煤的目的。

实际的生产工作中，由于双道煤粉过滤器切换时内部始终带有一定压力的氮气及残余煤粉（25kg），所以每天需要 6～8 次的清理工作，工人带压开关清灰阀门使阀门吹损，同时伴随着一定压力的氮气释放，残余煤粉也排放在大气中，厂房内瞬间氮气量增加，极易发生窒息危害，另外造成大量悬浮煤粉飞扬。由于煤的理化性能特点，烟煤粉挥发大于 10%，就极易发生爆炸事故，后果十分严重，严重危害职工身心健康，并且造成环境污染。

### (二) 标杆分析

同类问题（国内外）其他企业的解决方案及所处水平：鞍钢本部及朝阳钢铁用的煤粉过滤器为常规的形式；在鲅鱼圈分公司没有改造的资金和计划。

### (三) 理想解

改造后的过滤器结构简单，成本低廉，操作简单，清扫工作占工时少，效率高，可以有效回收逃逸的煤粉。

## 三、问题分析与解决

### (一) 问题分析工具选取与应用

1. 系统功能分析

功能分析图如图 4-2-1 所示。

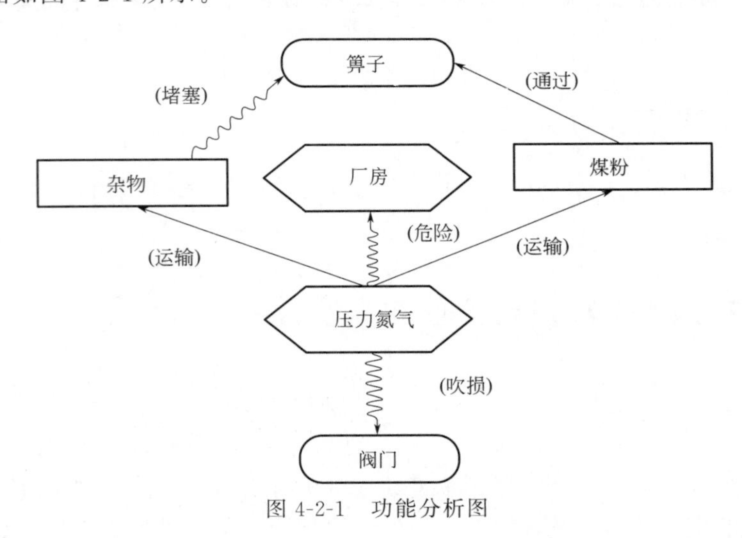


图 4-2-1　功能分析图

功能分析结论：

① 煤粉中的粗大颗粒物及其他杂物，黏附在过滤器箅子上，严重影响高炉喷吹；

② 手动清理残余煤粉效率低，阀门吹损极大，伴随着一定压力的氮气释放，厂房内瞬间氮气量增加，极易发生窒息伤害及爆炸事故，并且造成环境污染。

2. 金鱼法（图 4-2-2）

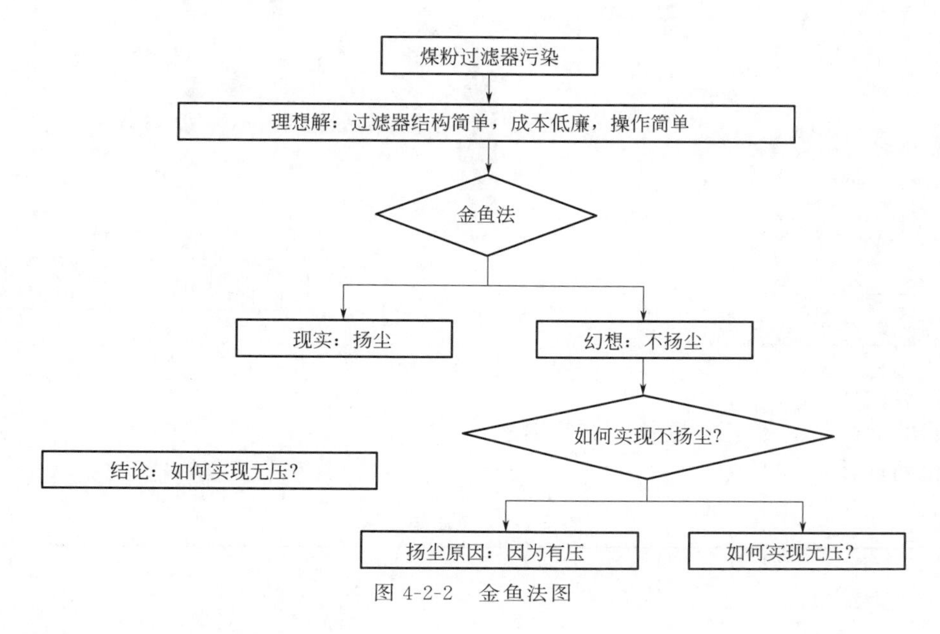


图 4-2-2　金鱼法图

3. 九屏幕法（图 4-2-3）

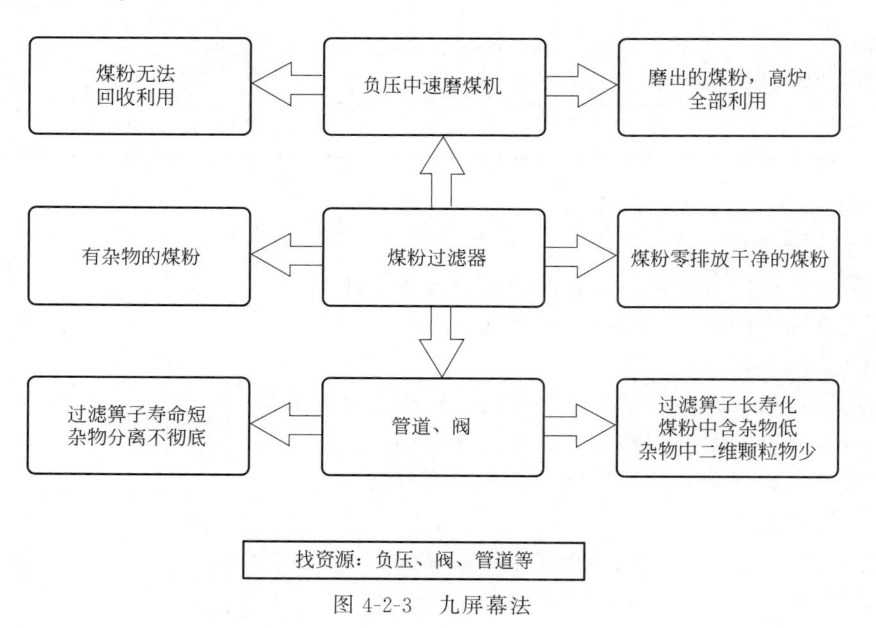


图 4-2-3　九屏幕法

4. 小人法

煤粉过滤器污染问题可以采用小人法进行分析，如图 4-2-4 所示。

## （二）问题求解工具选取与应用

1. 创新原理与技术矛盾应用

针对高炉喷吹煤粉中二维颗粒物含量高的问题，定义技术矛盾，表 4-2-1 为矛盾矩阵表。

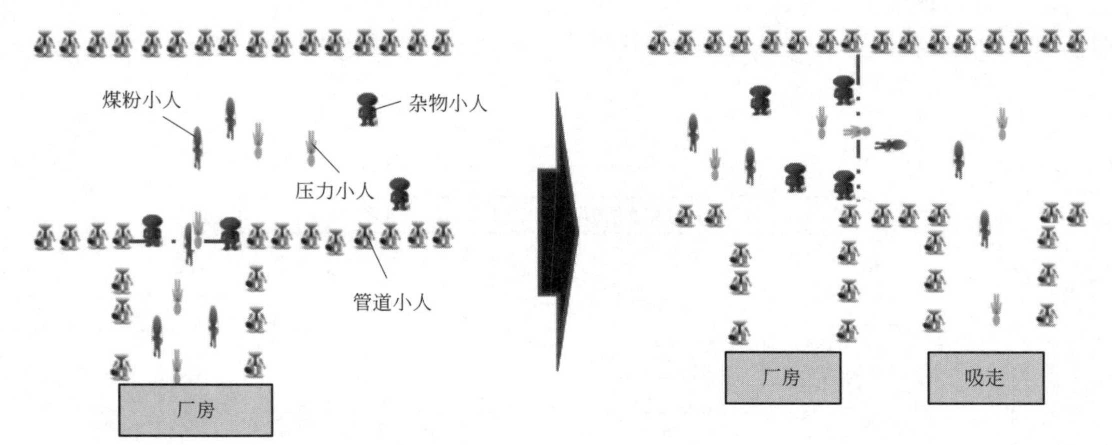

图 4-2-4　小人法图

改善的参数：30 作用于物体的有害因素；

恶化的参数：11 压力。

**表 4-2-1　矛盾矩阵表**

| 改善参数 | 恶化参数 | | | |
|---|---|---|---|---|
| | …… | …… | 11 压力 | …… |
| …… | | | | |
| 30 作用于物体的有害因素 | | | 02、22、37 | |
| …… | | | | |

查矛盾矩阵表得到创新原理。

(1) 2 抽取原理

① 从系统中抽出可产生负面影响的部分或者属性；

② 仅从系统中抽出必要的部分和功能。

(2) 22 变害为利原理

① 利用有害的因素（特别是环境中的）获得积极的效果；

② 将两个有害的因素相结合，进而消除它们；

③ 增加有害因素到一定的程度，使之不再有害。

(3) 37 热胀原理

① 改变材料的温度，利用其膨胀或者收缩效应；

② 利用具有不同热胀系数的多种材料。

解决问题的想法：

通过 2 抽取原理和 22 变害为利原理的提示，把管道中有用的抽取出来，并使它变害为利，即把煤粉抽取出来，再循环利用。

2. 物理矛盾与分离方法应用

针对回收煤粉且除去大颗粒煤粉和杂物的问题，运用分离原理展开联想，如表 4-2-2 所示。

**表 4-2-2　物理矛盾与分离方法应用**

| 物理矛盾 | 既要回收煤粉，又要除去大颗粒煤粉和杂物 |
| --- | --- |
| 时间分离 | 提示：回收煤粉和除去大颗粒煤粉、杂物分时间操作 |
| 空间分离 | 提示：回收煤粉和除去大颗粒煤粉、杂物走不同的阀门 |
| 系统分离 | 提示：将此处和整个厂房分离出来 |
| 解决方案 | 方案：安装阀门，使操作分时分空间进行 |
| 方案草图 | 5(过滤器清灰阀门) 4(手动阀门) 3(手动阀门) |

## 四、可实施技术方案的确定与评价

### (一) 方案的综合评价（表 4-2-3）

**表 4-2-3　方案评价**

| 序号 | 解决方案名称 | 评价指标 | | | 综合评分(100) |
| --- | --- | --- | --- | --- | --- |
| | | 业务实用性(50) | 预想效果(成本、经费)(40) | 其他(10) | |
| 1 | 金鱼法<br>实现无压 | 40 | 20 | 5 | 65 |
| 2 | 抽取原理＋变害为利原理 | 45 | 38 | 10 | 93 |
| 3 | 小人法<br>吸走 | 48 | 38 | 10 | 96 |
| 4 | 物理矛盾的增加阀门 | 48 | 38 | 10 | 96 |
| 5 | 与整个厂房系统分离 | 20 | 10 | 0 | 30 |

结合表 4-2-3：决定采用解决方案 2、3、4。

### (二) 最终方案

图 4-2-5 为最终方案的示意图和成果图。

1. 备料

① 管道 1：根据过滤器大小及到磨机的距离选管道直径及长度。

② 手动阀门 1：根据管道直径选大小（一台）。

③ 管道 2：根据过滤器大小及到气源（氮气）的距离选管道直径及长度。

④ 手动阀门 2：根据氮气管道直径选大小（一台）。

2. 一种煤粉过滤器污染回收装置

① 回收煤粉：在过滤器与中速磨煤机之间安装一条管道，管道上安装手动阀门 4，回收过滤器内残余煤粉。

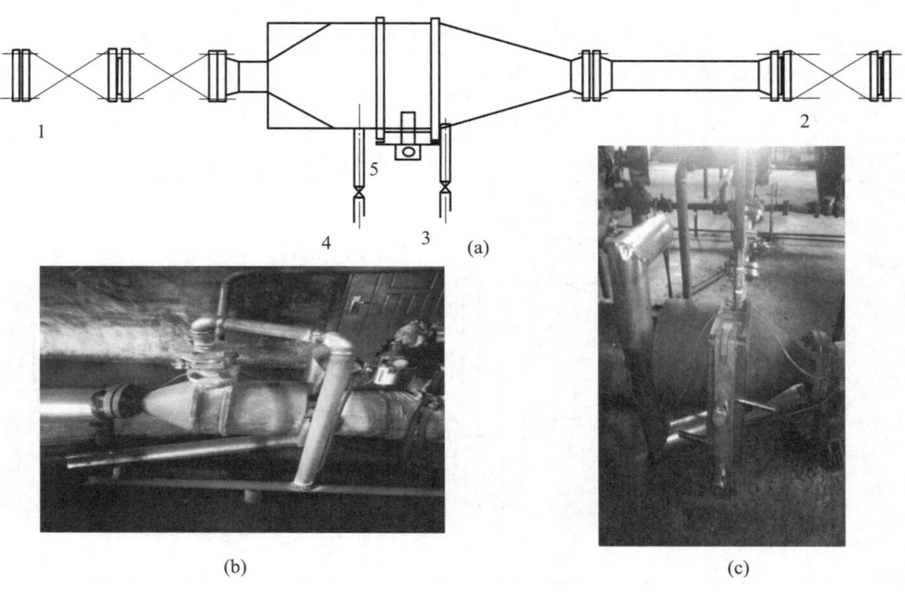


图 4-2-5　最终方案

1—管道 1 及手动阀门 1；2—管道 2 及手动阀门 2；3—手动阀门 3；4—手动阀门 4；5—清灰阀门 5

② 清扫煤粉：在过滤器中安装一条氮气管道及手动阀门 3，来清扫过滤器内残余煤粉

3. 具体操作顺序

① 切断阀门 1 和 2，其作用为：使过滤器形成密封的带压力空间；

② 开启阀门 4，其作用为：利用磨煤机负压，把过滤器内压力释放；

③ 开启阀门 3，其作用为：清扫干净过滤器连接室空间的残余煤粉；

④ 关闭阀门 3 和 4，开启过滤器清灰阀门 5；清理煤粉中粗大颗粒物及其他杂物等。

⑤ 关闭过滤器清灰阀门 5。

## 五、预期成果及应用

① 结构简单：没有增加任何设备及控制机构。

② 操纵便捷：只需开启几个阀门就可进行基本的操作。

③ 无二次扬尘：纯吸式作业，采用高效过滤系统，确保只进不出。

④ 使用成本低：不用任何动力，实现零动力操作，回收的煤粉可以再次使用，达到降低成本的目的。

⑤ 除尘效果好：收集入箱体的煤粉实现颗粒和粉尘的分离，清灰效果好，无需人员参与。

⑥ 持续作业：不受任何条件限制，工作效率高。

⑦ 使用寿命长：开启过滤器清灰阀门时，没有气流经过内部，无额外的磨损。

# 案例 3：转炉上料系统创新设计

## 一、项目来源

问题背景描述：莱钢炼钢厂转炉散装料上料系统流程如图 4-3-1 所示，通常外购散装料粉面率为 7%，在经过振动给料器及皮带运输后，到达称量料仓时，石灰粉面率高达 24%。

在冶炼过程中，石灰分批次加入转炉，受二次除尘系统及散装料质量影响，实际入炉石灰仅为 80%，其他部分被除尘系统吸入，不仅造成除尘布袋板结、除尘效果下降，同时造成石灰加入量加大、石灰使用计量不准确、钢水质量波动等。因此，急需一种高效、安全的转炉上料系统，以满足冶炼及除尘系统的要求。

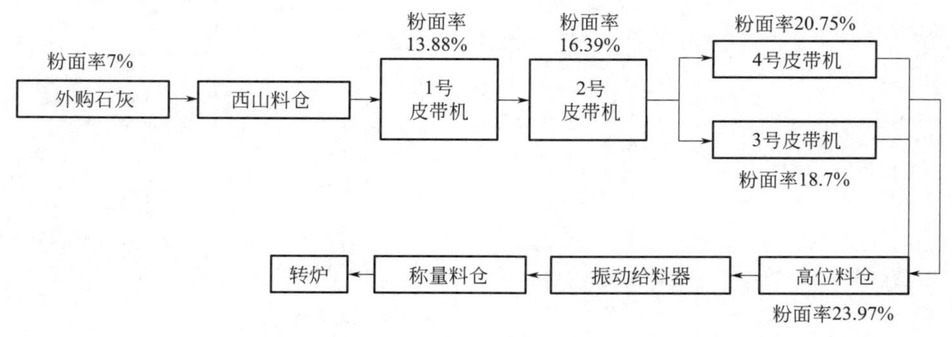


图 4-3-1　石灰上料流程

## 二、问题分析与解决

### （一）系统分析

系统功能分析：转炉上料系统的主要作用是散装料的运输，如图 4-3-2 为功能分析图，其子系统包括 1～5 号皮带、西山料仓、高位料仓、振动给料器及称量料仓，其超系统主要包括石灰生产厂家、转炉及除尘系统。技术系统的理想结果是将散装料完全输送至转炉内部，运输过程零损失，实际运行情况是部分散装料被除尘风机吸走。

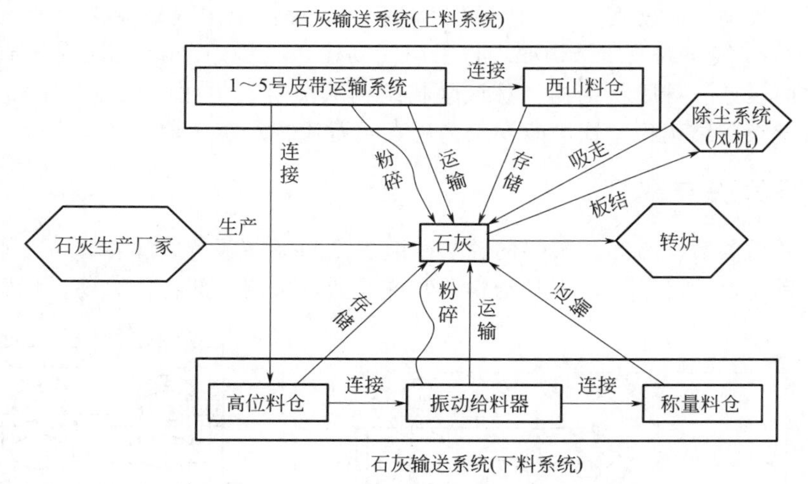


图 4-3-2　转炉上料系统功能分析

### （二）物理矛盾

定义物理矛盾：根据转炉冶炼要求，散装料尤其是石灰既要软又要硬，软主要是指石灰活性，便于冶炼化学反应充分，硬是指石灰不能出现过烧，以免造成石灰粉末率增加、实际入炉石灰量减少、石灰消耗增加、钢水冶炼不稳定；同时要求转炉散装料上料系统既要软又要硬，上料系统软是指对散装料运输产生零消耗，硬是指散装料系统能够完成运输功能，同时设备便于维护。根据 TRIZ 理论体系物理矛盾定义，即某一个工程参数无法满足两种相反需求的矛盾，即转炉上料系统既要软又要硬的物理特性无法满足物质特性参数的物理矛盾。

**表 4-3-1 与分离法相对应的发明原理**

| 项目 | 空间分离 | 时间分离 | 基于条件的结构分离 | 整体与部分的物质或能力分离 |
|---|---|---|---|---|
| 发明原理 | 1 分割<br>2 抽出<br>3 局部特性<br>4 不对称<br>7 嵌套<br>13 反向作用<br>17 多维化<br>24 中介<br>26 复制<br>30 柔性壳体或薄膜结构 | 9 预先反作用<br>10 预先作用<br>11 预先防范<br>15 动态性<br>16 不足或过量作用<br>18 振动<br>19 周期性作用<br>20 有效持续作用<br>21 急速作用<br>29 气压或液压结构<br>34 自弃与修复<br>37 热膨胀 | 1 分割<br>5 组合<br>6 多用性<br>7 嵌套<br>8 反重力<br>13 反向作用<br>14 曲面化<br>22 变害为益<br>23 反馈<br>25 自服务<br>27 一次性用品替代<br>33 同质化<br>35 状态和参数变化 | 12 等势<br>28 替换机械系统<br>31 多孔材料<br>32 变换颜色<br>35 状态和参数变化<br>36 相变<br>38 强氧化作用<br>39 惰性介质<br>40 复合材料 |

## 三、可实施技术方案的确定与评价

根据物理矛盾分析，查表 4-3-1 与分离法相对应的发明原理表得出原理：2 抽出原理、3 局部特性原理、9 预先反作用原理、10 预先作用原理、28 替换机械系统原理、29 气压或液压结构原理、30 柔性壳体或薄膜结构原理、35 状态和参数变化原理。同时根据发明原理进行资源分析并确定不同方案目标。①2 抽出原理：将石灰粉末在入炉前抽出。②3 局部特性原理：石灰在输送过程中下落接触部位改造为软材料。③9 预先反作用原理：提前用风机将石灰粉末吸走。④10 预先作用原理：提前将石灰粉末取出或者加添加剂使石灰在不改变化学效果的前提下提高石灰硬度。⑤28 替换机械系统原理：采用气动输送代替机械输送，减少石灰撞击。⑥29 气压或液压结构原理：采用气动输送结构。⑦30 柔性壳体或薄膜结构原理：在石灰表面设计一种膜状结构，且该膜状结构入炉可发生化学反应。⑧35 状态和参数变化原理：改变石灰结构稳定性，改变工艺用石灰石代替石灰入炉。

## 四、最终解决方案

综合物理矛盾的解决方案，最终的转炉散装料上料系统设计方案如图 4-3-3 所示，对转炉散装料上料系统最后环节——振动给料器实施改造，采用局部特性原理，将振动给料器底

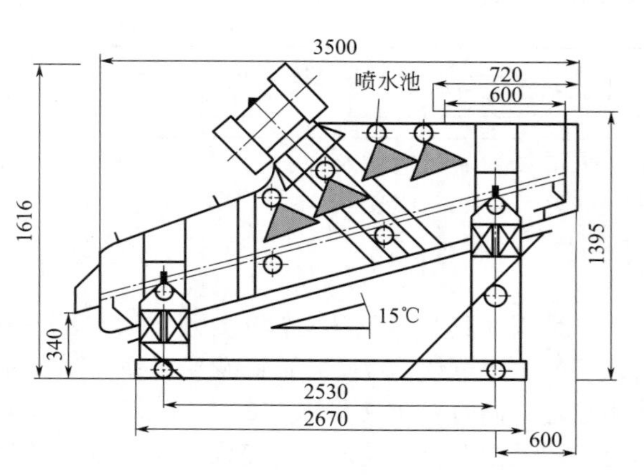


图 4-3-3 石灰筛分系统

部钢板设计为层叠网状结构（变为振动筛结构），在石灰下料过程中，同时进行筛分动作，同时设计回收机构，同步对石灰粉末进行回收。

# 案例 4：氧枪枪头制造工艺创新设计

## 一、项目来源

氧枪枪头主要零部件包括紫铜端盖、拉瓦尔喷管、分氧盘和导流板，如图 4-4-1 所示。氧枪枪头的主要作用是将氧气的压力能转换为高速动能，达到将氧气吹入金属熔池，使氧气直接跟高温的铁水发生氧化反应，除去钢液中的杂质的目的。

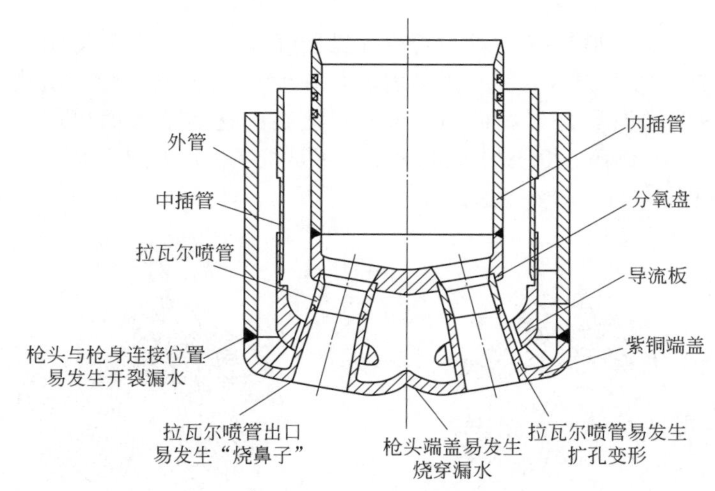


图 4-4-1　氧枪枪头结构及失效部位示意图

氧枪枪头是氧枪系统最重要的部件，在冶炼过程中，氧枪直接暴露在高温熔池上方，长期承受高温、高强辐射、钢液和熔渣飞溅冲刷侵蚀，导致氧枪枪头成为易损件。因此，提高氧枪枪头使用寿命、降低冶炼成本是冶金企业的迫切需求。

### （一）存在问题

根据企业实际生产情况，目前采用铸造加工方法的氧枪枪头使用寿命在 150～200 炉次之间；采用锻造加工方法的氧枪枪头使用寿命在 500～600 炉次，氧枪枪头使用寿命仍然很短。通过文献及现场调研分析，发现氧枪枪头目前存在的主要问题为：

① 枪头漏水。氧枪枪头漏水俗称吃漏，漏水的部位主要集中在枪头与枪身异种金属连接处的焊缝位置、拉瓦尔喷管出口和端盖中心部位等，其占比为 20%～30%。现场枪头漏水部位如图 4-2-2～图 4-4-4 所示。

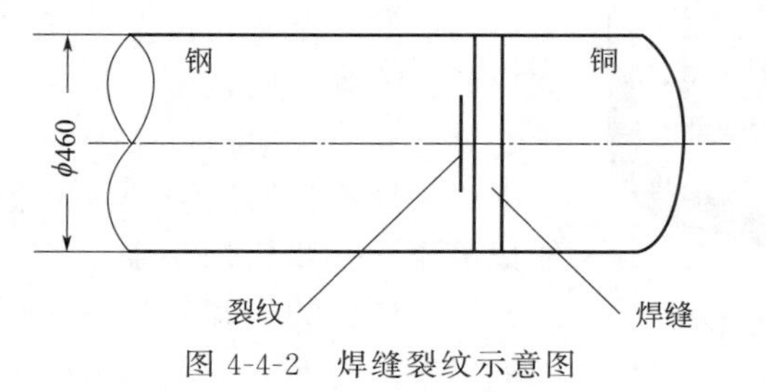


图 4-4-2　焊缝裂纹示意图

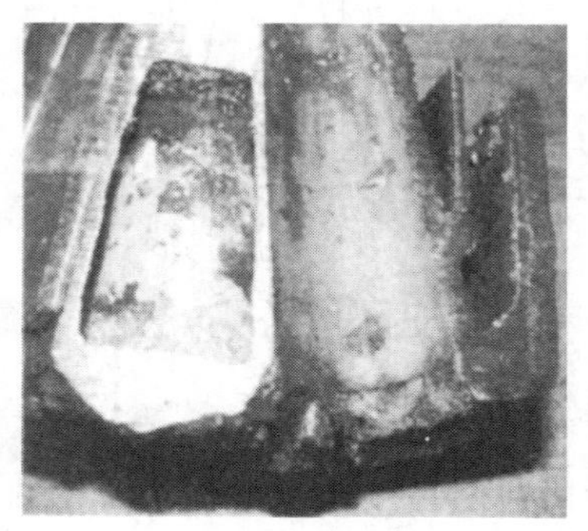

图 4-4-3　氧枪拉瓦尔喷管出口烧蚀

图 4-4-4　氧枪端盖中心烧蚀

② 枪头变形。枪头变形导致气动性能参数显著降低，李炳源等人对 300t 转炉铸造喷头（新旧喷头实物）进行气体动力学性能测试表明，在使用 223 炉次后，旧喷头冲击区域降低了 14.2%，冲击深度增加了 23%，旧喷头各股射流在到达熔池表面以前就已经汇合成近似单孔喷头的射流，且目前氧枪枪头的失效下线主要是枪头喷吹性能下降所致的；新、旧喷头压力分布立体图如图 4-4-5、图 4-4-6 所示。

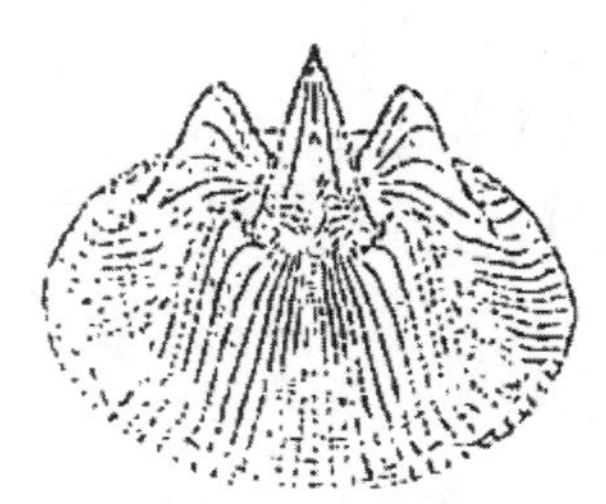

图 4-4-5　新喷头压力分布立体图

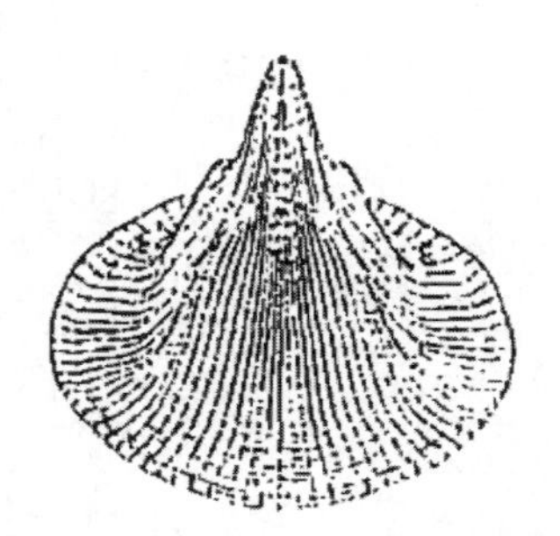

图 4-4-6　旧喷头压力分布立体图

③ 氧枪黏钢。氧枪黏钢后其导热性严重破坏，易造成端盖烧穿漏水，在处理氧枪黏钢时氧枪外管极易割坏，据统计，目前由于枪身割漏造成氧枪枪头报废的占比约为 21.2%。

④ 金属流线形导流板加工、安装困难，制造成本较高，使流线形导流板难以大规模用于工程实践，大大制约了枪头冷却能力的提高。

## （二）问题初步分析

为了提高氧枪枪头使用寿命，国内外对其做了大量研究。

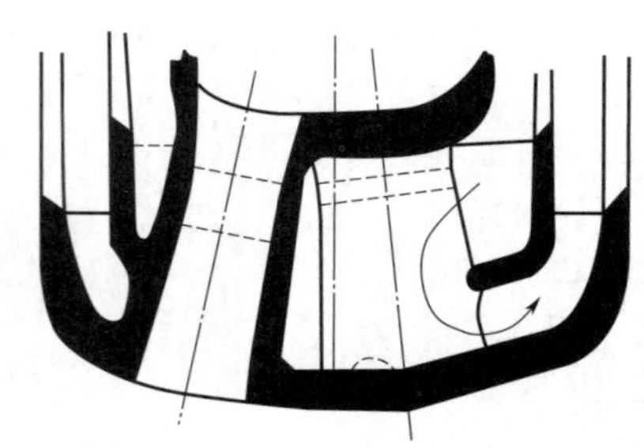

图 4-4-7　早期法国的氧枪导流板结构示意图

1. 导流板改进

（1）导流板结构形式

早期的导流板长度短且无形状可言，枪头端部中心流速低，流场方向紊乱，枪头冷却效果较差。如早期法国的氧枪导流板结构，如图 4-4-7 所示。

后来导流板逐渐演变为平板或刀板状结构，该结构能把水流进一步输向端盖中心，外形简单，上部汇水空间较大，枪头的冷却效果有了明显的改善。如日本、英国氧枪喷头，如图 4-4-8、图 4-4-9 所示。

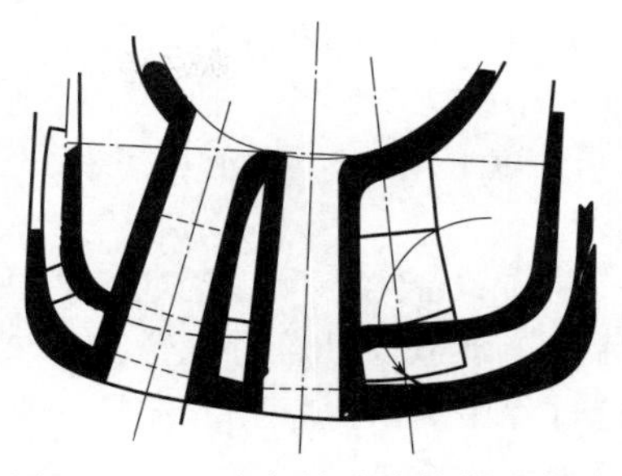

图 4-4-8　日本氧枪喷头结构示意图

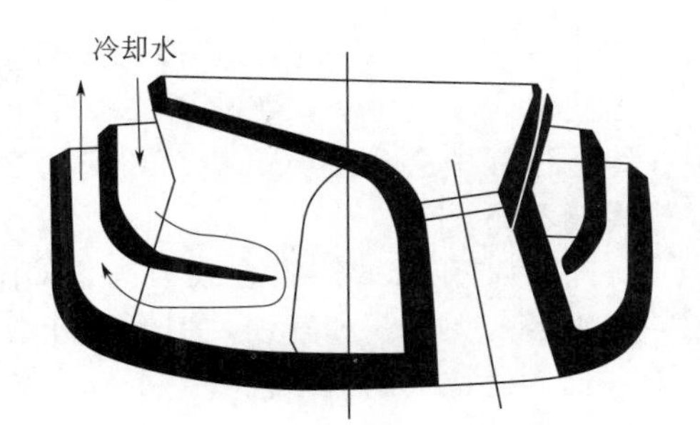


图 4-4-9　英国氧枪喷头示意图

随着铸造工艺的进步，出现了异形导流板结构，该结构将端部的回水缝制成喇叭形，对水流组织较好，能平滑地将水流经入口引向中心，使入口水流顺畅进入底缝。如德国、美国氧枪喷头，如图 4-4-10、图 4-4-11 所示。

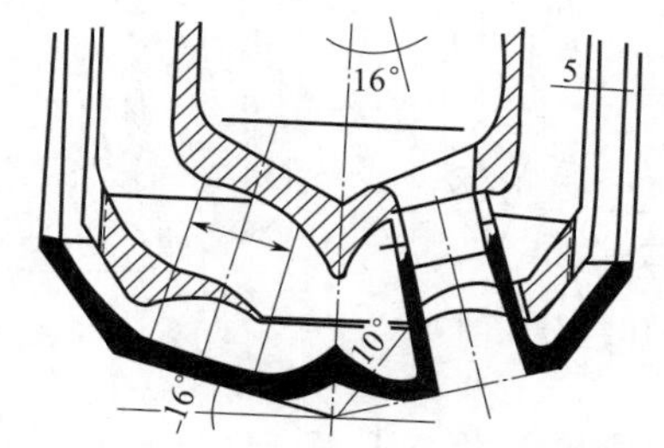


图 4-4-10　德国氧枪喷头结构示意图

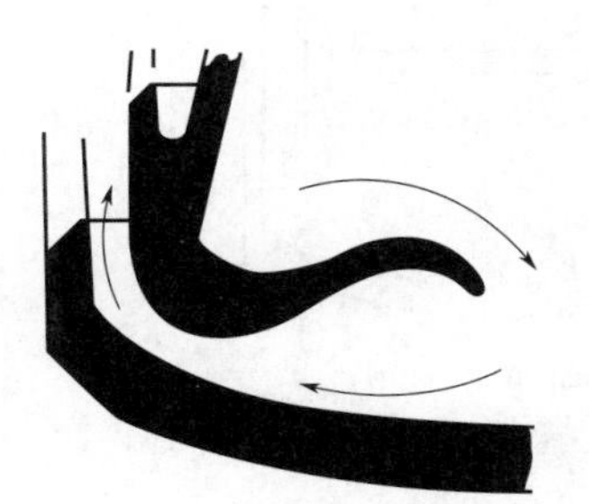

图 4-4-11　美国氧枪喷头示意图

比较不同结构形式喷头的影响发现，导流板流线形越好，其对水流的组织能力越强，流场越均匀，氧枪枪头的冷却效果越好，使用寿命越长。

（2）导流板材质及成型工艺

传统氧枪枪头导流板均采用金属材质，如铜、钢等。如专利“铜钢复合材料转炉氧枪喷头”（CN201310303907），其内部导流板采用的是钢板。因为传统的氧枪枪头导流板采用金属材料，其制造方式通常为铸造或者冲压成型，例如专利“组合焊接式多孔标准拉瓦尔氧枪喷头”（CN201120105494）中的导流板采用的就是冲压成型工艺。

2. 氧枪枪头制造工艺改进

① 早期的氧气枪头为锻造气冷（水冷）喷头，如图 4-4-12、图 4-4-13 所示，采用紫铜棒经车床加工、钻孔而成，枪头主要通过高速喷出的低温氧气来冷却。但是当推广到三孔枪头时，枪头的冷却和结构处理遇到了技术瓶颈，易发生严重的“吃鼻子”现象。

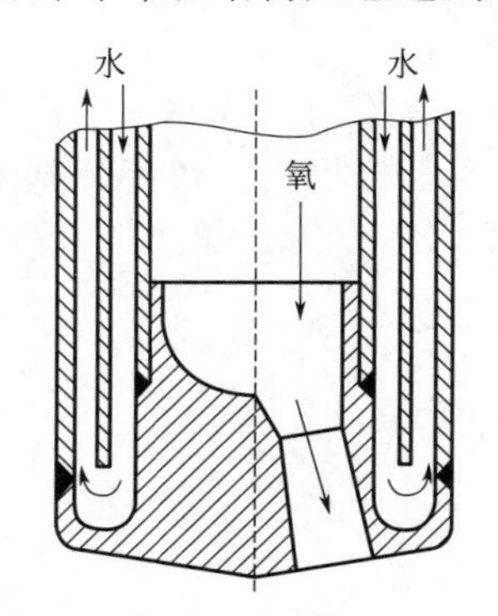


图 4-4-12　锻造水冷喷头结构示意图

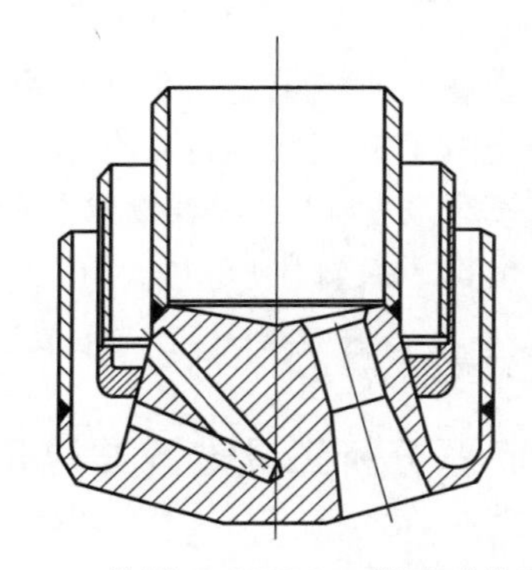

图 4-4-13　美国 HOTTON 锻造喷头示意图

② 第二代氧枪枪头采用中心水冷铸造氧枪枪头结构，如图 4-4-14 所示，设计的导流板将冷却水强制引向端盖中心，优化了枪头冷却方式，使用中喷头变形小。但是，铸造中心水冷喷头在铸造过程中会产生气孔、疏松、夹杂物等不可避免的缺陷，同时喷头铜的纯度较低，导热性能不高。

③ 第三代为锻压或锻铸组合式喷头，如图 4-4-15、图 4-4-16 所示，喷头底部和氧管分别采用一定直径的无氧铜和紫铜，用模具分别锻压然后加工水道，最后与喉管、分水盘焊在一起。第三代氧枪枪头制造工艺解决了枪头端盖在铸造过程中易产生气孔、疏松、夹杂物等缺陷的问题，但是由于钎焊数量多，对加工质量和焊工水平要求高。

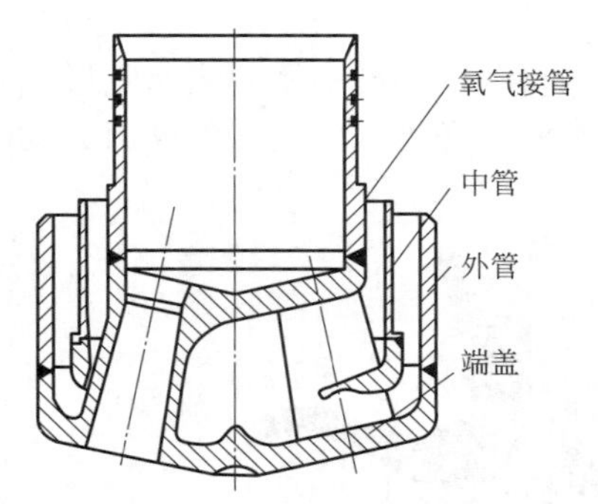

图 4-4-14　铸造喷头示意图

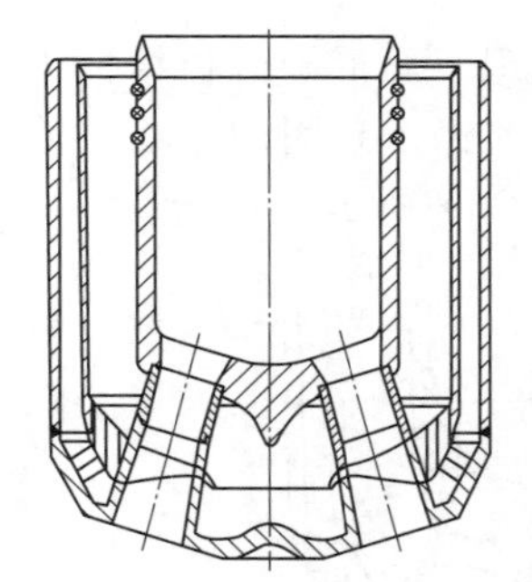
图 4-4-15　锻压组合式喷头

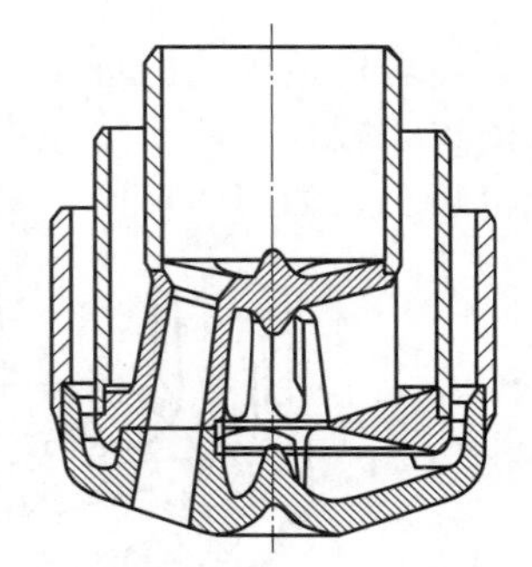
图 4-4-16　锻铸组合式喷头

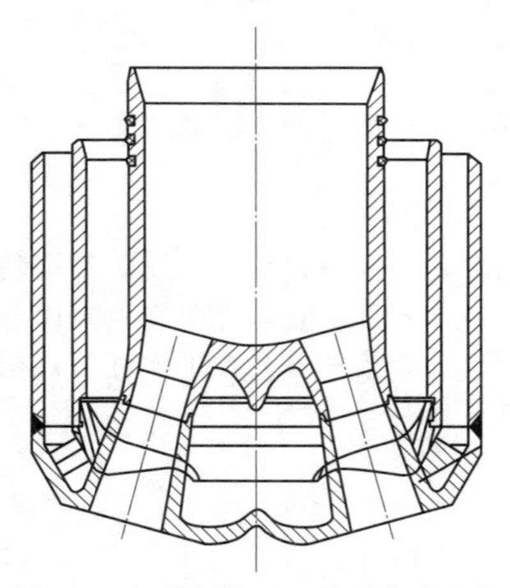
图 4-4-17　精挤成型二段组合式喷头

④ 第四代氧枪枪头为精挤成型二段组合式喷头，如图 4-4-17 所示，该制造工艺保留了第三代制造工艺的优点，但是将喉管与喷头氧管挤压成一体，减少了 50%的焊缝和一道加热过程，限制了晶粒长大，提高了喷头强度。

本创新创意预期解决方案：

① 优化导流板结构。对导流板进行流线形优化设计，寻找较优的导流板结构形式。

② 导流板制造工艺的改进。探寻新材料、新工艺来加工流线形导流板，降低导流板的加工成形难度及成本。

③ 解决异种金属焊接难题。寻找新的焊接工艺或者方法来连接枪身与枪头，提高氧枪枪头与枪身连接质量，降低连接成本。

④ 解决或延缓枪头“烧鼻子”问题。

本创新创意预期目标：

本创新创意针对氧枪枪头使用寿命短的现状，对枪头导流板结构特性、异种金属连接问题、氧枪“烧鼻子”现象等进行分析，设计一种高效、长寿氧枪枪头。较传统氧枪枪头，预计使用寿命提高 20%以上，氧枪枪头单价降低 6～10 元/炉次，按照目前国内转炉保有量预计，全国氧枪枪头总费用可节约 3000～5000 万元/年。

## 二、问题分析与解决

### （一）问题分析工具选取与应用

1. 功能分析（FA）

本研究对象为氧枪枪头，枪头由多个零部件组装而成，主要包括：端盖、导流板、拉瓦尔喷管、分氧盘、内插管、中插管、外管等。氧枪枪头由氧气喷吹系统和冷却水系统组成。氧气喷吹系统的主要功能是将氧气的压力能转换为高速动能，达到将氧气吹入金属熔池的目的；冷却水系统的主要功能是带走氧枪从金属熔池吸收的热量，保护氧枪枪头免遭烧蚀。氧枪枪头功能模型如图 4-4-18 所示。

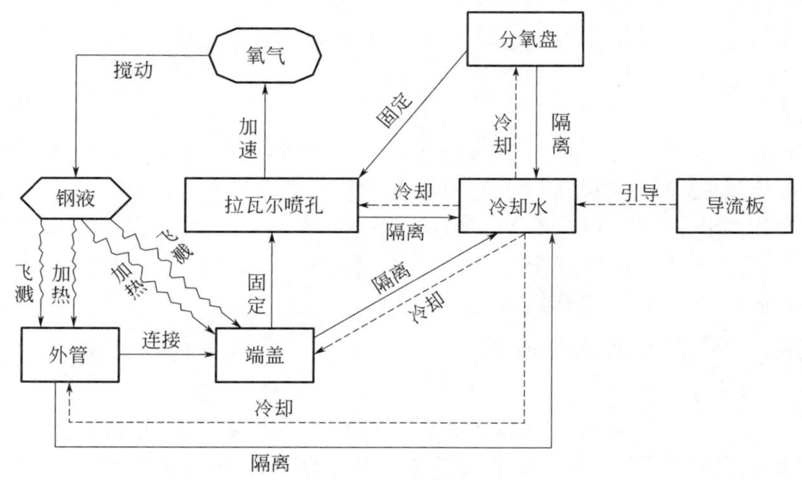


图 4-4-18　氧枪枪头功能结构图

通过功能分析，找出造成氧枪枪头失效的问题。

问题 1：如何增强导流板对冷却水的引导能力？

问题 2：如何防止钢液加热枪头？

2. 根源分析（RCA）

建立氧枪枪头根源分析结构图，如图 4-4-19 所示。

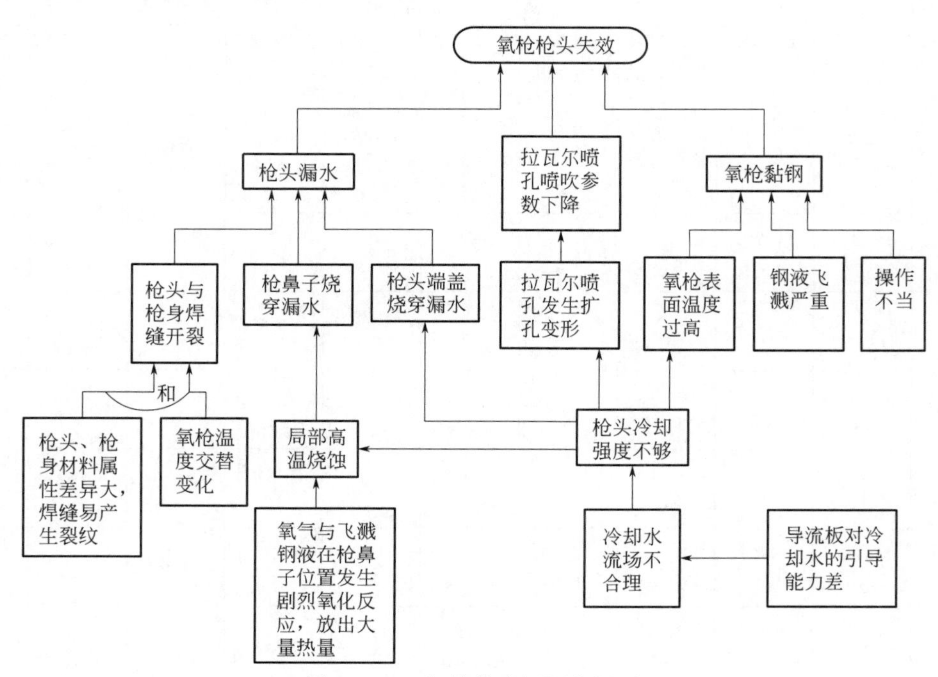


图 4-4-19　氧枪枪头根源分析图

由上面的根源分析确定的核心问题为：①氧枪枪头的导流板结构不合理，对冷却水的引导能力差，枪头冷却强度不够；②枪头与枪身材料属性差异大，焊缝易焊不透，产生裂纹；③拉瓦尔喷管出口氧枪与飞溅钢液发生剧烈氧化反应，放出大量热量，烧蚀枪鼻子。

由根源分析模型产生地待解问题如下。

问题 3：如何更好地焊接异种金属？

问题 4：如何防止拉瓦尔喷管烧蚀？

问题 5：如何增强导流板对冷却水的引导能力？

3. 待解问题

问题 1 和问题 5 是同一个问题，因此将其合并，由此产生的待解问题如下所述。

问题 1：如何增强导流板对冷却水的引导能力？

问题 2：如何防止钢液加热枪头？

问题 3：如何更好地焊接异种金属？

问题 4：如何防止拉瓦尔喷管烧蚀？

## （二）问题求解工具选取与应用

1. 利用矛盾矩阵求解

以问题 1“如何增强导流板对冷却水的引导能力”为解题点，通过改善导流板的形状来增强它对冷却水的引导作用。但是由于材料及工艺限制，形状复杂的导流板很难精确地加工出来，存在技术矛盾，需要改善的参数为导流板形状，恶化的参数为导流板的制造精度。因此，确定的一组技术矛盾为：形状和制造精度。

选用 TRIZ 技术矛盾 39 个标准工程参数中的一对参数对问题进行描述。改善的工程参数为“12 形状：物质的外部轮廓”，恶化的工程参数是“29 制造精度：系统或物体的实际性能与所需性能之间的误差”。查矛盾矩阵，如表 4-4-1 所示。

表 4-4-1 矛盾矩阵

| 改善的参数 | 恶化的参数 | | | | | | | | | |
|---|---|---|---|---|---|---|---|---|---|---|
| | 21 功率 | 22 能量损失 | 23 物质损失 | 24 信息损失 | 25 时间损失 | 26 物质或事物的数量 | 27 可靠性 | 28 测试精度 | 29 制造精度 | 30 物体外部有害因素作用的敏感性 |
| 9 速度 | 19,35,38,2 | 14,20,19,35 | 10,13,28,38 | 13,26 | | 10,19,29,38 | 11,35,27,28 | 28,32 1,24 | 10,28,32,25 | 1,28,35,23 |
| 10 力 | 19,35,18,37 | 14,15 | 8,35,40,5 | | 10,37,36 | 14,29,18,36 | 3,35,13,21 | 35,10,23,24 | 28,29,37,36 | 1,35,40,18 |
| 11 应力或压力 | 10,35,14 | 2,36,25 | 10,36,3,37 | | 37,36,4 | 10,14,36 | 10,13,19,35 | 6,28,25 | 3,35 | 22,2,37 |
| 12 形状 | 4,6,2 | 14 | 35,29,3,5 | | 14,10,34,17 | 36,22 | 10,40,16 | 28,32,1 | 32,30,40 | 22,1,2,35 |
| 13 结构的稳定性 | 32,35,27,31 | 14,2,39,6 | 2,14,30,40 | | 35,27 | 15,32,35 | | 13 | 18 | 35,24,30,18 |
| 14 强度 | 10,26,35,28 | 35 | 35,28,31,40 | | 29,3,28,10 | 29,10,27 | 11,3 | 3,27,16 | 3,27 | 18,35,37,1 |

选用“32：变换颜色”无法解决当前问题。

选用“30：柔性外壳和薄膜”解决这一冲突。运用柔性外壳和薄膜原理，考虑提高导流板的柔性，使其易于制造，如非金属材料等。

选用“40：复合材料”解决这一冲突。运用 40 发明原理，提出氧枪枪头导流板采用非金属材料、其他部件采用金属材料的复合材料形式。

方案 1：氧枪枪头导流板采用非金属材料、其他部件采用金属材料的复合材料形式，并对导流板进行流线形设计，提高对冷却水的组织能力，提高氧枪枪头冷却强度。

2. 利用物场分析求解

(1) 以问题 2 为解题点

问题 2 是“钢液热量的有害作用导致氧枪过度变形、烧穿漏水”。建立物场模型如图 4-4-20 所示，该模型为有害效应的完整模型，相应的标准解为引入另一种物质来排除有害作用。

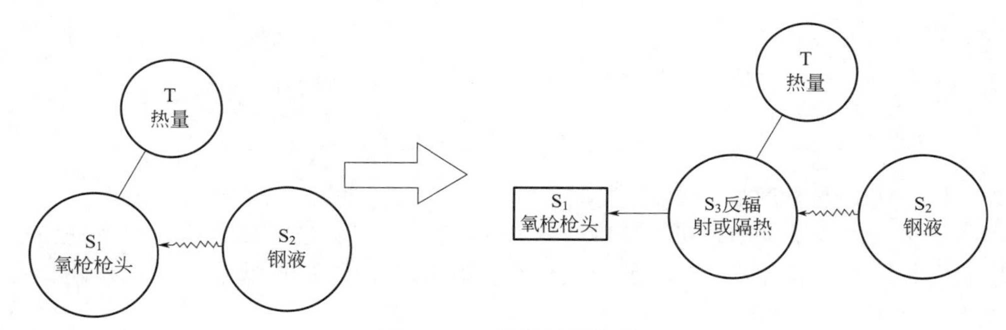


图 4-4-20　物场分析模型

方案 2：在枪头贴隔热材料或反辐射涂层，直接切断氧枪枪头与金属热源直接热量传递途径，从而降低氧枪枪头温度，减少黏钢、减缓氧枪枪头烧蚀或变形。

(2) 以问题 3 为解题点

问题 3 是“异种金属焊接难以熔合”。根据物场分析模型，建立的物场模型如图 4-4-21 所示，实现功能的 3 个元素齐全，但功能未有效实现或实现不足，建立的物场模型为效应不足的完整模型，对应的标准解法是：加入一种永久的或临时的添加物 $S_3$ 来帮助实现功能，或者增加另外一个场 $F_2$ 来强化有用的效应。

方案 3：由于铜和钢两种金属材料物理属性差异大，铜的热导率高，在焊接时热量迅速从加热区传出去，使加热范围变大，焊接区难以达到熔合温度，母材和填充材料难以熔合，因此，引入一种永久添加物 $S_3$，该物质为一种铜钢复合中间件，在进行氧枪枪头与枪身焊接时，氧枪枪头铜端与中间件的铜端焊接，氧枪枪身的钢端与中间件的钢端焊接，实现同种金属焊接。

方案 4：引入一种永久添加物 $S_3$，该物质为比母材熔点低的金属材料，在进行氧枪枪头与枪身焊接时，将焊件和填料加热至高于填料熔点、低于母材熔点的温度，利用液态填料湿润母材、填充接头间隙并与母材相互扩散实现连接。

方案 5：由于铜和钢两种金属材料物理属性差异大，铜的热导率高，在焊接时热量迅速从加热区传出去，使加热范围变大，焊接区难以达到熔合温度，母材和填充材料难以熔合，因此，可以考虑在施焊时，提前对焊缝进行预热，焊后保温，使焊缝金属和母材互熔，扩散充分，实现异种金属焊接。

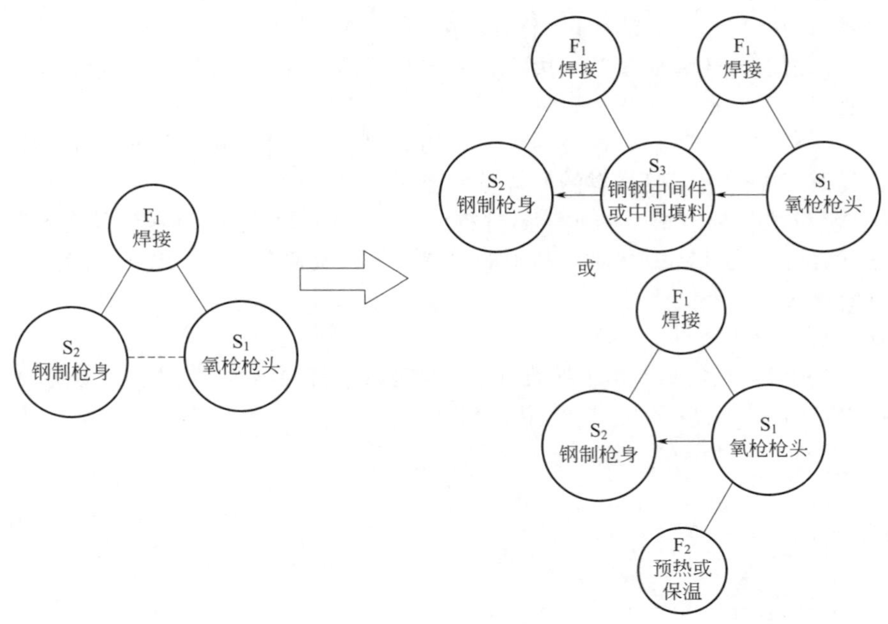


图 4-4-21 物场分析模型

(3) 以问题 4 为解题点

问题 4 是“局部反应热太高，导致枪鼻子烧蚀”。根据物场分析，确定的物场模型为有害效应的完整模型，有害效应是一种场引起的，则引入物质 $S_3$ 吸收有害效应。建立物场模型如图 4-4-22 所示。

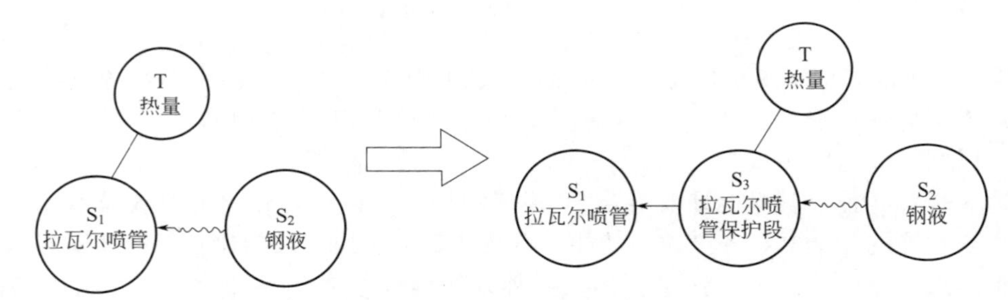


图 4-4-22 物场分析模型

方案 6：由于钢液的飞溅，在拉瓦尔喷管出口位置的负压区，高温的钢液滴与纯氧易在该区域相遇，发生剧烈的氧化反应，放出大量的热，易造成“烧鼻子”。因此，可以考虑引入物质消除过剩的场，本技术方案考虑在拉瓦尔喷管出口位置增加一段拉瓦尔喷管保护段，该保护段可以在拉瓦尔喷管出口做一个直管段凸台，也可以在原拉瓦尔喷管后设置一个直管段，与氧枪枪头端部合为一体。

当氧枪出口端部发生烧蚀时，由于该保护段的存在，使烧蚀首先发生在该部位，从而有效保护了拉瓦尔喷管出口部位；该保护段保证拉瓦尔喷管出口管型与设计管型相一致，确保了拉瓦尔喷管的空气动力学性能。

## 三、可实施技术方案的确定与评价

### （一）可选择方案

由上述分析共得到以下 6 个解决方案。

方案1：氧枪枪头导流板采用非金属材料、其他部件采用金属材料的复合材料形式，并对导流板进行流线形设计，提高对冷却水的组织能力，提高氧枪枪头冷却强度，从而降低枪头温度、减缓枪头变形、避免枪头烧穿漏水、降低枪头交变应力幅值，提高枪头使用寿命。

方案2：在枪头贴隔热材料或涂反辐射涂层，切断氧枪枪头与金属热源直接热量传递途径。

方案3：预制一种铜钢异种金属连接中间件，提高枪头连接质量。

方案4：在枪头与枪身连接焊缝内添加比母材熔点低的金属材料，提高可焊接性。

方案5：施焊时，对焊缝进行预热、焊后保温，使焊缝金属和母材互熔，扩散充分。

方案6：设置拉瓦尔喷管保护段，保护喷管扩张段不被烧蚀。

各方案评估如表4-4-2所示。

**表4-4-2 方案评估表**

| 序号 | 备选方案 | 综合成本 | 易用性 | 可制造性 | 创新性 | 方案评价 |
| --- | --- | --- | --- | --- | --- | --- |
| 1 | 方案1:运用复合材料原理,提出氧枪枪头导流板采用非金属材料、其他部件采用金属材料的复合材料形式 | 低 | 高 | 高 | 高 | 优 |
| 2 | 方案3:运用物场分析,提出预制一种铜钢异种金属连接中间件,提高枪头连接质量 | 中 | 高 | 高 | 高 | 优 |
| 3 | 方案6:运用物场分析,提出设置拉瓦尔喷管保护段,保护喷管扩张段不被烧蚀 | 低 | 高 | 高 | 中 | 良 |
| 4 | 方案2:运用物场分析,提出在枪头贴隔热材料或涂反辐射涂层,切断氧枪枪头与金属热源直接热量传递途径 | 中 | 高 | 高 | 中 | 良 |
| 5 | 方案4:运用物场分析,提出在枪头与枪身连接焊缝内添加比母材熔点低的金属材料,提高可焊接性 | 高 | 中 | 中 | 低 | 中 |
| 6 | 方案5:运用物场分析,提出在施焊时,对焊缝进行预热、焊后保温,使焊缝金属和母材互熔,扩散充分 | 高 | 中 | 中 | 底 | 中 |

综合成本、易用性、可制造性、创新性等各项因素，上述技术方案中最优为方案1、3；较优为方案6、2；方案4、5较差。因此，本创新创意最终方案确定为1、3、6、2。

## （二）最终解决方案

由上述分析确定的最终创新技术方案如下所述。

创新方案1：氧枪枪头导流板采用非金属材料、其他部件采用金属材料的复合材料形式，并对导流板进行流线形设计，提高对冷却水的导流能力；

创新方案2：预制一种铜钢异种金属连接中间件，提高枪头连接质量；

创新方案3：设置拉瓦尔喷管保护段，保护喷管扩张段不被烧蚀；

创新方案4：在枪头贴隔热材料或涂反辐射材料。

上述创新技术方案具体实施如下。

1. 导流板优化设计

（1）导流板材料替换

传统氧枪枪头导流板均采用金属材质，如铜、钢等。如专利“铜钢复合材料转炉氧枪喷头”（CN201310303907），其内部导流板采用的是钢板。传统的氧枪枪头导流板采用金属材料，其制造方式通常为铸造或者冲压成型，例如，专利“组合焊接式多孔标准拉瓦尔氧枪喷头”（CN201120105494）中的导流板采用的就是冲压成型工艺。传统导流板采用金属材质，具有加工、制造困难，生产成本高等缺点，使流线形导流板难以大规模用于工程实践。

通过分析某厂氧枪枪头内的导流板受力情况（图4-4-23）可知，导流板只承受静水压力作用，且两侧压差小，因此导流板受力小。

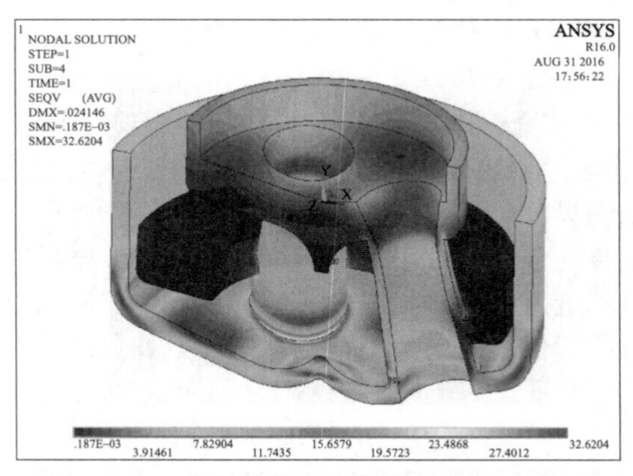


图 4-4-23　氧枪枪头应力场分布云图（MPa）

氧枪枪头冷却水温度一般不高于 55℃，因此枪头导流板温度较低，通过数值分析可知，氧枪枪头导流板最高温度为 62℃，平均温度为 50℃，如图 4-4-24、图 4-4-25 所示。

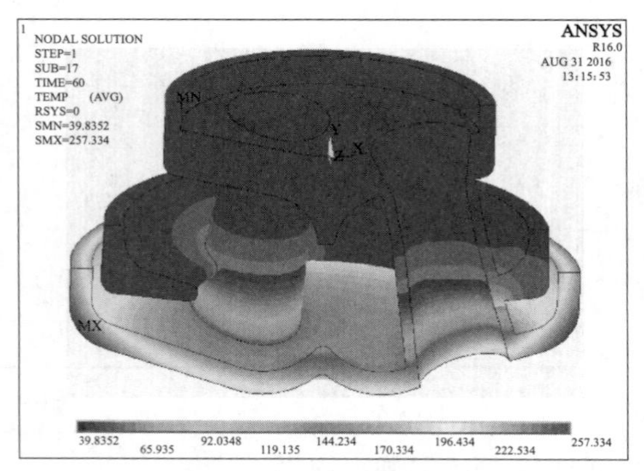


图 4-4-24　氧枪枪头温度场分布（℃）

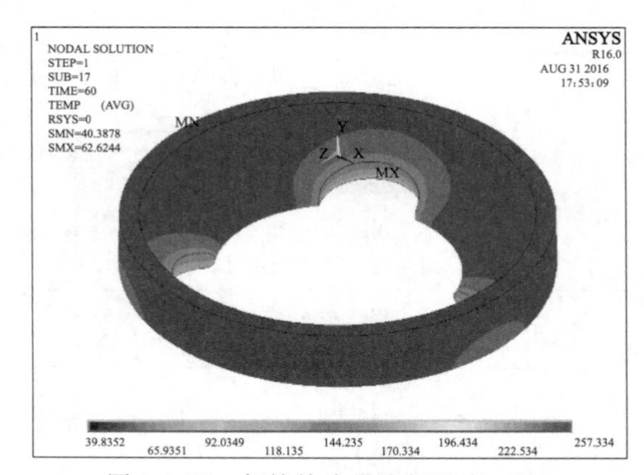


图 4-4-25　氧枪枪头导流板温度（℃）

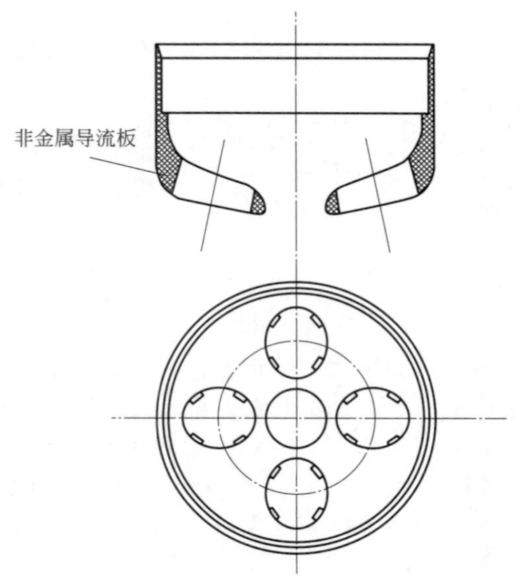


图 4-4-26　非金属材料制导流板结构

基于上述分析，提出氧枪枪头导流板采用非金属材料、其他部件采用金属材料的复合材料形式。该氧枪枪头的主要特征是采用非金属导流板替换传统的金属导流板，如图 4-4-26 所示。非金属导流板具有成型容易，原材料成本低，加工制造成本低，易于装配等特点。在不增加氧枪枪头制造成本的前提下，使流线形导流板大规模用于工业实践成为可能。如果枪头导流板采用高强度、耐高温、抗冲击、抗弯曲的 PC 材料，那么采用本方案所提出的技术方案，单位体积导流板原材料费可降低 80%～90%。

（2）导流板形状优化

导流板的作用是将进入枪头环缝的水流引向心部，以便冷却受热负荷最大的底端中心部位。不同的导流板结构形式会产生不同的冷却水流流场，影响其冷却效果，最终影响喷头的使用寿命。比较不同结构形式的影响，发现导流板流线形越好，其对水流的引导作用越强，流场越均匀，其对流换热强度越强。氧枪枪头的冷却效果越好，其使用寿命越长。

本创新创意案例设计了一种流线形导流板结构，该导流板中心开一个过水孔，同时在氧枪拉瓦尔喷管冷却水流动死区设置合适的过水缝；该结构可有效对冷却水产生导流和分流作用，且结构简单。水流通过中心过水孔流向枪头端部，流线形的导流板有助于提高枪头端部的冷却强度及冷却均匀性。

采用数值计算对某厂传统枪头结构进行温度场分析，氧枪枪头端盖温度场分布如图 4-4-27 所示。

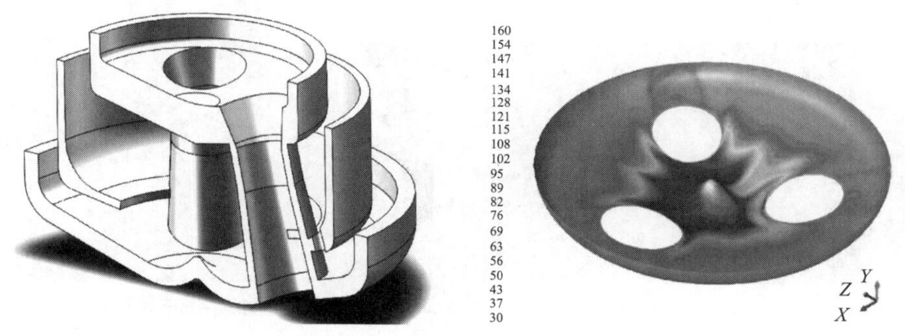


图 4-4-27　传统导流板枪头端盖温度分布云图（℃）

流线形导流板形式，枪头端盖温度场分布如图 4-4-28 所示。

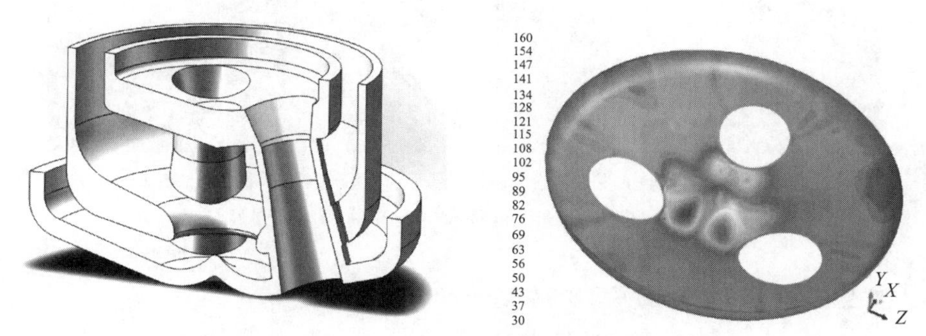


图 4-4-28　优化后枪头端盖温度分布云图（℃）

采用该技术方案的氧枪枪头底部端盖最高温度约为 151℃，较传统氧枪枪头底部端盖的最高温度 193℃降低了 21.8%；用上述技术方案的氧枪枪头底部端盖平均温度约为 74℃，较传统氧枪枪头底部端盖的平均温度 94℃降低了 21.3%。

2. 铜钢复合中间件设计

铜钢复合试件的拉伸强度试验、弯曲强度试验和剪切强度试验如图 4-4-29 所示。

从图 4-4-29 可以知道：在对铜钢复合试验件进行拉伸试验时，其断裂发生在铜棒本体上，因此铜棒本体与钢棒结合面的拉伸强度大于铜棒本体的强度。

在对铜钢复合试验件进行弯曲试验时，铜板本体与钢带结合面完好，因此铜板本体与钢带结合面结合稳固，可靠性高。

在对铜钢复合试验件进行剪切试验时，剪切断裂发生在铜板本体上，因此试件结合面的剪切强度大于铜板本体的剪切强度。

铜板与钢板在高压下能紧密接触且有部分相互熔合，实现了铜钢整体复合，且在结合层形成了具有机械啮合作用的锯形齿，如图 4-4-30 所示。

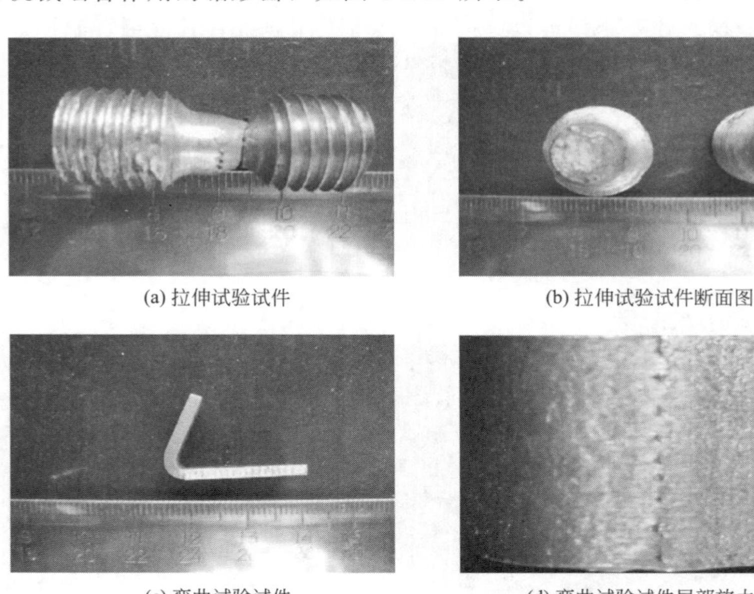

(a) 拉伸试验试件　　(b) 拉伸试验试件断面图

(c) 弯曲试验试件　　(d) 弯曲试验试件局部放大图

(e) 剪切试验试件

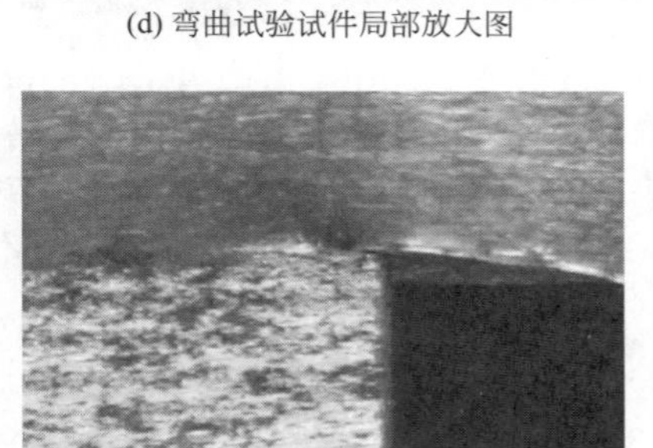

(f) 剪切试验试件局部放大图

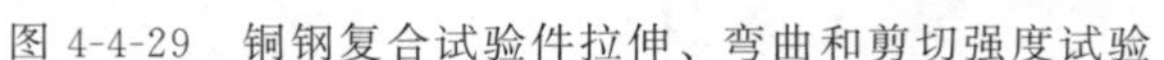

图 4-4-29　铜钢复合试验件拉伸、弯曲和剪切强度试验

(a) 试验试件

(b) 试验试件局部放大图

图 4-4-30　铜钢复合试验件

综上所述，铜钢复合连接件连接界面抗拉、抗弯、抗剪强度高，结合稳固，可靠性高，完全满足铜板与钢板结合强度的要求，能有效防止铜板与钢板结合处的开裂。

结合上述的试验研究，本创新创意案例提出了一种新的氧枪枪头、氧枪枪体连接方式，该连接方式采用中间件连接，连接形式如图 4-4-31 所示。

中间件材质为铜钢，两种材质的连接采用铜钢复合，铜钢复合可采用压力铸造或 3D 打

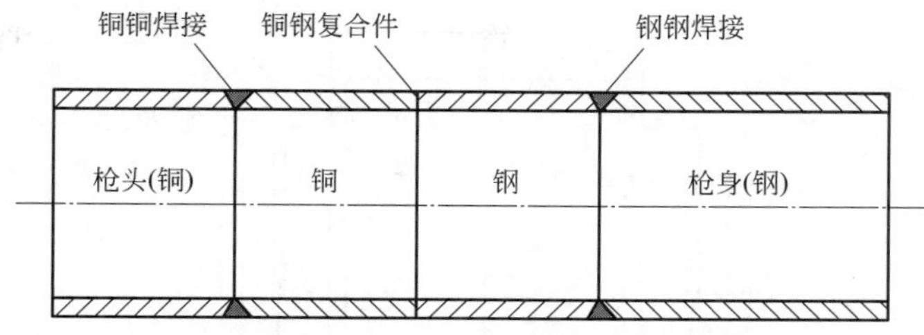

图 4-4-31　铜钢复合中间件结构示意图

印等方式；另外，该中间件的制作在枪头制造厂中完成。在枪头和枪身现场装配中，采用中间件连接；中间件的铜端与氧枪枪头焊接，中间件的钢端与氧枪枪体焊接。该方式能有效解决现场枪头、枪身铜钢异种材质焊接难度大、焊接质量差等问题，大大降低了枪头与枪体现场焊接难度，提高了连接强度和使用寿命。

另外，将中间件做成不同规格长度，有效解决了在使用过程中由于更换枪头导致的枪身变短而使整个氧枪长度变短的问题。

3. 拉瓦尔喷管保护段设计

拉瓦尔喷管设置了保护段结构。拉瓦尔喷管保护段可以在拉瓦尔喷管出口做一个直管段凸台；也可以在原拉瓦尔喷管后设置一个直管段，与氧枪枪头端部合为一体。当氧枪出口端部发生烧蚀时，由于该保护段的存在，使烧蚀首先发生在该部位，从而有效保护了拉瓦尔喷管出口部位；该保护段保证拉瓦尔喷管出口管型与设计管型相一致，确保了拉瓦尔喷管的空气动力学性能。

4. 反辐射涂层设计

在氧枪头端部附加一层反辐射涂层，该涂层可有效反射钢液辐射热量，从而从源头上减少枪头获得的能量，降低枪头温度。

最终技术方案：

本方案创造性地提出了一种高效、长寿命氧枪枪头（专利申请号：201610793276.9），该氧枪枪头包括流线形非金属导流板、铜钢复合中间件、拉瓦尔喷管保护段、拉瓦尔喷管、紫铜端盖、反辐射涂层。结构形式如图 4-4-32 所示。

该氧枪枪头的主要特点是：

① 氧枪枪头导流板采用非金属材料、其他部件采用金属材料的复合材料形式，且导流板采用流线形设计。

② 氧枪枪头与枪身采用铜钢复合中间件连接。

③ 拉瓦尔喷管设置了保护段结构。

④ 氧枪枪头设置了反辐射材料。

该氧枪枪头具有使用寿命长、易于制造、成本低廉、冶金效果好等特点。

## 四、预期成果及应用

改进措施实施以后，预计的方案成效为：

① 该氧枪枪头的导流板由非金属材料加工而成。该方案有效解决了传统金属导流板加工难度大、成本高等问题，使流线形导流板大规模用于工程实践成为可能，且单位体积导流板原材料费可降低 80%～90%。

② 该氧枪枪头导流板形状采用流线形设计。针对某厂氧枪枪头，采用该技术方案，氧枪枪头底部端盖最高温度约为 151℃，较传统氧枪枪头底部端盖的最高温度 193℃ 降低了

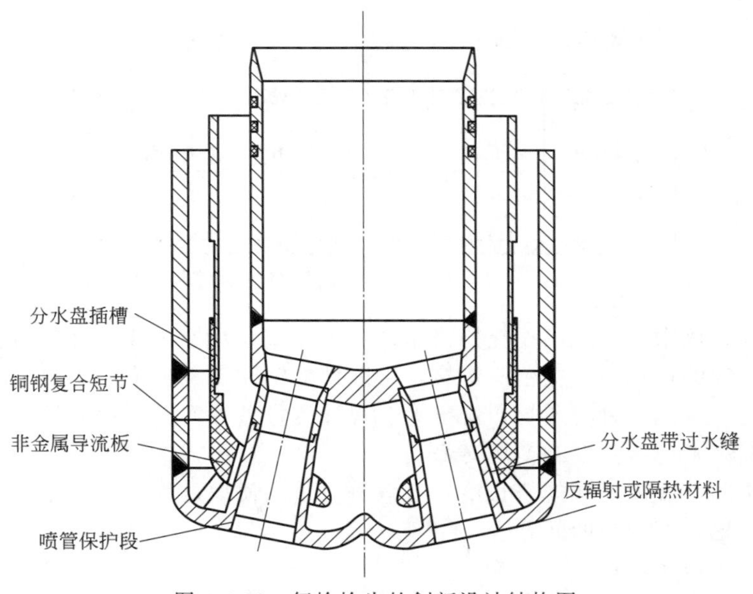


图 4-4-32 氧枪枪头的创新设计结构图

21.8%；氧枪枪头底部端盖平均温度约为 74℃，较传统氧枪枪头底部端盖的平均温度 94℃降低了 21.3%。对实现氧枪枪头高效、长寿有重要意义。

③ 该氧枪枪头与枪身通过铜钢复合中间件连接。在枪头和枪身装配中，中间件的铜端与铜制氧枪枪头焊接，中间件钢端与钢制氧枪枪身焊接，有效解决了枪头、枪身铜钢异种材质焊接难度大、焊接质量差等问题。另外，将中间件做成不同规格长度，解决了更换枪头导致的枪身变短问题。

④ 该氧枪枪头拉瓦尔喷管设置了保护段结构，使烧蚀首先发生在保护段部位，有效保护了拉瓦尔喷管出口部位，确保拉瓦尔喷管出口管型与设计管型一致。

⑤ 在氧枪头端部附加一层反辐射涂层，该涂层可有效反射钢液辐射热量，从源头上减少枪头获得的能量，降低枪头温度。

综上所述，较传统氧枪枪头，本创新创意氧枪枪头使用寿命提高 20%以上，单价降低 6～10 元/炉次，按照目前国内转炉保有量预计，全国氧枪枪头总费用可节约 3000 万～5000 万元/年；在不增加枪头成本的前提下，使流线形导流板大规模用于工程实践成为可能。

## 案例 5：钢坯防氧化涂层厚度均匀性不足解决方案设计

### 一、项目情况介绍

钢铁高温氧化的防护涂料种类甚多，大多采用刷涂或喷涂方法施加于钢坯表面。而喷涂法更适用于现场施工，涂层厚度一般控制在 0.5～0.6mm。由于是人工操作喷枪，故存在钢坯防氧化涂层厚度均匀性不足的问题。喷枪喷涂的原理是喷枪用压缩空气从空气帽的中心孔喷出，在喷嘴前端形成负压，使涂料从喷嘴中喷出，并被高速空气流微粒化，涂料呈雾状飞向并附着在被喷物体表面，最终以连续的方式完成物体的整体喷涂。其中，喷枪枪头可调节使涂料雾化成圆形或椭圆形，结构见图 4-5-1；图 4-5-2 是涂料雾化形状为椭圆形的喷涂。

如图 4-5-2 所示，搭接处的涂料比边缘处涂料多，当进行连续喷涂使涂层厚度达到 0.5mm 左右时，搭接处的涂料由于多次的叠加喷涂，使得附着于钢坯表面的涂料不均匀。

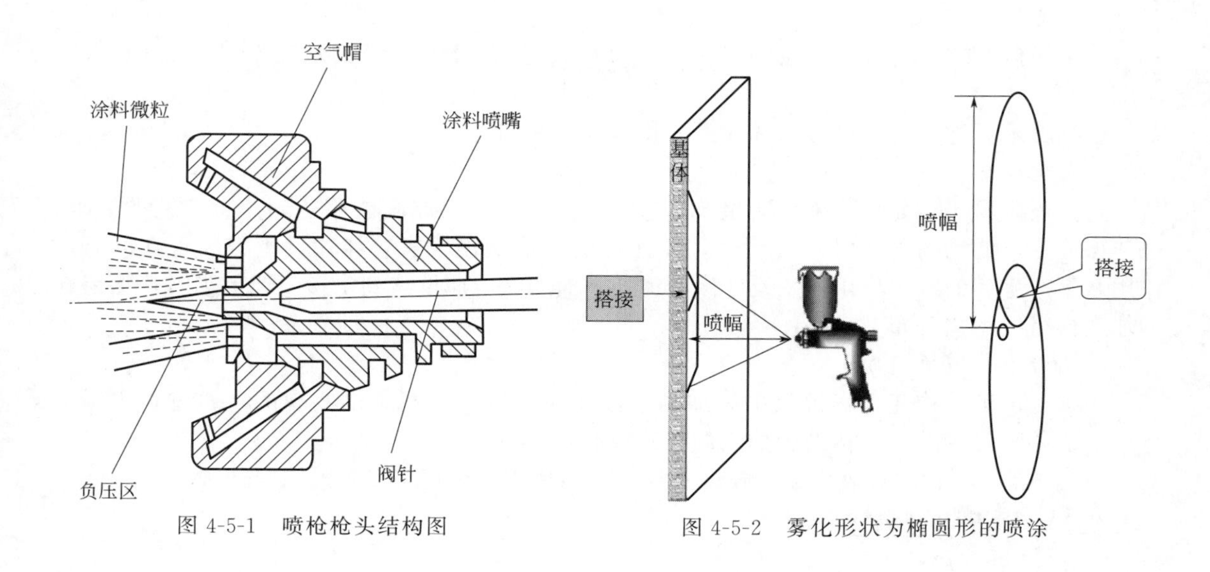


图 4-5-1　喷枪枪头结构图

图 4-5-2　雾化形状为椭圆形的喷涂

## 二、问题分析与解决

### (一) 现有问题分析

1. 描述最小问题

系统的名称：涂料喷涂附着系统。

系统的功能：喷涂涂料，涂料、涂层达到厚度要求，且均匀地附着在钢坯表面。

系统的组件：喷枪、空气帽、涂料喷嘴、针阀、涂料、钢坯。

定义系统存在的技术矛盾 TC1 和 TC2。

TC1：若喷枪喷涂的涂料多，涂层厚度能够达到涂覆工艺要求的厚度，但它不能保证涂层的均匀性。

TC2：若喷枪喷涂的涂料少，能保证涂层的均匀性，但涂层厚度不能达到涂覆工艺要求的厚度。

在对系统改动最小的情况下，希望达到的目标是：喷枪喷涂的涂料在钢坯表面形成的涂层厚度在达到涂覆工艺要求的情况下，涂料能够均匀地附着于钢坯表面。

2. 定义矛盾组件对

作用对象：钢坯表面；

工具：喷枪喷涂的涂料。

画出技术矛盾示意图，如图 4-5-3 所示。

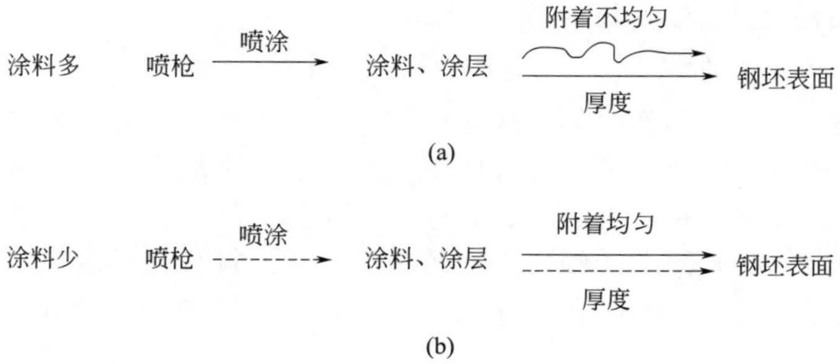

涂料多　喷枪 —喷涂→ 涂料、涂层 —附着不均匀/厚度→ 钢坯表面

(a)

涂料少　喷枪 --喷涂--> 涂料、涂层 —附着均匀/厚度→ 钢坯表面

(b)

图 4-5-3　技术矛盾的示意图

技术矛盾 TC1 的示意模型如图 4-5-3(a) 所示，技术矛盾 TC2 的示意模型如图 4-5-3(b) 所示。

根据技术系统的主要目的，选取主要技术矛盾 TC1。

3. 激化矛盾

定义极限状态，如果喷枪喷涂涂料足够多，涂料、涂层厚度能够达到涂覆工艺的要求，也能保证涂层的均匀性。引入 X 元件，X 元件的功能是消除有害作用，不破坏现在的有用作用和不产生新的有害作用。X 元件保证钢坯表面的涂层厚度达到涂覆工艺要求时，涂层在钢坯表面可以均匀分布。

4. 用标准解解决问题

根据标准解，构建物场模型中施加的过渡物质：精确控制难以实现的，通过首先最大化，然后移除过剩的，以达到少数量的精确控制。

得出方案 1：在钢坯表面喷涂较多的涂料，然后用薄板坯将多余的涂料抹去。

## （二）分析问题模型

1. 定义操作区域、操作时间

操作区域：涂料与钢坯接触区。

操作时间：$t_1$——喷枪喷涂涂料、涂料附着于钢坯表面的时间；$t_2$——下一次喷涂的时间。

2. 寻找物场资源 SFR

分析系统内部、环境和超系统中的 SFR，列出可用资源，解决问题，见表 4-5-1。

**表 4-5-1 资源分析**

| 可用资源 | 物质资源 | | 场资源 | 优先应用等级 |
|---|---|---|---|---|
| | 物质 | 物质变形 | 场 | |
| 工具 | 涂料 | 气雾状、粉末状、固态状 | 化学场、机械场 | 1 |
| 作用对象 | 钢坯 | 液态钢水、钢片钢卷 | 重力场 | 4 |
| 系统内的其他组件 | 喷枪、喷头、涂料结合剂、涂料粉末 | 固态结合剂、粉末结合剂 | 气场、流场、机械场 | 1 |
| 特定的环境 | 空气 | — | 风场、流场 | 2 |
| 超系统 | 操作实验室、其他钢坯 | — | 机械场 | 3 |

根据优先应用等级，选择工具-物质变形-固态状涂料。

得出方案 2：根据钢坯的尺寸，先将涂料按照施工工艺要求制成厚度均匀的薄片状固态涂料，以给钢坯贴膜的方式将涂料黏附于钢坯表面。

## （三）问题求解工具选取与应用

1. 理想化的最终结果 IFR

利用 X 来描述 IFR，在操作时间、操作区域内，X 不能使系统复杂化，不能引起有害现象，在维持工作性能的情况下，消除有害作用。X 元素可能是其他组件的另一种功能、系统组件的变形、系统组件＋某种已有的场、真空、空气。

在喷枪喷涂涂料、涂料附着于钢坯表面的时间，在涂料与钢坯接触区，X 元素不能使系统复杂化，在涂层厚度达到涂覆工艺要求的情况下，涂料能够均匀地附着于钢坯表面。

2. 物理矛盾

为了涂料能够均匀地附着于钢坯表面，物质应该在操作时间、操作区内。同时，为了不影响防氧化涂层厚度，物质又不该在操作区内。

3.调用物场资源

（1）运用“小人法”

将系统功能组件分别用不同的小人表示，建立问题模型图（一）。如图 4-5-4(a) 所示，喷枪处于位置“1”处，喷枪喷涂完涂料后，将喷枪移动到位置“2”处，继续喷涂涂料，此时涂料附着在钢坯的位置出现搭接，将喷枪移动到位置“3”处时，喷涂涂料后，位置“2”处的涂料出现两处搭接，再将喷枪移动到位置“4”处时，喷涂涂料后，位置“3”处的涂料也出现两处搭接。将喷枪移动到“$n$”处时，位置“$n-1$”处喷枪的涂料也出现两处搭接，导致附着在钢坯上的涂层厚度不均匀。更改图中小人的位置，让小人起作用，过渡到技术方案示意图，如图 4-5-4(b) 所示。

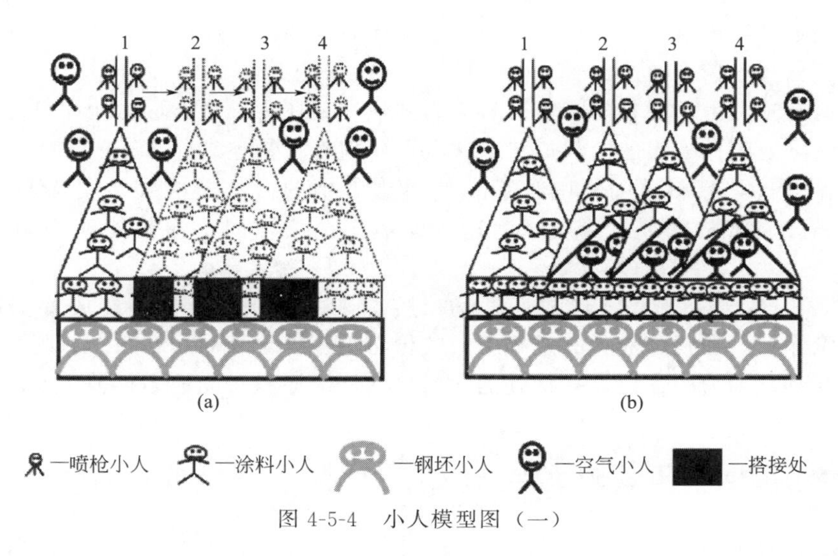


图 4-5-4 小人模型图（一）

得出方案 3：将人工操作喷枪喷涂改为在线自动喷涂，如图 4-5-5(b) 所示，在第 1 组喷枪喷涂涂料的同时，第 2 组喷枪喷空气，连续喷涂至涂层厚度达到涂覆工艺要求时，关闭第 1 组喷枪；开启第 2 组喷枪喷涂涂料、第 3 组喷枪喷空气……；依次完成钢坯表面的喷涂。喷涂过程中需同时开启两组喷枪，一组喷涂涂料、一组喷空气，喷空气的主要作用是利

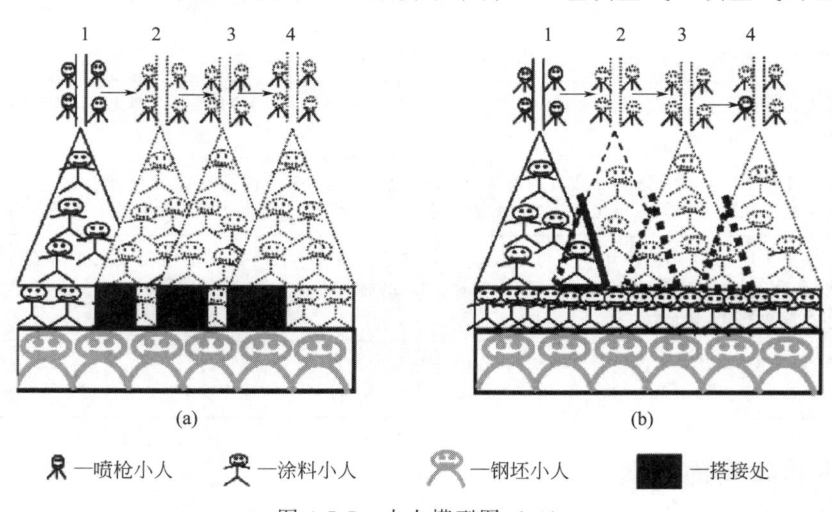


图 4-5-5 小人模型图（二）

用气流避免搭接处的涂料重复叠加，以保证涂料能够均匀地附着于钢坯表面。

建立问题模型图（二），如图 4-5-5(a) 所示，过渡到技术方案示意图，如图 4-5-5(b) 所示。

得出方案 4：根据钢坯尺寸、喷枪喷距和喷幅幅宽，计算搭接处的最大距离和所需喷枪的个数并标记位置；用薄钢片制成“角座”，它的长度与钢坯长度相同，在用喷枪喷涂涂料时，将“角座”放置在搭接处以附着叠加的涂料，连续喷涂至涂覆要求的涂层厚度；同时移动喷枪和“角座”至 2 处，继续喷涂涂料，直至达到涂覆要求的涂层厚度，再次移动喷枪和“角座”直到完成整个喷涂，此方案有效避免了涂料的搭接，保证了涂料均匀地附着于钢坯表面。

（2）运用 IFR 法

根据理想解，喷枪喷涂的涂料多，附着于钢坯表面的涂层厚度不仅可以达到涂覆工艺要求，而且涂层分布比较均匀。

现状后退一步：由于涂料的喷雾形状为椭圆形，钢坯为长方形，为让涂料均匀地附着在钢坯表面，就需要喷枪喷出的涂料形状呈长方形，附着在钢坯表面。

增加一个组件，涂料从喷枪喷出后，使得组件中的微粒子能够牵引涂料以向四周扩散的方式附着于钢坯表面，在涂层厚度达到涂覆工艺要求时，涂料能够均匀地附着于钢坯表面。

得出方案 5：采用机械系统形成运动场代替原来的静止场，将钢坯放置在振动台上振动，同时喷涂涂料，在喷涂涂料的过程中，喷枪与钢坯处于相对运动状态，附着在钢坯表面的涂料由于受到振动力的作用，搭接处的涂料将向周围涂料少的地方扩散，使涂料均匀分布于钢坯表面。

## 三、可实施技术方案的确定与评价

### （一）分析方案

分析方案的目的是检查得到方案的质量，如表 4-5-2 所示。

**表 4-5-2 方案分析**

| 名称 | 方案描述 |
|---|---|
| 方案 1 | 在钢坯表面喷涂较多的涂料，然后用薄板坯将多余的涂料抹去 |
| 方案 2 | 根据钢坯的尺寸，先将涂料按照施工工艺要求制成厚度均匀的薄片状固态涂料，以给钢坯贴膜的方式将涂料黏附于钢坯表面 |
| 方案 3 | 将人工操作喷枪喷涂改为在线自动喷涂，喷涂过程中需同时开启两组喷枪，一组喷涂料，一组喷空气。喷空气的主要作用是利用气流避免搭接处的涂料重复叠加，以保证涂料能够均匀地附着于钢坯表面 |
| 方案 4 | 根据钢坯尺寸、喷枪喷距和喷幅的大小，计算搭接处的最大直径和所需喷枪的个数并标记位置。用薄钢片制成“角座”形状，将“角座”放置在搭接处以附着叠加的涂料，连续喷涂至涂覆要求的涂层厚度，以保证涂料能够均匀地附着于钢坯表面 |
| 方案 5 | 将钢坯放置振动台上振动时喷涂涂料，在喷涂涂料的过程中，喷枪与钢坯处于相对运动状态，附着在钢坯表面的涂料由于受到振动力的作用，搭接处的涂料将向周围涂料少的地方扩散，使涂料均匀分布于钢坯表面 |

### （二）评价得到的方案

评价方案见表 4-5-3。

表 4-5-3　方案评价

| 方案 | 是否满足 IFR 的要求 | 是否解决了物理矛盾 | 方案是否容易实现 | 新系统是否可控 | 将会出现的连带子问题 |
|---|---|---|---|---|---|
| 方案 1 | √ | √ | √ | √ | 无 |
| 方案 2 | √ | √ | × | × | 制备固态涂料 |
| 方案 3 | √ | √ | × | × | 设计在线喷涂装置 |
| 方案 4 | √ | √ | √ | √ | 无 |
| 方案 5 | √ | √ | × | × | 添加振动装置 |

## 四、预期成果及应用

综合上述分析，可选用方案 1 和方案 4 来解决钢坯防氧化涂层厚度均匀性不足的问题。

# 案例 6：RH 真空精炼炉烘烤点火器保护套筒创新设计

## 一、项目情况介绍

钢铁行业中的罐、包、室在使用前都需要进行预热处理。如鞍钢炼钢总厂连铸车间真空循环脱气精炼炉（简称 RH）真空室使用前需要预热至 1200℃，预热时间 6～8h，每天预热两次。长时间高温烘烤的目的是保证将耐火材料中的水分充分去除，提高耐材温度，减小与钢水的温差，避免耐材开裂和钢水温度损失。

## 二、项目来源

RH 真空精炼炉烘烤装置采用煤气加热的方式，煤气喷嘴位于烘烤包盖中央，其侧下方设一点火器，通过套筒固定在包盖上（图 4-6-1），在正常生产时，由点火器点燃煤气喷嘴。煤气喷嘴点燃后，点火器处于停火状态，然后包盖与真空室处于扣盖封闭状态，进行预热烘烤。点火器始终处于高温环境下，导致点火器烧损（图 4-6-2），据统计，每年因高温烧损报废的点火器在 10 支以上，该点火器为进口备件，每支 3 万元且更换困难（高空、高温），直接影响“精炼-连铸工艺过程”生产的稳定顺行。

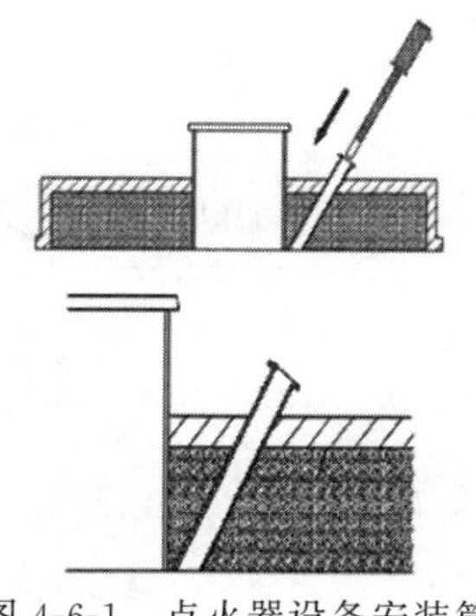

图 4-6-1　点火器设备安装筒

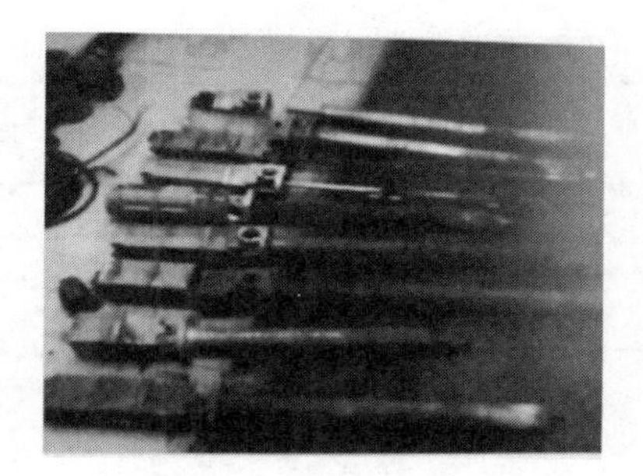

图 4-6-2　烧损的点火器

### （一）标杆分析

同类问题（国内外）其他企业的解决方案及所处水平。

① 问题初期向点火器厂家反馈，得到的回答是：目前所有国外钢铁企业都是定期更换，在没有丧失点火功能前提前换新。

② 更换其他厂家，采购耐高温点火器，成本增加 4～5 倍，但寿命效果并不理想。

③ 国内同类企业产品质量和点火成功率不理想。

### （二）理想解

理想解 1：预热煤气可以不需要任何设备辅助，自己点火，彻底取消点火器。

理想解 2：点火器始终处于常温下，实现设计工作寿命。

理想解 3：研发耐高温点火器，适应目前工作环境。

理想解 4：点火器可以自我修复，恢复功能。

### （三）一般化问题

点火器损坏：点火器处于包盖与真空室组成的密封环境中，被一同加热至 1200℃，导致损坏。

## 三、问题分析与解决

### （一）问题分析工具选取与应用

1. 系统功能分析

表 4-6-1 所示为预热火焰点火系统组件拆分表，图 4-6-3 所示为功能分析图，表 4-6-2 所示为预热点火系统功能分析结论。

**表 4-6-1　预热火焰点火系统组件拆分列表**

| 工程系统 | 系统组件 | 超系统组件 |
| --- | --- | --- |
| 预热火焰点火系统 | 套筒<br>点火器<br>预热火焰 | 高压煤气<br>压缩空气<br>真空室<br>包盖 |

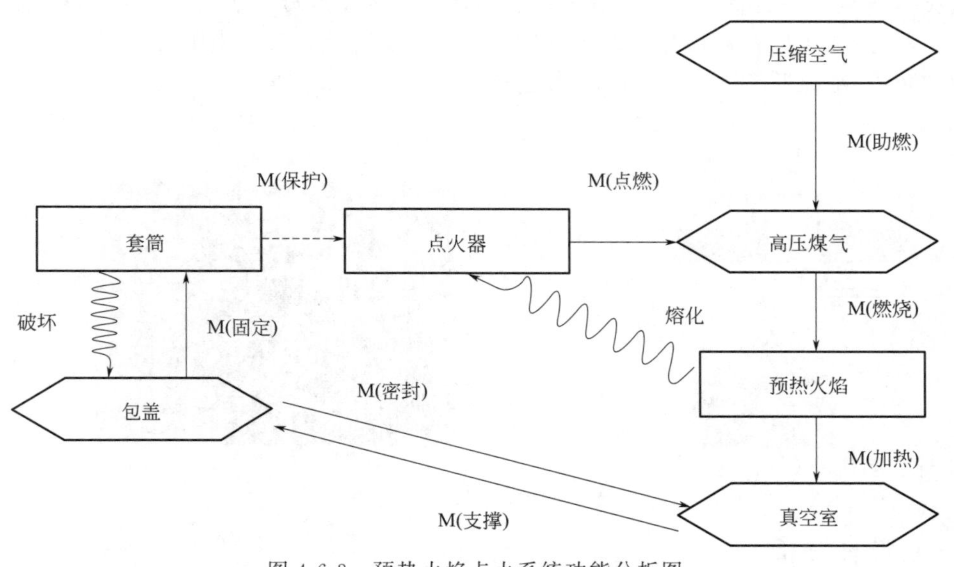


图 4-6-3　预热火焰点火系统功能分析图

表 4-6-2　预热火焰点火系统功能分析结论

| 对象 | 功能 | 作用对象 |
|---|---|---|
| 预热火焰 | 熔化 | 点火器 |
| 套筒 | 保护 | 点火器 |
| 套筒 | 破坏 | 包盖(耐材) |

预热火焰点火系统：
① 预热火焰熔化了点火器，导致点火器损坏。
② 套筒保护点火器，在安装和使用过程避免被撞击；但预热火焰从套筒进入熔化了点火器，表明套筒保护能力不足。
③ 套筒损坏包盖，在冷热应力作用下套筒使包盖上的耐火材料开裂脱落，导致包盖报废

2. 功能裁剪

预热火焰点火系统：

① 功能不足、功能有害都集中在套筒和点火器，裁剪两者，可使系统充分作用。

② 包盖在烘烤结束时温度达到 1200℃，煤气接触会被直接点燃。

③ 根据“裁剪规则 C”利用超系统组件包盖实现点燃功能，那么点燃功能的载体点火器和点火器保护套筒裁剪。

功能建模如图 4-6-4 所示。

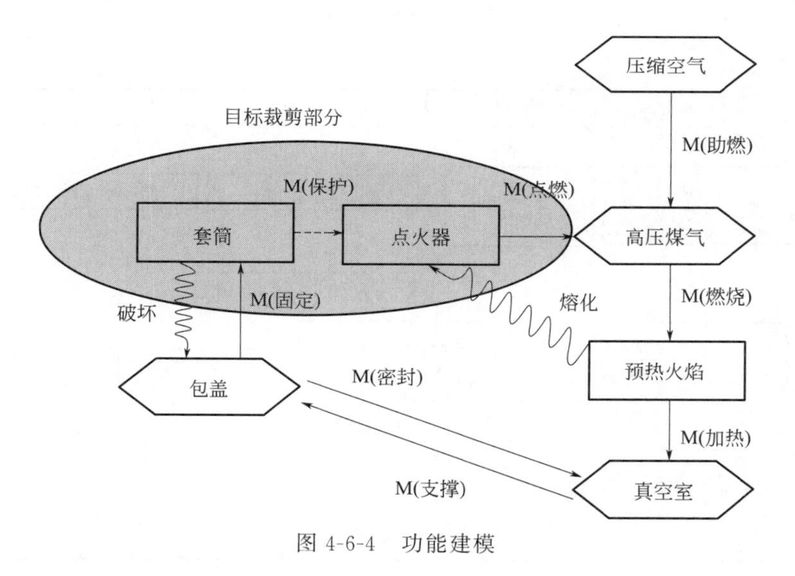


图 4-6-4　功能建模

预热火焰点火系统裁剪后的功能：取消点火器和套筒，由高温状态的包盖实现点燃功能，原功能载体被裁剪掉，如图 4-6-5 所示。

备选方案 1：取消套筒和点火器，利用烘烤后红热包盖温度超过煤气燃点实现点燃煤气。

3. 因果链分析

预热火焰点火系统因果分析（图 4-6-6）：

① 由于点火器被密封在套筒内部，当套筒温度高时，导致点火器周围环境温度高，烧坏了点火器（1-3）。

② 预热火焰使套筒高温，烧坏内部的点火器（1-4-7）。

③ 套筒密封在预热系统内，高温烧坏内部点火器（1-4-8）。

④ 受成本和技术限制，点火器本体不耐高温，容易被烧坏（2-5-9-10；2-6-11-12）。

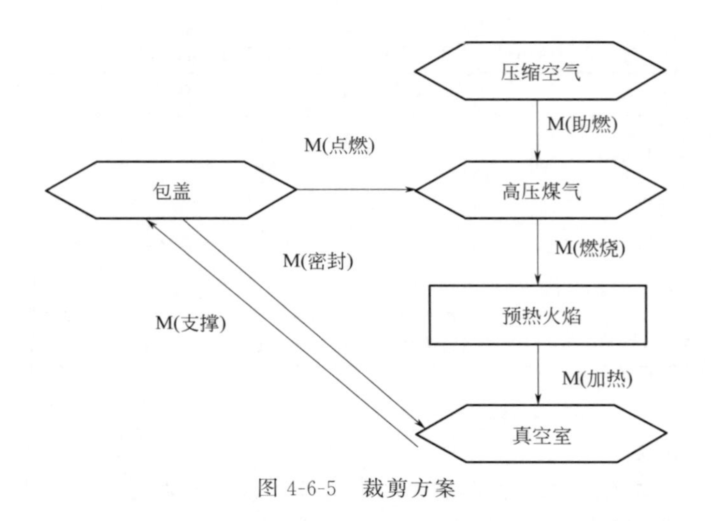


图 4-6-5　裁剪方案

分析结论：包括 1-3、1-4-7、1-4-8、2-5-9-10、2-6-11-12 共 5 种解，其中 1-3 解决最简单。

备选方案 2：让点火器脱离套筒，使点火器环境温度保持常温，具体实现是点火器完全暴露在包盖外面（或上面）。

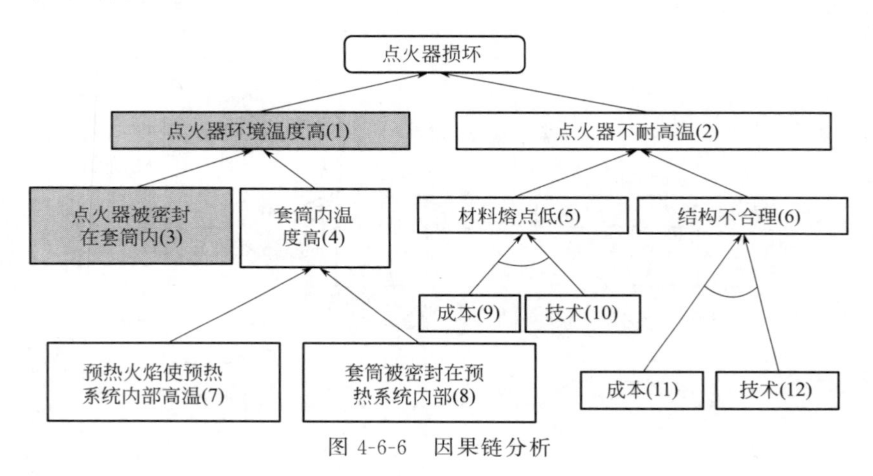


图 4-6-6　因果链分析

4. 可用资源分析（表 4-6-3）

**表 4-6-3　可用资源分析**

| 资源类型 | 现有的 | 派生的 |
|---|---|---|
| 物质资源 | 点火器、包盖、套筒、高压煤气、压缩空气、真空室、空气 | 预热火焰、燃烧产生的废气 |
| 能量资源 | 高压煤气流动的动能、压缩空气流动的动能、预热火焰的热能、包盖升降的机械能、点火器工作的电能 | 高压煤气和压缩空气都是常温、空气是常温 |
| 信息资源 | 燃烧需要火源、燃料、助燃剂。包盖工作温度 1200℃、点火器寿命温度 350℃以下、高压煤气 30℃、压缩空气 30℃ | 燃烧废气温度 1300℃ |
| 时间资源 | 点火器工作 30s、烘烤时间 6～8h、停机时间 6～8h | 包盖更换周期 6 个月 |
| 空间资源 | 包盖停机时垂直放置、工作时水平放置，点火器套筒出口在烧嘴附近、套筒直径 100mm | 套筒与点火器间隙 20mm |
| 功能资源 | 空气可以冷却、高压煤气可以冷却、压缩空气可以冷却 | 套筒温度接近点火器温度，可以间接反映点火器温度 |
| 系统资源 | 点火系统、真空室预热系统、包盖升降系统 | — |

分析结论：可以利用现有系统内部的高压煤气或压缩空气对点火器外部进行冷却。

备选方案 3：利用压缩空气对点火器外部冷却，改变点火器安装位置，安装在压缩空气管道内。

5. 九屏幕法（图 4-6-7）

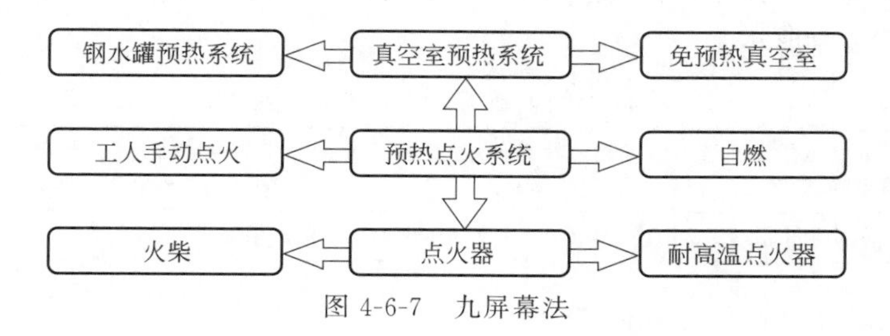


图 4-6-7　九屏幕法

分析结论：针对点火器烧坏问题，采用耐高温点火器或有高温防护功能的点火器，是一种很好的解决办法。

备选方案 4：买耐高温点火器或有高温防护功能的点火器。

6. 小人法（图 4-6-8）

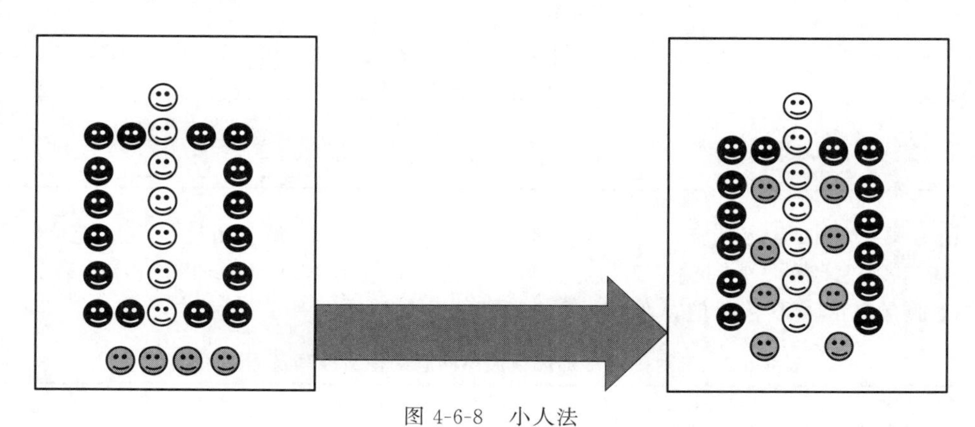

图 4-6-8　小人法

用灰色小人代表预热火焰，白色小人代表点火器，黑色小人代表套筒。系统存在的问题是红色小人进入套筒后烧坏了点火器。如果黑色小人可以阻止红色小人进入，就解决了点火器烧坏问题。

分析结论：在套筒部分采取阻挡火焰进入的措施。

备选方案 5：套筒出口增加隔离功能，阻挡预热火焰进入。

7. 金鱼法

依据金鱼法对预热火焰点火系统烧坏点火器问题展开讨论。

① 可靠点火。

② 不花钱。

③ 不改动设备结构。

④ 点火器本体表面温度均匀，都处于常温。

⑤ 不影响预热。

分析结论：利用现有资源，降低使用和改动成本，利用套筒与点火器间隙，使用煤气或压缩空气对点火器冷却。

备选方案 6：将压缩空气引入原套筒，形成风冷，将套筒下口内腔缩小，与点火器间隙由原来 20mm 减小为 5mm，实现降低流量、提高流速的目的。

## （二）问题求解工具选取与应用

1. 创新原理与技术矛盾应用

针对预热火焰点火系统点火器烧坏问题，定义技术矛盾，查矛盾矩阵表，运用创新原理展开联想，如表 4-6-4 所示。

**表 4-6-4 创新原理与技术矛盾应用**

| | |
|---|---|
| 技术矛盾 1 | 点火器被封闭在真空室预热系统内使用，改善了点火系统点火可靠性，但恶化了点火器的环境温度。矛盾矩阵：改善 27 可靠性；恶化 17 温度 |
| 创新原理 | 3 局部质量原理、35 物理或化学参数改变原理、10 预先作用原理 |
| 原理提示 | 3 局部质量原理：<br>a. 将物体均匀结构变为不均匀结构；<br>b. 让物体的不同部分具有不同功能；<br>c. 让物体的各部分处于执行各自功能的最佳状态。<br>点火器的出火口离烧嘴越近越可靠，本体应远离高温 |
| 备选方案 7 | 在方案 6 的基础上，让套筒的出口在烧嘴旁接触高温，让点火器的出火管在套筒内通过风冷保持常温，不被高温熔化，将点火器主要部件全部放到套筒外面，脱离高温环境 |
| 方案草图 | 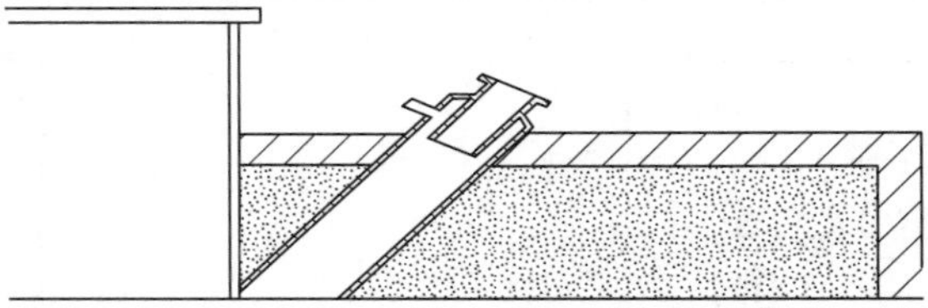 |

备选方案 7 增加风冷措施，必然会出现两个新问题：风量大小和包盖耐材脱落问题。

① 确定冷却风量大小问题。直接运用 40 个创新原理展开联想，通过查询发现，原理 27 廉价替代品有启示，很有价值，如表 4-6-5 所示。

**表 4-6-5 针对确定冷却风量大小问题的创新原理及方案设计**

| | |
|---|---|
| 创新原理 | 27 廉价替代品原理：用便宜的物体代替昂贵的物体 |
| 原理提示 | 利用铜管代替点火器去检验风量是否合理。如果烘烤过程中铜管完全熔化了，说明冷却不足，会导致点火器烧坏，需要增加冷却风量；如果铜管表面光亮毫无变化，说明风量大了，要适当降低风量；当铜管微量烧损时，表示冷却效果最佳 |
| 改进后的备选方案 7 | 在方案 7 的基础上，在套筒与点火器间套上一节铜管 |
| 方案草图 | 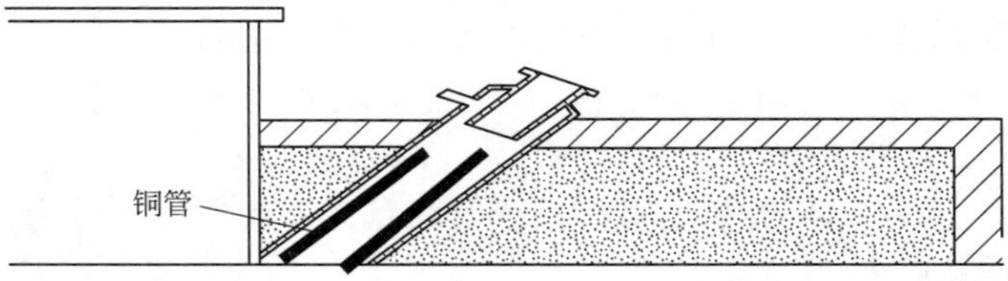 |

② 针对包盖耐火材料脱落问题，直接运用 40 个创新原理展开联想，通过查询发现，原理 33 同质性有启示，很有价值，如表 4-6-6 所示。

**表 4-6-6 针对包盖耐火材料脱落问题的创新原理及方案设计**

| | |
|---|---|
| 创新原理 | 33 同质化原理：主要物体与其相互作用的其他物体采用同一材料或特性相近的材料 |
| 原理提示 | 套筒为钢质材料，与耐材完全不同；如果将套筒改为陶瓷材料，两者特性基本一样，就可以解决耐材脱落问题 |

续表

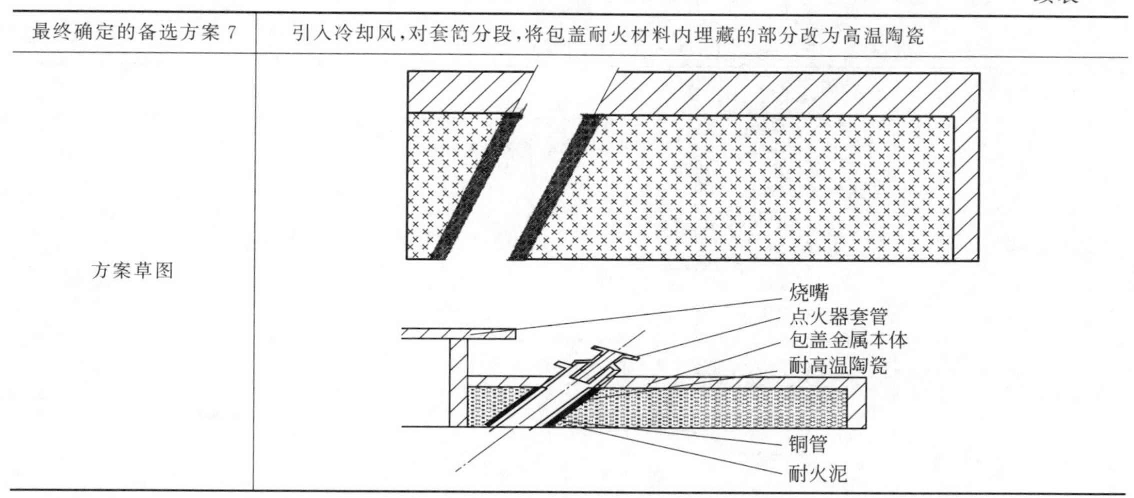

| 最终确定的备选方案7 | 引入冷却风，对套筒分段，将包盖耐火材料内埋藏的部分改为高温陶瓷 |
|---|---|
| 方案草图 | |



2. 物理矛盾与分离方法应用

针对预热火焰点火系统点火器烧坏问题，定义物理矛盾，运用分离原理展开联想，如表 4-6-7 所示。

**表 4-6-7　针对预热火焰点火系统点火器烧坏问题的物理矛盾分析**

| 物理矛盾1 | 点火器环境存在物理矛盾，因为要预热真空室就必然产生高温；但要保持点火器寿命就必须维持低温或常温，两者矛盾 |
|---|---|
| 时间分离 | 提示：点火器先工作，再点火，烧嘴燃烧火焰正常工作，10s后，盖上包盖，开始预热。时间有先后 |
| 空间分离 | 点火作业时点火器必须在烧嘴旁，预热时其位置无要求 |
| 条件分离 | 点火作业时需要点火器，当预热火焰产生后系统不再需要点火器 |
| 系统级别分离 | 真空室预热系统只在点火时需要点火系统，工作时不需要 |
| 备选方案8 | 增加机械结构，点火时将点火器插入，完成点火后，将其移除 |
| 方案草图 | 移除 |

3. 物场分析与标准解应用

根据预热火焰点火系统功能图针对点火器损坏问题，建立物场模型（图 4-6-9），并列出标准解/一般解法。

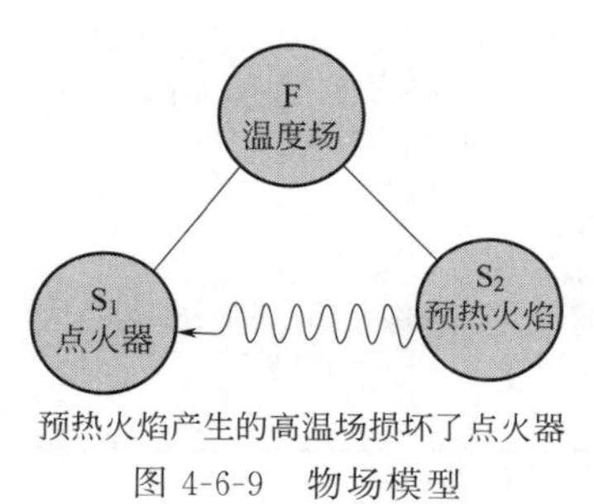



图 4-6-9　物场模型

针对上述问题，依据标准解给出解决方案，如表 4-6-8 所示。

**表 4-6-8 构建物场模型**

| 问题 1 | 点火器烧坏 |
|---|---|
| 标准解 | 一般解法 2:引入第三种物质和一般解法 3:增加另外一个场<br>F, $S_1$, $S_2$ ⟹ F, $S_1$, $S_2$, $S_3$　　F, $S_1$, $S_2$ ⟹ F, $S_1$, $S_2$, $F_2$ |
| 备选方案 9 | 给点火器包耐火泥 |
| 备选方案 10 | 将点火器封闭在冷却环境内,如增加一个冷却水套 |
| 方案草图 | |

## 四、可实施技术方案的确定与评价

### (一) 方案的综合评价(仅对其中 6 个方案进行评价，见表 4-6-9)

**表 4-6-9 方案的综合评价**

| 序号 | 备选方案名称 | 评价指标 | | | 综合评分(100) |
|---|---|---|---|---|---|
| | | 业务实用性(50) | 预想效果(成本、经费)(40) | 其他(10) | |
| 1 | 取消套筒和点火器,利用烘烤后红热包盖温度超过煤气燃点,实现点燃煤气 | 停机时间长就无法使用,可靠性差:20 | 40 | 10 | 70 |
| 2 | 让点火器脱离套筒,使点火器环境温度保持常温,具体实现是点火器完全暴露在包盖外面(或上面) | 无法保证密封预热:0 | 40 | 10 | 50 |
| 3 | 利用压缩空气对点火器外部冷却,改变点火器安装位置,安装在压缩空气管道内 | 设备改动量太大、冷却形式是否安全:30 | 设备改动成本:20 | 10 | 60 |
| 4 | 买耐高温点火器或有高温防护功能的点火器 | 50 | 贵:0 | 10 | 60 |
| 5 | 套筒出口增加隔离功能,阻挡预热火焰进入 | 烘烤时间 6～8h,防火墙会失效:30 | 贵:20 | 安装困难:0 | 50 |
| 6 | 将压缩空气引入原套筒,形成风冷,将套筒下口内腔缩小,与点火器间隙由原来 20mm 减小为 5mm,实现降低流量、提高流速的目的 | 包盖耐材会开裂:30 | 40 | 10 | 80 |

### （二）最终方案

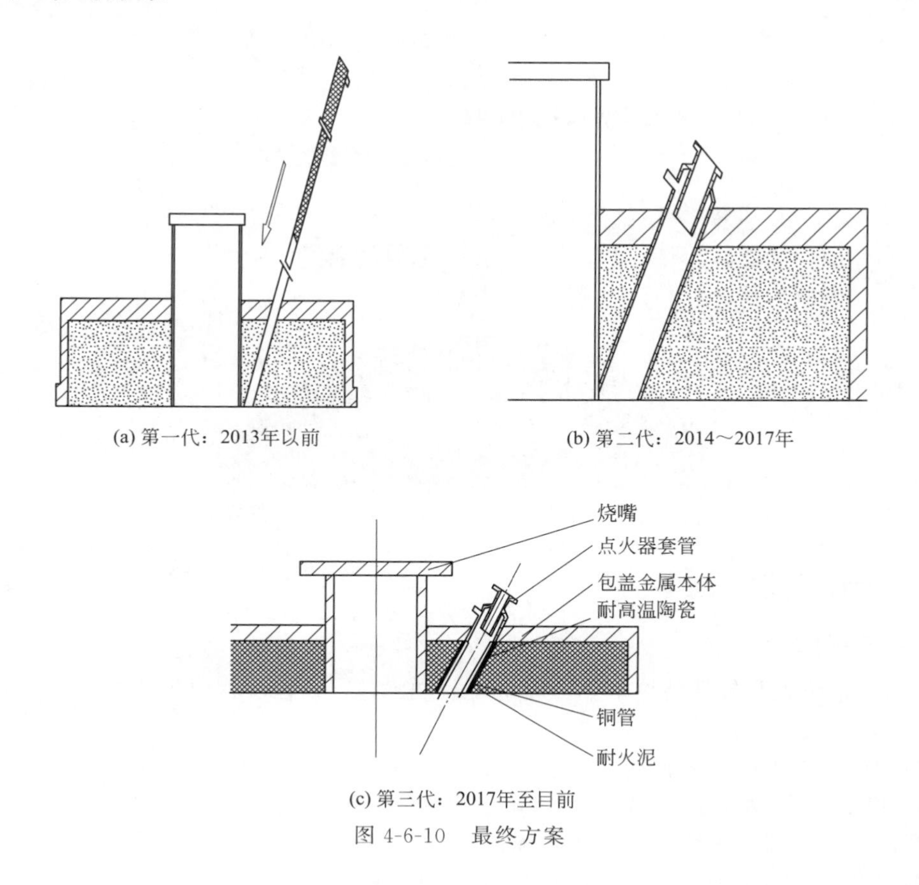


(a) 第一代：2013年以前

(b) 第二代：2014～2017年

(c) 第三代：2017年至目前

图 4-6-10　最终方案

## 案例 7：转炉炼钢系统提效降耗技术改进设计

### 一、项目情况介绍

钢铁工业在国民经济中占据重要地位，同时也是能源消耗大户。我国粗钢能耗超过 6 亿吨标准煤，占全国工业总能耗 25％以上，钢铁行业高质量发展任务艰巨。我国转炉炼钢占比超过 90％，因此转炉高效低耗冶炼对钢铁工业高质量发展具有重要意义。

近年来，随着现代科学技术的发展，钢铁企业大力推行结构优化，炼钢生产正在向实现紧凑式连续化的专业生产线、高效率快节奏的生产工艺、降低消耗和污染的方向发展。

数据显示，利用 1 吨废钢炼铁，相比铁矿石炼铁，可节约大量的铁矿石和焦炭，大量减少碳排放和废气废水排放，如图 4-7-1 所示。

在转炉炼钢生产过程中，影响整个工序能耗的主要因素包括：电、氧气、氮气的消耗、转炉煤气回收与消耗以及蒸汽回收量。在转炉冶炼中铁水载能最大，其消耗对炼钢的能值影响也最大，其次为转炉生产效率，缩短转炉吹炼可以有效降低各类消耗。因此总结出转炉提效降耗的两大关键点，一是增加废钢占比，减少铁水耗能；二是提高生产效率，降低水电气消耗。

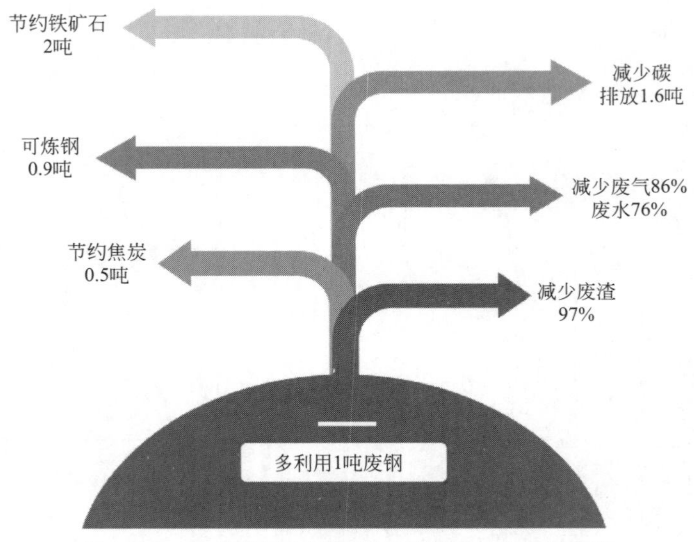


图 4-7-1　每多利用 1 吨废钢在节能减排方面的影响

## 二、项目来源

### (一) 问题描述

转炉炼钢系统主要包括转炉本体、废钢斗、铁水包、氧枪、钢包等，其主要工艺流程分为以下 5 个阶段（图 4-7-2）：

① 加废钢：将废钢斗内废钢（室温）加入转炉内部；

② 兑铁水：将铁水包内的铁水（1250℃）加入转炉内部；

③ 氧枪吹炼：利用氧枪进行供氧吹炼；

④ 测温取样，测定钢水温度（1620℃）、成分数据；

⑤ 出钢（1600℃）。

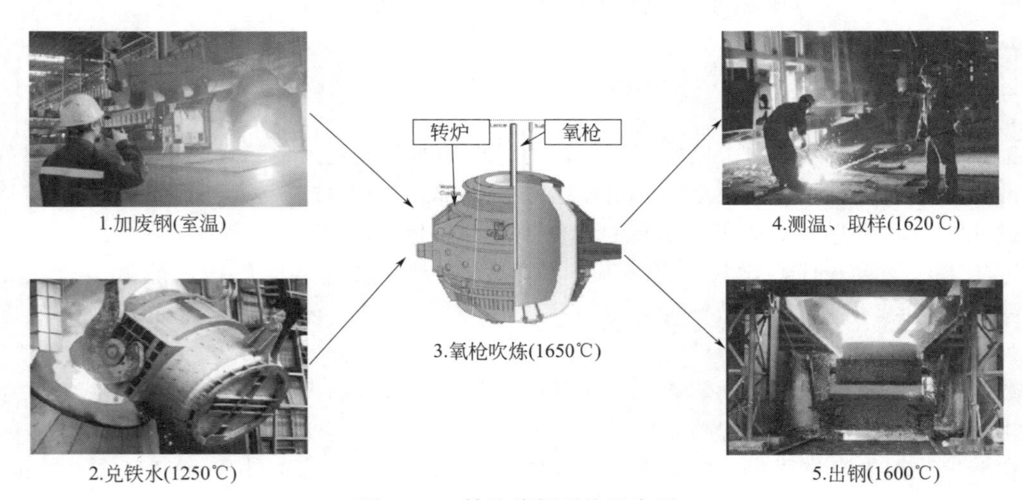


图 4-7-2　转炉炼钢系统示意图

### (二) 转炉炼钢系统存在的主要问题

① 废钢加入比低，装入过程易卡阻，如图 4-7-3 所示。

② 大流量高强度供氧冶炼，氧气利用率低，喷溅严重，如图 4-7-4 所示。

③ 冶炼周期长，水、电、气等介质能耗高。

图 4-7-3　装入过程卡阻

图 4-7-4　氧气利用率低且喷溅严重

### （三）问题初步分析（传统常规的问题分析及解决方案）

针对废钢加入比低、装入过程易卡阻的问题，常规炼钢的工艺手段为将废钢斗扩容，或单炉次冶炼采用 2 钢斗废钢，生产效率低下。

针对大流量高强度供氧冶炼氧气利用率低、喷溅严重的问题，常规炼钢的工艺手段为加大喷溅的钢渣清理工作，生产效率低下，浪费人力物力。

## 三、问题分析与解决

### （一）问题分析工具选取与应用

1. 功能模型分析

首先通过 TRIZ 功能模型分析，找出转炉炼钢系统存在的主要功能缺陷，如图 4-7-5 所示。

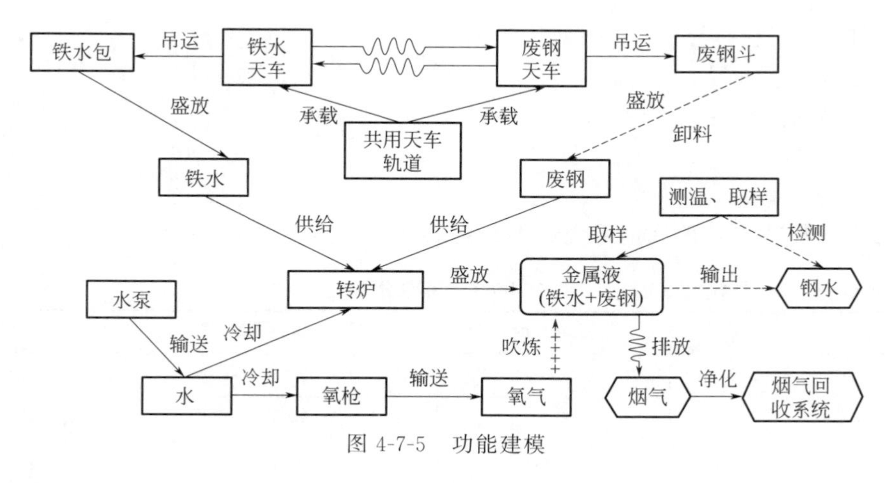



图 4-7-5　功能建模

有害功能：

① 铁水天车与废钢天车共用天车轨道造成的相互阻碍；

② 冶炼排放烟气。

不足功能：

① 废钢斗承装与装卸能力不足；

② 测温取样检测钢水能力不足；

③ 金属液与钢水出钢速度不足。

过度功能：

氧气与金属液存在过度问题，氧气利用率低。

2. 因果分析

通过因果分析找出转炉炼钢系统存在的主要缺陷，如图 4-7-6 所示。

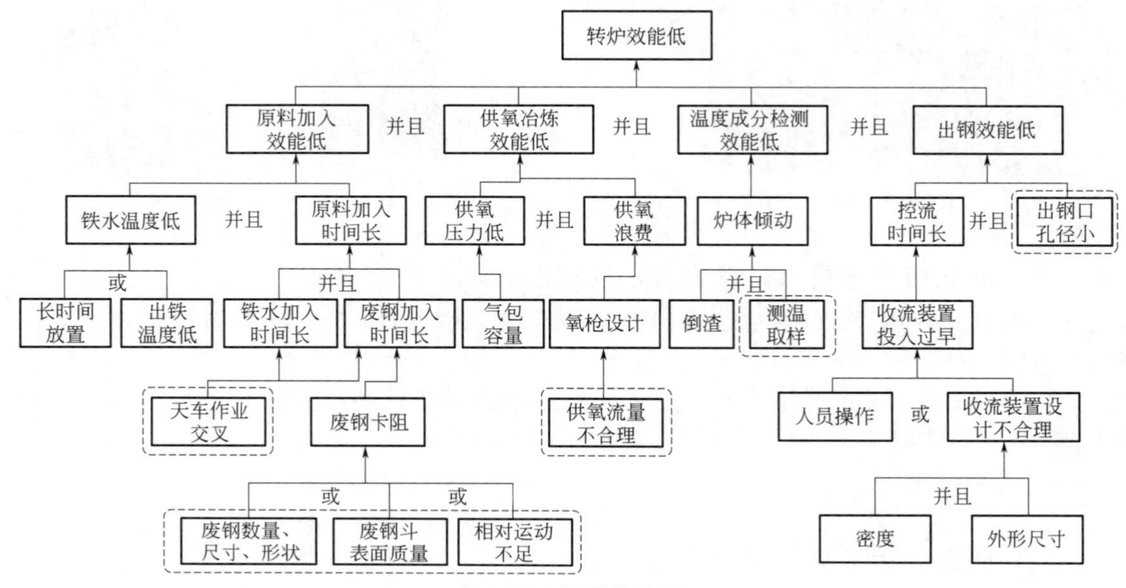

图 4-7-6 因果链分析

得到关键缺陷：

① 废钢卡阻；

② 天车作业交叉；

③ 供氧流量不合理；

④ 测温取样时间长；

⑤ 出钢口孔径小。

3. 资源分析

通过因果分析找出转炉炼钢系统可供利用的资源，如表 4-7-1 所示。

**表 4-7-1 资源分析**

| 项目 | 类别 | 资源名称 | 可用属性参数 | 方案 |
|---|---|---|---|---|
| 系统内部资源 | 物质资源 | 转炉 | 容量 | 冶炼反应 |
| | | 天车 | 容量 | 装运铁水包等 |
| | | 容器 | 容积 | 承装钢水等 |
| | | 氧枪 | 流量 | 吹炼 |
| | | 铁水、废钢 | 质量、体积、密度 | 装入转炉 |
| | 场资源 | 动力 | 氧气压力、流量 | 转炉内吹炼 |
| | | 装卸场 | 数量 | 原料装卸 |

续表

| 项目 | 类别 | 资源名称 | 可用属性参数 | 方案 |
| --- | --- | --- | --- | --- |
| 系统内部资源 | 其他资源 | 烟气 | 热量 | 余热利用 |
| | | 抓钢机 | 质量 | 装卸废钢 |
| | | 辅助装置 | 测定温度、成分 | 测温、取样 |
| 系统外部资源 | 物质资源 | 料仓 | 质量 | 向转炉加入渣料 |
| | 场资源 | 操作车间 | 立体空间 | 开展操作、生产 |
| | 其他 | 电、水、空气 | 耗量 | 能量支持 |

由资源分析得出：尽量不增加资源，充分利用转炉氧枪、烟气、抓钢机、辅助装置等内部资源，实现转炉高效能冶炼。

### （二）问题求解工具选取与应用

理想解分析：

① 设计的最终目的：高质量、低能耗炼钢。

② 理想解：铁水废钢进入转炉后，无能耗成为优质钢水。

③ 达到理想解的障碍：废钢需要提高温度、铁水需要消除有害杂质。

④ 出现这种障碍的结果：原料和钢水存在温度和成分差距。

⑤ 不出现这种障碍的条件：铁水、废钢无限接近钢水标准。

⑥ 创造这些条件存在的可用资源：烟气余热、氧气。

## 四、可实施技术方案的确定与评价

方案1：利用转炉烟气的热量对废钢进行加热。

通过转炉系统功能分析、资源分析与理想解分析，发现利用技术系统中烟气余热和可燃性，将废钢由室温加热至400～500℃，减少能源使用，如图4-7-7所示。

### （一）废钢卡阻问题

*1.采用矛盾分析*

矛盾描述：为了提高转炉效能，需要提高废钢装入量，但废钢尺寸、形状差异大、不规则等在数量越来越多的情况下，导致废钢出现卡阻的概率大幅增加，废钢加料系统速度降低，能耗大。

图4-7-7　方案1示意图

转换为TRIZ标准矛盾：

改善的参数——物质或事物的质量；

恶化的参数——速度。

矛盾矩阵推荐原理：

28 机械系统的替代原理；

29 气动与液压结构原理；

34 抛弃与修复原理；

35 参数变化原理。

根据29发明原理：气动与液压结构，得到方案2：在废钢斗尾部增设液压结构，如图4-7-8所示。

根据 35 发明原理：参数变化，得到方案 3：采用球形（小尺寸）废钢，如图 4-7-9 所示。

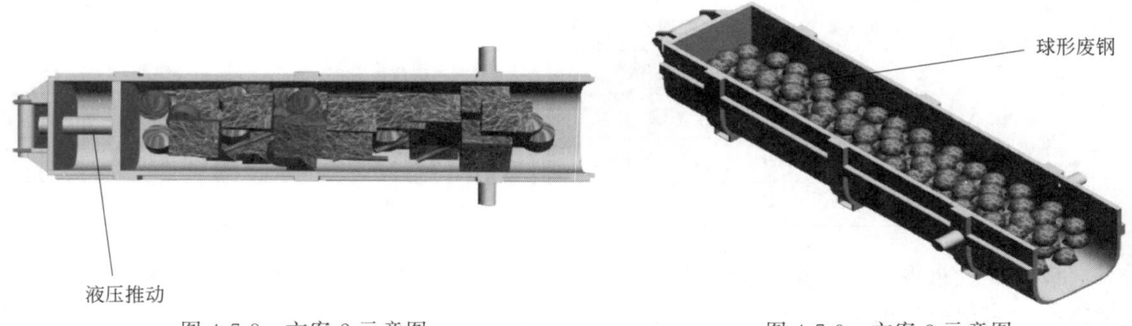


图 4-7-8　方案 2 示意图　　图 4-7-9　方案 3 示意图

2. 采用物场分析

思路：针对废钢相对运动不足建立物场模型，如图 4-7-10 所示。

S2. 1. 2 标准解：双物场模型。

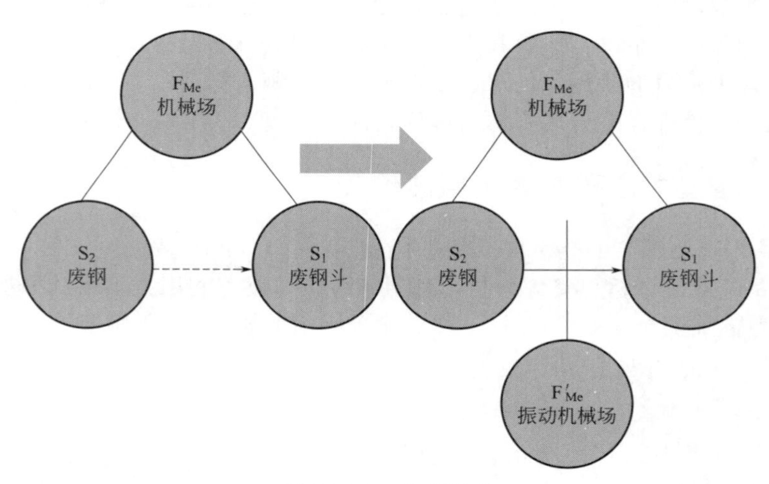


图 4-7-10　物场模型

得到方案 4，引入振动场，在加废钢过程振动废钢，加快废钢入炉速率，如图 4-7-11 所示。

3. 采用小人法进行建模分析

思路：针对废钢斗表面质量引起的卡阻采用小人法建模，在黑色小人和浅灰色小人之间增加深灰色小人，如图 4-7-12 所示。

得到方案 5：废钢斗内部采用高强度平滑材料，防止变形，减少废钢斗摩擦阻力，如图 4-7-13 所示。

方案 6：废钢斗底部增加多排滚轴，静摩擦变为滚动摩擦，如图 4-7-14 所示。

## （二）天车作业交叉问题

思路：依据加废钢过程天车交叉作业建立机械场，如图 4-7-15 所示。

S1. 2. 2　标准解为：引入改进的 $S_2$ 消除有害作用。

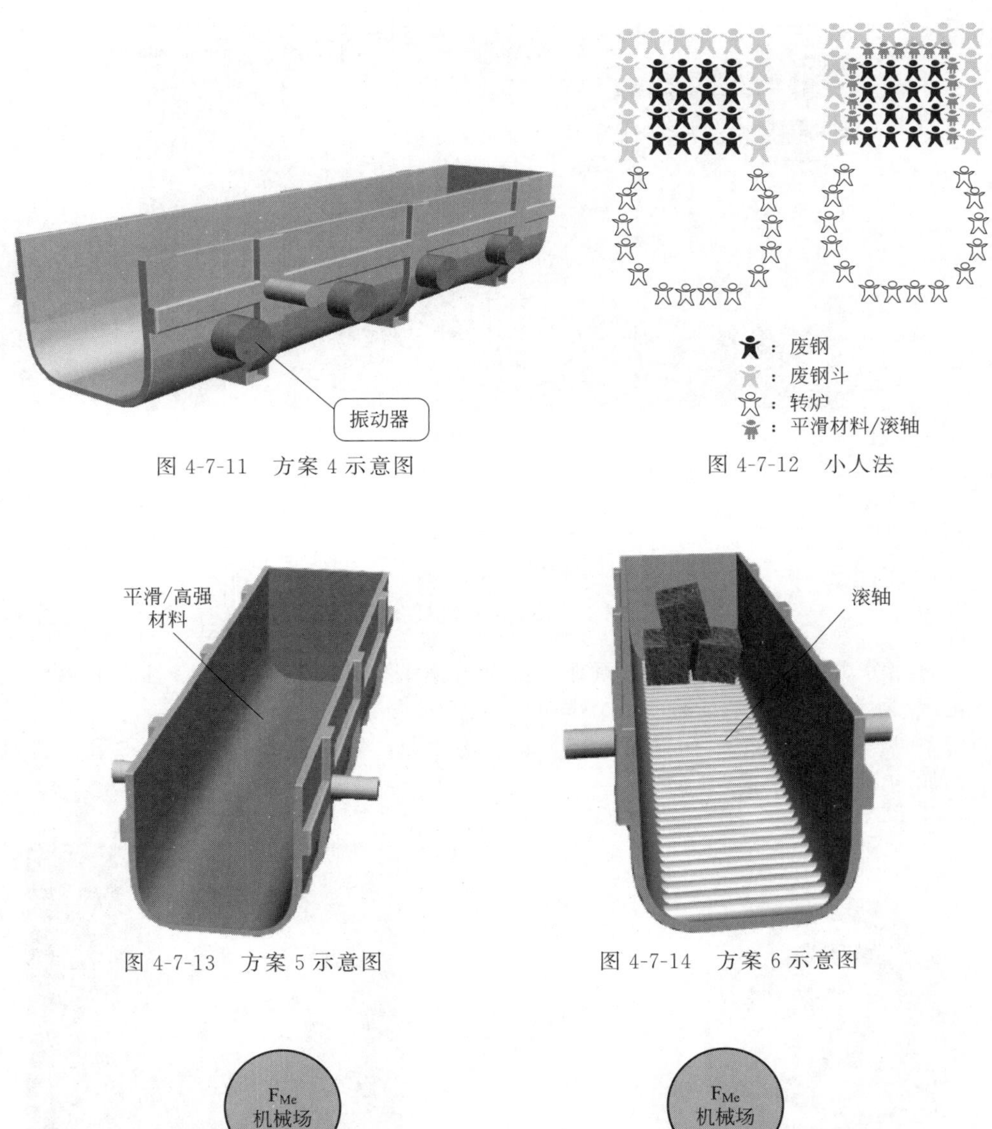


图 4-7-11 方案 4 示意图

图 4-7-12 小人法

图 4-7-13 方案 5 示意图

图 4-7-14 方案 6 示意图

图 4-7-15 物场模型

方案 7：国内首创抓钢机装运废钢进入转炉的方式，代替天车加废钢，利用现场空间立体资源，如图 4-7-16 所示。

## (三) 供氧流量不合理问题

氧气利用效率对能效有重要作用，既要提高效率“增大供氧流量”，又要提高利用率“减少供氧流量”，如图 4-7-17 所示。

图 4-7-16　方案 7

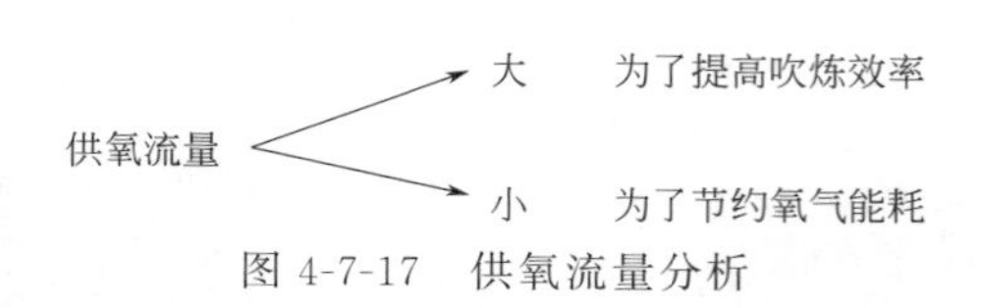


图 4-7-17　供氧流量分析

利用时间分离中的 15 动态特性原理，得到方案 8：根据转炉反应特性，对供氧流量实施动态化调整，在不同供氧阶段采用不同的供氧流量参数。

利用条件分离中的 31 多孔材料原理，得到方案 9：氧枪由 4 孔调整为 5 孔，提高氧气利用率，如图 4-7-18 所示。

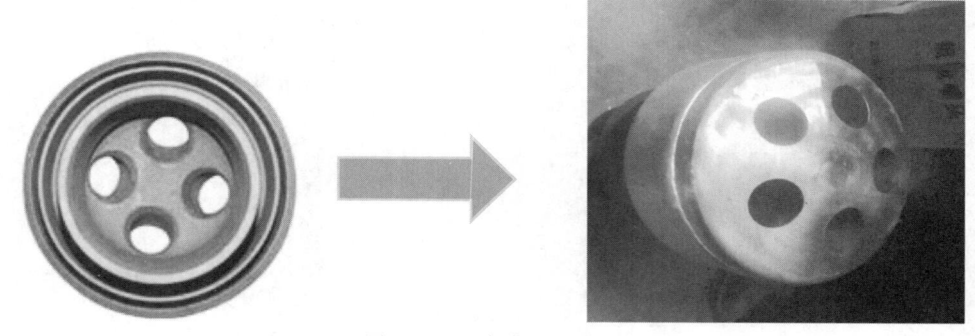

图 4-7-18　方案 9 示意图

## （四）测温、取样时间长的问题

针对功能分析的测温取样不足的问题进行资源分析得出，测温取样功能可以被系统中氧枪执行，即可以在吹炼过程实现，如图 4-7-19 所示，采用裁剪方案。

方案 10：将转炉炉内测温、取样操作转移到上一系统元件转炉氧枪。

## （五）出钢口孔径小的问题

为了降低出钢过程的能耗损失，要“增大出钢口孔径”，实现快速出钢，为了提高出钢口寿命，保证壁厚，实现安全出钢又要“减小钢口孔径”，如图 4-7-20 所示。

根据空间分离中的 3 局部质量原理，得到方案 11：对出钢口易冲刷部位进行局部强化，如图 4-7-21 所示。

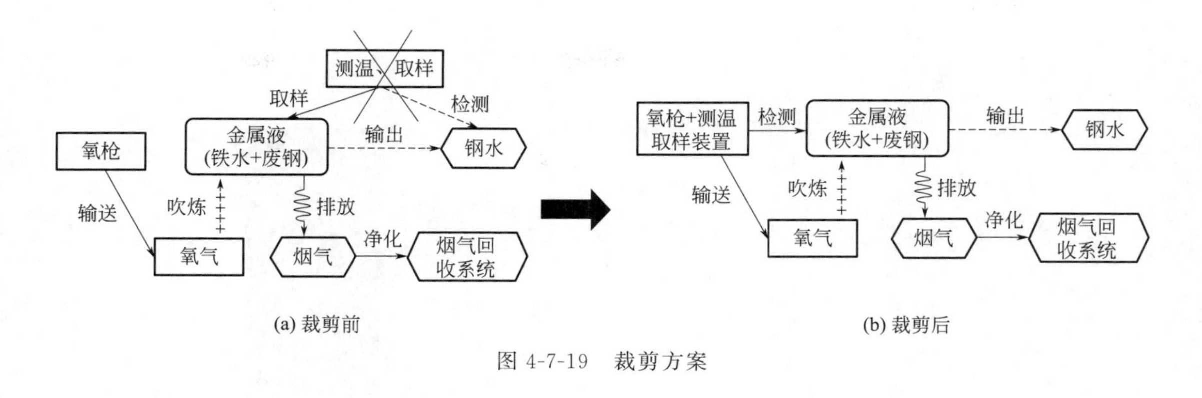


(a) 裁剪前　　(b) 裁剪后

图 4-7-19　裁剪方案

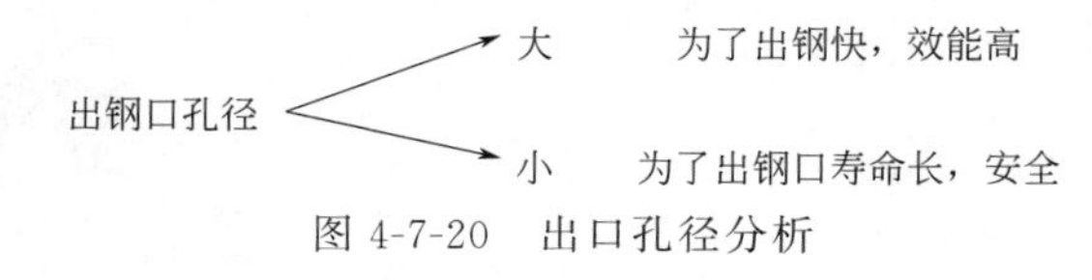


图 4-7-20　出口孔径分析

根据空间分离中的 4 增加不对称性原理，得到方案 12：出钢口头部采用不对称结构，加快出钢速度，如图 4-7-22 所示。

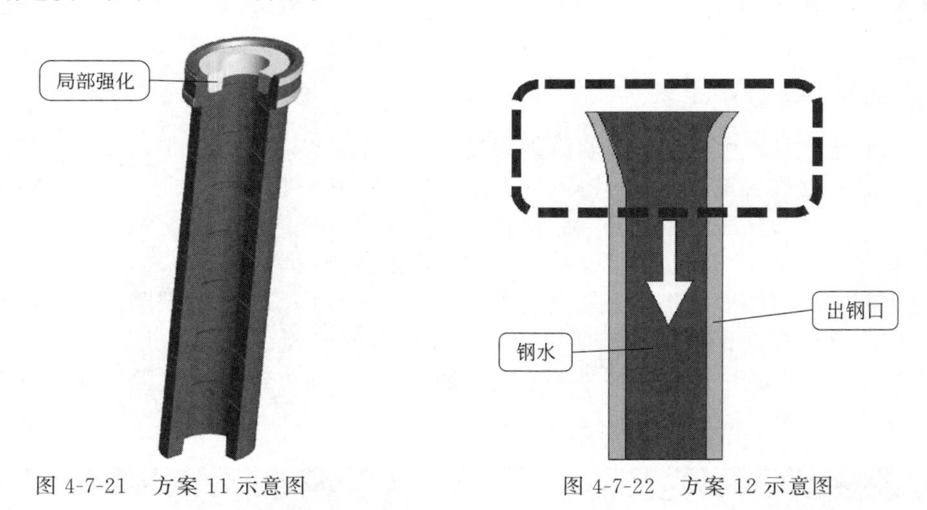


图 4-7-21　方案 11 示意图　　图 4-7-22　方案 12 示意图

根据时间分离中的 34 抛弃与修复原理，得到方案 13：非出钢时刻，使用转炉炉渣对出钢口破损部位实施修复，如图 4-7-23 所示。

根据空间分离中的 40 复合材料原理，得到方案 14：出钢口采用高分子抗高温复合材料，实现薄内衬大口径出钢口，如图 4-7-24 所示。

## 五、预期成果及应用

针对转炉炼钢能效问题的 2 大核心理念，4 个关键环节，使用多项 TRIZ 工具/理论进行分析得到解决方案/思路 14 个，汇总 7 个方案组合实施，达到最终目标。通过专家委员会验收，形成企业技术规范推广实施。

具体实施方案概述：利用烟气预热废钢，采用天车、抓钢机、料仓组合向转炉装入废钢，采用五孔氧枪并实施动态化控制，利用氧枪辅助装置进行测温取样，采用出钢口自修复并实现扩径。

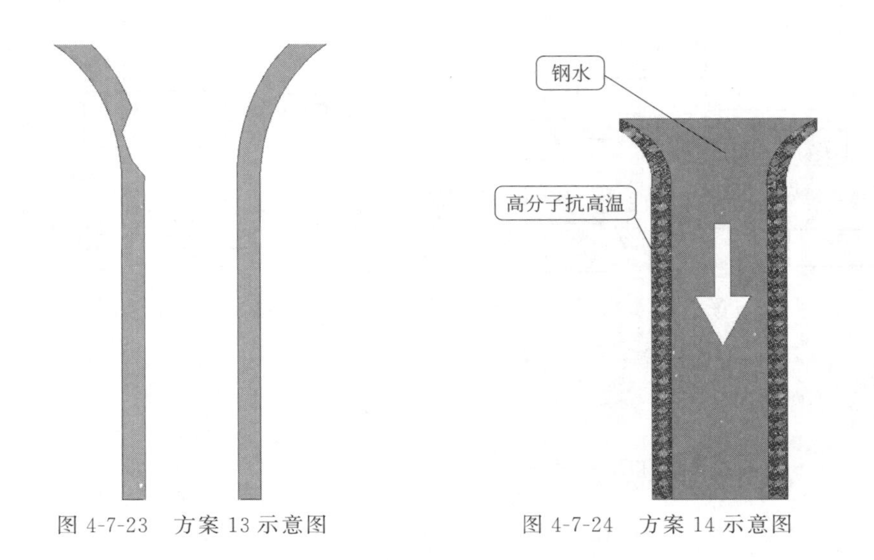


图 4-7-23　方案 13 示意图　　　　图 4-7-24　方案 14 示意图

## 案例 8：热轧带钢浪边实时检测系统的创新设计

### 一、项目情况介绍

在带钢的生产过程中，因原材料、轧制设备、加工工艺等因素，带钢表面不可避免地存在孔洞、豁口、划痕、辊印、浪边等不同类型的缺陷。从产品角度来说，这些缺陷不仅影响产品的外观，而且产品质量也会受到一定程度的影响，降低产品的抗腐蚀性、耐磨性、抗疲劳性等，使得钢材在大部分场合无法投入使用，需要直接回炉重塑。

带钢边部出现的浪形缺陷是带钢热轧生产过程中最典型最常见的缺陷（图 4-8-1），工厂需要着力解决。针对这种问题，需要工作人员能够及时判断出带钢浪形，以便及时采取措施。在以往的生产流程中，传统的带钢浪边检测方法维护耗资巨大，检测实时性较差，并且适应性欠佳。

图 4-8-1　带钢浪形缺陷对比

### 二、项目来源

边部浪形缺陷常见于薄规格钢材，产生的主要原因是钢板轧制时，辊缝的影响及冷却过程中横向冷却不均匀。为防止缺陷钢卷流入用户或者冷轧等下游工序，目前国内外钢厂主要采用板形仪对带钢进行测量与浪边检测。但此类方法的弊端在于装置的稳定性和适应性较差，在复杂的工厂环境下，对带钢的检测并不能够做到准确，并且很难保证实时性，这与当前工业生产环境所需的理想生产条件相违背。而且，对于板形仪的维护需要耗费大量的财力与物力，这对工厂的经济效益造成了很大的影响，与采用板形仪来减少带钢浪边带来的经济损失的目的相矛盾。

## （一）问题确定

1. 系统工作原理

传统的用于带钢浪边检测的板形测量辊都采用接触式径向力测量系统，使用集成在转向辊上的压力变送器来检测带钢沿宽度方向的张力分配情况，检测带钢沿宽度方向的张力是否均衡分配，是否会导致断带。将带钢测量的各参数反馈至操作员处，由操作员根据检测结果对带钢是否有浪边做出判断，并采取相应的措施。

2. 存在的主要问题

随着技术的日益发展，工厂对带钢表面质量的要求逐渐提高，而由于轧辊表面的非一致性，接触式测量暴露出越来越多的缺陷。

① 系统适应性不高：带钢材料与工艺流程在不断优化，需要更强的适应性以适应复杂的工业环境与带钢材料。

② 检测欠缺实时性：随着生产流程的自动化，浪边检测实时性显得越发重要，这与其不匹配的检测速度相矛盾。

③ 维护难度大，费用高：板形仪需要定期维护，并且随着时间的推移，板形仪性能会退化，给维护带来了更大的难度。

3. 限制条件

① 板形仪会随着时间推移逐渐损耗。

② 板形仪维护成本较高。

③ 车间复杂多变的环境因素对板形仪检测有较大影响。

4. 目前解决方案

现有的解决方法是在辊子上镀铬，或包覆橡胶或其他材料，以降低设备材料的损耗。有了这些昂贵的特殊表层，即可使表面的划痕控制在一定范围内。但缺点也很明显，其维护成本会更高，加大经济负担。

为了尽可能改善以上问题，有关板形检测的研究工作一直十分活跃，人们不断探求新的板形检测原理和方法。现阶段的改进检测装置，按照是否与带钢接触，可以分为接触式板形仪和非接触式板形仪，接触式板形仪信号真实可靠，稳定性好，精度高；非接触式板形仪安装方便，不会划伤带钢表面。目前主要的板形检测设备如表 4-8-1 所示。

**表 4-8-1　目前主要的板形检测设备**

| 名称 | 备注 |
|---|---|
| ABB 板形仪 | 接触式板形仪，由 ABB 公司开发 |
| Vidomon 空气轴承式板形仪 | 由英国洛威-罗伯特工程公司开发 |
| SI-FLAT 板形仪 | 非接触式板形仪，由德国制造 |
| 激光板形仪 | 法国钢铁研究所研制 |
| 喷水型平直度检测仪 | 由日本川崎制铁公司研制 |

## （二）存在的问题和不足

① 对板形检测辊的表面质量要求较高；

② 容易划伤带钢表面；

③ 滑环需要经常清洗；

④ 产品价格及维护成本高昂。

# 三、问题分析与解决

## （一）问题分析工具选取与应用

1. 因果链分析

将系统的初始问题界定为“工厂生产出现大量浪边缺陷带钢”，对其采用因果链分析如图 4-8-2 所示。

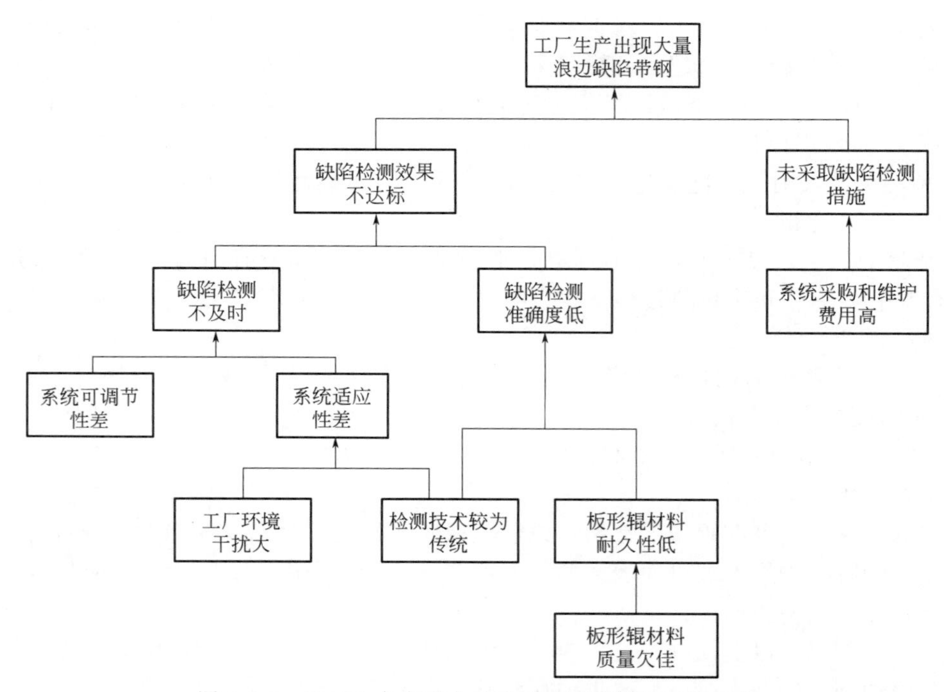


图 4-8-2　工厂生产出现大量浪边缺陷带钢的因果分析

由以上因果分析可以得出结论，选取项目的关键问题，即工业生产中带钢出现大量浪边的最主要原因在于（图 4-8-3）：

① 带钢浪边检测方法、检测技术较为传统。

② 板形仪设备适应性差，难以适应工厂的复杂生产环境。

③ 传统板形仪材料耐久性较低，给系统维护加大了负担。

2. 九屏幕分析

通过以上的因果分析，找到了待解决的问题，并通过九屏幕分析（图 4-8-4）完成了针对当前系统的研究，以及系统未来情况的分析。

将当前系统界定为“带钢浪边检测系统”，子系统为“板形仪”，超系统为“全自动工厂工艺生产系统”。未来产品将向更加自动、智能的方向发展进化。

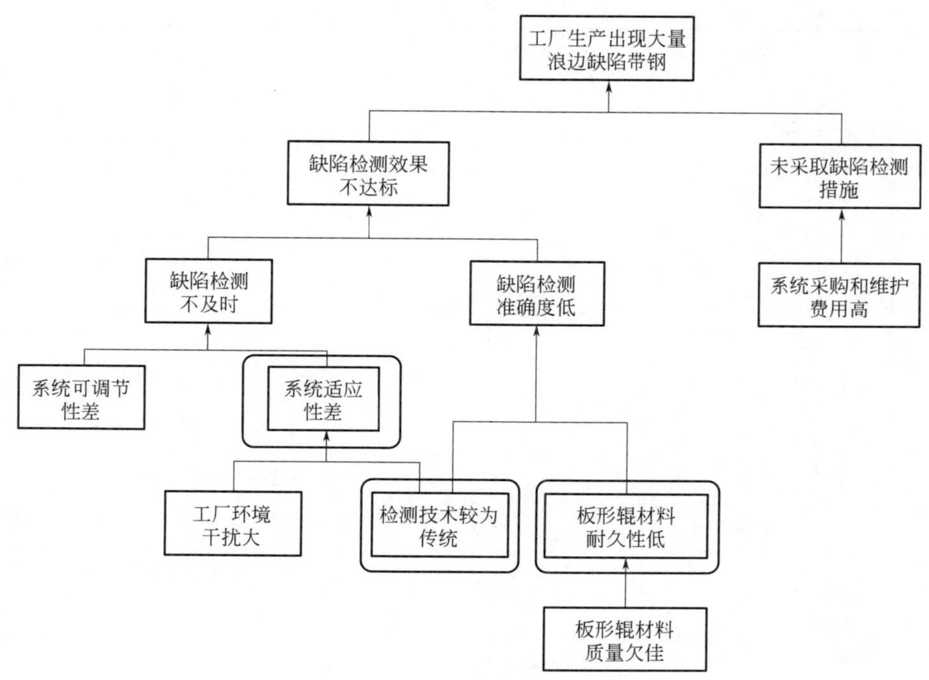


图 4-8-3　选定项目的关键问题

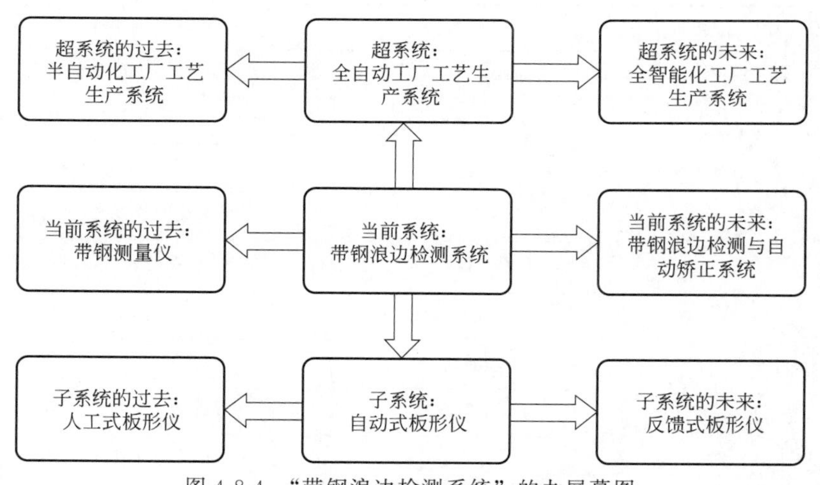


图 4-8-4　“带钢浪边检测系统”的九屏幕图

3. 资源分析

利用九屏幕分析界定好当前系统后，结合实际带钢生产流程与车间设备，对系统进行资源分析，系统内部资源如表 4-8-2 所示。系统外部资源如表 4-8-3 所示。

通过资源分析，找到很多廉价的、免费的资源，这些资源可以作为解决问题的资源储备。

4. 功能分析

(1) 组件分析

基于上面的分析，对工程系统及超系统的组件界定如表 4-8-4 所示。

表 4-8-2 系统内部资源

| | 类别 | 资源名称 | 可用性分析 |
|---|---|---|---|
| 系统内部资源 | 物质资源 | 带钢材料 | 系统的目标对象 |
| | | 计算机设备 | 系统要素，具有可用性 |
| | | 板形仪 | 系统要素，具有可用性 |
| | | 板形测量辊 | 系统要素，具有可用性 |
| | | 滑环装置 | 系统要素，具有可用性 |
| | | 光电装置 | 系统要素，具有可用性 |
| | 场资源 | 机械场 | 带钢与测量辊之间的重力场，具有可用性 |
| | | 热学场 | 热轧带钢具有热学场，但不具有可用性 |
| | | 光学场 | 光电装置内涉及的场，具有可用性 |
| | 空间资源 | 传送带轨道 | 传送热轧/冷轧带钢材料的载体，具有可用性 |
| | 信息资源 | 终端警告提示 | 板形仪发往计算机终端的检测信息，表明系统检测的准确性和实时性信息 |
| | | 测量辊磨损程度 | 表明系统耐用性信息 |

表 4-8-3 系统外部资源

| | 类别 | 资源名称 | 可用性分析 |
|---|---|---|---|
| 系统外部资源 | 物质资源 | 雾气 | 系统的目标对象 |
| | | 摄像头 | 超系统要素，不具有可用性 |
| | | 车间灯 | 超系统要素，具有可用性 |
| | | 空气 | 超系统要素，不具有可用性 |
| | | 鼓风机 | 超系统要素，具有可用性 |
| | 场资源 | 机械场 | 重力场，具有可用性 |
| | | 电场 | 不具有可用性 |
| | | 液气场 | 空气静力、空气动力，不具有可用性 |
| | | 光学场 | 车间灯内涉及的场，具有可用性 |
| | 空间资源 | 工厂车间 | 传送热轧/冷轧带钢材料的载体，具有可用性 |

表 4-8-4 组件分析

| 工程系统 | 组件 | 超系统组件 |
|---|---|---|
| 带钢浪边检测系统 | 带钢材料<br>计算机设备<br>板形仪<br>传送带轨道<br>板形测量辊 | 雾气（雾状水滴）<br>摄像头<br>车间灯<br>空气 |

(2) 相互作用分析（表 4-8-5）

**表 4-8-5 相互作用分析**

| 组件 | 带钢材料 | 摄像头 | 计算机设备 | 雾气 | 车间灯 | 空气 | 传送带 | 板形仪 | 板形测量辊 |
|---|---|---|---|---|---|---|---|---|---|
| 带钢材料 | | − | − | + | − | + | + | + | + |
| 摄像头 | − | | + | + | + | − | − | − | − |
| 计算机设备 | − | + | | − | − | − | − | + | − |
| 雾气 | + | + | − | | − | + | − | + | − |
| 车间灯 | − | + | − | − | | − | − | − | − |
| 空气 | + | − | − | + | − | | − | − | − |
| 传送带 | + | − | − | − | − | − | | − | − |
| 板形仪 | + | − | + | + | − | − | − | | + |
| 板形测量辊 | + | − | − | − | − | − | − | + | |

注：两者有相互作用以“＋”标记，否则以“－”标记。

(3) 建立功能模型

根据相互作用分析表，建立出功能分析图（图 4-8-5）。

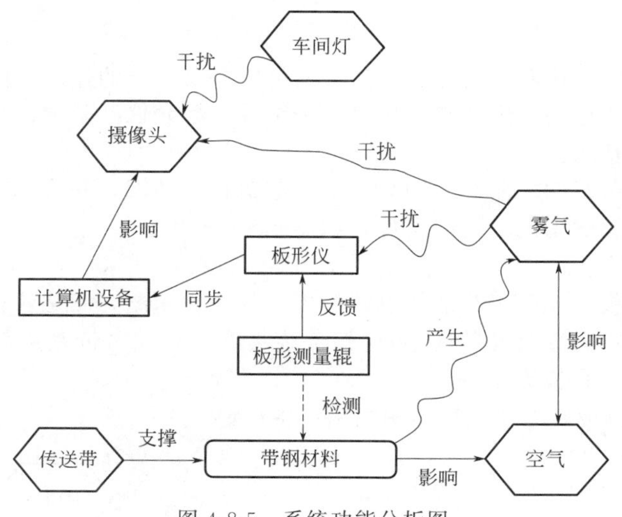


图 4-8-5 系统功能分析图

从功能模型图中可以看到，板形仪对于目标对象“带钢材料”是不足的作用。因此，考虑可以将其从系统中裁剪掉，将其所执行的有用功能利用另一个组件来替代，以提高系统的可靠性，降低损失与成本费用。

同时，从图 4-8-5 中可以得出，影响带钢浪边检测效率的主要因素是：系统应用环境下，板形仪由于适应性较差，检测的准确率和实时性不高。同时，板形测量辊的磨损也会增加系统的维护成本。如何使用技术上的方法解决板形仪检测带钢方面的缺点，实现现阶段带钢检测所要求的目标，是亟待解决的问题。

## （二）问题求解工具选取与应用

1. 最终理想解

在上述步骤中，通过分析得出了系统待解决的问题，因此，应用六步法来定义最终理想解（表 4-8-6）。

**表 4-8-6　最终理想解**

| 待解决问题 | |
|---|---|
| 在热轧带钢的过程中，对于带钢边部会出现浪形缺陷的现象，传统的浪边检测方式检测不及时，无法适应复杂的环境因素，并且维护费用高 | |
| 问题 | 回答 |
| 设计的最终目的是什么？ | 实时且高效简捷地判断带钢的浪边产生情况，对环境有较强的适应性，同时降低所需技术的实现费用与维护费用 |
| 最终理想解是什么？ | 带钢浪边检测系统具有很强的适应性，能够过滤掉环境等无关因素，自动且实时地对带钢浪边的出现、带钢浪边种类以及浪边大小进行判断。并且，系统的维护费用低，维护难度低 |
| 达到理想解的障碍是什么？ | 工厂复杂的环境因素影响；板形仪检测技术的相对落后；板形仪材料费用昂贵 |
| 出现这种障碍的结果是什么？ | 浪边检测技术准确率较低，对于带钢浪边的出现，检测和处理不及时，导致产生大量不合格的薄规格钢材。并且设备维护费用高，使得工厂经济效益进一步下降 |
| 不出现这种障碍的条件是什么？ | 检测系统受环境因素影响小；带钢浪边检测技术定期更新；使用维护成本低的监测系统 |
| 创造这些条件存在的可用资源是什么？ | 超系统组件；更耐耗的系统材料；当下可用的带钢浪边检测技术 |

2. 剪裁

上述功能表中，板形仪对于目标对象“带钢材料”是不足的作用。因此，选择将其从系统中裁剪掉，将其所执行的有用功能利用另一个组件“激光仪”来替代，以提高系统的可靠性，降低损失与成本费用。

将板形仪作为被剪裁的对象，使用另一个能够执行该功能，并且能够最大程度改善系统的新组件，替换掉原有的功能不足的组件，如图 4-8-6 所示。

由此，得到了方案 1：

将传统的接触式板形仪改善为非接触式的板形仪，使用激光测量仪代替板形仪中的板形测量辊，使用激光的方向性（发散性小），配合接收器，完成对带钢边部平直度的检测，以提高系统的精确度，提高检测实时性。

方案 1，也就是剪裁后的功能模型图如图 4-8-7 所示。

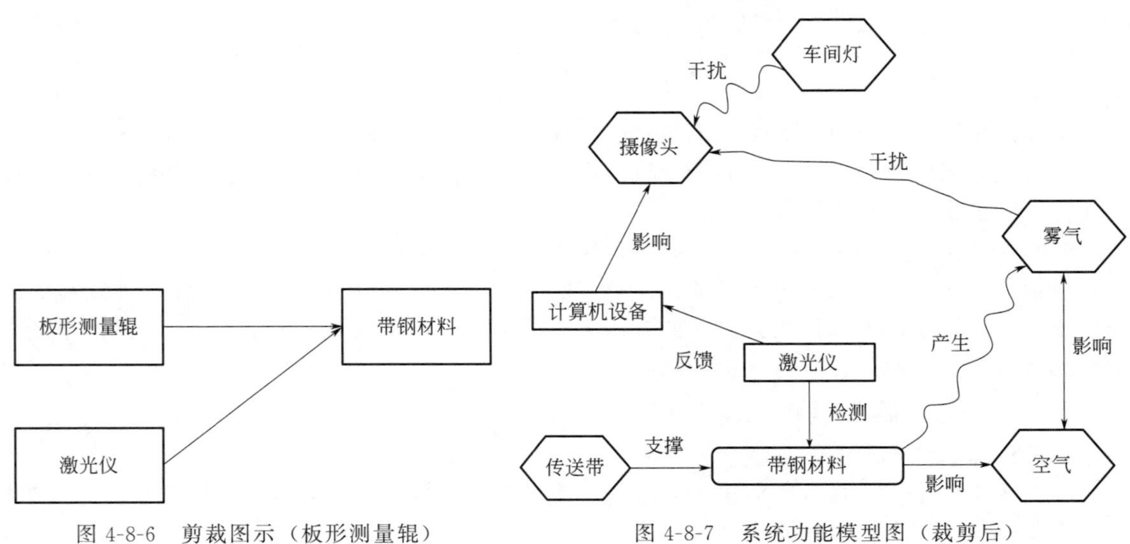


图 4-8-6　剪裁图示（板形测量辊）

图 4-8-7　系统功能模型图（裁剪后）

3. 技术矛盾

在前面的功能分析和因果链分析中，已经总结出了需要解决的工程问题，在热轧带钢的过程中，对于带钢边部会出现浪形缺陷的现象，传统的浪边检测方式检测不及时，无法适应复杂的环境因素，并且维护费用高。针对以上问题，提炼出主要的两个技术矛盾（表 4-8-7）。

**表 4-8-7　技术矛盾表**

| 项目 | 技术矛盾 1 | 技术矛盾 2 |
| --- | --- | --- |
| 如果 | 带钢浪边检测装置检测速度更快、更加自动化 | 选用耐久性更好，可维护性高的浪边检测装置 |
| 那么 | 浪形的检测更具有实时性 | 带钢浪边检测系统对环境具有更强的适应性 |
| 但是 | 检测的准确度降低 | 设备复杂性升高 |

（1）针对技术矛盾 1

从 39 个标准工程参数中选择技术矛盾 1 的一对特性参数：①质量提高的参数——自动化程度（No. 38）；②带来负面影响的参数——制造精确度（No. 29）。查阅矛盾矩阵，根据坐标 [38，29] 得到四项发明原理 18、23、26、28（18 振动原理、23 反馈原理、26 复制原理、28 替代机械系统原理）。

对上述四项发明原理分别进行分析讨论，得到具体解决方案如表 4-8-8 所示。

**表 4-8-8　技术矛盾 1 解决方案**

| 技术矛盾 1 | | | |
| --- | --- | --- | --- |
| 方案序号 | 发明原理序号 | 发明原理 | 方案内容 |
| 方案 2 | 18 | 使物体处于振动状态 | 引入振动机制至板形仪，使得接触式板形仪能够通过适当的振动提高对带钢浪边的检测精度与实时性 |
| 方案 3 | 23 | 引入反馈以改善过程或动作 | 引入平直度反馈控制机制，根据精轧出口的平直度仪实时检测带钢平直度，将实测值与目标值对比，若偏差超出一定范围，则发送通知消息至末机架，通过控制其弯辊进行实时调节，以消除浪边 |
| 方案 4 | 26 | 用光学拷贝或图像代替物体本身，可以放大或缩小图像 | 使用带钢图片代替带钢本身，通过对带钢图片的检测来完成对带钢浪边的检测 |
| 方案 5 | 28 | 用视觉、听觉、嗅觉系统代替部分机械系统 | 使用视觉来代替部分机械系统，可以采用人工目视的方法进行检测，即在卷取机旁配备端部拍摄设备，将边部图片通过系统传递到操作终端，由人工根据经验判定是否有缺陷 |

（2）针对技术矛盾 2

从 39 个标准工程参数中选择技术矛盾 2 的一对特性参数：①质量提高的参数——适应性及多用性（No. 35）；②带来负面影响的参数——设备的复杂性（No. 36）。查阅矛盾矩阵，根据坐标 [35，36] 得到四项发明 15、29、37、28 原理，分别为：15 动态化原理、29 气动与液压结构原理、37 热膨胀原理、28 替代机械系统原理。对上述四项发明原理分别进行分析讨论，总结出具体解决方案，如表 4-8-9 所示。

**表 4-8-9　技术矛盾 2 解决方案**

| 技术矛盾 2 | | | |
| --- | --- | --- | --- |
| 方案序号 | 发明原理序号 | 发明原理 | 方案内容 |
| 方案 6 | 15 | 使一个物体或其环境在操作的每一个阶段自动调整，以达到优化的性能 | 将板形仪的板形测量辊设置为可自动调整，当带钢通过时，测量辊可自动调整角度以贴合带钢材料，提高检测精度 |

续表

| 技术矛盾2 | | | |
|---|---|---|---|
| 方案序号 | 发明原理序号 | 发明原理 | 方案内容 |
| 方案7 | 29 | 物体的固体零部件可以用气动或液压零部件代替，气体或液体可膨胀或减振 | 使用液态零部件替换板形测量辊，完成对带钢浪边的判断，以减小接触式板形仪的材料损耗，提高装置耐用性 |
| 方案8 | 37 | 利用材料的热膨胀或热收缩性质 | 为了实时完成对带钢浪边的检测，利用板形测量辊的热膨胀/热收缩性质。当带钢通过时，接触温度会随之改变，板形测量辊检测性能会因为温度的变化而升高，精度也随之提升 |

4. 物理矛盾

在前面的步骤中，分析提炼出的关键问题是：既要让系统有较高的检测精度，又不需要花费高昂的材料维护费。

得出物理矛盾为：板形测量辊材料需要是质量优良耐磨损的，因为要使系统具有耐久性和准确性；但是板形测量辊材料需要是质量中等价格便宜的，因为要使材料费用和系统维护费用低。

加入导向关键词，描述物理矛盾为：对于系统耐久性，需要板形测量辊材料是质量优良的，因为质量优良的材料耐磨损；但是对于系统维护费用，需要板形测量辊材料是质量中等价格便宜的，因为价格低的材料能够减少系统材料维护费用。

对于以上体现出来“对谁”的导向关键词，使用的分离原理为基于关系分离。因此，综合分析此分离原理对应的发明原理，确认“复合材料”原理最合适。得到解决方案9，如表4-8-10所示。

**表4-8-10 物理矛盾解决方案**

| 物理矛盾 | | | |
|---|---|---|---|
| 方案序号 | 发明原理序号 | 发明原理 | 方案内容 |
| 方案9 | 40 | 将材质单一的材料改为复合材料 | 考虑使用“颗粒增强钢基复合材料”替换板形仪原先的板形测量辊材料。<br>颗粒增强钢基复合材料最突出的特点就在于其高硬度、高强度和高耐磨性，同时还具有良好的韧性。可以采用离心铸造工艺来完成基体与增强颗粒的复合 |

5. 物场分析

待解决问题：在热轧带钢的过程中，对于带钢边部会出现浪形缺陷的现象，传统的浪边检测方式检测不及时，无法适应复杂的环境因素，并且维护费用高。为了及时对带钢浪边进行处理，增加产品的合格率，需要一套检测系统能够避免以上的问题，并且维护费用更低。

与工程问题相关的物质和场：物质有板形仪、带钢材料、摄像头、计算机设备等；场有机械场（板形仪检测带钢浪边）、电场（检测结果反馈至计算机）、光场（摄影仪记录现场带钢视频）。

（1）挑选组件，创建物场模型

① 识别元件：板形仪为 $S_1$，带钢为 $S_2$，机械场为 $F_{Me}$；②构造模型：在当前生产情境下，板形仪能够基本完成带钢浪边的检测，但检测的精度与实时性不高，对带钢浪边的检测带来的经济消耗大于减小的浪边损失，因此，两者属于作用不足的物场模型，如图4-8-8

所示。

（2）从标准解中选择一个合适的解

利用异质的或有组织结构的物质代替同质的或无序结构的物质，以此提高系统的功能效应，如图 4-8-9 所示。

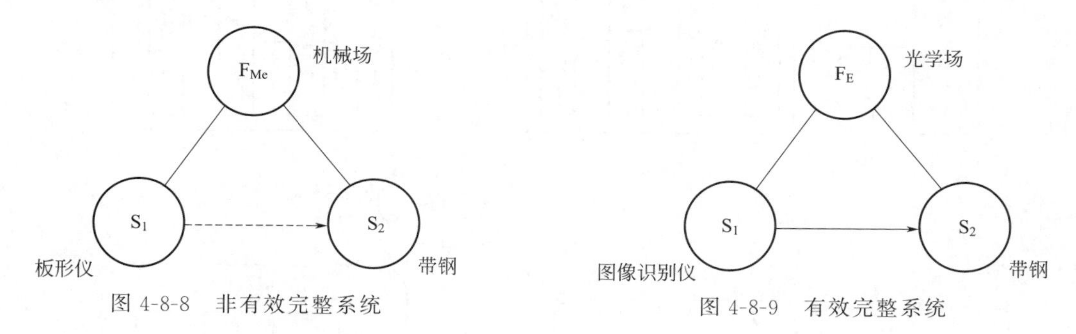

图 4-8-8　非有效完整系统　　图 4-8-9　有效完整系统

（3）进一步发展以上概念，得到详细解决方案 10

改进的浪边识别系统摒弃了传统板形仪通过物理接触来判断浪形的方法，使用有组织结构的智能图像检测系统，通过对带钢图像进行识别来判断带钢是否具有浪边。系统使用 OpenCV 开源计算机视觉库，通过先进的技术手段与操作，从视频中找到具有浪形的帧图片，在图片上标记出来并实时反馈给计算机终端。这样，就可以避免与带钢实体相接触，并提高检测实时性。

通过以上分析步骤，综合实际情况考虑，得出了共计十个方案，对每个方案进行可用性评估，得到评分如表 4-8-11 所示。

**表 4-8-11　方案评价表**

| 方案序号 | 发明原理 | 创新原理 | 可用性评估 | | | | 总分(40) |
|---|---|---|---|---|---|---|---|
| | | | 实时性(10) | 适应性(10) | 准确程度(10) | 维护代价(10) | |
| 1 | — | 使用另一个能够执行该功能并最大程度改善系统的新组件，替换掉原有的功能不足的组件 | 7 | 6 | 8 | 3 | 24 |
| 2 | 18 | 使物体处于振动状态 | 3 | 3 | 4 | 7 | 17 |
| 3 | 23 | 引入反馈以改善过程或动作 | 6 | 6 | 5 | 4 | 21 |
| 4 | 26 | 用光学拷贝或图像代替物体本身，可以放大或缩小图像 | 8 | 7 | 7 | 8 | 30 |
| 5 | 28 | 用视觉、听觉、嗅觉系统代替部分机械系统 | 2 | 8 | 5 | 8 | 23 |
| 6 | 15 | 使一个物体或其环境在操作的每一个阶段自动调整，以达到优化的性能 | 7 | 6 | 7 | 5 | 25 |
| 7 | 29 | 物体的固体零部件可以用气动或液压零部件代替，气体或液体可膨胀或减振 | 4 | 4 | 5 | 5 | 18 |
| 8 | 37 | 利用材料的热膨胀或热收缩性质 | 5 | 6 | 6 | 6 | 23 |
| 9 | 40 | 将材质单一的材料改为复合材料 | 5 | 6 | 6 | 5 | 22 |
| 10 | — | 利用异质的或有组织结构的物质代替同质的或无序结构的物质，以此提高系统的功能效应 | 9 | 7 | 8 | 8 | 32 |

最终对上述十个方案从实时性、适应性、准确程度、维护代价四个方面综合评价考虑，

选出四个方面表现最优、最具有可行性的方案 10（图 4-8-10）。

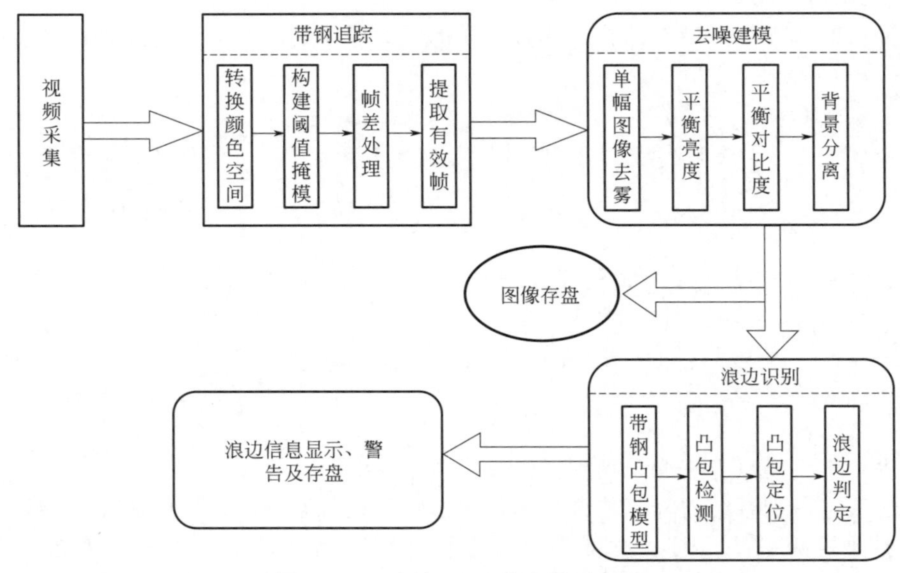


图 4-8-10　方案 10 工作流程示意图

## 四、可实施技术方案的确定与评价

### （一）最终确定方案

基于工厂实际生产情况与需求，利用 TRIZ 原理设计带钢浪边智能图像检测系统（图 4-8-11）。

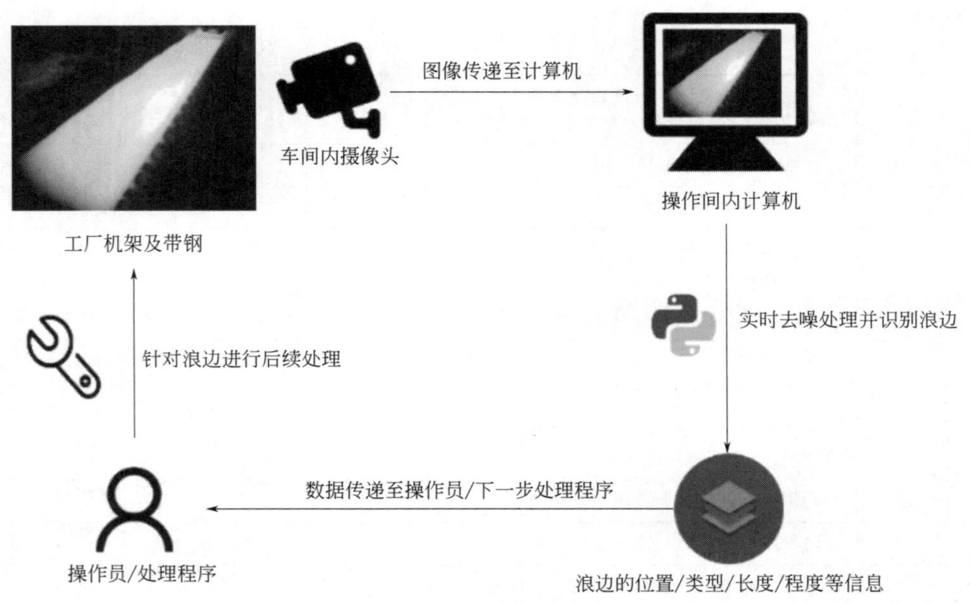


图 4-8-11　系统示意图

热轧带钢浪边智能实时检测系统主要由视觉传感系统、计算机系统、软件系统三大部分组成。整体架构如图 4-8-12 所示。

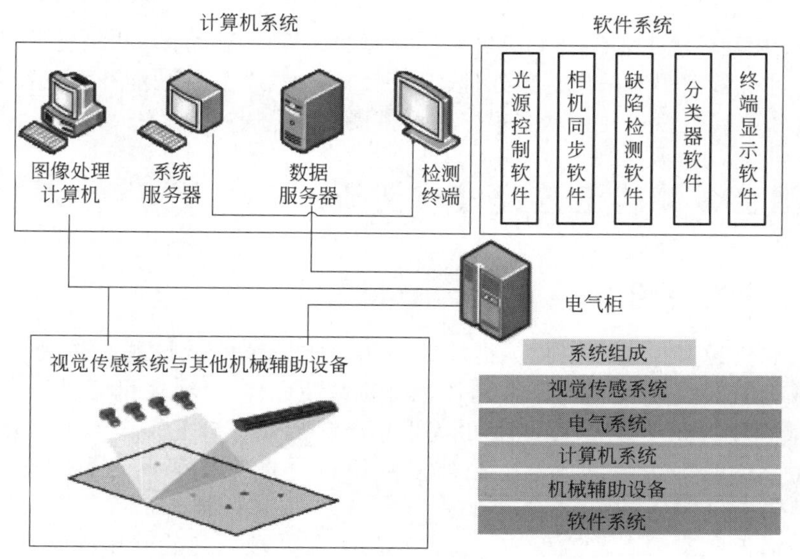


图 4-8-12 热轧带钢浪边智能识别系统整体架构

系统通过工厂摄像头及光源组成的成像系统对带钢生产过程进行视频拍摄，记录下清晰的带钢生产过程视频，这些带有浪边或不带有浪边的视频图像通过专用的 GIGE 电缆或光纤传输至图像处理计算机，提取出有效视频片段，并截取成帧图像。然后通过运行于其中的图像处理算法对每帧图像进行去噪等预处理，提取出图像中存在带钢的有效区域，滤除无关区域的影响。其次使用凸包检测等算法，检测出当前区域下带钢是否有浪边产生。最后通过终端计算机系统进行呈现（包括浪边位置、严重程度等信息）、浪边信息存储、实时报警等操作，如图 4-8-13 所示。

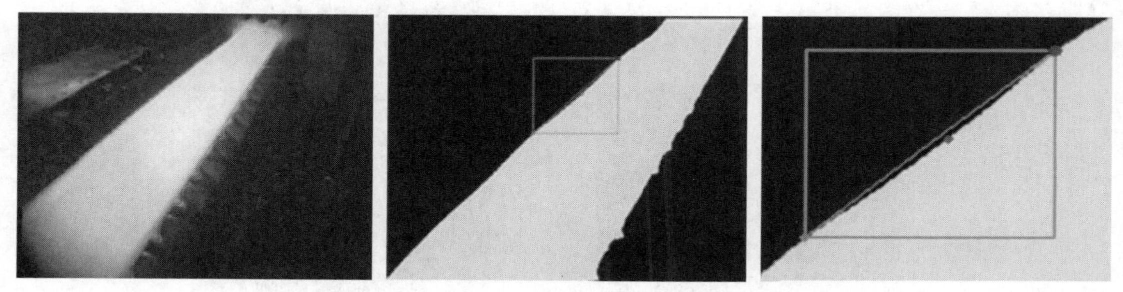

图 4-8-13 带钢边部浪形图像系统缺陷检测效果

## （二）方案对比

将从数篇相关文献和专利中提出的智能缺陷检测系统，与通过上述分析步骤提出的方案进行对比，可以得出本方案具有以下优势。

1. 充分考虑了工厂车间的环境影响因素

影响视频识别技术正常发挥作用的一个关键因素在于图像的清晰度与完整度，而热轧带钢工厂车间存在生产过程中产生大量水雾、车间光线较暗等影响因素，在这种情况下常规的视频识别系统会基本失去效果。此项目最终方案针对车间中的光线黯淡和水雾等干扰因素做了相应的处理，使用单幅图像快速去雾算法和帧差网格提取法对图像进行预处理，结合系统的物理去雾，能够很好地提高系统识别准确率与兼容性。

2. 系统可移植性强

在 Python 开发环境下，结合 OpenCV（开源的计算机视觉库）和深度学习——CNN 卷积神经网络，进行带钢图形采集、预处理、识别和浪边检测软件功能开发，在各平台都具有良好的兼容性和可移植性，并且具有很好的可拓展性。

## 案例 9：铝合金铸轧工艺改进与创新

### 一、项目情况介绍

石油等能源资源减少，二氧化碳排放量逐年增加，节能减排越来越受到人们的重视，因此轻量化成为主流。以汽车工业为例，车身每减重 10%，油耗可降低 6%～8%；汽车整车质量每减轻 100kg，百公里油耗可降低 0.3～0.6L，减少 0.6～2.5kg$CO_2$ 的排放。因此，在轻量化的趋势下，低成本、高质量的铝板材将在汽车板、手机机身、飞机板上广泛应用。

目前生产铝板普遍的工艺流程为：铸造→均匀化处理→热轧→中间退火→冷轧→热处理。其缺陷明显，包括生产流程长、速度慢、能耗较高、排放较多，如图 4-9-1 所示，最终导致汽车板成本较高，性能较差。

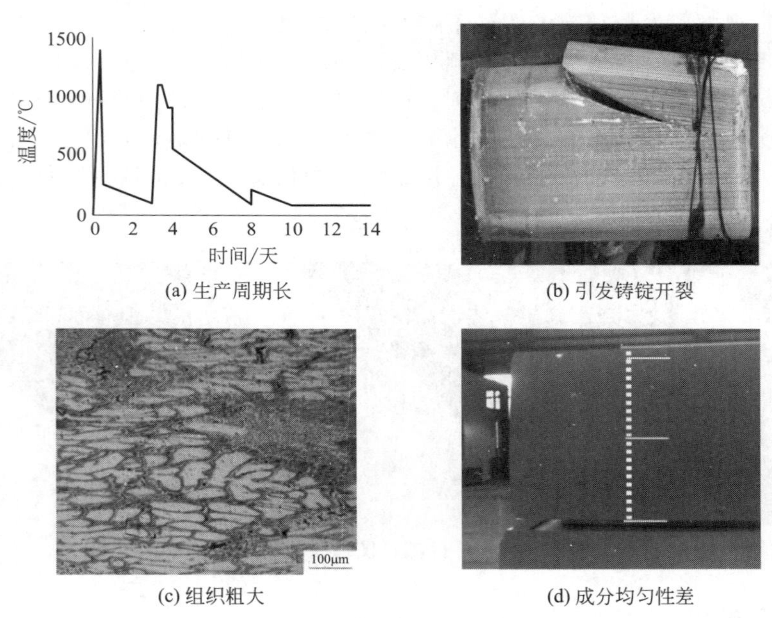

(a) 生产周期长　(b) 引发铸锭开裂

(c) 组织粗大　(d) 成分均匀性差

图 4-9-1　传统铸造工艺缺陷

用铸轧工艺代替传统的铸锭工艺生产铝合金板是目前全世界正在经历的一场重要的工艺革命。铸轧工艺，即将铸造与轧制一体化设计，液态的铝液直接在轧辊上结晶并进行热轧，其工艺流程如图 4-9-2 所示，包括熔炼、铸轧、冷轧、热处理。其一体化的工艺流程省去了铸造、铣面、均匀化处理、热轧、中间退火等工序，是一种流程短、高效、节能的成型技术，大幅简化了流程，降低了成本，在手机壳铝材、飞机机身、汽车板市场上具有广阔的前景。Al-Mg-Si 合金作为主要研究对象，采用双辊铸轧工艺制备半成品铝合金汽车板。

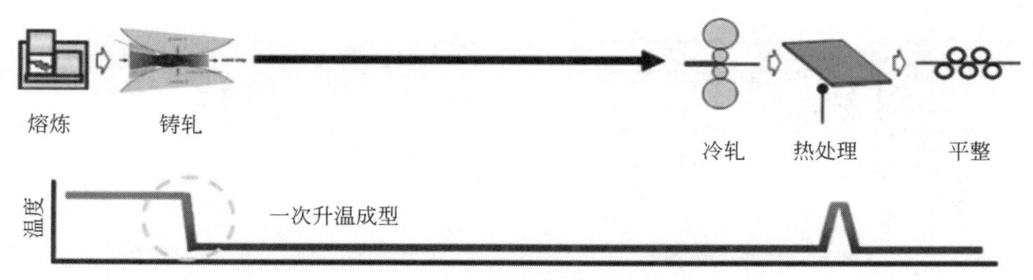


图 4-9-2　短流程铸轧工艺

## 二、项目来源

### （一）铸轧系统工作原理

当前系统为铸轧系统，由铸嘴、熔炼炉、中间包、流槽、轧辊、轧道、电机、铝板、铝液、冷却水等组件构成，如图 4-9-3 所示。

铝液由熔炼炉浇注到中间包，以液体形态进入铸嘴，通过铸嘴控制流量以及流体形状，经由铸嘴流出与较冷的轧辊接触，于辊面开始结晶，并在一定压力的轧制下发生变形，由固体轧板形态离开轧辊，之后经过二辊平整机进行矫直，卷曲成卷。

其中，关键性的铸嘴组件是一个绝热耐高温的、可设计的、由软质复合材料制成的控制铝液流量和形状的模具；而在关键性的铸轧部分，如图 4-9-4 所示，将在轧辊内表面进行喷水冷却，增加传热，提高铝水的凝固效率。

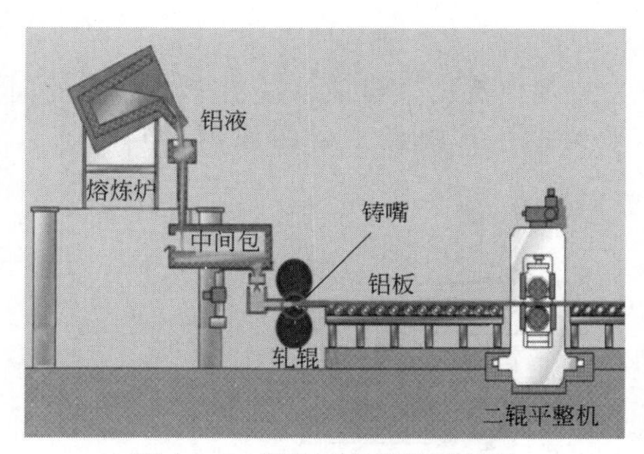


图 4-9-3　铸轧工作流程示意图

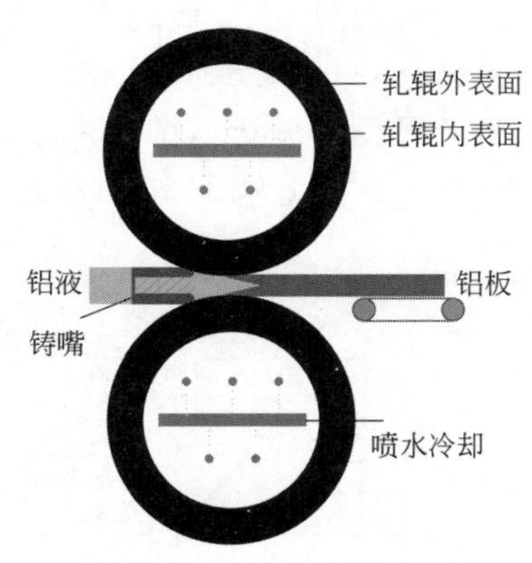


图 4-9-4　轧制工作示意图

### （二）主要问题

① 最主要的问题在于宏观偏析。如图 4-9-5(a) 所示，在铸轧部分轧辊中间的铝水（铝液）由两侧向中间凝固，当液态合金全部凝固后，在板坯的中心处形成中间宏观偏析带，如图 4-9-5(b) 所示，其无法完全消除，将降低板材质量。这一问题也是该技术没有广泛应用的重要原因之一。

② 在轧制力作用下，富集在固液界面处的液态合金元素沿枝晶间隙，从较冷区排挤到中部温度较高的区域（即孔道效应），其机理如图 4-9-6 所示。其溶质于板间富集，将导致最终铝板在板厚方向原始组织不均匀，以及快速凝固导致初生相分布不均匀等问题。

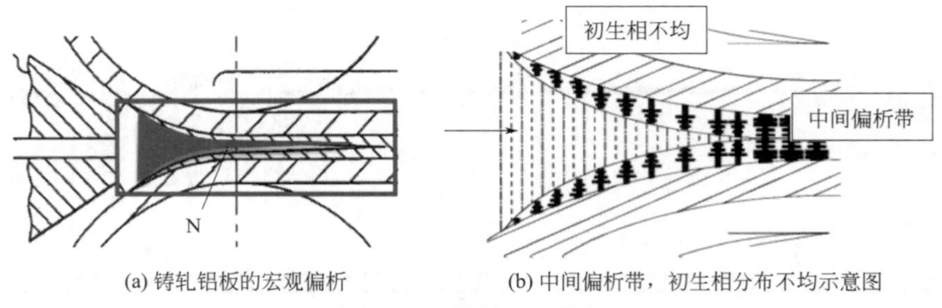


(a) 铸轧铝板的宏观偏析　　(b) 中间偏析带，初生相分布不均示意图

图 4-9-5　铸轧宏观偏析

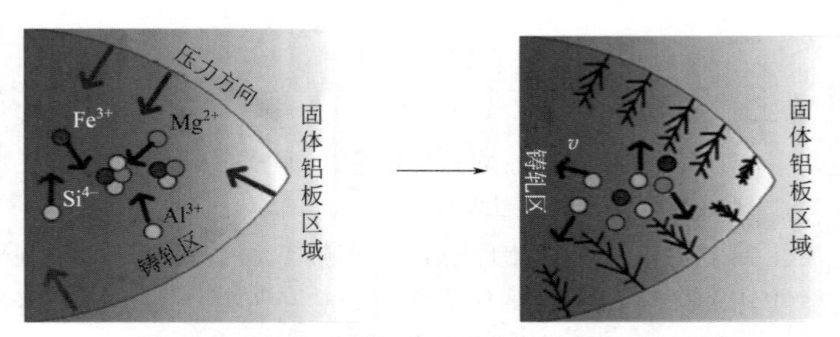


图 4-9-6　铸轧时板间溶质富集导致宏观偏析机理

## 三、问题分析与解决

### （一）问题分析工具选取与应用

1. 因果分析

通过鱼骨图的分析（图 4-9-7）可以较为直观地看出，目前系统力学性能差的问题是环境、工艺、人员、材料和机器这五方面导致的。其中最主要的原因来自工艺过程的调控。

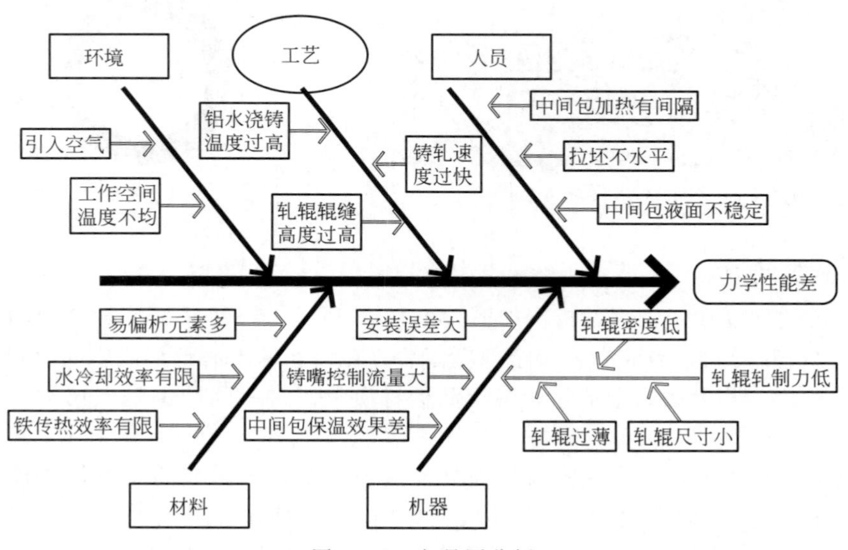


图 4-9-7　鱼骨图分析

对铸轧铝板质量差的问题进行因果链分析，如图 4-9-8 所示，得出该问题的产生主要由三个方面引起。将图 4-9-8 的分析转化为表 4-9-1 中的具体描述。

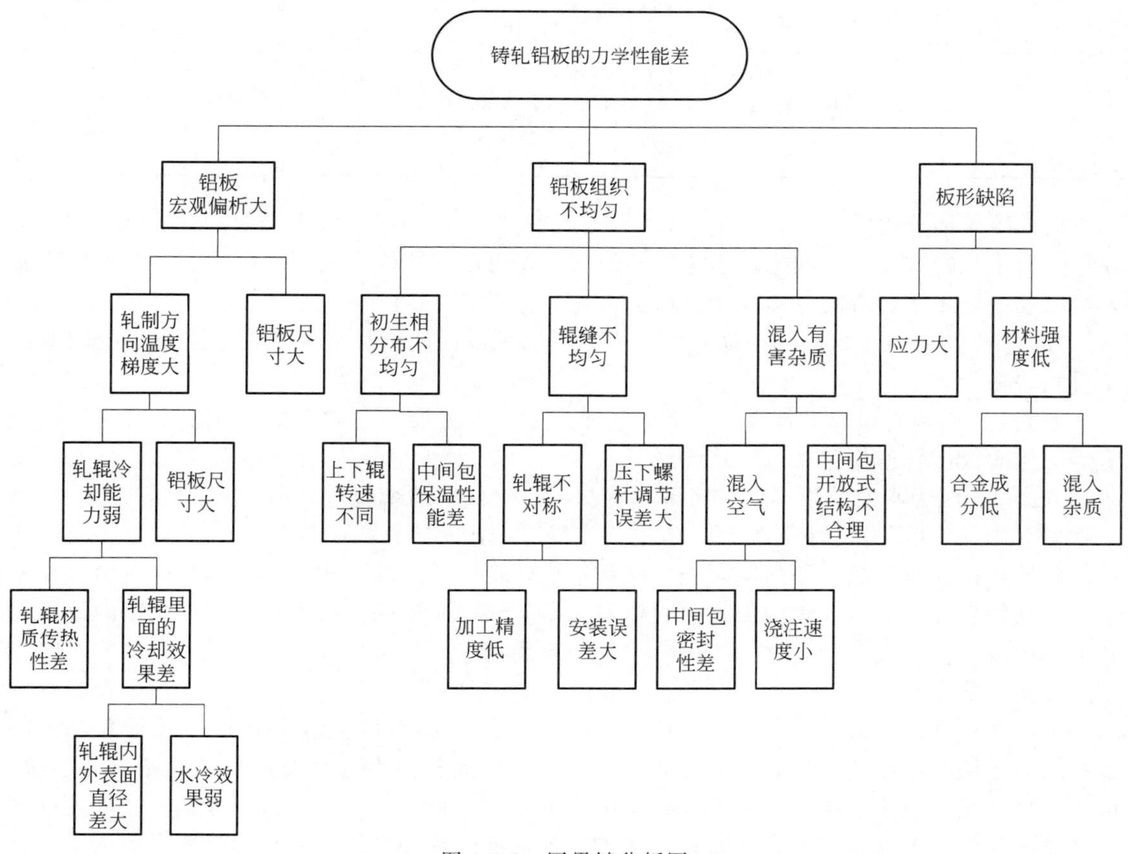


图 4-9-8 因果链分析图

**表 4-9-1 因果链分析表**

| 序号 | 关键缺点 | 关键问题 |
| --- | --- | --- |
| 1 | 中间包结构不合理 | 如何设计合理的中间包结构 |
| 2 | 中间包密封性差 | |
| 3 | 中间包开放式结构不合理 | |
| 4 | 铸件过厚 | 如何使铸件变薄 |
| 5 | 压下螺杆调节误差大 | 如何调节轧辊的辊缝使误差小 |
| 6 | 上下辊转速不同 | 如何使电机驱动能力稳定 |
| 7 | 材料导热性能差 | 什么材料导热性能好 |
| 8 | 水冷效果弱 | 什么介质冷却效果好 |
| 9 | 合金成分低 | 如何提高合金含量 |
| 10 | 加工精度低 | 如何提高车床加工精度 |
| 11 | 安装误差大 | 如何提高安装水平 |

续表

| 序号 | 关键缺点 | 关键问题 | | |
|---|---|---|---|---|
| 12 | 铝板尺寸大 | 如何减小铝板尺寸 | 矛盾描述 | 铝板尺寸小,温度梯度小;铝板尺寸大,经济价值高 |
| 13 | 轧辊内外表面直径差大 | 如何使轧辊内外表面直径差小 | | 轧辊内外表面直径差小,轧辊传热性更好;轧辊内外表面直径差大,轧辊强度更高 |

根据因果链分析的这三方面的13个问题将成为后续所有分析和TRIZ工具的切入点。并且面对系统的这几方面问题，不考虑其他因素，可以直接提出较为可行的四个解决思路和方案以及一个矛盾，解决方案与矛盾如下。

方案1：因为压下螺杆调节误差比较大，所以可以在轧机加装测距仪及液压系统调节以克服此缺陷。

方案2：因为电机驱动能力不足，转速不稳定，故可设计一种电机与轧辊之间的连接稳速器，从而保证转速稳定。

方案3：因为水冷效果不好，可采用冷却效果更好的纳米流体。

方案4：因为铝水中混入空气，考虑用氮气保护铝水。

此外，在轧辊传热性差的问题上发现其系统轧辊组件上的矛盾——轧辊内外表面直径差小，轧辊传热性更好；轧辊内外表面直径差大，轧辊强度更高。这为后续物理矛盾的分析提供了基础。

2. 九屏幕分析

本问题的九屏幕分析如图4-9-9所示，当前系统的超系统是控制环境——研究院控制室；当前系统的子系统是重要的组件铸嘴、轧辊、中间包。当前系统过去是原始铸轧系统，传统机械的操作取决于工人师傅的熟练水平，具有不可控性，产品具有明显缺陷；因此推断未来系统的发展方向是智能控轧系统，可以实现根据环境和目标产品自动设置合适的工艺参数，如铸轧速度、铸轧温度等，具有量化参数、自动反馈、操纵简易的特点。过去的超系统是手动放料冶炼的过程，当前的超系统是自动放料的冶炼工艺，由此推断未来的超系统发展方向是具有智能化控制的冶炼工艺。当前的铸嘴子系统是控制高温液态铝水流入轧辊的重要组件，灵活可控，成本较低，但每次工艺后需要更换；而过去的固定模具无法控制铝液流量，产品缺陷大，由此推断未来的智能控轧系统将由具有自动化控制流入的电子铸嘴开始，实现流量的自动控制，从而实现智能控制系统。

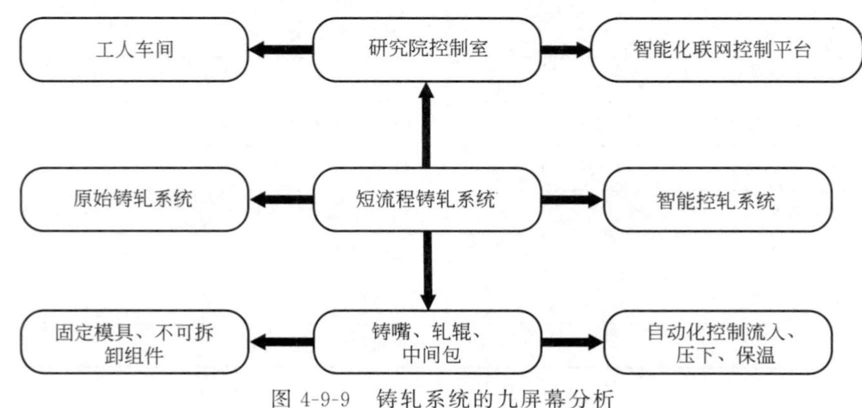


图4-9-9　铸轧系统的九屏幕分析

因此，根据九屏幕分析的方法，一方面指明了铸轧工艺系统的发展方向，即智能控轧工艺系统，将大幅提高产量及效率；另一方面也进一步简化了问题——实现智能控制系统首先要实现智能控制流入的铸嘴。

受子系统的铸嘴组件进化方向的启发，得到一个较为可行的方案。

方案 5：编写自动控制系统程序，编写反馈系统，采用自动控制流入铸嘴代替现有的模具铸嘴。

3. 生命曲线

根据分析，如图 4-9-10(a) 所示，时间跨度从 1985 年 1 月～2019 年 1 月，共检索出结果 488 条。从中可以较为直观地看出，2006 年之后，铝合金铸轧的专利申请数量稳步提升，不断有开拓性的技术被提出和被试验，我国铝合金铸轧工艺虽起步较晚，但方兴未艾，正处于高速增长的阶段，因此处于 S 生命曲线的成长期，且逐步从成长期向成熟期过渡，具有广阔的发展前景。

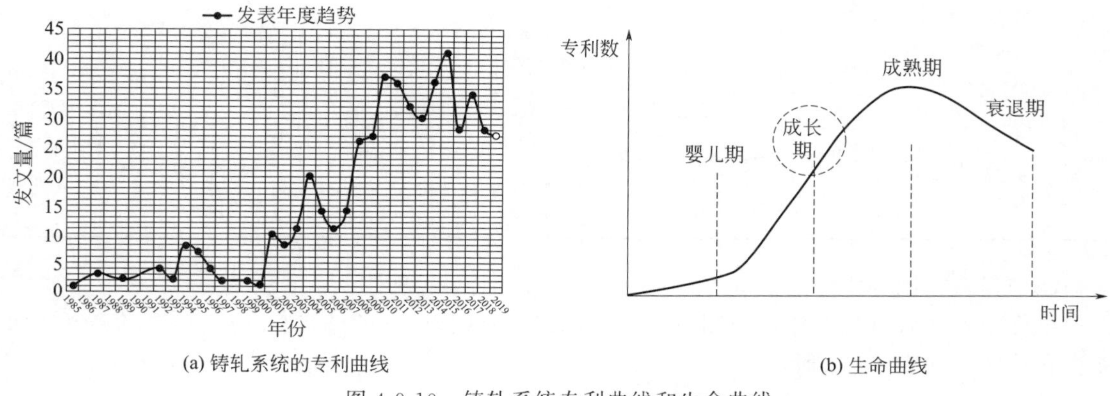


(a) 铸轧系统的专利曲线　　(b) 生命曲线

图 4-9-10　铸轧系统专利曲线和生命曲线

因此根据该系统处于成长阶段，制订了相应的发展战略。第一，寻求突破性创新，向国外学习先进的思路理念，结合自身实践，实现技术性突破；第二，在逐步向成熟期迈进的过程中，不断完善性能指标，提高竞争力。

同时之前的九屏幕分析揭示了当前系统的发展方向，即智能控轧系统。目前阶段也应向量化、系统化、自动化的方向发展，在该方向上探索方案使系统逐步走向成熟。

4. 资源分析

在设计创新的过程中，合理地利用资源可使问题的解更接近问题的理想解，并且在此过程中，竭力搜寻当前系统的可用资源，为方案的提出提供物质基础。现将可利用的资源分为 5 类，如表 4-9-2 所示。

**表 4-9-2　资源分类表**

| 资源类别 | 资源 |
|---|---|
| 物质资源 | 铝水、铝板、轧辊、冷却水、电机、氮气等 |
| 能量资源 | 机械能、水能、电磁能、热能 |
| 系统资源 | 轧辊结构、铸嘴结构 |
| 空间资源 | 冷却水的位置 |
| 信息资源 | 板厚误差、组织成分 |

5. 功能分析

(1) 组件分析

进一步对系统进行功能分析，分析各个组件间相互作用和组件对于系统的功能。根据因果链分析出三方面的原因和缺陷，找到相应的功能不足的组件。

铸轧的形式不能改变，即成型原理不变，只允许改变铸轧系统，将铸轧系统作为工程系统，其他组件作为超系统，相应的组件分析如表 4-9-3 所示。

**表 4-9-3　铸轧系统的组件分析**

| 工程系统 | 系统组件 | 超系统组件 |
| --- | --- | --- |
| 铸轧系统 | 熔炼炉 | 辊道<br>铝板<br>平整机<br>卷取机<br>空气 |
| | 中间包 | |
| | 流槽 | |
| | 轧辊<br>轴承<br>压下螺杆<br>水 | |
| | 电机 | |
| | 铝水<br>铸嘴 | |

(2) 相互作用分析

组件中若两者有相互作用，则以“＋”标记，否则以“－”标记。有“＋”的意味着可能存在功能，如表 4-9-4 所示。

**表 4-9-4　铸轧系统的相互作用矩阵**

| 组件 | 熔炼炉 | 中间包 | 流槽 | 轧辊 | 压下螺杆 | 水 | 辊道 | 铝水 | 铸嘴 | 铝板 | 卷取机 | 空气 |
| --- | --- | --- | --- | --- | --- | --- | --- | --- | --- | --- | --- | --- |
| 熔炼炉 | | － | － | － | － | － | － | ＋ | － | － | － | ＋ |
| 中间包 | － | | － | － | － | － | － | ＋ | － | － | － | ＋ |
| 流槽 | － | － | | － | － | － | － | ＋ | － | － | － | ＋ |
| 轧辊 | － | － | － | | － | ＋ | － | ＋ | － | ＋ | － | ＋ |
| 压下螺杆 | － | － | － | － | | － | － | － | － | － | － | ＋ |
| 水 | － | － | － | ＋ | － | | | － | － | － | － | ＋ |
| 辊道 | － | － | － | － | － | － | | － | － | ＋ | － | ＋ |
| 铝水 | ＋ | ＋ | ＋ | ＋ | － | － | － | | ＋ | ＋ | － | ＋ |
| 铸嘴 | － | － | － | － | － | － | － | ＋ | | ＋ | － | ＋ |
| 铝板 | － | － | － | ＋ | － | － | ＋ | ＋ | ＋ | | ＋ | ＋ |
| 卷取机 | － | － | － | － | － | － | － | － | － | ＋ | | ＋ |
| 空气 | ＋ | ＋ | ＋ | ＋ | ＋ | － | ＋ | ＋ | － | ＋ | ＋ | |

(3) 功能建模

对每一个组件所对应的每一个标注有“＋”的单元，一一分析两者的功能，得到结果如表 4-9-5 所示。

表 4-9-5 铸轧系统的功能分析

| 功能 | 等级 | 性能水平 |
|---|---|---|
| | 熔炼炉 | |
| 熔化原料 | 辅助功能 | 有益且充分 |
| | 中间包 | |
| 容纳铝水 | 辅助功能 | 有益且充分 |
| | 流槽 | |
| 容纳铝水 | 辅助功能 | 有益且充分 |
| | 轧辊 | |
| 凝固铝水 | 辅助功能 | 有益且不足 |
| 加工铝板 | 基本功能 | 有益且不足 |
| | 压下螺杆 | |
| 移动轴承 | 辅助功能 | 有益且不足 |
| | 水 | |
| 冷却轧辊 | 辅助功能 | 有益且不足 |
| | 辊道 | |
| 传送铝板 | 附加功能 | 有益且充分 |
| | 铝水 | |
| 生成铝板 | 附加功能 | 有益且不足 |
| | 铸嘴 | |
| 控制流量 | 辅助功能 | 有益且不足 |
| | 卷曲机 | |
| 卷曲铝板 | 附加功能 | 有益且充分 |
| | 空气 | |
| 浸入铝水 | 附加功能 | 有害 |

将表 4-9-5 中的描述图形化，得到图 4-9-11。通过功能模型图可以得知以下信息。

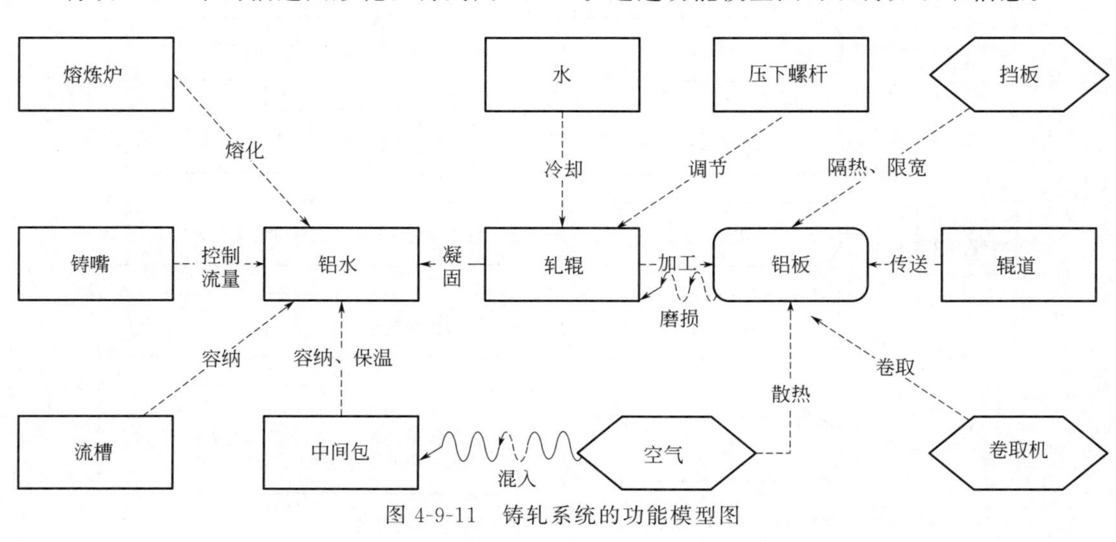


图 4-9-11 铸轧系统的功能模型图

① 空气是一个有害组件，空气可能浸入铝水中，导致铝水中存在气孔或杂质，轧辊不能有效凝固铝水，使在轧辊作用后生成的铝板产生质量差等问题，如铝板中心存在偏析带，组织成分不均匀，从而产品质量不稳定；

② 铸嘴、水、轧辊、铝水是功能不足的组件，作用方式如下，铝板和轧辊之间有摩擦，长时间作用对轧辊会有磨损，压下螺杆精度低影响轧辊辊缝，影响铝板的成型。

功能不足的组件为方案的提出和新功能建模的改进提供基础，而有害的组件空气为之后的裁剪工具提供了思路，并将改进功能建模。

6. 裁剪

应用裁剪方法里的在技术系统中新添组件，将流槽换成陶瓷封闭管，陶瓷管直接插入中间包中，铝水在管中流动可以实现保温，并且不会与空气接触。改进后的功能模型见图 4-9-12。

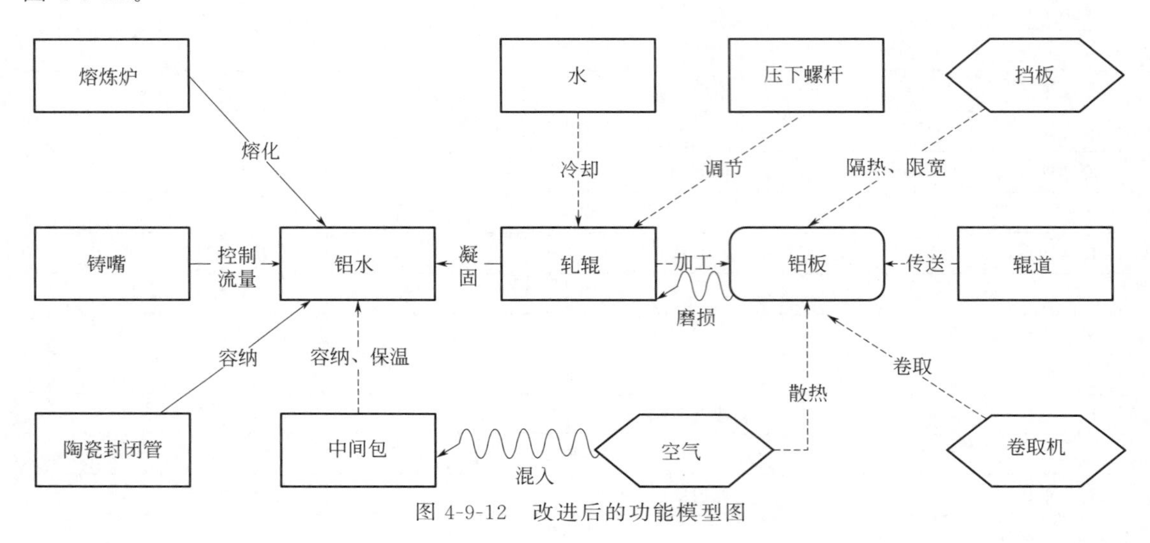


图 4-9-12　改进后的功能模型图

## （二）问题求解工具选取与应用

1. 最终理想解（图 4-9-13）

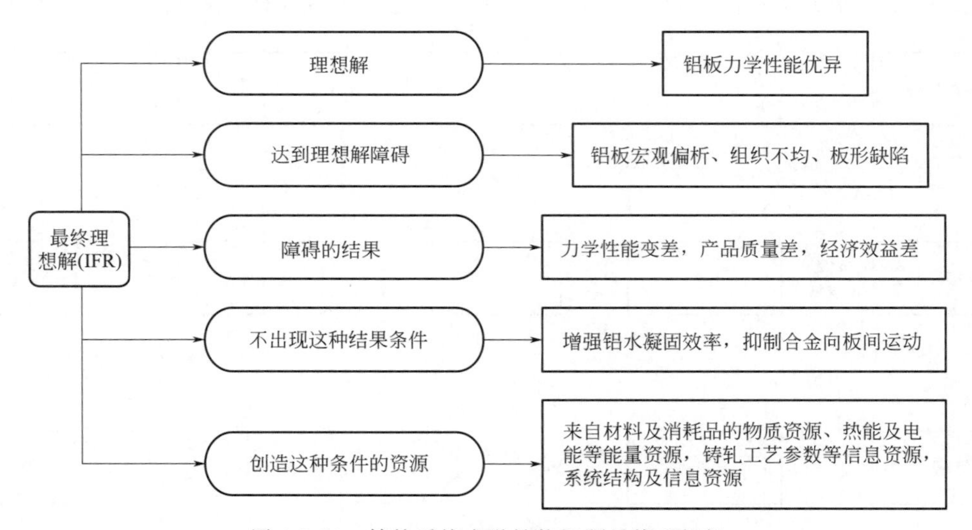


图 4-9-13　铸轧系统力学性能问题最终理想解

希望新系统更加简化，组件减少或替代，成本上得到更有效的控制，并且不会引入其他缺陷和问题，保证铝板优异的力学性能，从而获得最优异的质量和经济效益。

2.技术矛盾与矛盾矩阵

由上述分析可知，宏观偏析是否得到有效抑制是铝合金铸轧工艺中最为关键的问题，对产品的最终质量起着决定性作用，其控制的合理性直接决定了产品是否能够有效使用。这也就引出了本案例中的技术矛盾，如表4-9-6所示。

**表4-9-6 技术矛盾梳理**

| | 技术矛盾1 | 技术矛盾2 |
|---|---|---|
| 如果 | 减小宏观偏析 | 增加宏观偏析 |
| 那么 | 增强铸轧板力学性能 | 降低制造难度和工艺成本 |
| 但是 | 提高制造难度和工艺成本 | 减弱铸轧板力学性能 |

如果减小宏观偏析，那么改进的工艺将增强铸轧板的力学性能，但是也会提高制造难度和工艺的成本；如果增加宏观偏析，那么会降低制造难度和工艺成本，但是也会减弱铸轧板力学性能。

在表4-9-6中，改善的工艺参数是铸轧板力学性能，恶化的参数是制造难度和工艺成本。铸轧板力学性能对应于39个通用工程参数中的强度（编号为14），制造难度和工艺成本对应于39个通用工程参数中的物质损失（编号为23）和可制造性（编号为32），如表4-9-7所示。

**表4-9-7 标准参数转化**

| 状况 | 技术矛盾中用词 | 标准参数 | 编号 |
|---|---|---|---|
| 恶化 | 制造难度 | 物质损失 | 23 |
| | 工艺成本 | 可制造性 | 32 |
| 改善 | 力学性能 | 强度 | 14 |

查找矛盾矩阵中相应的单元，可以看到其中的数字为3、10、11、28、31、32、35、40。它们分别对应于3局部质量原理、10预先作用原理、11预防原理、28机械系统替代原理、31应用多孔材料原理、32颜色改变原理、35参数变化原理、40应用复合材料原理，如表4-9-8所示。

**表4-9-8 分析矛盾矩阵**

| 改善的参数 | | 恶化的参数 | |
|---|---|---|---|
| | | 物质损失 | 可制造性 |
| | | 23 | 32 |
| 强度 | 14 | 35,28,31,40 | 11,3,10,32 |

根据8个发明原理，得到8个方案，各方案描述如下。

（1）35物理或化学参数变化原理

方案6：改变温度和轧辊速度，调整两个参数至最佳数值，相互配合，使得铸轧区内两相区液穴深度适合，此时板坯凝固速率较均匀，最大程度抑制偏析缺陷。

（2）28机械系统替代原理

方案7：加入超声波场，即通过声波振荡铝水，晶粒在各个方向运动，在结晶时组织可以变得更加均匀，从而使铝板的力学性能得到提高。

（3）31 应用多孔材料原理

方案 8：铸轧过程中喷入空气，形成多孔材料，增加材料渗透性。

（4）40 应用复合材料原理

方案 9：改变熔炼时成分，加入 Al-Ti-B 中间合金，使晶粒细化，减小偏析缺陷。

（5）11 预防原理

方案 10：在生产线上布置剪切设备，当发现铝板出现偏析缺陷时，运行剪切设备将其含有缺陷的一段铝板剪掉，从而得到性能良好的铝板。

（6）3 局部质量原理

方案 11：设想加热轧辊两端，由于凝固时铝板中间温度高，两端温度低，与加热后的轧辊接触后，达到温度均匀的目的，减小偏析。

（7）10 预先作用原理

方案 12：设想铝水在进入轧辊之前预先凝固，再进入轧辊变形。

（8）32 颜色改变原理

方案 13：在铝水中加入发光剂，根据发光点的分布情况来追踪发生偏析的位置，为后续的处理提供位置信息。

3. 物理矛盾的解决

（1）问题描述

根据因果链对于系统的分析结果，如图 4-9-14 所示，可以看出铸轧铝板出现较大宏观偏析、组织不均匀的一个重要原因是轧辊传热性差，轧辊传热差导致板间液态温度远高于边界，凝固速度慢，形成板间较大偏析。而轧辊传热性差是由于轧辊内外表面直径差大，热量不能从轧辊外表面向喷水冷却的轧辊内表面传递。

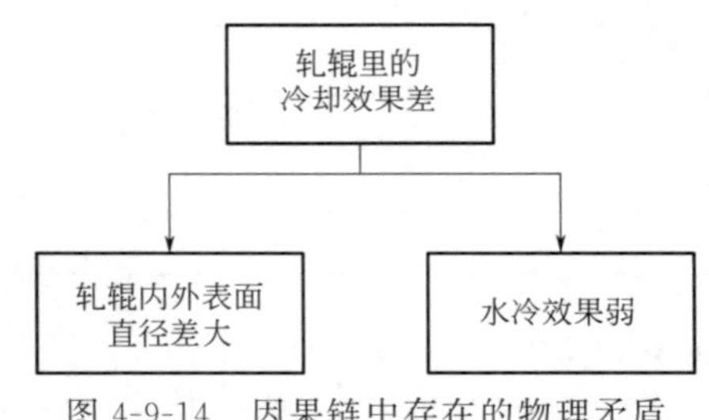

图 4-9-14 因果链中存在的物理矛盾

因此，轧辊内外表面直径差越小，传热速度越快，偏析问题越小；然而若轧辊内外表面直径差减小，轧辊轧制力极限将减小，导致铸轧板形变量减小，强度降低。

（2）物理矛盾的提出

从问题分析可得到系统的物理矛盾为轧辊内外表面直径差需要是小的，因为要保证传热速度快，宏观偏析小；但是，轧辊内外表面直径差需要是大的，因为需要轧制力大，使板材得到更高的强度。

（3）分离方法

轧辊的传热功能指向铝水的凝固，轧辊的轧制力功能指向铝水的轧制，由于铸轧系统的凝固和轧制同时进行，因此无法对轧辊厚度的矛盾基于时间分离；铸轧与轧制都是在轧辊组件上进行的，因此也无法将轧辊厚度的矛盾按空间分离；由于凝固和轧制同时出现并连续进行，因此也无法将其矛盾进行条件分离。因此可以让轧辊内外表面直径差在系统级别上是小的，在子系统（或者组件）级别上是大的。

因此，适用的分离原理为基于系统级别分离。按系统级别分离，无导向关键词。其对应的发明原理如表 4-9-9 所示。

**表 4-9-9 物理矛盾确定发明原理**

| 分离方法 | 导向关键词 | 发明原理 |
| --- | --- | --- |
| 基于系统级别分离 | 无 | 1 分割原理；5 组合原理；12 等势原理；33 同质性原理 |

受表 4-9-9 中四个发明原理的启发可以确定如下方案。

① 1 分割原理。

方案 14：将铸造与轧制过程分离，在铝水浇注过程中，严格控制浇注温度，防止偏析的产生，然后将铸锭轧制成最终产品。

② 5 组合原理。

方案 15：在铝水中加入微合金元素，提高其热传导性，从而降低内外结晶速度的差异，避免偏析的产生。

③ 12 等势原理。

方案 16：将立式轧机替换为卧式轧机，从而提高轧制力分布的均匀性，以达到减少偏析产生的目的。

④ 33 同质性原理。

方案 17：用铝制造轧辊，使轧辊的热导率和产品的热导率一致。

4. 物场分析

轧辊中间的铝水在凝固时，由两侧向中间凝固，在轧辊的压力作用下，形成铝板，其在沿轧制方向的温度梯度变化大，当铝水全部凝固后，在铝板中心处就会形成宏观偏析带，不能得到细晶粒，组织不均匀，其物场分析图如图 4-9-15 所示。

由于轧辊与铝板之间的温度场难以控制，应用物场分析标准解 S2.1.2 向并联式复合场模型转换，通过引入第二个容易控制的场来改善问题。

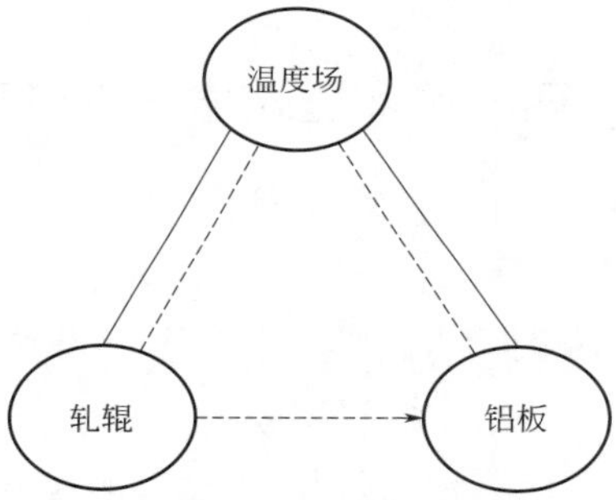

通过图 4-9-16(a) 得到方案 18：在铸轧设备上加装脉冲电源，于铸轧过程中引入不同占空比与频率的单独脉冲电场，通过脉冲电流凝固时对溶质电的迁移作用来减小偏析。之后进行铸造，均匀化、冷轧、固溶预时效以及烘烤硬化处理，进行组织性能分析。

温度场

轧辊

铝板

图 4-9-15　物场分析

通过图 4-9-16(b) 得到方案 19：在铸轧设备上加装电磁线圈，铸轧过程引入不同强度单独稳恒磁场，通过电磁场抑制对流作用来抑制偏析。之后进行铸造，均匀化、冷轧、固溶预时效以及烘烤硬化处理，进行组织性能分析。

通过图 4-9-16(c) 得到方案 20：引入脉冲电流场和稳恒磁场复合场，通过两种物理场复合作用来减小宏观偏析。之后进行铸造，均匀化、冷轧、固溶预时效以及烘烤硬化处理，进

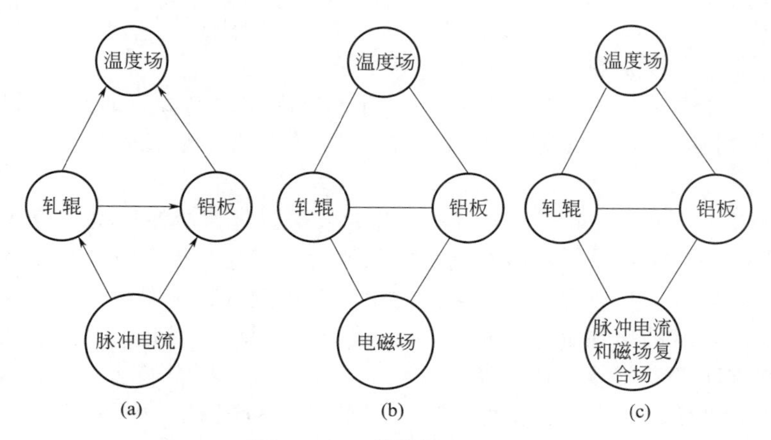


图 4-9-16　标准解 S2.1.2

行组织性能分析。其具体试验设备改进如图 4-9-17 所示，脉冲电流于设备上形成回路，脉冲电流作用于固液界面，并且在轧辊两侧加装自制的产生稳恒磁场的励磁线圈，如图 4-9-18 所示。

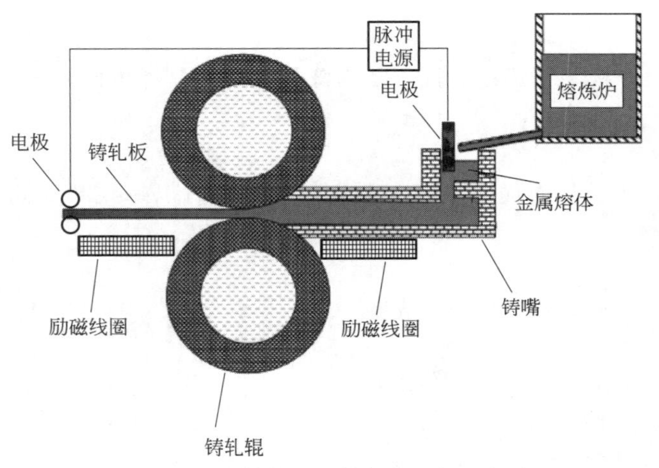


图 4-9-17　铸轧过程外加物理场示意图

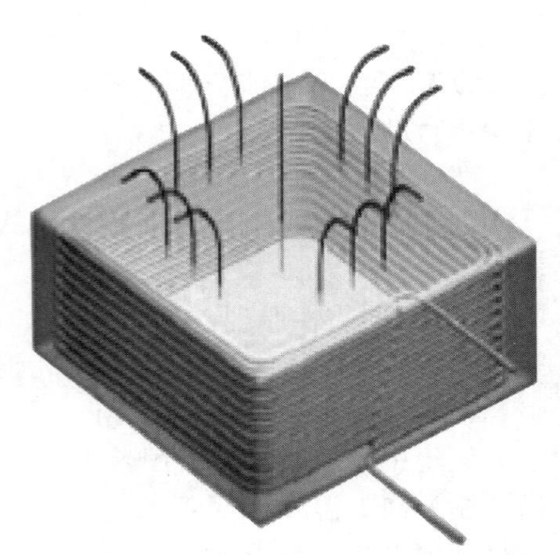

图 4-9-18　稳恒磁场发生装置示意图

## 四、可实施技术方案的确定与评价

### （一）方案整理

根据上述分析，共得到 20 个方案，其中由因果链得到 4 个，九屏幕分析得到 1 个，发明原理得到 12 个，物场分析得到 3 个。

### （二）方案评价

方案 1：轧机侧加装测距仪及采用液压调压，从一定程度上能够保证调节精度，从而改善组织均匀性，但是对已经结晶的组织提升效果有限，因此此方案不是最佳方案。

方案 2：设计一种电机与轧辊之间的连接稳速器，需要大量机械、控制及材料等学科知识的储备，除此之外，转速对于减少偏析的影响还有待明确，因此此方案不是最佳方案。

方案 3：纳米流体较水而言具有较好的冷却性能，但其价格昂贵，大大提高了生产成本，难以在大规模工业生产中得到运用，因此此方案不是最佳方案。

方案 4：用氮气保护铝水不受空气的影响，其现有的生产装备不具备此条件。除此之外，氮气对铝板质量存在影响，因此此方案不可行。

方案 5：采用自动控制及编写反馈系统是当今制造业的趋势，通过自动控制流入铸嘴可以控制浇注的初始状态，但是对于后续结晶过程影响比较低，因此此方案不是最佳方案。

方案 6：铸轧过程同铸造工艺相似，其工艺参数主要包括浇注温度、铸轧速度、辊缝高度及冷却强度等。一般来说，浇注温度高，铸轧速度快，则两相区液穴深度也偏高，板坯组织晶粒粗大，不均匀且偏析较为严重；当浇注温度低，且铸轧速度慢时，容易出现粗大的枝晶；若冷却过快，则容易出现憋辊现象，同样无法形成板坯。因此，浇注温度及铸轧速度的相互配合，可以在不调整试验其他条件的情况下，获得最佳组织形态、最小偏析情况的铸轧板。对不同铸轧温度和不同铸轧速度的铸件温度场进行模拟，可得模拟结果如图 4-9-19 所示。

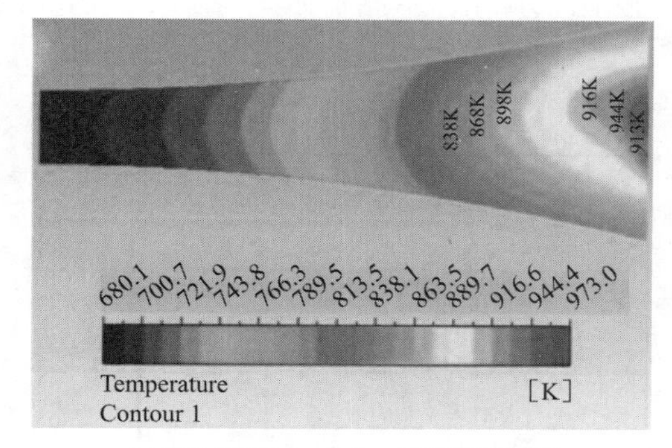


(a) 铸轧速度0.6m/min，浇注温度700℃

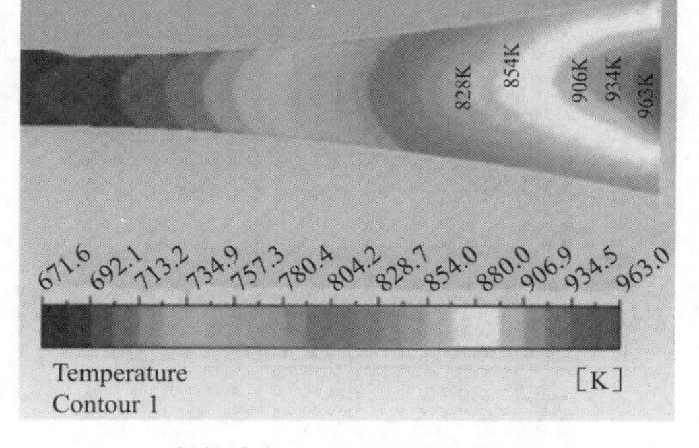


(b) 铸轧速度0.8m/min，浇注温度690℃

图 4-9-19　不同铸轧速度下最佳浇铸温度中心对称面的温度分布

而经实际试验比对后，确认最终铸轧参数为铸轧速度 0.8m/min，浇注温度 690℃。

方案 7：加入超声波，即通过搅拌铝水，使成分组织更加均匀，从而在凝固后得到组织均匀的铝板，因此此方案具有一定的可行性。

方案 8：实际的多孔结构铸轧板会使强度降低，应用性能差，无法使用，因此此方案无法采用。

方案 9：细化剂在加入铝熔体后迅速溶解。其晶体结构与铝基体相似，符合结构和尺寸的相似原则，很容易地成为包晶反应的核心，增加了有效核心的数量，也就不会发展成为柱状晶，从而达到细化晶粒的效果。然而采用细化剂细化板坯组织，会带来合金成分的污染。另外，当铝熔体中存在 Zr、Cr 等元素时会失去细化效果，反而会影响产品质量，因此此方案无法采用。

方案 10：生产过程中剪掉偏析带，不仅大大增加了生产时间，而且剪掉的偏析带增加了生产成本。除此之外，由于偏析产生的位置不固定，剪切设备布置位置难以确定。因此此方案难以采用。

方案 11：铝熔液容易在铸造区没完成凝固就进入轧制区，从而形成“跑汤”现象，铸轧过程无法完成，并严重损害设备，因此此方案无法采用。

方案 12：在轧辊之前凝固一方面影响了工艺的流畅性，延长了生产时间，另一方面与原工艺方案不符，因此此方案不适用。

方案 13：在铝液中加入发光剂追踪偏析产生位置的原理尚不明确，因此此方案无法采用。

方案 14：将铸造与轧制过程分离，将大大增加生产线布置长度，增加了生产周期，从而提高了产品的生产成本，因此此方案不适用。

方案 15：在铝水中加入微合金元素提高其热导率，而现今没有明确的理论依据证明热导率和内部结晶速度之间的关系，因此此方案无法采用。

方案 16：将立式轧机替换成现今采用的卧式轧机，从而提高轧制力分布的均匀性。轧制力分布均匀性对其有一定的影响，但是效果不明显，因此此方案不适用。

方案 17：用铝制造轧辊，使轧辊的热导率和产品的热导率一致。一方面，在轧制过程中，同种材质的轧辊受温度影响比较大，产生热变形，使产品出现板形问题；另一方面，现今没有明确的理论依据证明热导率和内部结晶速度之间的关系，因此此方案无法采用。

方案 18：在纯铝凝固过程当中对已经形成的晶核进行迁移，这些晶核将作为新晶粒的形核核心，细化了晶粒；同时增加过冷度，促进形核的生长，改变界面的稳定性，消除了铸造缺陷，使凝固组织更加均匀，提高了材料的力学性能。其原理示意图如图 4-9-20 所示。

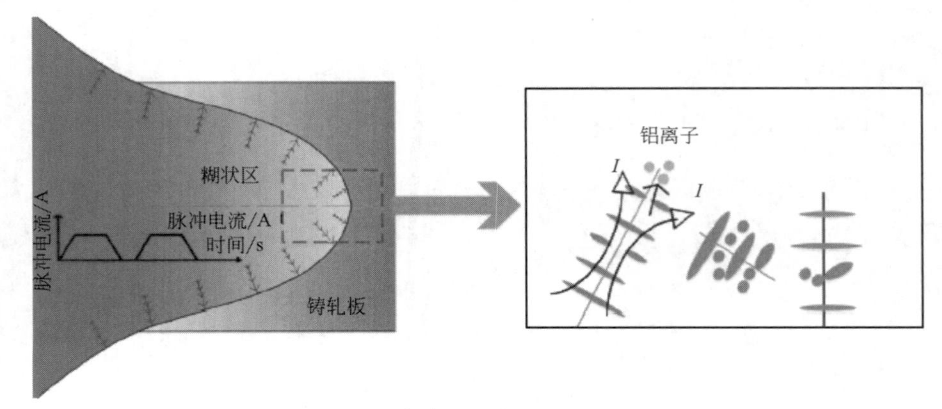


图 4-9-20　脉冲电流减小宏观偏析机理

方案 19：包括抑制熔体对流和诱发熔体流动两个相反的理论，当哈曼特系数大于 10 时，磁阻尼起主导作用，抑制对流，反之热电磁对流占主导，起细化晶粒的作用。

方案 20：磁场与脉冲电流组成复合场，晶粒细化的主要原因是振荡促使晶核脱离形核位置，形成游离晶，游离晶在重力和电磁力的共同作用下下沉，形成“结晶雨”，从而达到细化晶粒的效果。其原理如图 4-9-21 所示。

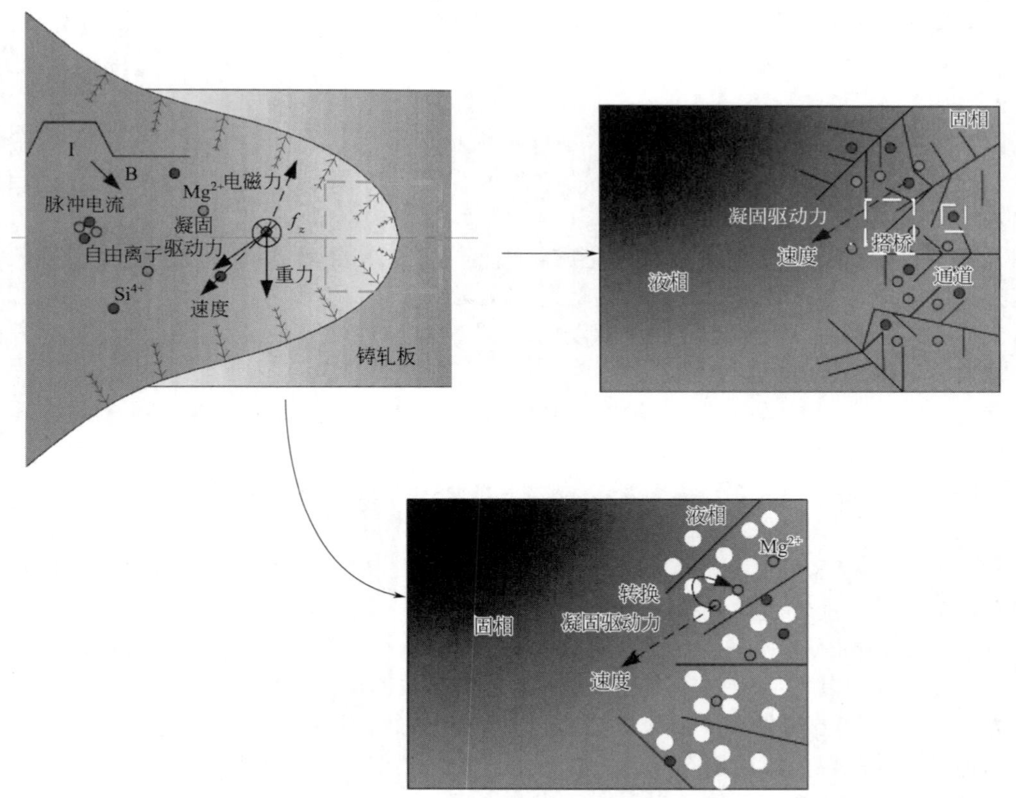


图 4-9-21　复合场减小宏观偏析机理

对方案 18、19、20 进行对比，可知加入不同占空比与频率的脉冲电流与不同强度的稳恒磁场时，稳恒磁场对铸轧板坯中心偏析的抑制效果不大，单独的脉冲电场和它们的复合场对中心偏析都起到了抑制的效果，复合场对板坯宏观偏析的抑制效果最佳，如图 4-9-22 所示。

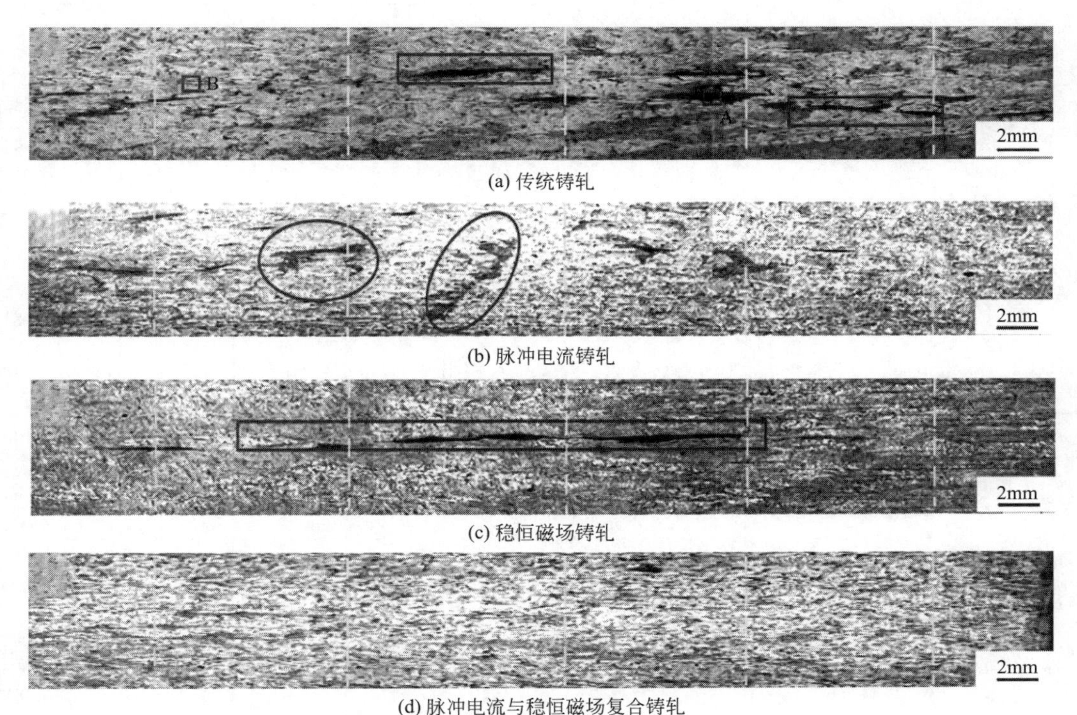


(a) 传统铸轧

(b) 脉冲电流铸轧

(c) 稳恒磁场铸轧

(d) 脉冲电流与稳恒磁场复合铸轧

图 4-9-22　不同外加场下观察宏观偏析情况

将上述方案评价以表格形式给出，得到表 4-9-10。对于组织不均匀的问题，方案 7、20 效果较好，组织整体得到明显改善；对于宏观偏析的问题，方案 18、19、20 效果明显，尤其方案 20 宏观偏析得到有效抑制，不过并未完全消除；对于板形问题，方案 4、20 效果较好，无明显缺陷。

**表 4-9-10　方案评价表**

<table>
<tr><th rowspan="2">序号</th><th rowspan="2">对应问题</th><th rowspan="2">方案</th><th rowspan="2">创新原理</th><th colspan="5">评价标准</th><th>总分</th></tr>
<tr><th>可操作性<br>(25)</th><th>先进性<br>(10)</th><th>产品质量<br>(20)</th><th>经济效益<br>(25)</th><th>环保<br>(20)</th><th>100</th></tr>
<tr><td>1</td><td rowspan="7">组织不均匀问题</td><td>增加测距仪，采用液压调压</td><td>因果分析</td><td>15</td><td>6</td><td>12</td><td>15</td><td>15</td><td>63</td></tr>
<tr><td>2</td><td>设计连接稳速器</td><td>因果分析</td><td>10</td><td>6</td><td>12</td><td>15</td><td>15</td><td>58</td></tr>
<tr><td>5</td><td>自动控制流入</td><td>九屏幕分析</td><td>15</td><td>5</td><td>16</td><td>18</td><td>18</td><td>72</td></tr>
<tr><td>19</td><td>加单独稳恒磁场</td><td>物场分析</td><td>20</td><td>8</td><td>15</td><td>18</td><td>17</td><td>78</td></tr>
<tr><td>20</td><td>加脉冲电流场和稳恒磁场</td><td>物场分析</td><td>22</td><td>8</td><td>20</td><td>22</td><td>17</td><td>89</td></tr>
<tr><td>12</td><td>铝水预先凝固</td><td>10 预先作用原理</td><td>10</td><td>8</td><td>12</td><td>15</td><td>15</td><td>60</td></tr>
<tr><td>7</td><td>加入机械场</td><td>28 机械系统替代原理</td><td>15</td><td>8</td><td>18</td><td>15</td><td>16</td><td>72</td></tr>
</table>

续表

| 序号 | 对应问题 | 方案 | 创新原理 | 评价标准 | | | | | 总分 |
|---|---|---|---|---|---|---|---|---|---|
| | | | | 可操作性(25) | 先进性(10) | 产品质量(20) | 经济效益(25) | 环保(20) | 100 |
| 3 | 宏观偏析问题 | 纳米流体冷却 | 因果分析 | 18 | 8 | 10 | 10 | 18 | 64 |
| 6 | | 改变浇注温度和轧速 | 35 物理或化学参数变化原理 | 20 | 6 | 18 | 15 | 15 | 74 |
| 8 | | 混入空气，形成多孔材料 | 31 多孔材料原理 | 10 | 8 | 10 | 8 | 15 | 51 |
| 9 | | 加入 Al-Ti-B 合金 | 40 复合材料原理 | 10 | 6 | 10 | 12 | 13 | 51 |
| 10 | | 增加剪切设备，剪掉偏析带 | 11 预防原理 | 8 | 6 | 10 | 10 | 12 | 46 |
| 11 | | 加热轧辊两侧 | 3 局部质量原理 | 13 | 7 | 15 | 12 | 13 | 60 |
| 13 | | 加入发光剂，追踪偏析 | 32 颜色改变原理 | 8 | 5 | 15 | 15 | 15 | 63 |
| 14 | | 铸造-轧制分离 | 1 分割原理 | 20 | 6 | 15 | 12 | 13 | 66 |
| 15 | | 加入微合金元素 | 5 组合原理 | 20 | 5 | 11 | 10 | 17 | 63 |
| 16 | | 采用立式轧机 | 12 等势原理 | 15 | 4 | 10 | 10 | 15 | 54 |
| 17 | | 铝制铜辊 | 33 同质性原理 | 10 | 4 | 5 | 10 | 10 | 39 |
| 18 | | 加单独脉冲电场 | 物场分析 | 20 | 6 | 15 | 18 | 15 | 74 |
| 20 | | 加脉冲电流场和稳恒磁场 | 物场分析 | 22 | 8 | 20 | 22 | 17 | 89 |
| 4 | 板形问题 | 氮气保护铝水 | 因果分析 | 10 | 5 | 15 | 15 | 18 | 63 |
| 20 | | 加脉冲电流场和稳恒磁场 | 物场分析 | 22 | 8 | 20 | 22 | 17 | 89 |

## （三）最终方案确定

在使用方案 6 所得出的铸轧速度 0.8m/min，浇注温度 690℃的条件下，最终使用方案 20。

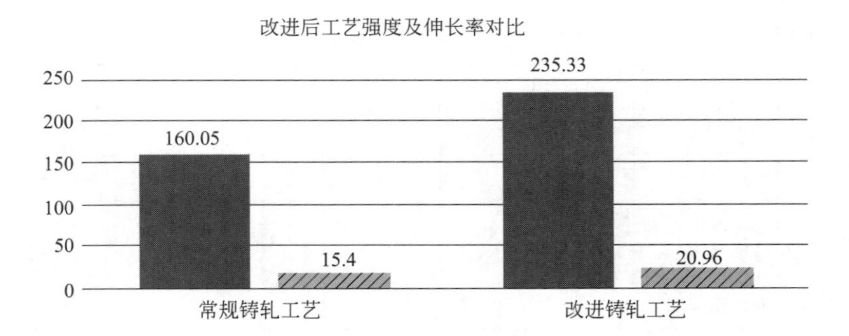


图 4-9-23　传统铸轧工艺与新工艺强度之比

在力学性能方面，其与传统铸轧对比，如图 4-9-23 所示，强度得到大幅度提高，完全满足汽车板强度及伸长率要求，铸轧工艺生产铝合金汽车板的目的得以实现。

同时，针对因果链三个主要问题，在宏观偏析方面，偏析缺陷得到良好改善，尤其在板中间位置，如图 4-9-24(d) 所示，应用复合场的板间宏观偏析相较传统的板间宏观偏析[图 4-9-24(c)]，有了明显的改善，但无法完全消除；在组织均匀性方面，如图 4-9-25 所示，以 Si 元素为例，在 270A 脉冲电流复合场下，其在厚度方向上分布十分均匀，相较其他参数及传统工艺，其组织均匀性得到有效改善；在板形方面，复合场下铝板板形相对良好，无明显浪边、卷曲及气孔缺陷。

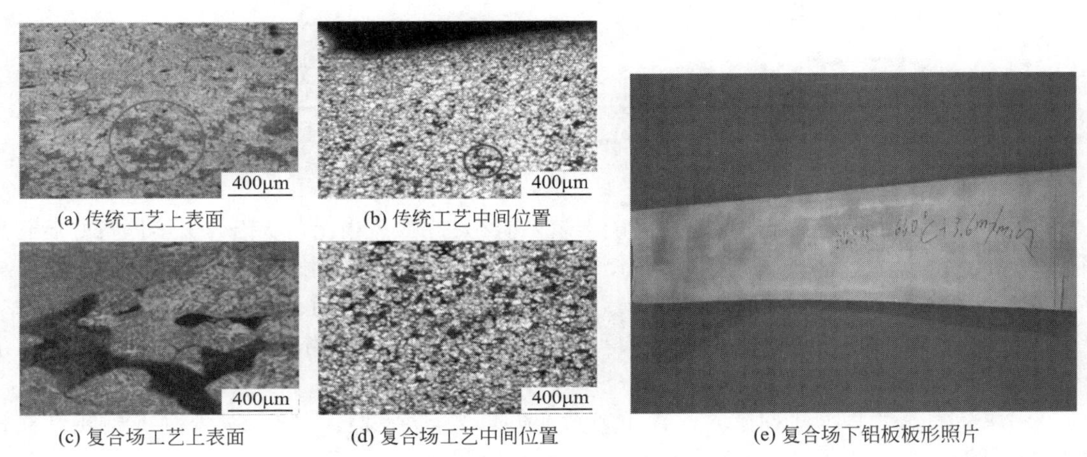

(a) 传统工艺上表面　(b) 传统工艺中间位置　(c) 复合场工艺上表面　(d) 复合场工艺中间位置　(e) 复合场下铝板板形照片

图 4-9-24　两种工艺上表面，中间位置宏观偏析对比

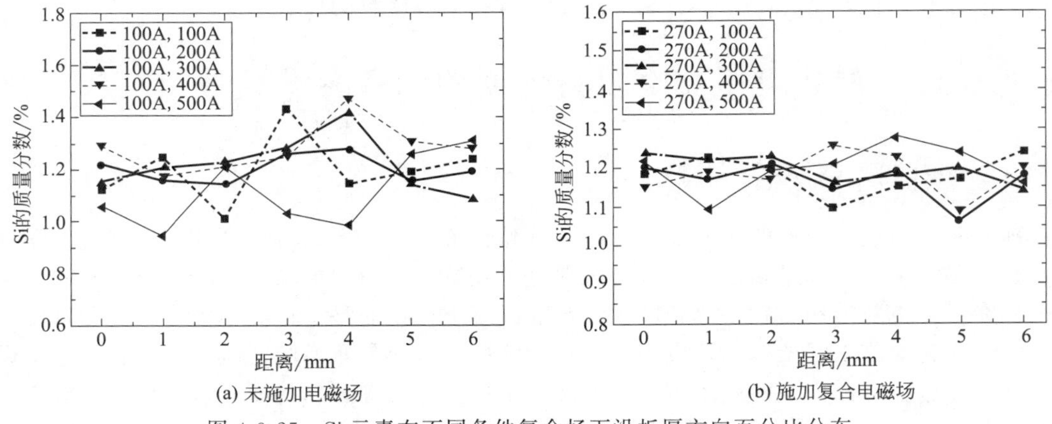

(a) 未施加电磁场　(b) 施加复合电磁场

图 4-9-25　Si 元素在不同条件复合场下沿板厚方向百分比分布

相较于最终理想解，目前的最终方案系统复杂性增加，增加了脉冲电流场及稳恒磁场，成本相对提高，未引入新的缺陷和问题；针对原有系统问题，有效解决了宏观偏析、组织分布与板形控制三个重要的问题，是目前十分接近最终理想解的有效方案。

## 五、预期成果及应用

在汽车铝板制造上，我国企业目前还在普遍使用传统铸锭方法，因此，将短流程铸轧工艺和传统铸造（铸锭）法在工艺特点、能耗上进行对比，如图 4-9-26 所示，短流程铸轧法有以下重要价值。

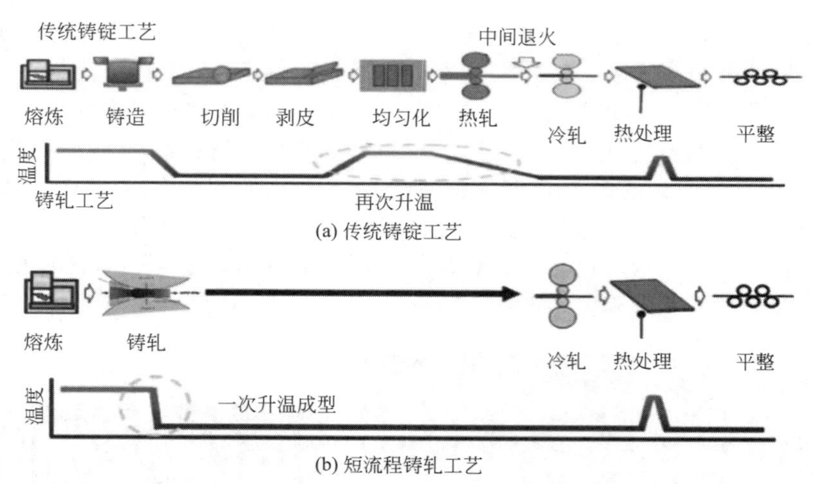


图 4-9-26　传统铸锭工艺与短流程铸轧工艺流程及温度变化对比

① 工艺流程短。设备简单、集中，与传统的铸锭热轧工艺相比，从铝合金熔体备好后到热轧成供冷轧用的带卷由 20 天缩短到 20min，缩短了铝水→铸造→热轧板带花费的时间，降低了生产成本，节约能源。占地面积小，能耗低。占地面积是传统生产线的 1/4，能耗为原来的 1/2。

② 提高了成材率。连续稳定地生产可以使生产达到高效、高产的效果，较好地避免了热轧后的切头切尾，使成材率提高 15％～20％。

③ 提高了生产自动化程度。改善了铸造车间的恶劣环境，有利于实现双辊铸轧过程智能化的目的。

④ 可生产合金含量产品。实现 5×××系和 6×××系合金的生产，实现用一种合金生产汽车内板和外板，这无疑非常有利于加工废料和消费废料的回收。

## 案例 10：新型建筑用真空复合钢筋的制备

### 一、项目情况介绍

随着我国城镇化建设的快速发展和国家战略的有力支持，基础设施建设如房屋、桥梁、电站、公路等工程得到迅猛发展，有力地促进了建筑行业迈向更高的台阶，与此同时，建筑用钢也在不断更新换代。在基建领域中，钢筋混凝土用钢筋是一种应用极为广泛和重要的材料，它们作为混凝土骨架被广泛应用于基建设施中，因而其质量和性能将直接影响建筑设施的安全性和服役寿命。实际应用中，钢筋混凝土长期处于潮湿、盐碱或氯化物含量较高的环境下，其腐蚀问题（图 4-10-1）造成混凝土结构的失效，给社会经济带来了巨大的损失。

图 4-10-1　混凝土结构的腐蚀破坏

为了最大限度减少因钢筋锈蚀导致的经济财产损失，当前关于钢筋耐蚀性的研究主要集中于研发高耐蚀性能的钢筋，即延长从腐蚀开始到使用寿命结束这一腐蚀周期。因此，一系列新型建筑用钢筋应运而生（图 4-10-2），包括实心不锈钢钢筋、镀锌钢筋、环氧涂层钢筋及不锈钢覆层钢筋等，其抗蚀性能都远强于普通螺纹钢。实心不锈钢钢筋具有不锈钢优异的抗蚀能力和美观外表，但强度不高，生产成本过高；镀锌钢筋只适于轻微腐蚀条件下，且进行弯曲加工时热浸镀覆盖层容易剥落，几乎不起保护作用；环氧涂层钢筋降低了与混凝土的黏结强度，容易引起局部点腐蚀。

图 4-10-2　不同类型的耐蚀钢筋

针对上述耐蚀钢筋存在的缺点，提出一种生产成本低、结合性能好的不锈钢覆层钢筋制备新工艺，通过不锈钢/碳钢坯料组合及真空焊接封边，获得高洁净度的待结合表面以及焊接过程中高真空的结合界面，从而得到高性能、低成本的不锈钢/碳钢复合钢筋。

## 二、项目来源

### （一）当前系统的功能及组成

下面结合图 4-10-3 真空轧制复合技术（VRC）研究路线示意说明图，对本例实施的工艺流程进行说明。

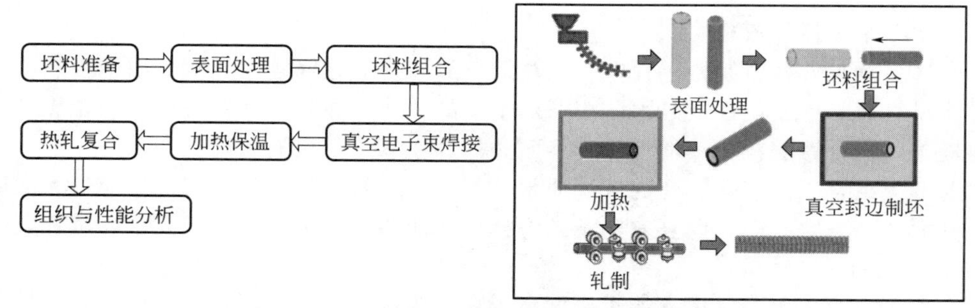


图 4-10-3　真空轧制复合技术（VRC）研究路线

坯料准备：准备相应尺寸的不锈钢钢管 1 和碳钢棒 2，所选原料均为普通不锈钢材质及碳钢材质，不需要经特殊冶炼制备。

表面处理及坯料组合：将所选的不锈钢钢管1内壁和碳钢棒2外表面进行机械打磨和酸洗处理，去除锈迹、油渍等污物，露出干净金属结合表面，最后用丙酮和酒精擦拭，干燥处理后将碳钢棒2嵌套在不锈钢管1内，完成坯料组合。

真空电子束焊接封边制坯：将上一步骤中组成的双金属组合坯料3置于电子束焊机真空室内抽真空，当达到预设真空度（即不大于0.01Pa）后对双金属结合缝隙进行电子束焊接，使复合面保持高真空状态。由于是在高真空环境下进行的焊接，减少了与空气的接触，避免了氧化的发生，使双金属结合处没有氧化夹杂物生成，对强度的提高极为有利。

复合坯料的加热保温和轧制成型：将制成的双金属焊后坯料4放入加热炉内加热并保温一定时间，加热的目的是提高双金属焊后坯料4的塑性，促进双金属复合界面的元素扩散，并降低其变形抗力，随后进行TMCP（Thermo Mechanical Controlled Processing，控轧控冷）轧制成型，保证得到理想的组织和性能。

## （二）真空复合的原理

1.不锈钢/碳钢复合“相补效应”

单一材料难以满足性能的综合要求时，应用复合技术使两种或两种以上性能不同的金属在界面上实现牢固的冶金结合，虽然各层金属仍保持它们的原有特性，但其物理、化学、力学性能比单一金属更有优越性，实现“1＋1＞2”的目的，这就是“相补效应”，如图4-10-4所示。

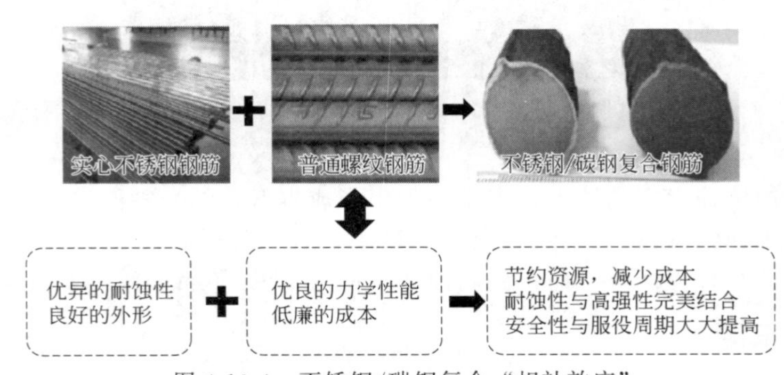


图4-10-4　不锈钢/碳钢复合“相补效应”

不锈钢/碳钢复合钢筋基于不锈钢优异的耐蚀性和良好的外形、普通碳钢优异的力学性能和低廉的成本，通过一定的工艺技术使其结合两种材料的优势，达到节约资源、降低成本、耐蚀性及服役周期大大提高的目的。

2.真空电子束焊接原理

在金属层状复合材料制备过程中，存在结合界面易氧化问题，导致界面结合强度大大降低，影响最终产品的使用性能。因此，清洁干净的金属表面状态是获得良好结合界面的一个重要前提，而复合钢筋在加热保温阶段界面必然存在氧化反应的可能。

目前解决结合界面氧化问题的方法通常是制坯时隔绝外界大气，因此，应最大限度地保证结合界面的高真空状态，而真空电子束焊接技术能够很好地实现这一要求，其焊接工艺原理如图4-10-5所示。

真空电子束焊接工艺是以高能量密度电子束作为能量载体对材料和构件实现焊接和加工的新型特种加工工艺方法，具有其他熔焊方法没有的优势和特殊功能，其焊接能量密度极高，容易实现金属材料的深熔透焊接，且具有焊缝窄、深宽比大、焊缝热影响区小、焊接残余变形小、焊接工艺参数容易精确控制和稳定性好等优点。

电子束焊焊缝形成原理如图 4-10-6 所示，电子的产生是通过场发射或热发射的方式，从阴极逸出的电子会被加速电压（25～300kV）加速，被加速后的电子速度可达到光速的 0.3～0.7 倍，在光学聚焦系统的作用下，电子会被聚焦在一起形成具有很高能量密度的电子束。

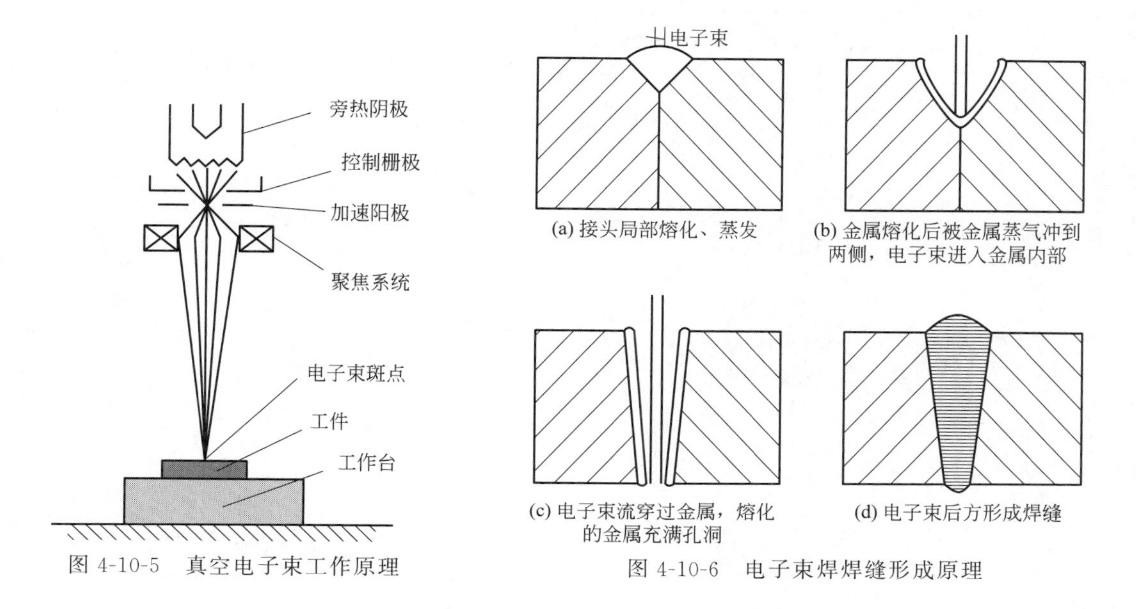


图 4-10-5 真空电子束工作原理

图 4-10-6 电子束焊焊缝形成原理

如图 4-10-6(a) 所示，具有高能量密度的电子束轰击被焊工件的表面，在接缝处产生很高的温度，使其周围的金属被熔化并生成金属蒸气。

如图 4-10-6(b) 所示，金属熔化后被金属蒸气冲到两侧，电子束进入金属内部，被高能量密度电子束轰击处的两侧金属会在金属蒸气的作用下向四周排开，进而电子束会继续轰击到更深处。

如图 4-10-6(c) 所示，电子束流穿过金属，熔化的金属充满孔洞，电子束很快在焊件上“钻”出一个小孔，小孔的四周被液态金属所包围。

如图 4-10-6(d) 所示，由于电子束发射枪与被焊工件之间存在着相对移动，熔融的金属会朝着电子束移动的反方向流动，并逐渐凝固，最终形成了良好的焊缝。

3. 主要存在问题

随着几十年的发展，耐蚀钢筋的研究取得一定成果，并且进行了应用。研发的产品主要有镀锌钢筋、环氧涂层钢筋、实心不锈钢钢筋以及研究日趋火热的不锈钢覆层钢筋等。其中镀锌钢筋和环氧涂层钢筋使用局限多，实心不锈钢钢筋成本过高，因此应用受限。相比之下不锈钢/碳钢复合钢筋由于兼具不锈钢优异耐蚀性和碳钢优良的力学性能以及低成本特点，综合性价比优势明显，因而具有广阔的应用前景。

当前国内外制造不锈钢覆层钢筋多采用的工艺有：不锈钢钢带包覆碳钢再在惰性气体保护下焊封各接缝，然后进行加热轧制得到不锈钢覆层钢筋以及通过拉拔-钎焊工艺制备不锈钢复合钢筋等。图 4-10-7 和图 4-10-8 所示分别为不锈钢钢带包覆碳钢的工艺流程和拉拔-钎焊的工艺流程。

上述方法普遍存在的问题有：在大气环境下进行不锈钢和碳钢接缝的焊接，在不锈钢和碳钢的界面易残留大量氧气，使其在加热轧制中生成大量的氧化夹杂，从而影响界面的结合

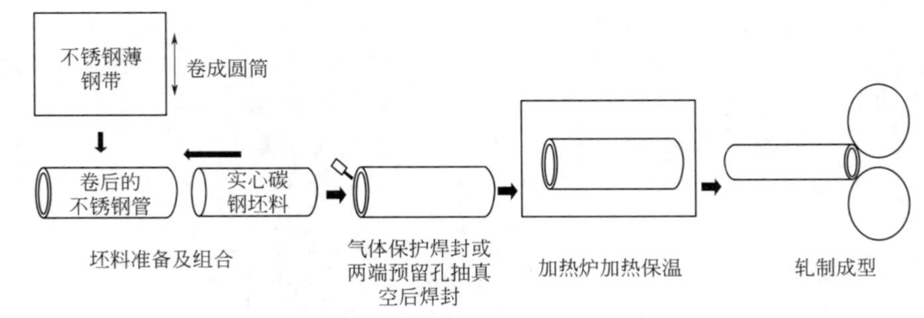


图 4-10-7　不锈钢钢带包覆碳钢的工艺流程图

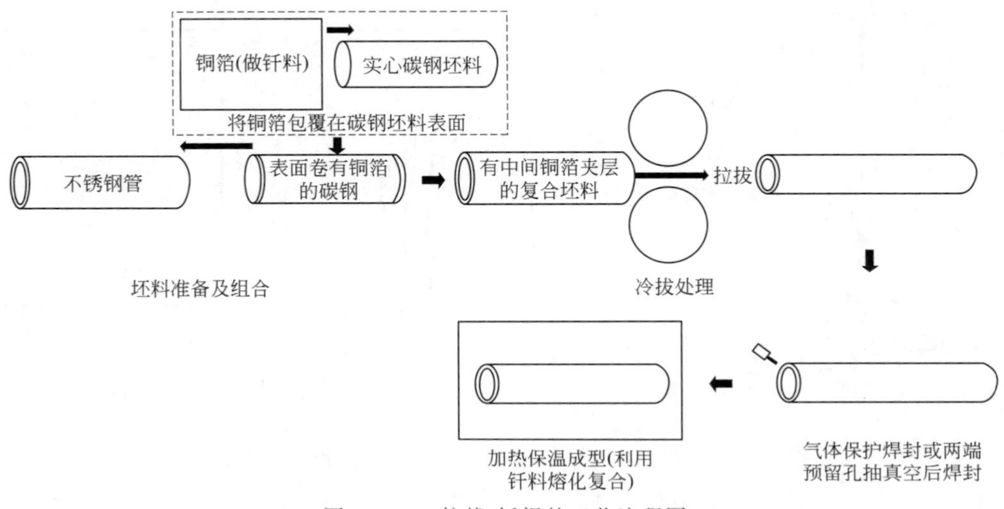


图 4-10-8　拉拔-钎焊的工艺流程图

性能，同时采用不锈钢带包覆碳钢再焊接接缝，工序复杂，在焊缝处易产生缺陷，从而不利于不锈钢覆层钢筋的制备；拉拔-钎焊工艺涉及中间层的添加，使制备过程更加复杂困难，结合性能也难以保证。

4. 问题解决的目标

目前要解决的问题目标：第一，解决建筑用普通碳钢钢筋在使用过程中易腐蚀失效的问题；第二，解决实心不锈钢钢筋因添加抗锈元素造成的成本高的问题；第三，解决不锈钢/碳钢复合钢筋的制备工艺复杂困难的问题。

5. 限制条件

主要限制条件将从以下几个方面分析：

人力：所涉及的工艺流程应简单、易操作，不需要培养新型技术人员即可实现。

材料：综合考虑产品的服役条件及力学性能，选取经济适用型、环境友好型、资源节约型原材料。

设备：复合钢筋需增加真空制坯装备，轧制成型对生产设备要求较低，现有的工业化生产设备即可满足其工业化推广应用。

技术：不锈钢/碳钢复合界面在真空制坯时，要求达到预设真空度（即不大于 0.01Pa）。真空度较低易导致界面氧化，从而影响界面的结合强度，最终导致产品失效。

6. 研究现状

不锈钢/碳钢真空复合钢筋的制造工艺如图 4-10-9～图 4-10-11 所示。包括如下步骤：

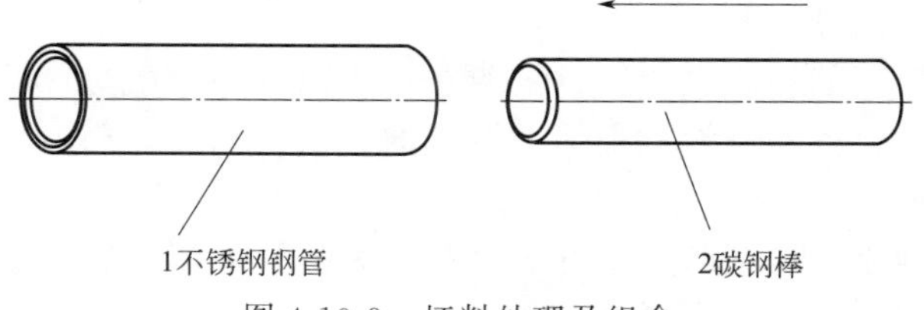


图 4-10-9　坯料处理及组合

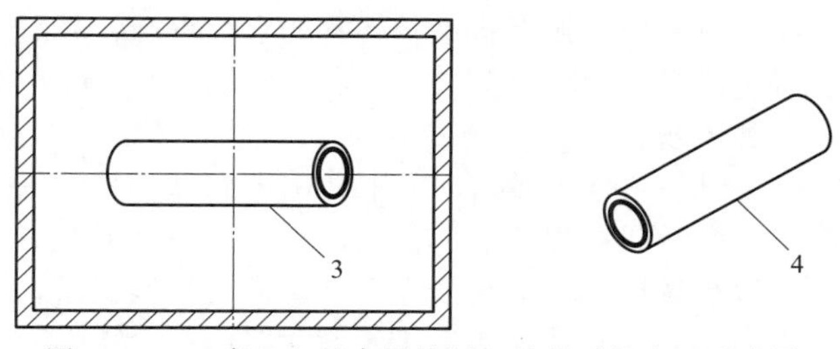


图 4-10-10　真空电子束焊接制坯及焊后复合坯示意图

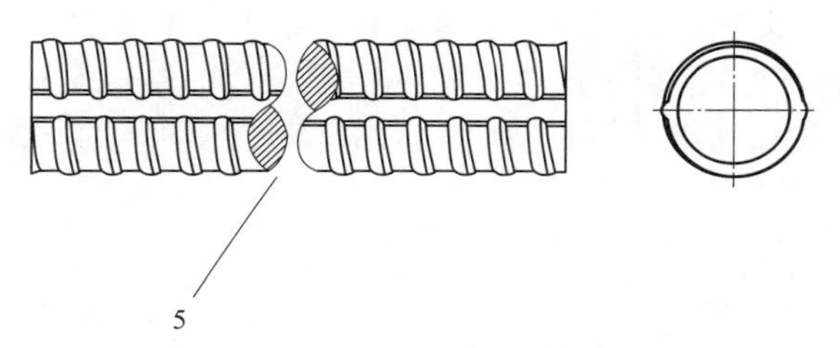


图 4-10-11　不锈钢/碳钢复合钢筋成品示意图

① 原料准备：准备预设尺寸的不锈钢钢管 1 和碳钢棒 2，预设尺寸的钢筋的直径范围为 6～50mm，不锈钢覆层厚度可根据不同的服役环境在 1～10mm 间选择。

② 原料处理及组坯：将所选的不锈钢钢管 1 内壁和碳钢棒 2 外表面进行机械打磨和酸洗处理，去除锈迹、油渍等污物，高压清洗后露出干净金属结合表面，最后用丙酮和酒精擦拭，干燥处理后将碳钢棒 2 嵌套在不锈钢管 1 内使双金属紧密贴合，也可留有一定间隙结合。

③ 复合坯料制备：将步骤 2 中组成的双金属组合的坯料 3 置于真空电子束焊机真空室内抽取真空，当达到预设真空度（即不大于 0.01Pa）后对双金属结合缝隙进行电子束焊接，或者在大气环境下对双金属结合缝隙处先焊接后抽真空再封头，使复合面保持预设的真空度；由于是在高真空环境下进行的焊接，减少了与空气的接触，避免了氧化的发生，双金属结合处几乎没有氧化夹杂物生成，对强度的提高是极为有利的，其焊后复合坯 4 如图 4-10-10 右侧所示。

④ 复合坯料的加热和轧制：将制成的双金属焊后坯料 4 放入加热炉内加热至 950～1250℃，加热的目的是提高双金属焊后坯料 4 的塑性，降低变形抗力，使其内外温度均匀促进双金属复合界面的元素扩散，利于再加工，得到理想的组织和性能。

设计加热温度为 950～1250℃，有利于双金属原子间相互扩散，形成良好的冶金结合，再按照同类别常规的钢筋生产工艺对复合坯料进行轧制变形，得到最终的成品不锈钢/碳钢真空复合钢筋 5，得到的复合钢筋的直径范围为 6～50mm，不锈钢覆层厚度为 1～10mm，此种工艺结合了碳钢较高的强度以及不锈钢优异的耐蚀性和良好的外形，综合性能良好，具有一定的性价比和市场优势。

关于不锈钢覆层钢筋的研究已有不少成果。中国专利（申请号为201610677162.8）提出“一种包覆轧制复合制备不锈钢复合螺纹钢筋的方法”，将芯材用隔离层包覆后夹持到经冷弯设备冷弯的不锈钢U形槽钢中，再在惰性气体保护状态下，利用常规焊接方法进行接缝焊接，之后加热轧制成带肋钢筋。该方法存在焊边易开裂和腐蚀、焊后焊缝也要抛光打磨等问题，工艺复杂，成本过高。中国专利（申请号为201510188447.0）提出了“一种拉拔-钎焊制备不锈钢/碳钢复合钢筋的工艺”，该工艺在不锈钢钢带卷成管时，在内部包裹表面卷绕纯铜箔的碳钢钢筋芯材，再利用埋弧焊将不锈钢管的直缝焊合，之后进行拉拔工艺和钎焊处理，得到不锈钢/碳钢复合钢筋。此工艺存在中间层不易添加、制备过程复杂的问题，能耗较大，生产成本高，不利于规模化。中国专利（申请号为201020584961.9）提出了“一种不锈钢复合耐蚀钢筋”，但没有提供复合坯料的具体制备方法。中国专利（申请号为201410622353.5）提出了“一种屈服强度≥600MPa的复合钢筋及生产方法”，主要是通过微合金化技术对材料成分进行设计从而提高强度级别，满足性能要求，但是添加合金元素会提高成本及工艺难度。中国专利（申请号为201510695276.0）提出了“一种不锈钢/碳钢双金属螺纹钢及其复合成型工艺”，将圆形或者方形的不锈钢坯料和碳钢芯表面经处理后利用压力机压入法或者冷装法实现过盈配合，再将获得的组合坯料经过加热轧制得到双金属螺纹钢。此种工艺主要是利用过盈配合使两金属实现牢固结合，但是无法保证在加热轧制过程中结合界面不会被氧化或存在夹杂，因此界面结合性能易波动，尤其采用过盈配合使工艺复杂，难以得到理想的结合界面。

## 三、问题分析与解决

### （一）问题分析工具选取与应用

1.因果分析

通过鱼骨图分析法（图4-10-12），从材料、方法、设备、测量、环境和人六个子项分析了可能影响建筑用真空复合钢筋的工业化生产的因素。通过对比发现，测量、环境（系统内部结合界面的环境）和人这三个方面的影响都是可控或可避免的，因此，通过对材料的选择、方法的改进和设备的调整，解决不锈钢/碳钢复合界面的结合质量问题，最终可实现综合价比较高的复合钢筋产品的开发和推广应用。

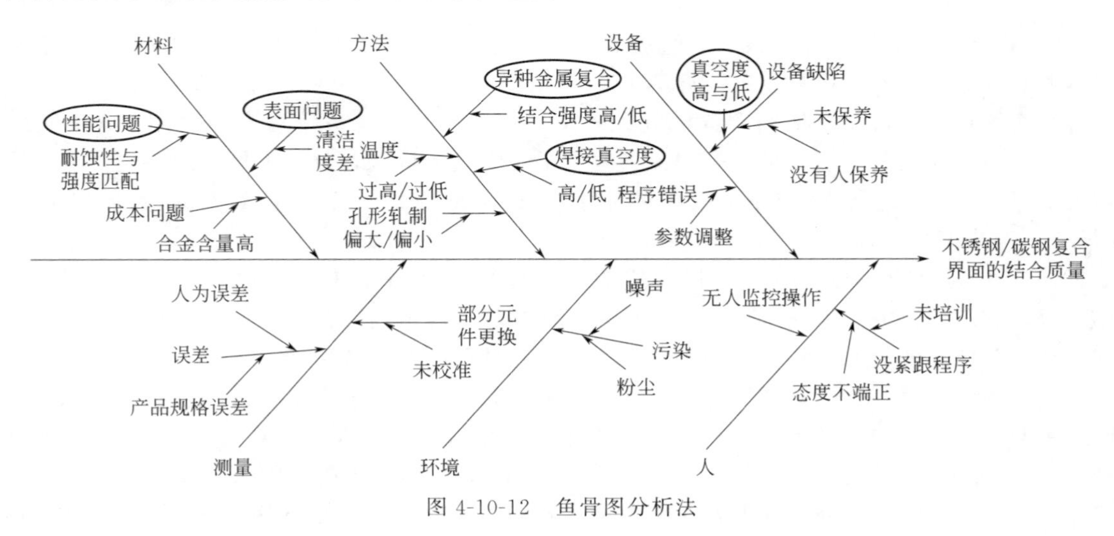

图4-10-12 鱼骨图分析法

通过因果链分析（图 4-10-13）可得双金属表面没有经过深度清洁、焊接方式和设备选择不当导致真空度低等是现有不锈钢和碳钢结合界面质量差的根本原因。

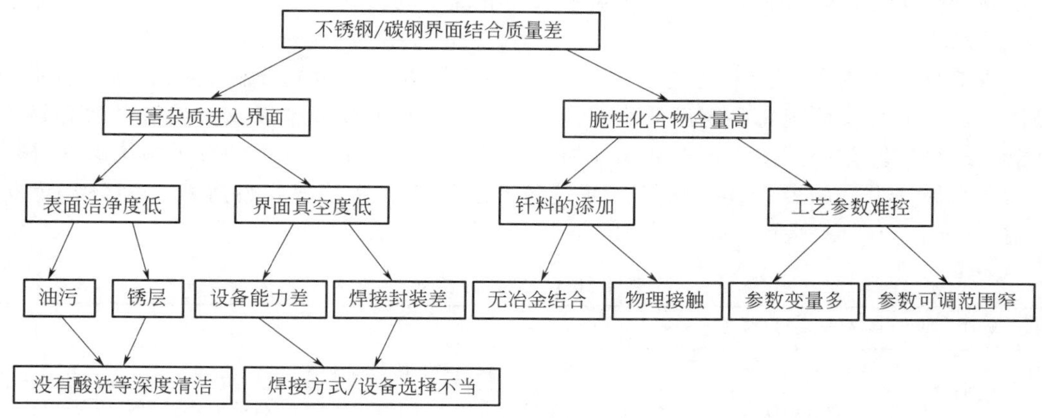

图 4-10-13　因果链分析法

2. 九屏幕分析

现有系统属于复合材料制备工艺，通过九屏幕分析（图 4-10-14），对系统的子系统、超系统的过去及未来进行分析，得到建筑用耐蚀钢筋生产成本高、耐蚀性低、结合质量差及制备工艺复杂等问题。可以通过对现有系统中的焊接封装及孔形轧制工艺的设计改善上述问题。

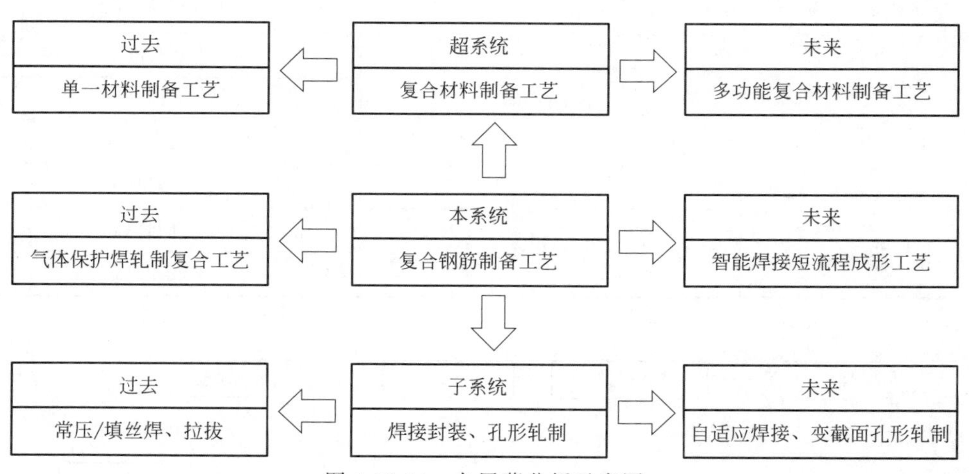

图 4-10-14　九屏幕分析示意图

3. 技术系统进化法则

根据提高理想度法则，推测技术系统会向原料高效制备、结合表面高洁净度以及焊接高真空度转变，避免制坯工艺复杂、复合界面有害夹杂过多影响焊接质量。针对上述问题，对“坯料准备及组合”及“焊接封装”进行改进与完善，提出“真空制坯轧制复合”制备新工艺，从而有效提高复合钢筋的界面结合性能，在降低成本的基础上大大提高建筑用钢筋的耐蚀性能。基于这种途径提出如下思路：

① 传统复合钢筋制备工艺的“坯料准备及组合”，采用不锈钢带包覆碳钢再焊接接缝，工序复杂，在焊缝处易产生缺陷，从而不利于不锈钢覆层钢筋的制备。如果采用不锈钢管与实心碳钢棒进行组合，则可简化焊接接缝工序，提高组坯质量。

② 传统复合钢筋制备工艺的“焊接封装”，多采用气体保护焊或两端预留孔抽真空后封

焊，在不锈钢和碳钢的界面易残留大量空气，使其在加热轧制中生成大量的氧化夹杂，同时焊渣易在封焊时进入待复合界面，从而影响界面的结合性能。如果能在焊接前保证待复合界面处于高真空状态，则可有效避免气体对复合界面的不利影响。

4. 功能分析

对技术系统的用途、技术功能及主要功能进行分析，其功能分析表如表 4-10-1 所示，系统技术功能为解决传统普碳钢筋低耐蚀性和实心不锈钢筋高成本以及传统复合钢筋制备工艺复杂和结合性能差的问题，针对此功能对超系统组件、技术系统组件及子系统组件进行划分，建立组件列表，如表 4-10-2 所示。通过对系统组成及系统各组件等级的划分，建立组件模型，如图 4-10-15 所示。

**表 4-10-1　功能分析表**

| 技术系统 | 基于真空电子束焊接技术制备不锈钢/碳钢复合钢筋的方法 |
| --- | --- |
| 用途 | 用于基础设施领域中，作为混凝土骨架的一种建筑用材料的制备技术 |
| 技术功能 | 解决传统普碳钢筋低耐蚀性和实心不锈钢筋高成本以及传统复合钢筋制备工艺复杂和结合性能差的问题 |
| 主要功能 | 首先将不锈钢钢管和实心碳钢棒进行表面处理，以提高表面洁净度。然后进行真空电子束焊接，保证复合界面的真空度。随后将焊后坯料加热并保温一定时间，提高坯料塑性，促进界面元素扩散。最后进行TMCP 轧制成型，保证得到理想的组织和性能 |

**表 4-10-2　建立真空轧制复合（VRC）技术组件列表**

| 超系统组件 | 技术系统组件 | 子系统组件 |
| --- | --- | --- |
| 人<br>油污、锈层<br>空气<br>焊机 | 坯料组合 | 坯料准备 |
| | | 表面处理 |
| | | 真空处理 |
| | 拉拔 | 封焊 |
| | 加热轧制 | 加热保温 |
| | | 轧制复合 |

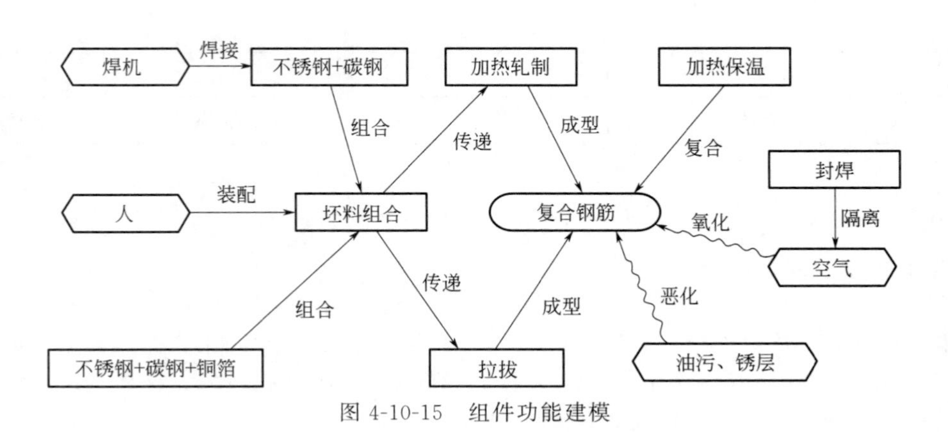

图 4-10-15　组件功能建模

通过组件分析，发现当前不锈钢/复合钢筋制备工艺复杂以及油污锈层和空气在坯料组合及加热轧制阶段会恶化不锈钢/碳钢的结合界面，导致结合性能低，需要将这些有害功能进行裁剪及替代，建立最终的功能模型，如图 4-10-16 所示。

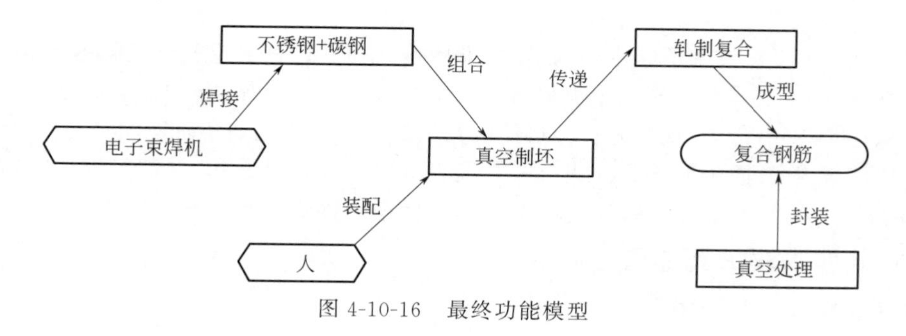

图 4-10-16　最终功能模型

5. 资源分析

资源分析就是从系统的高度来研究和分析资源，挖掘系统的隐形资源，实现系统中隐形资源显性化。TRIZ 理论认为，从解决问题的角度，资源可分为系统内资源和系统外资源两大类。

现有系统涉及特种建筑用钢筋制备工艺的改进，不涉及添加新工序，故外部资源同传统制备相似。因此，更关注系统内资源（表 4-10-3）。系统内资源主要包括不锈钢钢管、实心碳棒、电子束焊机、真空装置、电子束阴极及预热系统。选择资源的顺序如表 4-10-4 所示，根据资源属性对系统内资源进行对比分析，并且也对物质资源、时间资源、空间资源和系统资源进行了分析。通过对系统内资源的分析，发现所有的资源数量上是足够的，且对工作人员并没有伤害，可用性高，不需要新添资源，虽然其价格昂贵，但是使用寿命较长、产品的附加值高，所以不需要额外考虑其资源成本。

**表 4-10-3　现有内部资源对比表**

| 资源类型 | 价值 | 数量 | 质量 | 可用性 |
|---|---|---|---|---|
| 不锈钢钢管 | 昂贵 | 足够 | 中性 | 成品 |
| 实心碳棒 | 廉价 | 足够 | 中性 | 成品 |
| 电子束焊机 | 昂贵 | 足够 | 中性 | 成品 |
| 真空装置 | 昂贵 | 足够 | 中性 | 成品 |
| 电子束阴极 | 昂贵 | 足够 | 中性 | 成品 |
| 预热系统 | 昂贵 | 足够 | 中性 | 成品 |

**表 4-10-4　选择资源顺序表**

| 资源属性 | 选择顺序 |
|---|---|
| 价格 | 免费→廉价→昂贵 |
| 数量 | 无限→足够→不足 |
| 质量 | 有害→中性→有益 |
| 可用性 | 成品→改变后可用→新添资源 |

场资源：热场、电场、力场；功能资源：耐蚀性、导热性、导电性、塑韧性、磁性。物质资源：不锈钢钢管、实心碳棒、钢刷打磨机、有机溶剂、电子束焊机、真空装置等；时间资源：传统的复合坯料封焊技术，为了减少空气残留，多采用在焊缝成形过程中预留一定尺寸的小孔，借助真空泵抽取真空后封焊。利用时间资源原则，本技术采用焊接前抽真空处理，使焊缝成形过程一直处于高真空状态，在简化焊接流程的基础上，保证高质量的复合

界面。

空间资源：真空室未使用空间，加热炉未使用空间。该种真空复合轧制技术需要坯料组合（不锈钢钢管/实心碳棒）＋电子束焊机＋真空装置＋电子束阴极＋预热系统，根据最终理想解分析及九屏幕分析，发现空间资源目前已基本成形，工业化前暂时还没必要特意优化。

根据传统复合钢筋制备技术，基于最终理想解以及九屏幕分析，发现其系统资源和人力资源均属于正常水平，在技术系统进一步成熟之后还可以进一步优化。

## （二）问题求解工具选取与应用

1.最终理想解（表 4-10-5）

**表 4-10-5 最终理想解**

| 问题 | 分析结果 |
|---|---|
| 设计最终目标？ | 获得高洁净度的待结合表面以及焊接过程中高真空的结合界面，从而得到高性能、低成本的不锈钢/碳钢复合钢筋和简单高效适应工业化生产的制备新工艺 |
| 理想化最终结果？ | 利用现有的表面处理方法及真空电子束焊接技术制备高洁净度的待复合坯料，保证焊接时的高真空状态 |
| 达到理想解的障碍是什么？ | 不锈钢和碳钢待复合面洁净度较低或焊接时真空度较低，将会导致在真空制坯中复合界面残留较多的夹杂及空气，使得在加热及轧制过程中存在严重的氧化反应 |
| 出现这种障碍的结果是什么？ | 不锈钢和碳钢结合界面残留的氧气在加热时的高温环境下会反应生成氧化夹杂，不同类型和尺寸的氧化夹杂会恶化界面，从而影响复合界面的结合性能 |
| 不出现这种障碍的条件是什么？ | 不锈钢钢管内表面和碳钢棒外表面通过机械打磨后应尽量平整，再使用有机溶剂进行内外表面清理，保证双金属结合面始终保持洁净光亮；同时在真空电子束焊接时保持真空室内稳定的高真空状态 |
| 创造这些条件所用的资源是什么？ | 物质资源——电子束焊机、真空设备；<br>场资源——热场、电场、力场；<br>空间资源——真空室未使用空间，加热炉未使用空间；<br>功能资源——耐蚀性、导热性、导电性、塑韧性、磁性 |

注：真空电子术焊接系统包括电子束焊机、真空装置、电子束阴极及预热系统。

2.技术矛盾

采用鱼骨图及因果链分析法进行因果分析，得出现有系统主要问题为“不锈钢/碳钢复合界面的结合质量”，结合九屏幕分析法，对各子系统进行了对比分析。有系统提出以具有优异耐腐蚀性能的不锈钢钢管为覆层，高强度碳钢实心棒材为芯材，通过一定的工艺技术，使不锈钢与碳钢的结合面实现牢固的冶金结合，从而生产出强度与耐蚀适应性匹配较好的产品。如果覆层不锈钢钢管占比较大，则复合钢筋耐蚀性较好，钢筋物质损失较慢，但会造成复合钢筋强度较低且生产成本大幅增加；如果覆层不锈钢钢管占比较小，则芯部碳钢占比较大，使复合钢筋具有较高的强度，但同时使钢筋物质损失较快，造成耐蚀性下降。这就造成了强度与耐蚀性（物质损失）的矛盾。

不锈钢/碳钢复合钢筋界面的良好结合状态对于其最终使用性能有至关重要的影响，在现有不锈钢复合钢筋制备中，通常采用气体保护焊接技术进行不锈钢/碳钢复合坯料的制备，在焊接过程中焊渣容易进入焊缝中，污染复合界面，同时该焊接方法的真空度低，导致结合界面残留较多的空气，使得在加热保温阶段易发生氧化反应生成氧化物夹杂，从而造成界面结合状态恶化。如果焊接封装时真空度高，待结合界面有害元素影响的可能性就小，那么界面结合力高，结合质量好，但是会造成工艺系统复杂，生产效率低；如果焊接封装时真空度较低，待结合界面残留的有害夹杂形成有害相的可能性较大，那么结合界面结合性能会因有害生成物的存在得到进一步恶化，但是会提高生产效率，简化生产工艺。这就构成了复合界面结合状态（制造精度）与焊接时的真空度（系统复杂性）的矛盾。

所有工程技术矛盾通过分解细化，最终都可以转化为物理矛盾。相对于技术矛盾，物理矛盾求解更加困难。通过矛盾的分析，得到现有系统的矛盾矩阵表，如表 4-10-6 所示。

**表 4-10-6　矛盾矩阵表**

| 改善的参数 | | 恶化的参数 | | | |
|---|---|---|---|---|---|
| | | 13 | 14 | 33 | 36 |
| | | 结构的稳定性 | 强度 | 可操作性 | 设备复杂性 |
| 23 | 物质损失 | 40 | 7,40 | | 10 |
| 27 | 可靠性 | | | | 1 |
| 29 | 制造精度 | | | 1 | 2,39 |
| 30 | 作用于物体的有害因素 | | 1 | 2 | 40 |
| 32 | 可制造性 | | 1,10 | 2,5 | 1 |

注：1—分割原理、2—抽取原理、5—组合原理、7—嵌套原理、10—预先作用原理、39—惰性环境原理、40—复合材料原理。

3. 物理矛盾

强度与物质损失的技术矛盾就是复合钢筋截面中两种材料占比大与小的物理矛盾，原因在于钢筋高强度要求材料在服役环境下物质损失较小。在现有系统中，物质损失主要来源于腐蚀介质对钢筋的持续锈蚀，为了减缓复合钢筋的物质损失，要求表层耐蚀层壁厚增大，但心部碳钢是保证产品高强度的主要部分，所以建筑行业高强度的要求需表层壁厚降低，这就造成了不锈钢占比大与小的问题。因此提出不锈钢厚度为 0.5～2mm、2～5mm 和 5～7mm 三种规格的设计方案。

复合界面结合状态（制造精度）与焊接时的真空度（系统复杂性）技术矛盾就是焊接过程中真空度高与低的物理矛盾。产品的高制造精度要求在焊接过程中结合界面处于高真空状态，但为了提高生产效率，希望真空抽取的时间减少，故高真空度无法保持。提出焊接前真空度低于 0.01Pa 及 0.01～10Pa 两种真空处理的设计方案。另外复合界面结合状态与组坯前表面洁净度有关，因此提出组坯前是否表面处理两种设计方案。解决物理矛盾的核心思想是实现矛盾双方的分离，TRIZ 理论中的分离原理包括空间分离、时间分离、条件分离、整体与部分分离四种类型，分离原理示意图如图 4-10-17 所示。

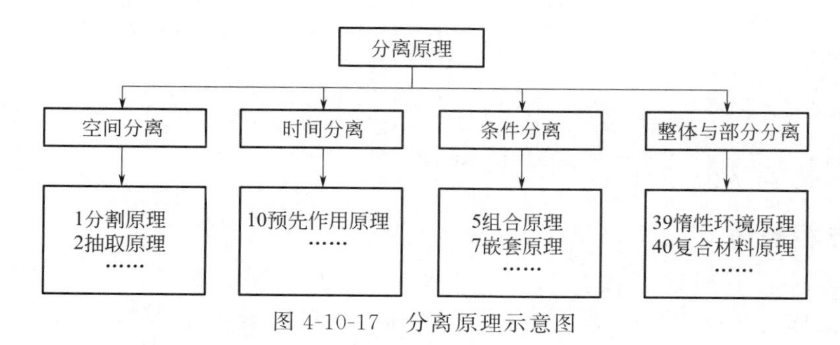

图 4-10-17　分离原理示意图

应用空间分离中创新原理“1 分割原理”与“2 抽取原理”，考虑利用“分割原理”可以将物体分割成不同的部分以提高系统的可分性，从而实现系统的改造，利用“抽取原理”从系统中抽出可产生负面影响的部分或者属性，以及保留必要的属性和功能。具体体现为在系统中，根据传统的建筑用螺纹钢筋服役条件，运用“分割原理”将使用过程中“易引发锈蚀的介质”和“普通碳钢螺纹钢筋”实现分离，再结合“抽取原理”抽取“不锈钢优异的耐蚀性能”和“碳钢良好的力学性能”两大材料属性特点，采用不锈钢钢管作为覆层材料，隔绝腐蚀介质与碳钢的接触，从而减缓甚至消除钢筋的锈蚀问题。

利用“时间分离”中的“10 预先作用原理”，考虑利用“预先作用原理”事先对物体完全或者部分实施必要的改变，以补偿过量的或者不想要的后果。具体体现为在系统不锈钢/碳钢复合钢筋的制备中，不锈钢与碳钢复合界面的完美冶金结合状态是产品的核心评价指标。而影响复合界面质量的因素主要是组坯前待结合界面洁净度和电子束焊接过程中复合界面残留空气的含量。因此，在组坯前通过机械打磨和酸洗处理，再结合丙酮、酒精有机溶剂等一系列预处理工序，保证双金属待结合面的高洁净度。同时利用“条件分离”中的“7 嵌套原理”在空间上把一个物体与另一个物体合并，以增强其有用功能。具体体现为将不锈钢钢管与实心碳钢棒进行嵌套组合，成为不锈钢/碳钢复合坯料，接着将其放置在真空电子束焊机设备中，在焊接封装前进行抽真空，使焊接过程在高真空状态下进行，从而消除残留空气对界面的氧化反应。

4. 物场分析

最后，结合物场分析并进行建模，如图 4-10-18 所示，以及“条件分离”中的“5 组合原理”和“整体与部分分离”中的“39 惰性环境原理”“40 复合材料原理”提出“复合坯料组合设计”“真空焊接封装”“TMCP 轧制复合”来实现建筑用不锈钢/碳钢复合钢筋的制备。即将经过表面处理的不锈钢钢管和实心碳钢棒坯料进行组合，再将组合坯料放入真空电子束焊机的真空室内进行抽真空，利用相应的真空系统使结合面一直保持高真空状态，从而使经过电子束焊接后的复合界面呈现良好的结合状态，保证最终制备的不锈钢/碳钢复合钢筋具有优良的综合性能。

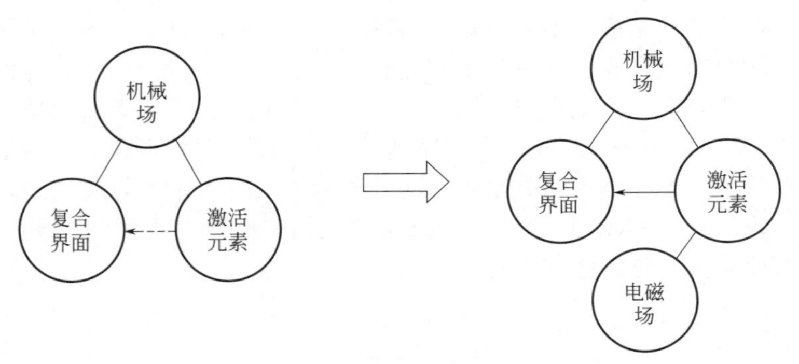


图 4-10-18 物场建模

## 四、可实施技术方案的确定与评价

### （一）方案整理

考虑建筑钢筋不同地区使用条件不同，本方案采取 304 奥氏体不锈钢作为覆材，20MnSiV 碳钢作为芯材。对上述焊接前真空度高与低（因素 1）、原料不同厚度配比（不锈钢厚度，因素 2）和是否表面处理（因素 3）三个因素，进行正交分析，提出的设计方案如表 4-10-7 所示。

表 4-10-7 技术方案

| 项目 | 真空度低于 0.01Pa | | | 真空度为 0.01～10Pa | | |
|---|---|---|---|---|---|---|
| | 厚度 0.5～2mm | 厚度 2～5mm | 厚度 5～7mm | 厚度 0.5～2mm | 厚度 2～5mm | 厚度 5～7mm |
| 未经表面处理 | 方案 1 | 方案 2 | 方案 3 | 方案 4 | 方案 5 | 方案 6 |
| 经过表面处理 | 方案 7 | 方案 8 | 方案 9 | 方案 10 | 方案 11 | 方案 12 |

注：厚度配比——制备规格为 ϕ20mm 的成品不锈钢覆层钢筋，不锈钢层不同厚度分别为 0.5～2mm、2～5mm、5～7mm；表面处理——组坯经过机械打磨和酸洗处理，再结合丙酮、酒精有机溶剂等一系列预处理工序；真空度——焊接封装工艺采用"真空电子束焊接"，焊接前真空度低于 0.01Pa，焊接前真空度为 0.01～10Pa（低真空度）。

方案具体情况如下。

方案 1：本方案制备规格为 ϕ20mm 的成品不锈钢覆层钢筋，不锈钢层厚度 0.5～2mm，组坯未经过表面清洁处理，焊接封装工艺采用真空电子束焊接，焊接前真空度低于 0.01Pa，焊后经加热保温轧制后制成 ϕ20mm 不锈钢/碳钢复合钢筋。

方案 2：本方案制备规格为 ϕ20mm 的成品不锈钢覆层钢筋，不锈钢层厚度 2～5mm，组坯未经过表面清洁处理，焊接封装工艺采用真空电子束焊接，焊接前真空度低于 0.01Pa，焊后经加热保温轧制后制成 ϕ20mm 不锈钢/碳钢复合钢筋。

方案 3：本方案制备规格为 ϕ20mm 的成品不锈钢覆层钢筋，不锈钢层厚度 5～7mm，组坯未经过表面清洁处理，焊接封装工艺采用真空电子束焊接，焊接前真空度低于 0.01Pa，焊后经加热保温轧制后制成 ϕ20mm 不锈钢/碳钢复合钢筋。

方案 4：本方案制备规格为 ϕ20mm 的成品不锈钢覆层钢筋，不锈钢层厚度 0.5～2mm，组坯未经过表面清洁处理，焊接封装工艺采用真空电子束焊接，焊接前真空度为 0.01～10Pa，焊后经加热保温轧制后制成 ϕ20mm 不锈钢/碳钢复合钢筋。

方案 5：本方案制备规格为 ϕ20mm 的成品不锈钢覆层钢筋，不锈钢层厚度 2～5mm，组坯未经过表面清洁处理，焊接封装工艺采用真空电子束焊接，焊接前真空度为 0.01～10Pa，焊后经加热保温轧制后制成 ϕ20mm 不锈钢/碳钢复合钢筋。

方案 6：本方案制备规格为 ϕ20mm 的成品不锈钢覆层钢筋，不锈钢层厚度 5～7mm，组坯未经过表面清洁处理，焊接封装工艺采用真空电子束焊接，焊接前真空度为 0.01～10Pa，焊后经加热保温轧制后制成 ϕ20mm 不锈钢/碳钢复合钢筋。

方案 7：本方案制备规格为 ϕ20mm 的成品不锈钢覆层钢筋，不锈钢层厚度 0.5～2mm，组坯经过机械打磨和酸洗处理，再结合丙酮、酒精有机溶剂等一系列预处理工序，焊接封装工艺采用真空电子束焊接，焊接前真空度低于 0.01Pa，焊后经加热保温轧制后制成 ϕ20mm 不锈钢/碳钢复合钢筋。

方案 8：本方案制备规格为 ϕ20mm 的成品不锈钢覆层钢筋，不锈钢层厚度 2～5mm，组坯经过机械打磨和酸洗处理，再结合丙酮、酒精有机溶剂等一系列预处理工序，焊接封装工艺采用真空电子束焊接，焊接前真空度低于 0.01Pa，焊后经加热保温轧制后制成 ϕ20mm 不锈钢/碳钢复合钢筋。

方案 9：本方案制备规格为 ϕ20mm 的成品不锈钢覆层钢筋，不锈钢层厚度 5～7mm，组坯经过机械打磨和酸洗处理，再结合丙酮、酒精有机溶剂等一系列预处理工序，焊接封装工艺采用真空电子束焊接，焊接前真空度低于 0.01Pa，焊后经加热保温轧制后制成 ϕ20mm 不锈钢/碳钢复合钢筋。

方案 10：本方案制备规格为 ϕ20mm 的成品不锈钢覆层钢筋，不锈钢层厚度 0.5～2mm，组坯经过机械打磨和酸洗处理，再结合丙酮、酒精有机溶剂等一系列预处理工序，焊接封装工艺采用真空电子束焊接，焊接前真空度为 0.01～10Pa，焊后经加热保温轧制后

制成 $\phi$20mm 不锈钢/碳钢复合钢筋。

方案 11：本方案制备规格为 $\phi$20mm 的成品不锈钢覆层钢筋，不锈钢层厚度 2～5mm，组坯经过机械打磨和酸洗处理，再结合丙酮、酒精有机溶剂等一系列预处理工序，焊接封装工艺采用真空电子束焊接，焊接前真空度为 0.01～10Pa，焊后经加热保温轧制后制成 $\phi$20mm 不锈钢/碳钢复合钢筋。

方案 12：本方案制备规格为 $\phi$20mm 的成品不锈钢覆层钢筋，不锈钢层厚度 5～7mm，组坯经过机械打磨和酸洗处理，再结合丙酮、酒精有机溶剂等一系列预处理工序，焊接封装工艺采用真空电子束焊接，焊接前真空度为 0.01～10Pa，焊后经加热保温轧制后制成 $\phi$20mm 不锈钢/碳钢复合钢筋。

对上述提出的方案按照成本、复杂程度、是否产生有害作用、可行性以及是否解决问题等进行评分，以选择最佳技术方案，12 个技术方案评价情况如表 4-10-8 所示。

**表 4-10-8 技术方案评价情况**

| 方案 | 成本① | 复杂程度② | 是否产生有害作用③（程度） | 可行性④ | 是否解决问题⑤（程度） | 得分 |
|---|---|---|---|---|---|---|
| 方案 1 | 4 | 4 | 3 | 3 | 1 | 15 |
| 方案 2 | 4 | 4 | 3 | 3 | 2 | 16 |
| 方案 3 | 3 | 4 | 3 | 3 | 2 | 15 |
| 方案 4 | 5 | 4 | 1 | 3 | 1 | 14 |
| 方案 5 | 4 | 4 | 1 | 3 | 3 | 15 |
| 方案 6 | 3 | 4 | 1 | 3 | 2 | 13 |
| 方案 7 | 4 | 3 | 5 | 3.5 | 1 | 16.5 |
| 方案 8 | 3 | 3 | 5 | 3.5 | 5 | 19.5 |
| 方案 9 | 2 | 3 | 5 | 3.5 | 3 | 16.5 |
| 方案 10 | 4 | 3.5 | 3 | 3.5 | 1 | 15 |
| 方案 11 | 3 | 3.5 | 3 | 3.5 | 3.5 | 16.5 |
| 方案 12 | 2 | 3.5 | 3 | 3.5 | 2 | 14 |

① 成本：原料价格；
② 复杂程度：制备工序的繁简；
③ 是否产生有害作用：在坯料组合和焊接过程中对结合界面的影响；
④ 可行性：洁净度与真空度对最终产品的影响；
⑤ 是否解决问题：是否解决目前耐蚀钢筋生产成本高、结合界面质量差及耐蚀性差的问题。

### （二）专利预案

本例以 304 奥氏体不锈钢无缝钢管为覆材，20MnSiV 碳钢棒为芯材，尺寸分别为 $\phi$160mm×10mm×3000mm（外径×壁厚×长度）和 $\phi$140mm×3000mm（外径×长度），二者之间紧密结合，也可留有一定间隙结合，用此坯料制备规格为 $\phi$20mm 的成品不锈钢覆层钢筋。

将上述的 304 奥氏体不锈钢钢管（钢管为无缝钢管）的内壁和 20MnSiV 碳钢棒的外表面以及两圆坯组合端部进行机械打磨去除表面的飞边毛刺，直到光亮，再进行酸洗处理去除表面锈迹等污物，接着高压清洗后露出干净金属结合表面，最后用丙酮和酒精进行擦拭，干燥处理后将 20MnSiV 碳钢棒嵌套在 304 奥氏体不锈钢钢管内，实现二者的紧密结合，也可留有一定间隙结合。

将上述组成的双金属组合的坯料置于真空电子束焊机的真空室内抽真空，当达到规定真空度（低于 0.01Pa）后对圆坯组合后的端部焊缝进行电子束焊接，使复合面保持较高真空状态，避免结合界面被氧化，从而改善复合钢筋的组织性能。

将上述的双金属焊后坯料置于加热炉内加热至 1200℃，再按照现有钢筋生产工艺对双金属焊后坯料进行轧制变形，直到轧出 $\phi$20mm 的成品不锈钢覆层钢筋。

### （三）最终确定方案

通过对全部方案的对比分析，最终提出了制备不锈钢/碳钢复合钢筋的“真空制坯＋轧制复合”新工艺。具体方案主要为将所选的相应尺寸的不锈钢钢管内壁和碳钢棒外表面经过机械打磨和酸洗处理，再结合丙酮、酒精有机溶剂等一系列预处理工序，使表面呈现高洁净状态，随后进行组坯。接着将组合坯料置于电子束焊机真空室内抽真空，当达到预设真空度（即不大于 0.01Pa）后对双金属结合缝隙进行电子束焊接，使复合面保持高真空状态。最后按照现有钢筋生产工艺对双金属焊后坯料进行轧制变形，直到轧出 $\phi$20mm 的成品不锈钢覆层钢筋，其中不锈钢覆层厚度控制在 2～5mm 范围内。

# 案例 11：冷轧管材表面油污清除技术改进

## 一、项目情况介绍

钛及钛合金管材作为一种先进的轻量化结构材料，因其密度小、比强度高、耐腐蚀性好、疲劳强度和抗裂纹扩展能力好、综合性能优异，被广泛应用在化工、航空航天、舰船等领域。在钛及钛合金无缝管冷轧过程中要使用氯化石蜡、机油的混合液进行工艺润滑，这样轧制后的管材表面就黏附大量的油污，需要后续的超声波清洗、酸洗（或煤油洗）工序除油。由于目前国内采用的除油装置比较简单，除油效果不好，还带来了许多负面影响，造成冷轧管材表面的油污量较多，不但加大了轧制润滑剂的损失，还造成后续清洗、酸洗工序的压力。如何通过理想的方案显著减少冷轧管材表面的油污含量，对于降低润滑材料的消耗，提高后续清洗、酸洗生产效率具有重要意义。

本案例利用 TRIZ 理论提出了两个解决减少冷轧管材表面的油污量的有效方案，这不仅为解决冷轧管材表面的油污量问题提出了两个可行方案，更重要的是探索了 TRIZ 理论在冷轧管机除油问题上的应用，对丰富和完善工程材料表面除油研究方法有着重要意义。

## 二、项目来源

### （一）初始问题描述

1. 工作原理

目前国内周期式两辊冷轧管机配备的除油装置主要由出料口、导向孔、支架、密封圈组成。带有空腔的出料口支撑着支架，支架固定密封圈，密封圈摩擦分离管材表面的油污。管材按 2mm/次向前移动，同时顺时针旋转 57°，如图 4-11-1 所示。

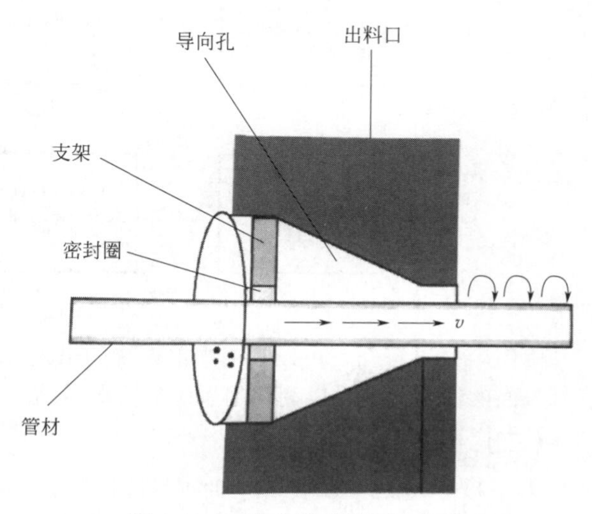

图 4-11-1　除油装置结构示意图

2. 主要问题

密封圈摩擦这种除油方式，由于密封圈不能吸油，而且密封圈不能和管材表面紧密接触，整体除油效果不明显。在管头通过密封圈时，由于有些管头有开叉和严重抖动的现象，会出现管头顶到密封圈上面，造成管材弯曲、无法通过的质量事故，不但影响产品质量，还造成设备故障。因此，希望通过除油系统的改进或调整，显著减少管材表面的油污，甚至没有油污。这对于冷轧无缝管是一次很大的技术提升，具有重要的意义。

3. 限制条件

为使装置可行，并能得到可行方案，对设备（方案）提出理想化的限制条件，以便得到理想的结果。

① 装置易于安装，不增加系统的复杂度，不影响管材的质量。

② 成本低廉，物件易于获取，无污染。

③ 装置易于拆除，可反复多次利用。

### （二）目前解决方案、存在问题

目前美国的 Meer 冷轧管机装配的专用除油装置效果非常好，管材表面几乎没有油污，但是该技术对国内保密。

东方钽业公司使用的两辊冷轧管机是国内设计、制造最先进的轧管机。西安重型机械研究所（简称西重）研制的高速轧机，代表了国内两辊冷轧管机的最高水平，但是管材表面的除油效果依然不好。国内其他轧管机生产厂家配备的除油装置与西重所采用的除油装置大同小异，都是采用物理接触的方式除油，除油效果依然不明显，而且带来了影响管材表面质量、除油装置故障多的问题。

## 三、问题分析与解决

### （一）九屏幕图分析

利用九屏幕图分析问题，结果如图 4-11-2 所示。

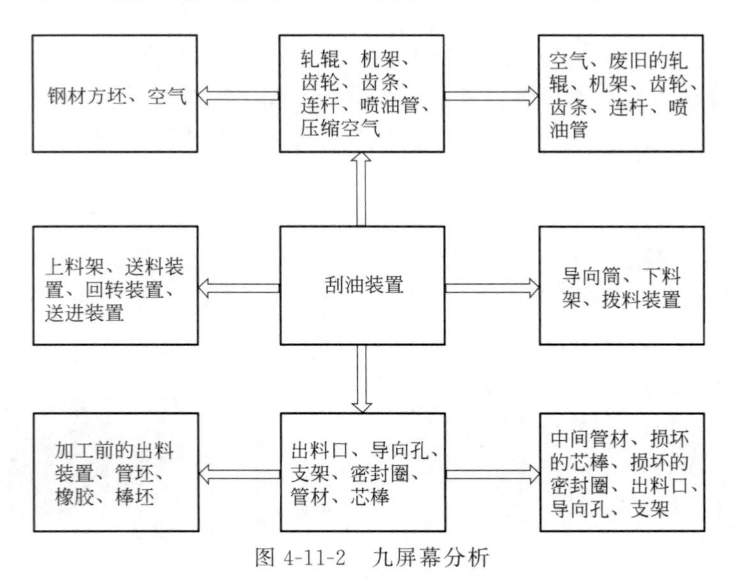


图 4-11-2　九屏幕分析

由图 4-11-2 可知，可以利用当前系统的未来资源下料架，在其上铺设一层吸油材料，吸收管材表面的油污。还可以利用超系统的资源压缩空气，利用压缩空气吹走管材表面的油污。

### （二）因果链分析

图 4-11-3 为造成管材表面油污多的因果链，从图中可以明显得出，造成管材表面油污多的主要原因是密封圈与管材表面未充分接触，密封圈不吸油。

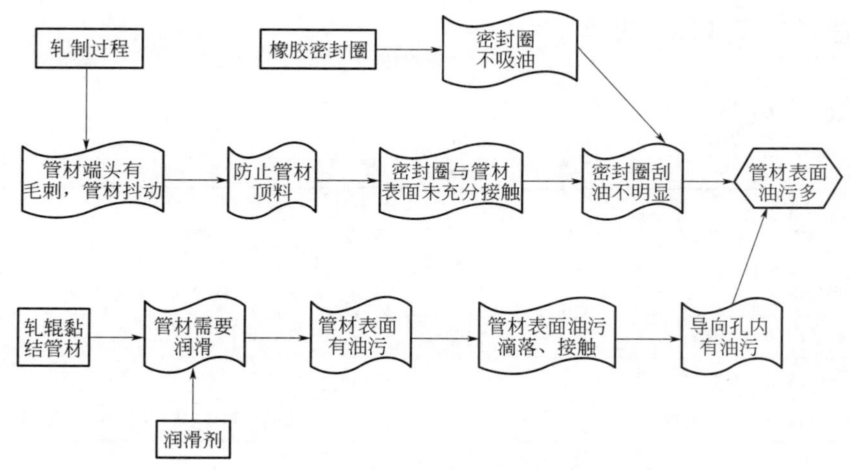


图 4-11-3　因果链分析

## （三）功能分析

图 4-11-4 为冷轧管机除油系统功能结构图，从图中可以明显看出，密封圈对油污的去除作用不足，导致冷轧管机除油系统效率低下，管材表面油污较多。

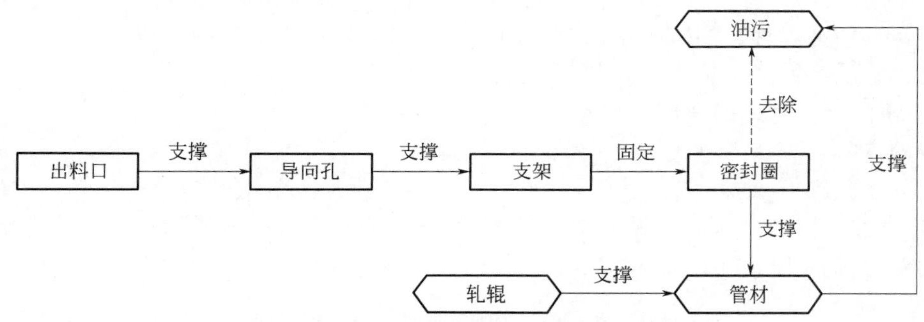


图 4-11-4　冷轧管机除油系统功能结构图

## （四）资源分析

1. 可利用物质资源

轧辊、机架、齿轮、齿条、连杆、喷油管、压缩空气、出料口、导向孔、支架、密封圈、管材、芯棒。

2. 可利用能量资源

机械能、势能、压缩空气、电能。

3. 可利用信息资源

转速、送进量、轧制速度、轧制尺寸变化。

4. 可利用空间资源

机架的空间、机架到刮料装置的距离，出料口到下料架的距离、下料架和料架的空间。

5. 可利用时间资源

两辊冷轧管机的机架是水平方向前后往复做周期运动。

6. 可利用结构资源

机架结构、喷油机构、刮料装置、下料架、拨料机构。

7. 可利用系统资源

轧管机润滑、转动、送进、回转系统。

## （五）理想解及 TRIZ 工具

1. 理想解

系统 IFR 定义见表 4-11-1。

表 4-11-1　最佳方案的提出

| | |
|---|---|
| 设计的最终目标是什么？ | 管材表面没有油污 |
| 最终理想解？ | 轧制过程中管材自动清除油污 |
| 达到理想解的障碍是什么？ | 除油装置不自动，且除油效果不明显 |
| 出现这种障碍的原因是什么？ | 除油装置效率低下 |
| 不出现这种原因的条件是什么？ | 改变现有的除油装置或润滑方式 |
| 创造这些条件所用的资源是什么？ | 除油装置、框架、轧辊、管子、芯棒、喷油管 |

主要原因：目前的除油方式效率低下。据此，推测可利用的资源为：除油装置、机架、轧辊、管子、芯棒、喷油管等。

2. 运用 TRIZ 工具

（1）运用技术矛盾解决方法提出原理解

① 原问题技术矛盾。

改善：选用高弹性、高吸附性的密封圈，增加与管材表面的接触面积，提高除油效果；

恶化：管头容易产生堵塞、顶料等质量事故。

② 问题模型。对应的通用工程参数。

改善的参数：26 物质的量；

恶化的参数：30 外来有害因素。

③ 解决方案模型。对应查看阿奇舒勒矛盾矩阵表得到参考创新原理 4 个，经筛选，保留 3 个创新原理（表 4-11-2）。

表 4-11-2　保留的 3 个创新原理及对本案例的启示

| 原理名称 | 原理说明 | 对本案例的启示 |
|---|---|---|
| 25 性能转换法原理 | 改变宽度，改变温度 | 将密封圈改为灵活调节松紧程度的密封圈 |
| 29 压力法原理 | 将物体的固体部分用气体或者流体代替，如充气结构、充液结构、气垫、液体等 | 用压缩空气代替密封圈，向管材四周吹压缩空气，使得油污向后移动，积累到最后滴落 |
| 31 孔化法原理 | 在物体已是孔结构时，在小孔中事先填入某种物质 | 在多孔的密封圈中加入颗粒吸附剂 |

（2）运用物理矛盾解决方法提出原理解

① 物理矛盾：管材与密封圈的间距，既要小，又要大。

② 物理矛盾分离法：时间分离。

③ 解决方案模型。将密封圈拆分为两个柔性的半圆，在管头即将进入密封圈的时候，取下密封圈，管头通过后将两个柔性半圆的密封圈再安装上去。

（3）运用物场模型分析提出原理解

① 在密封圈前面增加一个吸附圈，如图 4-11-5 所示。

② 在密封圈前面利用压缩空气增加一个热风场，降低油污的黏度，降低油污与管材的黏附力，如图 4-11-6 所示。

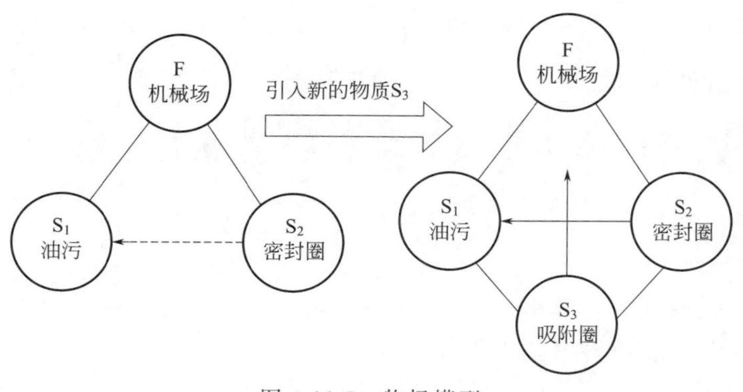


图 4-11-5 物场模型

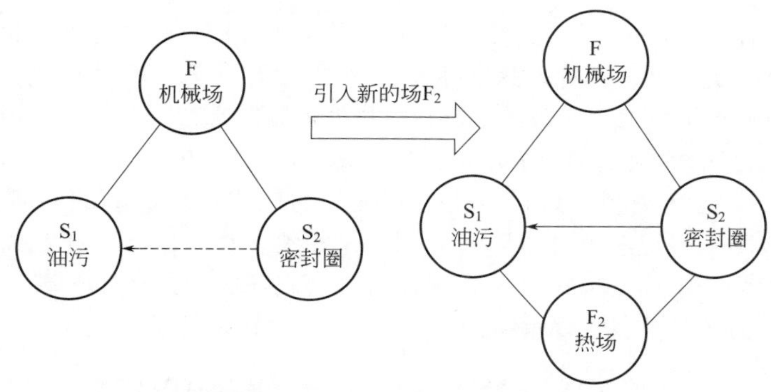


图 4-11-6 物场模型

## 四、可实施技术方案的确定与评价

最终方案 1：如图 4-11-7 所示，利用废旧的塑料软管，当管头通过后，在管子上逆时针缠绕几圈，随着管子顺时针旋转和前进，塑料软管和管材表面紧密接触，而且软管带有弧形且非常光滑，油污依靠重力和旋转力很快滴落，除油效果非常显著。

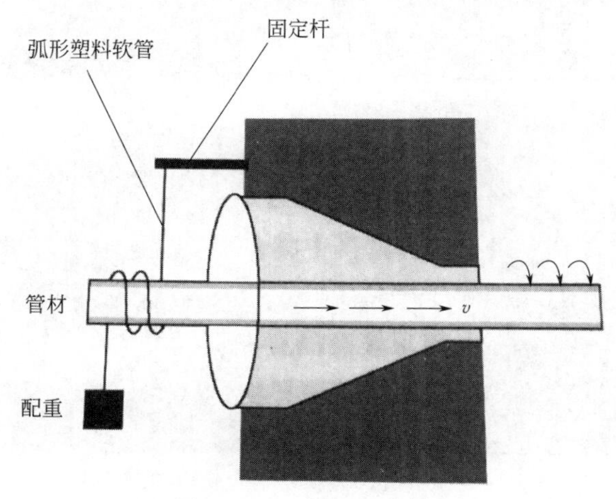


图 4-11-7 方案 1 示意图

最终方案 2：将工艺润滑的喷油管由机架前置喷油改为机架后置喷油，利用机架的前后周期式往返运动、孔形开闭的特点，使管材表面没有一点油污。

相比最终方案1，最终方案2具有重要意义，能真正实现自动清除油污的目的，也就达到了最终理想解的目标。

## 案例12：超级奥氏体不锈钢冷轧板的制备工艺创新

### 一、项目概述

超级奥氏体不锈钢是一种合金元素（Mo、Cr、Ni等）含量显著高于普通奥氏体不锈钢的奥氏体合金，是高品质特种不锈钢的重要发展方向之一。超级奥氏体不锈钢主要是为适应目前更为严苛的应用环境而产生的，Cr、Mo和N的协同作用使超级奥氏体不锈钢在含卤化物的酸中具有非常优异的抗均匀腐蚀性能，在海水、缝隙、低速冲刷的条件下，具有良好的耐点蚀性能和较好的耐应力腐蚀性能，是镍基合金的理想代用材料。此外，超级奥氏体不锈钢还具有优良的综合力学性能。因此，这类钢被广泛应用于烟气处理设备、核电工业、制药工业、纸浆漂白、磷肥和化肥工业、海洋工业和废物处理等非常苛刻的服役环境中。

由于高合金化是超级奥氏体不锈钢最重要的成分特征，其中Cr、Mo、Ni等合金元素的总体含量高达50%，甚至更高，高合金化为其优异的性能提供保障的同时，也大大增加了生产成本和制造难度。其组成成分中还含有铜和氮元素，在一般凝固和热加工过程中容易出现开裂、偏析等问题，增加了应用难度，因此有必要去研究恰当的工艺流程，以保证此类合金的产业化应用。图4-12-1所示为超级奥氏体不锈钢冷轧板的工业应用。

图4-12-1　超级奥氏体不锈钢冷轧板的工业应用

### 二、项目来源

目前，超级奥氏体不锈钢冷轧板的制备主要存在以下问题：

（1）合金元素价格昂贵，而我国又是一个缺镍、少钼、贫铬的国家，所以原料的来源供给在很大程度上受制于国外。

（2）合金元素含量高，冶炼浇注困难，传统生产方法中，中心偏析在所难免，在后续高温均质处理过程中耗时耗能，且在轧制变形过程中，容易出现分层及开裂的问题，极大地提高了制造成本。

（3）高合金元素含量，导致变形抗力增加、加工工艺窗口变窄，从常规铸坯到最终的使用产品，加工路线长，能源消耗及其带来的环境污染问题加重。

（4）目前国内对于超级奥氏体不锈钢产品的自主生产制造技术还不成熟，此类钢产品很大程度上依赖于进口。

因此，针对现有利用传统生产工艺（图 4-12-2）制备超级奥氏体不锈钢冷轧板存在的问题，设计一种低成本、高效环保且能保证超级奥氏体不锈钢性能的制备方法尤为重要。

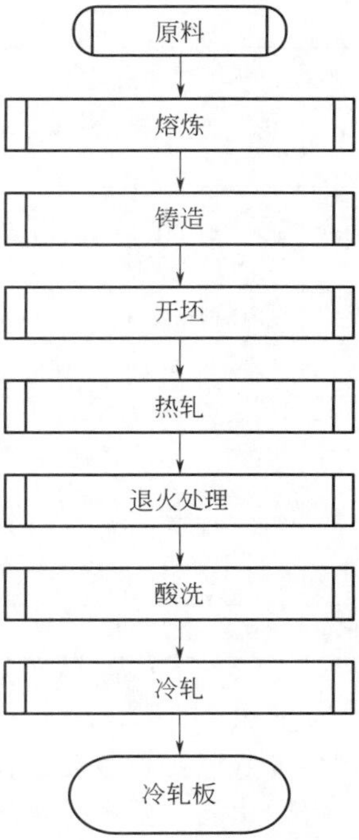

原料
熔炼
铸造
开坯
热轧
退火处理
酸洗
冷轧
冷轧板

图 4-12-2　超级奥氏体不锈钢冷轧板的传统生产工艺流程

## 三、问题分析与解决

### （一）问题分析工具选取与应用

1. 因果分析

我们以超级奥氏体不锈钢冷轧板的生产技术不成熟为出发点，针对现有传统工艺的合金元素偏析、能耗高、成本高的问题，对传统超级奥氏体不锈钢冷轧板制备工艺过程中的因果链进行分析，为后续解决问题提供基础，如图 4-12-3 和表 4-12-1 所示。

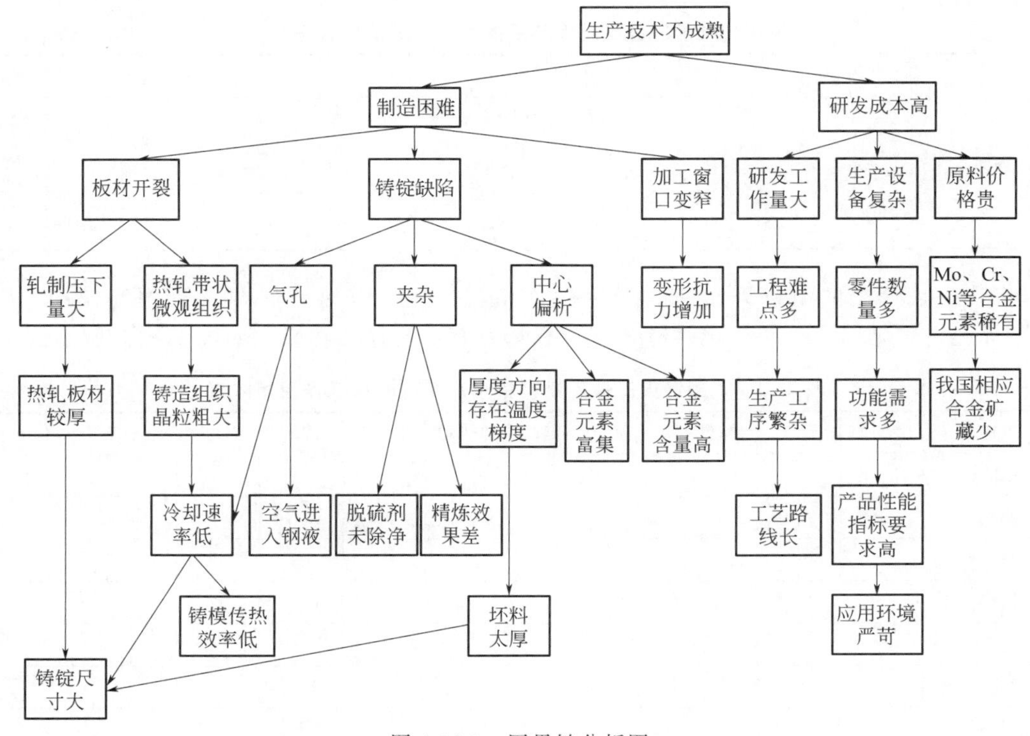


图 4-12-3　因果链分析图

表 4-12-1　关键问题因果链分析表

| 序号 | 关键缺点 | 关键问题 | 矛盾描述 |
| --- | --- | --- | --- |
| 1 | 铸锭尺寸大 | 如何减小铸锭尺寸 | 铸锭尺寸大，生产效率高，板材开裂；<br>铸锭尺寸小，生产效率低，板材良好 |
| 2 | 铸模传热效率低 | 如何提高铸模传热效率 | 无 |
| 3 | 空气进入钢液 | 如何避免空气进入钢液 | 无 |
| 4 | 脱硫剂未除净 | 如何处净脱硫剂 | 无 |
| 5 | 精炼效果差 | 如何提高钢液的纯净度，提高精炼效果 | 无 |
| 6 | 合金元素富集 | 如何避免合金元素富集 | 无 |
| 7 | 合金元素含量高 | 如何降低合金含量 | 合金含量高，综合性能好，生产成本高，偏析严重，变形抗力高；<br>合金含量低，综合性能差，生产成本低，偏析减弱，变形抗力低 |
| 8 | 工艺路线长 | 如何缩短工艺路线 | 无 |

2. 功能分析

系统名称：超级奥氏体不锈钢冷轧板生产系统；

主要功能：生产超级奥氏体不锈钢冷轧板；

本工艺中，将超级奥氏体不锈钢冷轧板生产系统作为工程系统，其他组件作为超系统。相应的组件分析如表 4-12-2 所示。本系统中最关键的是超级奥氏体不锈钢冷轧板制备的方式，也就是最终的冷轧方式不能改变。因此，针对目前生产存在的问题，考虑通过改进或完善冷轧之前的生产工艺，希望可以抑制合金元素的中心偏析，且使冷轧板中不易出现带状的微观组织，提高冷轧板的性能。

表 4-12-2　超级奥氏体不锈钢生产系统的组件分析表

| 工程系统 | 组件 | 超系统组件 |
| --- | --- | --- |
| 超级奥氏体不锈钢生产系统 | 熔炼炉<br>铸模<br>加热炉<br>开坯机<br>轧机 | 空气<br>原料<br>铸锭<br>铸坯<br>超级奥氏体不锈钢板 |

将表 4-12-2 中的组件列出来，产生一个相互作用矩阵表，如两者有相互作用，则以“+”标记，否则以“−”标记。有“+”意味着有可能存在功能，如表 4-12-3 所示。

表 4-12-3　超级奥氏体不锈钢板生产系统的相互作用矩阵表

| 组件 | 熔炼炉 | 原料 | 空气 | 铸模 | 铸锭 | 加热炉 | 开坯机 | 铸坯 | 轧机 | 超级奥氏体不锈钢板 |
| --- | --- | --- | --- | --- | --- | --- | --- | --- | --- | --- |
| 熔炼炉 | | + | + | − | − | − | − | − | − | − |
| 原料 | + | | + | + | − | − | − | − | − | − |
| 空气 | + | + | | + | + | − | − | − | − | − |
| 铸模 | − | + | + | | + | − | − | − | − | − |
| 铸锭 | − | − | + | + | | + | + | − | − | − |
| 加热炉 | − | − | − | − | + | | − | + | − | + |
| 开坯机 | − | − | − | − | + | − | | + | − | − |

续表

| 组件 | 熔炼炉 | 原料 | 空气 | 铸模 | 铸锭 | 加热炉 | 开坯机 | 铸坯 | 轧机 | 超级奥氏体不锈钢板 |
|---|---|---|---|---|---|---|---|---|---|---|
| 铸坯 | − | − | − | − | − | + | + |  | + | − |
| 轧机 | − | − | − | − | − | − | − | + |  | + |
| 超级奥氏体不锈钢板 | − | − | − | − | − | + | − | − | + |  |

对超级奥氏体不锈钢生产系统中每一个组件所对应的每一个标注有“+”的单元进行分析：

① 根据功能的判定来判断二者之间是否有功能存在；

② 如果有功能，则判断这个组件是功能的载体还是功能的对象；

③ 如果该组件是功能的载体，则分析载体与对象之间的功能是什么，将其列出来；

④ 继续分析载体与对象之间是否还有其他功能，如果有，将其一一列出。

对于以上分析出来的每一个功能，继续判定功能的等级。最终得到的功能分析结果，如表 4-12-4 所示。

**表 4-12-4　超级奥氏体不锈钢生产系统的功能分析表**

| 功能 | 功能分类 | 性能水平 | 得分 |
|---|---|---|---|
| 熔炼炉 | | | |
| 熔化原料 | 附加功能 | 正常 | 2 |
| 铸模 | | | |
| 容纳原料 | 附加功能 | 正常 | 2 |
| 凝固成型 | 附加功能 | 不足 | 2 |
| 加热炉 | | | |
| 加热铸锭 | 附加功能 | 正常 | 2 |
| 加热铸坯 | 附加功能 | 正常 | 2 |
| 加热超级奥氏体不锈钢板 | 基本功能 | 正常 | 3 |
| 开坯机 | | | |
| 加工铸锭 | 附加功能 | 不足 | 2 |
| 成型铸坯 | 附加功能 | 正常 | 2 |
| 轧机 | | | |
| 加工铸坯 | 附加功能 | 不足 | 2 |
| 成型超级奥氏体不锈钢板 | 基本功能 | 不足 | 3 |
| 空气 | | | |
| 氧化原料 | 有害功能 | — | — |
| 氧化铸锭 | 有害功能 | — | — |

表 4-12-4 并不能很直观地反映整个系统的功能分析，为了能对系统有一个整体的了解，我们用图示的形式将表 4-12-3 所列出的功能表示出来，结果如图 4-12-4 所示。在图中，系统组件用　　表示，超系统组件用　　表示，目标用　　表示，两者存在正常功能的组件用实线箭头连接，存在不足功能的组件用虚线箭头连接。

将以上功能分析步骤中得出的有问题的功能列出来，就可以形成一个功能缺点列表，结果如表 4-12-5 所示。从功能分析的结果看，浇铸时铸锭容易发生中心偏析，轧制过程中容易产生分层和开裂，以及加热耗能严重是超级奥氏体不锈钢生产系统存在的主要问题。

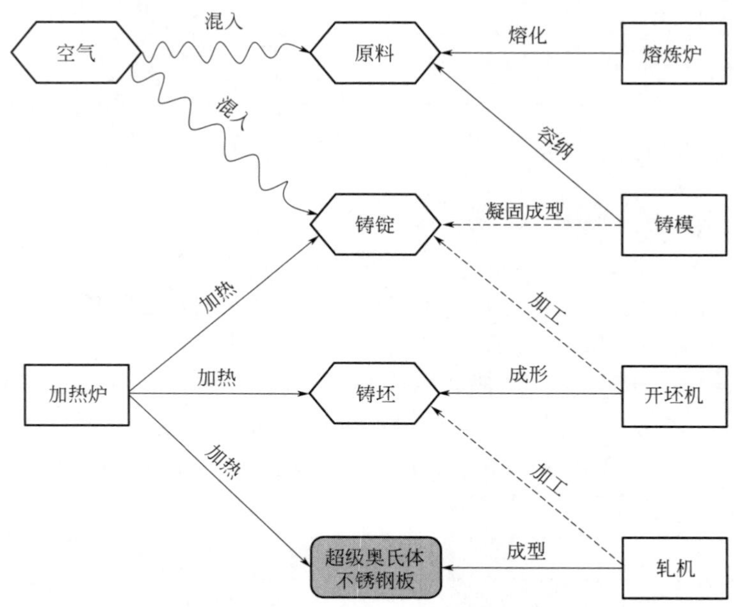


图 4-12-4 超级奥氏体不锈钢生产系统的功能模型图

**表 4-12-5 功能缺点表**

| 序号 | 功能缺点 |
|---|---|
| 1 | 空气氧化原料，有害功能 |
| 2 | 空气混入铸锭形成氧化和气孔，有害功能 |
| 3 | 铸模冷却能力不足，晶粒粗大且偏析严重，不足功能 |
| 4 | 开坯机在加工铸锭时容易产生裂纹，不足功能 |
| 5 | 轧机在加工铸坯时容易产生分层和开裂，不足功能 |

3. 九屏幕图分析（图 4-12-5）

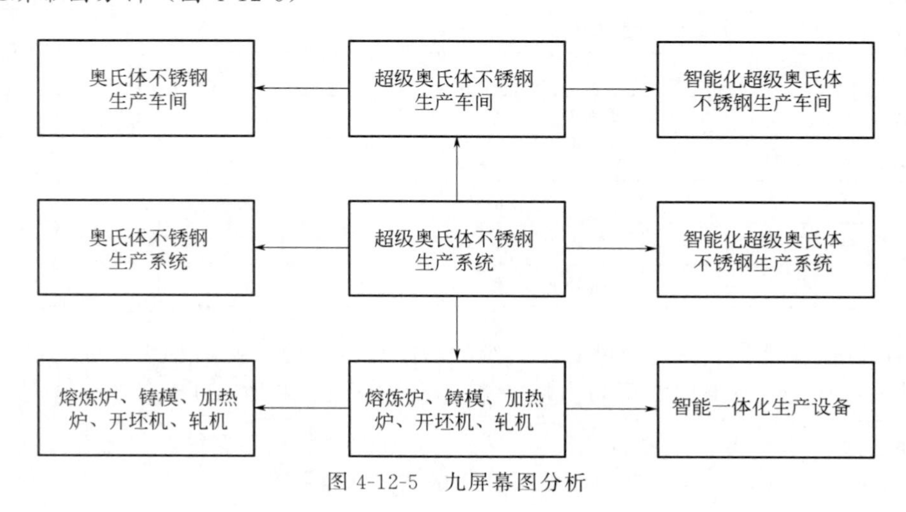


图 4-12-5 九屏幕图分析

4. 资源分析（表 4-12-6）

表 4-12-6 资源分析

| 资源 | 类别 | 资源名称 | 可用性分析 |
| --- | --- | --- | --- |
| 系统外资源 | 物质资源 | 相机、显微镜、性能测试仪、空气、水 | 实验室等现有检测手段可以分析钢板缺陷成因，空气和水可以对钢板进行冷却 |
| | 场资源 | 磁场、电场、热场 | 钢液在熔池中，经磁场搅拌，细化晶粒，提高性能；驱动熔炼加工设备 |
| | 时间资源 | 预处理 | 通过人工对合金成分进行筛选，确保合金不掺杂质 |
| | 信息资源 | 专利库，知识库，科学效应 | 国内外相关资料可供查找，以便解决问题 |
| 系统内资源 | 物质资源 | 熔炼炉、轧机等熔炼加工设备 | 对钢液及铸锭进行加工成型，熔炼原料 |
| | 场资源 | 力场、热场、温度场、化学场 | 通过加热，加工及相变获得超级奥氏体不锈钢 |
| | 时间资源 | 同时作用 | 熔炼、铸造、热轧、冷轧为同一条生产线，在钢板的运输中即可加工 |
| | 信息资源 | 温度、运行速度、轧制力、钢板厚度、板形、水流量 | 通过操作台实时观测钢板加工情况，控制生产工艺 |
| | 空间资源 | 熔炼炉，轧机等熔炼加工设备空间和仓储空间 | 容纳原料、铸锭、铸坯和钢板 |

## （二）问题求解工具选取与应用

1. 最终理想解（表 4-12-7）

表 4-12-7 最终理想解

| 问题 | 分析结果 |
| --- | --- |
| 设计最终目的是什么？ | 降低钢中昂贵合金元素的用量，避免发生中心偏析，同时提高凝固速率，细化晶粒，解决冷轧板开裂问题 |
| 理想解是什么？ | 生产出成本低廉、综合性能优良的超级奥氏体不锈钢 |
| 达到理想解的障碍是什么？ | 合金元素含量高，中心偏析严重，同时铸造凝固速率低，组织晶粒粗大，板材性能差 |
| 出现这种障碍的结果？ | 由于高合金化的成分特征，在冶炼时浇注困难，同时由于传统铸造工艺铸模传热效率低，导致凝固速度慢，因此导致铸锭会出现气孔、夹杂、中心偏析、组织粗大等缺点，在后续轧制变形过程中容易出现分层及开裂的问题，严重影响产品性能。同时由于添加了大量的合金元素，板材的变形抗力增加，导致加工工艺口变窄，从常规铸坯到最终的使用产品，加工路线长，能源消耗及其带来的环境污染问题加重，极大增加了生产成本 |
| 不出现这种障碍的条件是什么？ | 合金含量少和铸造组织均匀细小 |
| 创造这些条件所用的资源是什么？ | 系统内资源：物质资源——熔炼炉、等径双辊连铸机；场资源——热场、电场、力场；时间资源——批处理；空间资源——炉内未使用空间；信息资源——专利库、科学效应。系统外资源：物质资源——显微镜、性能测试仪；场资源——热场、力场、电场 |

2. 技术矛盾

（1）技术矛盾 1

① 具体问题描述。由上述因果分析可知，由于需要满足板材的轧制厚度需求和企业量

产化需求，铸锭尺寸一般较大，这样就会导致铸锭冷却速率低，内部组织粗大、不均匀，热轧后板材内部会出现带状微观组织，在冷轧阶段就容易造成板材开裂。同时由于开坯以后的铸坯较厚，热轧后的板材厚度也会随之增加，但我们要保证冷轧板满足客户要求，因此板材不能过厚，需要在冷轧阶段增大压下量，这样势必会导致板材开裂。考虑使用小铸模来生产尺寸小的铸锭，但是由于铸模太小，生产效率太低。因此需要设计一种既满足铸锭尺寸小又满足生产效率高的超级奥氏体不锈钢冷轧板生产工艺。

② 技术矛盾表述（表 4-12-8）。

**表 4-12-8　技术矛盾表述（一）**

| 如果 | 使用小铸模铸造 | 不使用小铸模铸造 |
|---|---|---|
| 那么 | 铸锭尺寸小 | 铸锭尺寸大 |
| 但是 | 生产效率低 | 生产效率高 |

③ 矛盾矩阵表中相关内容（表 4-12-9）。

根据技术矛盾查找矛盾矩阵表，其中涉及的原理如表 4-12-9 所示。

**表 4-12-9　矛盾矩阵表中相关内容（一）**

| 解决原理 | | 恶化的参数 |
|---|---|---|
| | | 39 生产率 |
| 改善的参数 | 3 运动物体的长度 | 14,4,28,29 |

根据 28 机械系统代替原理，提出方案 1：采用运动场代替静止场的思路，摒弃传统生产工艺中的“铸造＋热轧”，采用薄带连铸工艺（图 4-12-6）代替，其制备出的薄带厚度小，满足热轧板材的尺寸需求，同时省去“铸造＋热轧”这两道工序，由钢液直接进行铸轧，极大地提高了生产效率，大大降低了生产成本。同时由于薄带连铸工艺具有亚快速凝固特点，可以显著提高冷却速率，细化初始铸带的组织，为后续冷轧提供良好组织基础，从而保证了超级奥氏体不锈钢冷轧板优异的性能。

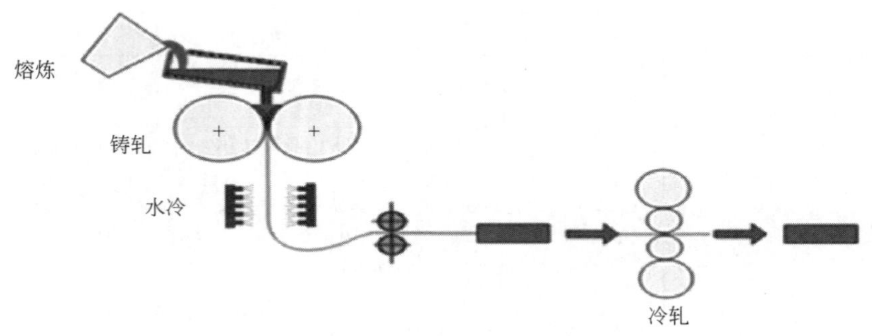


图 4-12-6　薄带连铸工艺示意图

根据 28 机械系统代替原理，提出方案 2：采用运动场代替静止场的思路，将传统的“铸造＋热轧”组合起来，采用连铸连轧工艺（图 4-12-7），相比于传统的先铸造出钢坯后经加热炉加热再进行轧制的工艺，连铸连轧可以在铸造完铸锭以后直接进行轧制，这样就可以满足在小铸锭的基础上实现高效率的生产。同时，连铸连轧还具有简化工艺、改善劳动条件、增加金属收得率、节约能源、提高连铸坯质量、便于实现机械化和自动化的优点，有助于降低生产成本。

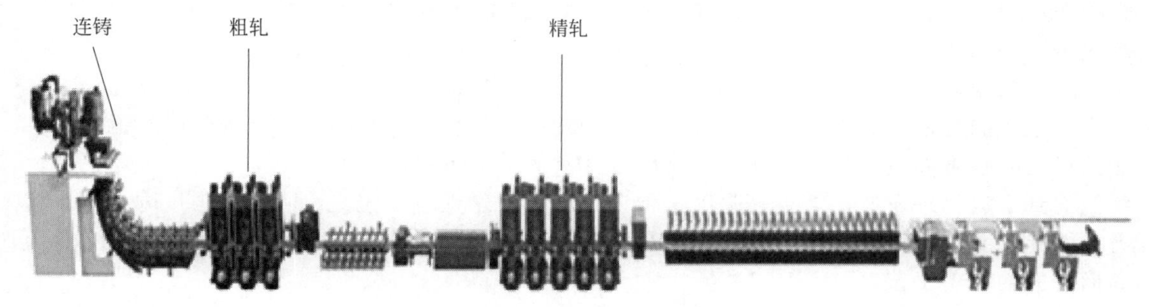

图 4-12-7　连铸连轧工艺示意图

（2）技术矛盾 2

① 具体问题描述。由上述因果分析可以得知，超级奥氏体不锈钢冷轧板的高合金化是其重要的特征，其中 Mo、Cr、Ni 等合金元素的总体含量高达 50%，甚至更高，高合金化为其优异的性能提供了保障，但也加剧了中心偏析，同时还增加了合金的变形抗力，大大提高了制造难度和生产成本。但是如果降低合金含量，虽然可以避免中心偏析，减小变形抗力，降低制造难度和生产成本，但是又会极大降低超级奥氏体不锈钢冷轧板的综合性能。因此，我们希望找出一种既能提高超级奥氏体不锈钢冷轧板的综合性能，又可以避免中心偏析、减小变形抗力、降低制造难度和生产成本的制备工艺。

② 技术矛盾表述（表 4-12-10）。

**表 4-12-10　技术矛盾表述（二）**

| 如果 | 降低合金含量 | 提高合金含量 |
|---|---|---|
| 那么 | 避免中心偏析，降低变形抗力 | 板材综合性能好，生产成本高 |
| 但是 | 板材综合性能差，生产成本低 | 加剧中心偏析，增加变形抗力 |

（3）矛盾矩阵表相关内容（表 4-12-11）。

根据技术矛盾查找矛盾矩阵表，其中涉及的部分如表 4-12-11 所示。

**表 4-12-11　矛盾矩阵表中相关内容（二）**

| 解决原理 | | 恶化的参数 | |
|---|---|---|---|
| | | 14 强度 | 26 物质或事物的数量 |
| 改善的参数 | 14 强度 | + | 29、10、27 |
| | 1 运动物体的重量 | 28、27、13、40 | 3、26、18、31 |

根据 3 局部质量原理，提出方案 3：分别按比例减少或增加 Mo、Cr、Ni 等合金元素含量，如减少最容易造成偏析且价格较贵的 Mo 含量，增加相对不太容易造成偏析且价格相对较低的 Cr、Ni 的含量，这样相对地降低了生产难度和成本，同时可以保证不锈钢的性能。

根据 18 机械振动原理，提出方案 4：对熔炼的钢水进行电磁搅拌，使合金元素混合均匀，这样可以避免出现中心偏析的现象，还能减少合金元素的添加，降低成本。同时还可以净化钢液，减小初始铸造组织的尺寸，为后续加工提供良好的组织基础，提高产品性能。

根据 26 复制原理和 27 廉价替代品原理，提出方案 5：在不锈钢中添加一定量来源较广、成本较低并且可以提高超级奥氏体不锈钢整体耐腐蚀性能的 Mn、N、P 来代替价格较高的 Mo、Cr、Ni 等合金元素，还样就可以降低合金元素的添加量，减少中心偏析，降低生产成本。

3. 物理矛盾

从上述的技术矛盾中发现，超级奥氏体不锈钢冷轧板需要高强度去保证其优异的力学性能，但同时强度高也意味着增加了合金的变形抗力，大大提高了制造难度和生产成本。因此我们遇到一对物理矛盾，需要高强度来保证板材的力学性能，但是也需要低强度降低变形抗力。因此，我们希望设计一种既能提高超级奥氏体不锈钢冷轧板的力学性能还可以减小合金变形抗力的制备工艺。

基于此物理矛盾，首先考虑采取分离矛盾需求的办法来解决物理矛盾，由于两个相反的需求处于超级奥氏体不锈钢生产过程中不同时间点，因而采用时间分离原理解决物理矛盾；在轧制前需要低强度降低变形抗力，因为有利于板材成型，防止板材开裂；但是又需要在轧制后提高强度，因为要提高板材的力学性能。

对于体现出来“在什么时候”的导向关键词，适用的分离原理为基于时间分离。在分析了基于时间推荐的解决物理矛盾的几个发明原理后，确认“10 预先作用”原理和“15 动态特性”原理结合起来是最合适的。

根据“10 预先作用”原理和“15 动态特性”原理的提示，得到方案 6：将轧制前的板材进行均匀化处理，使其在高温下通过扩散消除或减小板材内部元素分布不均和组织状态，降低合金的变形抗力，从而改善合金板材的再加工性能，有利于轧制成型，同时由于均匀处理后，成分和组织分布均匀，经轧制变形后力学性能显著提升。

4. 小人法

超级奥氏体不锈钢传统生产工艺为了稳定奥氏体相、提高材料的耐腐蚀性能和综合力学性能，添加了较多的 Mo、Cr、Ni 等合金元素。由于添加了过多的合金元素，从而导致冶炼浇注困难，在传统生产方法中，中心偏析在所难免，导致 Mo、Cr、Ni 富集在中心区域，使表层的合金元素整体含量降低，从而影响产品的耐腐蚀性能。同时由于容易发生中心偏析，在后续高温均质处理过程中耗时耗能，且在轧制变形过程中，容易出现分层及开裂的问题，极大影响了超级奥氏体不锈钢冷轧板的综合力学性能。

从上述技术矛盾中分析可知，根据 26 复制原理和 27 廉价替代品原理的指导思想，我们发现元素的替代思想在钢种开发和成分优化上被经常应用，因此通过查找相关文献和专利库，我们发现在不锈钢中添加一定含量的 Sn 有助于增加不锈钢的耐腐蚀性能，而且 Sn 的来源较广，成本较低。如果 Sn 与 Mo 能够在超级奥氏体不锈钢中的耐腐蚀性能方面起到协同作用，不但可以提高超级奥氏体不锈钢的整体耐腐蚀性能，而且可以降低 Mo 的添加量，减少生产成本。

因此针对上述问题，建立小人问题模型，如图 4-12-8 和图 4-12-9 所示。在小人模型中，黑色的小人代表超级奥氏体不锈钢铸坯，深灰色的小人代表 Mo，白色的小人代表 Cr，浅灰色的小人代表 Ni，头部白色、身体黑色的小人代表 Sn。如图 4-12-8 所示，深灰色、白色和浅灰色的小人两两相邻，表示在铸坯内部发生了中心偏析的现象，Mo、Cr 和 Ni 都富集在铸坯的中心，表层的合金含量降低，极大地降低了产品的耐腐蚀性能，同时在轧制变形后，由于中心偏析的存在，使热轧板心部产生裂纹，以至于在经冷轧后的冷轧板产生分层现象，使板材开裂，大大地影响冷轧板的力学性能。由于深灰色小人的价格昂贵，且容易造成铸坯的中心偏析，我们希望可以减少深灰色小人的数量，避免中心偏析，同时还可以保持超级奥氏体不锈钢冷轧板的综合力学性能，这时需要有另外一组小人和深灰色小人亲近，起到协同作用。因此本问题的解决方案模型是引入一组具有协同能力，从而解决问题的小人。

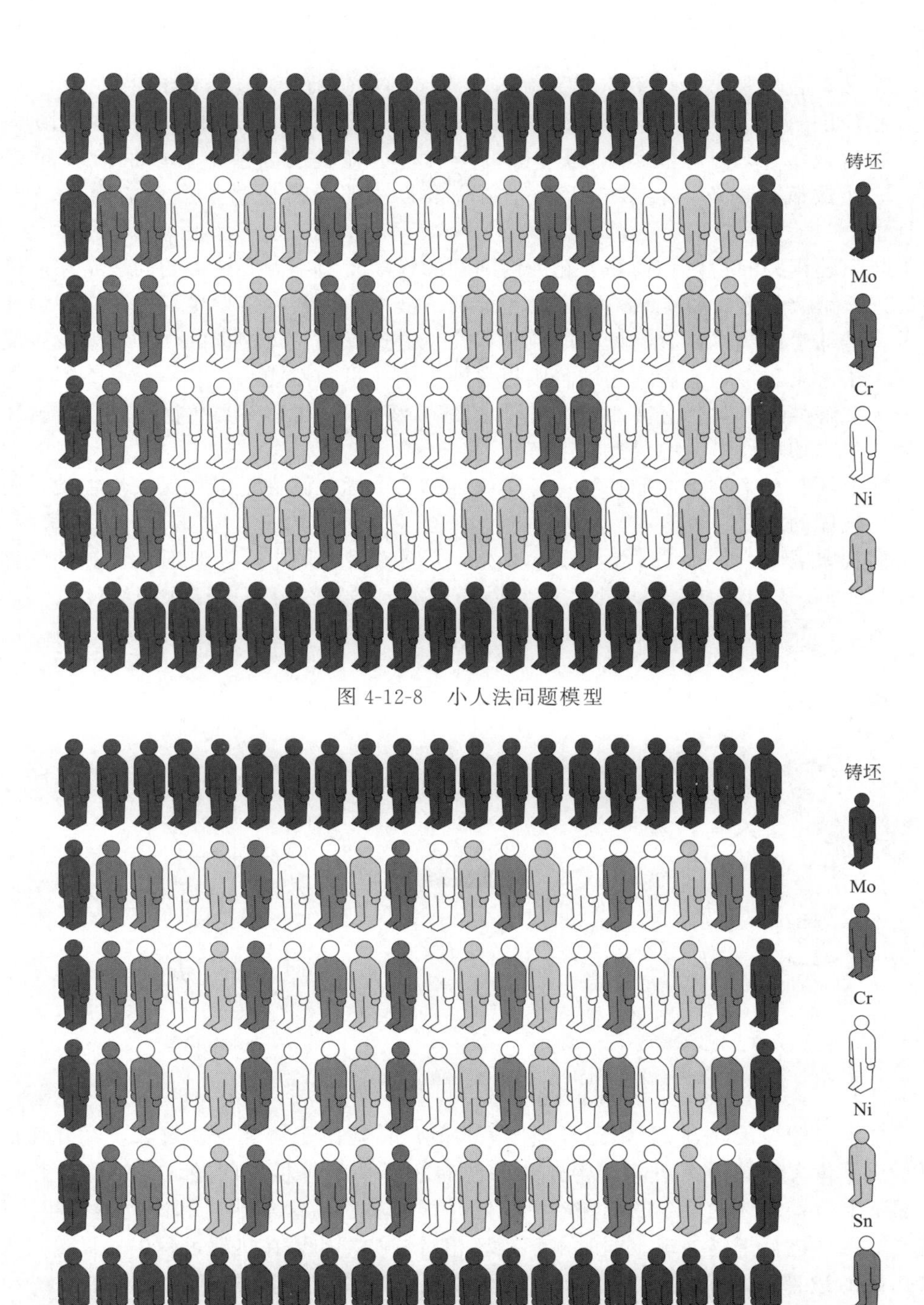


图 4-12-8　小人法问题模型

图 4-12-9　小人法解决问题模型

根据小人解决问题模型，得到解决方案 7：添加 Sn 与 Mo 起到协同作用，不仅可以降低 Mo 的含量，同时可以减少元素中心偏析。由于减少了钢中昂贵的 Mo，采用了价格便宜的 Sn，因此极大地减少了生产成本。

5. 物场分析

（1）待解决的关键问题 1：传统熔炼和铸造都是空气环境下进行的，在熔炼阶段，空气会进入钢液，很容易造成气孔等铸锭缺陷。同时空气中的氧气会和钢液中的合金元素反应生成相应的氧化物，这样会大大损失钢液中的合金元素，增加生产成本，影响板材的性能。在铸造阶段，铸模无法排净全部的空气，这样就会导致空气中的氧气和铸锭中的铁反应，生成氧化铁皮，会影响后续轧制阶段板材的表面质量，严重的会进一步影响板材的性能。

找出与问题相关的物质和场并创建关键问题的物场模型：需要解决的问题是在熔炼过程中，空气进入钢液，造成铸锭缺陷，同时还会和钢液中的合金元素发生氧化反应，损耗合金元素含量，增加生产成本，影响板材的性能。在铸造过程中，铸锭中的铁和氧气发生氧化反应，生成氧化铁皮，会影响后续轧制阶段板材的表面质量和性能。

挑选标准解类别：对于有害的物场模型（图 4-12-10），从第一类“物场建立与破坏”中第一子类“建立物场模型”中寻找标准解。

确定标准解：在第一类标准解第一子类中，第八个标准解提示引入保护性物质，因此采用引入保护气体的办法。

解决实现方案 8：将原料分类，分步放入真空感应熔炼炉中，同时通入保护性气体 Ar，在真空度为 4～5Pa 的高真空环境下冶炼，得到钢水，然后在铸模中通入高纯度氮气，浇铸得到常规铸锭。

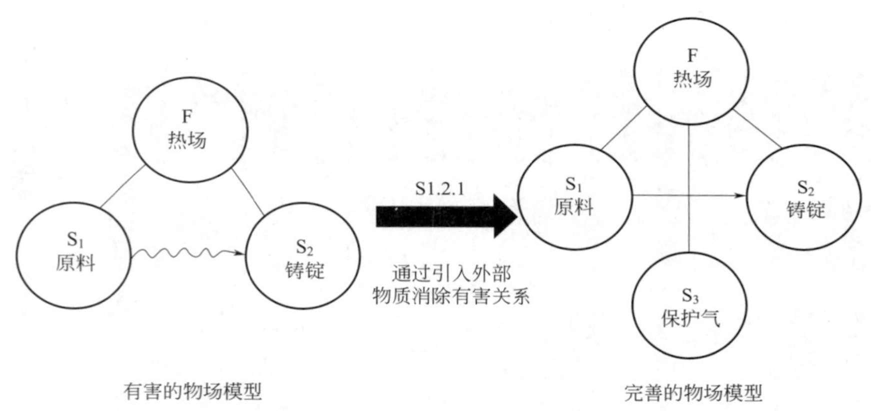


图 4-12-10　有害的物场分析

（2）待解决的关键问题 2：锻造开坯以后得到的铸坯由于铸锭尺寸过大，经开坯以后的铸坯由于压下量大势必会在边部产生较多的凸起和不平整等板形问题，经过均匀化处理过后，依然不能改善铸坯的边部凸起和不平问题，很容易对后续的热轧和冷轧造成很大影响。因此需要对铸坯进行平整处理。同时由于铸坯相对较厚，如果在热轧过程中变形量过大就可能在热轧板的边部或板面造成开裂，从而会降低薄带冷轧板的成材率，增加生产和制造成本。

分析与问题相关的物质和场并创建关键问题的物场模型：需要解决的问题是开坯后的铸坯边部产生较多的凸起和不平整部分，需要将铸坯进行平整处理。同时由于铸坯相对较厚，在冷轧过程中要控制变形量不能过大，防止板材开裂。

挑选标准解类别：对于作用不足的物场模型，从第二类“完善物场模型”中第一子类“转化成复杂的物场模型”中寻找标准解。

确定标准解：通过标准解 S2.1.2 提示选择双物场模型。选择采用加入其他场的办法。

解决实现方案 9：在铸带上进行“一道次平整轧制＋均匀化处理＋控制单道次变形量及

总变形量”的控制轧制和控制热处理思路的工艺。平整轧制能够改善板形，带头及边部更加平直和规整，有利于卷曲和后续深加工；平整轧制还可以破坏凝固组织，引入一定量的畸变和位错，从而为合金元素的扩散提供了更多的通道，能加速合金元素的扩散和均匀化，降低均匀化处理的温度和缩短均匀化处理的时间，降低能耗，同时在一定程度上细化了组织。采用“控制单道次变形量及总变形量”控制轧制的方案，极大地减小了其压缩变形量，避免了冷轧板开裂问题的出现，从而极大地降低了生产和制造成本。

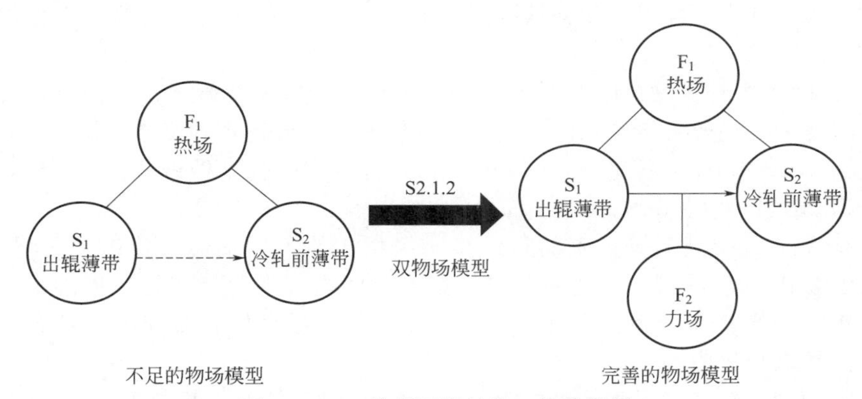

图 4-12-11　作用不足的物—场分析图

## 四、可实施技术方案的确定与评价

### （一）全部技术方案及评价（表 4-12-12）

**表 4-12-12　全部技术方案及评价**

| 方案 | 具体介绍 | 可行性 | 处理效果 | 降低成本 | 综合 |
|---|---|---|---|---|---|
| 方案 1 | 利用“熔炼＋薄带连铸工艺＋冷轧”的改进工艺制备冷轧板 | 10 | 10 | 9 | 9.6 |
| 方案 2 | 利用“熔炼＋连铸连轧＋冷轧”的改进工艺制备冷轧板 | 10 | 7 | 7 | 8 |
| 方案 3 | 利用减少 Mo 含量，增加 Cr、Ni 含量，利用“熔炼＋铸造＋热轧＋冷轧”的传统工艺制备冷轧板 | 9 | 3 | 3 | 5 |
| 方案 4 | 利用“熔炼（电磁搅拌）＋铸造＋热轧＋冷轧”的改进工艺制备冷轧板 | 10 | 8 | 5 | 7.7 |
| 方案 5 | 添加 Mn、N、P 等代替 Mo，利用“熔炼＋铸造＋热轧＋冷轧”的传统工艺制备冷轧板 | 10 | 8 | 9 | 9 |
| 方案 6 | 利用“熔炼＋铸造＋均匀化处理＋热轧＋冷轧”的改进工艺制备冷轧板 | 10 | 8 | 9 | 9 |
| 方案 7 | 添加 0.05%～0.5%Sn，利用“熔炼＋铸造＋热轧＋冷轧”的传统工艺制备冷轧板 | 10 | 10 | 9 | 9.6 |
| 方案 8 | 利用“熔炼（氩气）＋铸造（高纯氮气保护）＋热轧＋冷轧”的改进工艺制备冷轧板 | 10 | 9 | 9 | 9.3 |
| 方案 9 | 利用“熔炼＋铸造＋一道次平整轧制＋热轧（控制单道次变形量及总变形量）＋冷轧”的改进工艺制备冷轧板 | 10 | 9 | 9 | 9.3 |

### （二）最终确定方案

经分析，结合方案 1、方案 5、方案 6、方案 7、方案 8、方案 9，最终确定工艺方案，其具体实施步骤如下：

① 熔炼：以含 Sn 质量分数为 0.05%～0.5%的超级奥氏体不锈钢为基本原料，将称好的原料在 50～100℃条件下加热烘干 120～180min，其中，超级奥氏体不锈钢中成分质量分数为：C≤0.03%，N 0.18%～0.25%，Si≤1.0%，Cu≤1.0%，Mn≤2.0%，Mo 6%～8%，Cr 20%～22%，Ni 23.5%～25.5%，余量为 Fe 和不可避免的杂质，其中，P≤0.04%，S≤0.03%，O≤0.005%；将原料分类，分步放入熔炼炉中，在充满 Ar 气环境下冶炼，得到钢水，其中，N 以氮化铬铁的形式加入，Sn、Mn 和氮化铬铁在其他原料熔化完全后依次加入。

② 浇注：将浇注温度控制在 1500～1600℃之间，在高纯度氮气的保护下，将冶炼好的钢水经中间包浇入双辊薄带铸轧机的熔池内进行铸轧，随着铸辊的旋转，铸带逐渐形成，制备得到厚度为 2.5～4mm、宽度为 110～254mm 的超级奥氏体不锈钢薄带，其中，铸轧速度为 35～55m/min，铸轧力 45～65kN。

③ 平整轧制：将上述制备得到的近终型超级奥氏体不锈钢薄带传送至二辊平整轧机，此时薄带的温度在 1050～1150℃之间，在该温度区间内，将薄带进行一道次平整轧制，轧制变形量为 12.5%～20%，得到厚度为 2～3.5mm、板形良好且凝固组织具有一定程度变形的薄带，然后进行卷曲。

④ 均匀化处理：将上述平整轧制的薄带在高纯 Ar 的保护下或者在真空环境中进行高温均匀化处理，然后淬火至室温，其中，均匀化处理的温度为 1150～1250℃，时间为 30～120min。

⑤ 酸洗：将均匀化处理后的薄带在特定的酸洗液中浸泡进行酸洗处理，然后用清水和酒精清洗吹干，作为冷轧板的基材，其中，酸洗液的体积配比为 HCl∶HF∶$HNO_3$∶$H_2O$=2∶3∶15∶100。

⑥ 制备冷轧板：将酸洗后的薄带进行冷轧变形，单道次压下量为 5.7%～20%，总变形量为 40%～85.7%，最终制备得到厚度为 0.5～1.2mm 的超级奥氏体不锈钢薄带冷轧板。

⑦ 将上述制备的冷轧板进行退火处理然后淬火至室温，然后测试其力学性能和耐腐蚀性能。其中，退火处理温度为 1000～1100℃，处理时间为 5～20min。

本试验采用的真空感应熔炼炉的型号为 ZG-0.05；采用的双辊薄带铸轧机为水平式，配置有内冷式轧辊，轧辊直径为 500mm，辊身宽度为 110～254mm，如图 4-12-12 所示；采用的冷轧机为直拉式四辊可逆冷轧/温轧试验轧机；采用的热轧机为 $\phi$450mm×450mm 的二辊可逆式试验热轧机。

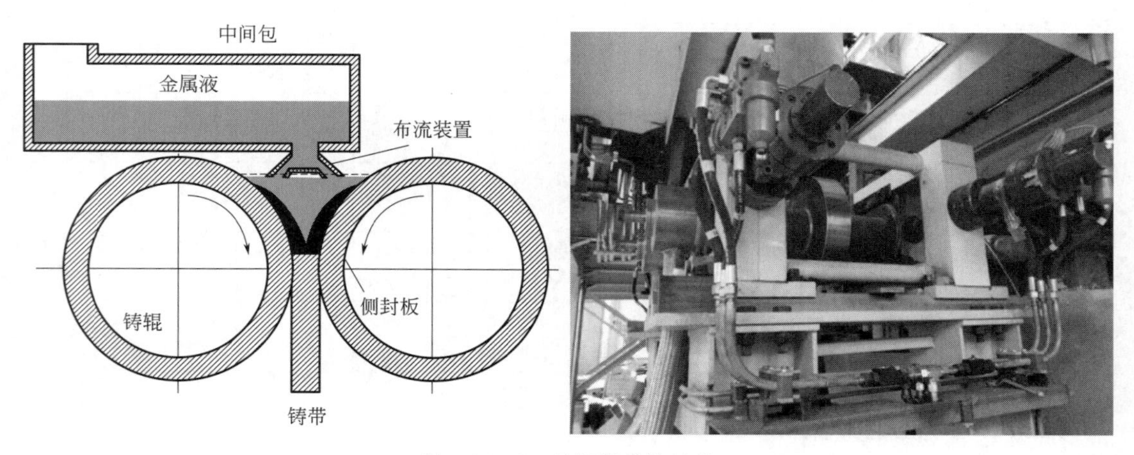


图 4-12-12　双辊薄带铸轧机

在相同的化学成分基础上，将改进工艺制备的薄带冷轧板与传统工艺制备的同厚度的薄带冷轧板进行力学性能和耐腐蚀性能测试，结果表明，改进工艺制备的冷轧板抗拉强度、屈服强度、伸长率、点蚀点位均优于传统工艺制备的冷轧板的性能。

从图 4-12-13 可以看出，由薄带连铸工艺制备的含 Sn 超级奥氏体不锈钢薄带平整、均匀。从图 4-12-14 可以看出，经平整轧制之后的含 Sn 超级奥氏体不锈钢薄带板形良好，无边部及表面裂纹。从图 4-12-15 可以看出，如果在冷轧时，不控制变形量，一旦超出变形量后轧制就会出现边部和表面裂纹。从图 4-12-16 可以看出，由改进工艺制备的含 Sn 超级奥氏体不锈钢薄带冷轧板板形良好，无边部及中心裂纹，达到了令人满意的效果。

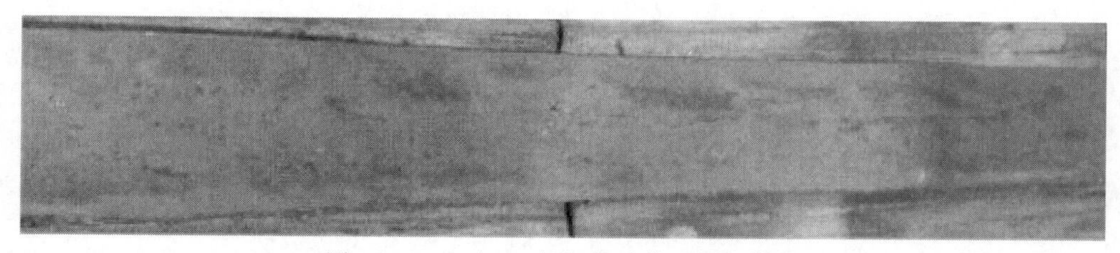

图 4-12-13　含 Sn 超级奥氏体不锈钢薄带

图 4-12-14　平整轧制之后的含 Sn 超级奥氏体不锈钢薄带

图 4-12-15　超出变形量后轧制出现的边部和表面裂纹

图 4-12-16　含 Sn 超级奥氏体不锈钢薄带冷轧板

从图 4-12-17 可以看出，相比于常规冷轧板，薄带冷轧板具有优异的抗拉强度和极好的塑性，同时其极化腐蚀电流密度小，耐蚀性好。从图 4-12-18 中可以看出，薄带冷轧板中的带状组织明显减少，使其具有更好的力学性能。

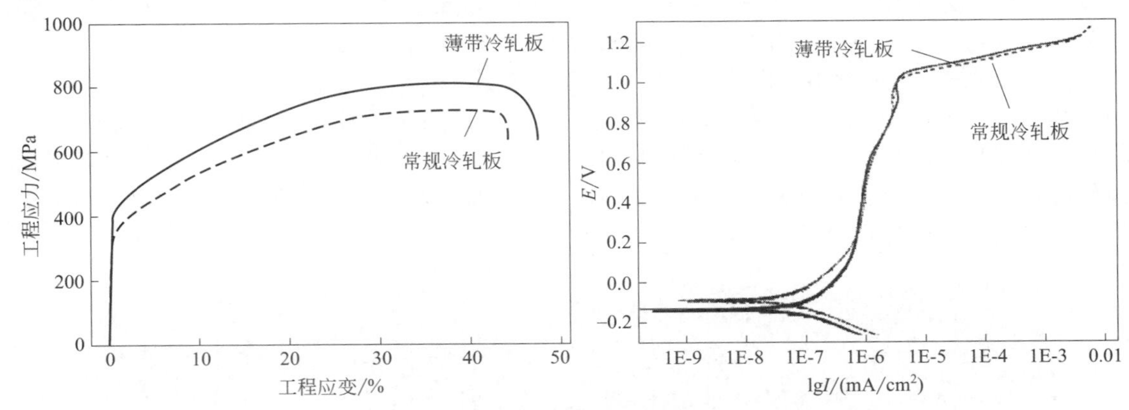


图 4-12-17　含 Sn 超级奥氏体不锈钢冷轧板拉伸曲线和极化曲线

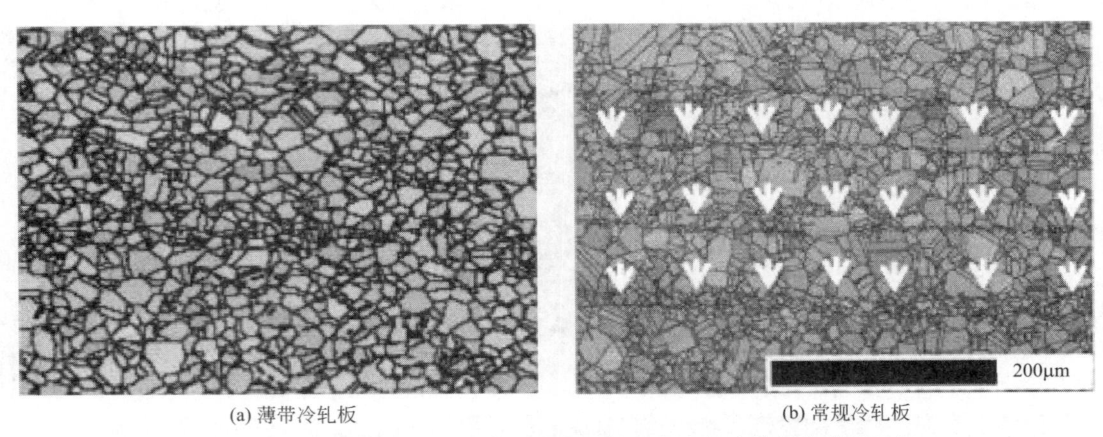


(a) 薄带冷轧板　　(b) 常规冷轧板

图 4-12-18　含 Sn 超级奥氏体不锈钢冷轧板与常规冷轧板的微观组织

## 五、预期成果及应用

### (一) 创新点与研究成果

① 本设计在基于超级奥氏体不锈钢成分的基础上，通过添加一定含量 Sn，采用先进短流程中的薄带连铸工艺，制备得到了无中心偏析现象的超级奥氏体不锈钢薄带，提高了原有超级奥氏体不锈钢产品的耐腐蚀性能，同时保证了其力学性能。另外，减少了炼钢时 Mo 的投放量，降低产品的制造成本。

② 本设计提出了在铸带上进行“一道次平整轧制＋均匀化处理＋控制单道次变形量及总变形量”的控制轧制和控制热处理的思路。平整轧制改善板形，使带头及边部更加平直和规整，加速合金元素的扩散和均匀化，降低均匀化处理的温度和缩短均匀化处理的时间，降低能耗，同时在一定程度上细化了组织。

③ 本设计通过合理控制单道次变形量及总变形量，避免了因变形量过大而使冷轧板在边部或板面开裂的风险，提高薄带冷轧板的成材率，为后续研究工作及实现工业生产提供了试验数据和理论支撑。同时，由薄带制备冷轧板产品，较常规生产工艺而言，极大地减小了其压缩变形量，生产工艺路线短，极大地降低了生产和制造成本。

### （二）应用前景

与传统制造工艺相比，改进工艺具有诸多优势（表 4-12-13）。

① 添加 Sn，避免中心偏析；

② Sn 价格低廉，降低生产成本；

③ 薄带连铸工艺制备的冷轧板，极大地减小了压缩变形量，生产工艺路线短，极大地降低了生产和制造成本；

④ 应用范围广；

⑤ 节约能源、气源，绿色环保。

基于以上优势，本发明设计的一种含 Sn 超级奥氏体不锈钢冷轧板的制备方法具有很好的发展前景。

**表 4-12-13　改进工艺与传统工艺比较**

| 比较内容 | 传统工艺 | 改进工艺 |
| --- | --- | --- |
| 对环境的污染 | 重 | 轻 |
| 生产周期 | 长 | 短 |
| 能耗 | 大 | 小 |
| 生产成本 | 高 | 低 |
| 设备投资 | 高 | 较低 |
| 设备复杂性 | 复杂 | 较复杂 |
| 工艺重现性 | 好 | 好 |
| 强化效果 | 良 | 优良 |

# 案例 13：IF 钢夹杂物含量降低技术改进

## 一、项目情况介绍

IF 钢（Interstitial Free Steel）已成为现代轻型汽车车身用钢板的主要材料。为保证良好的表面质量和成型性能，要求钢中夹杂物数量尽可能少、尺寸尽可能小，否则容易出现冲压开裂、表面翘皮和线状缺陷（图 4-13-1、图 4-13-2）。

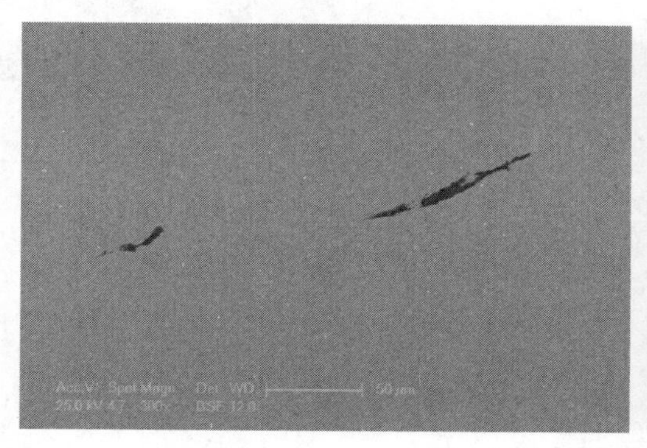

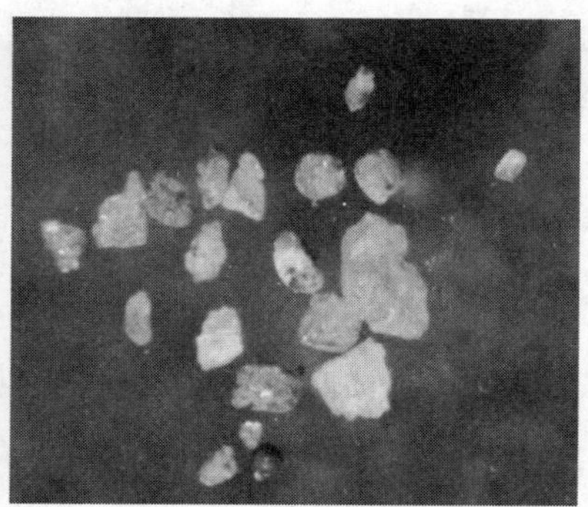

图 4-13-1　钢中夹杂物

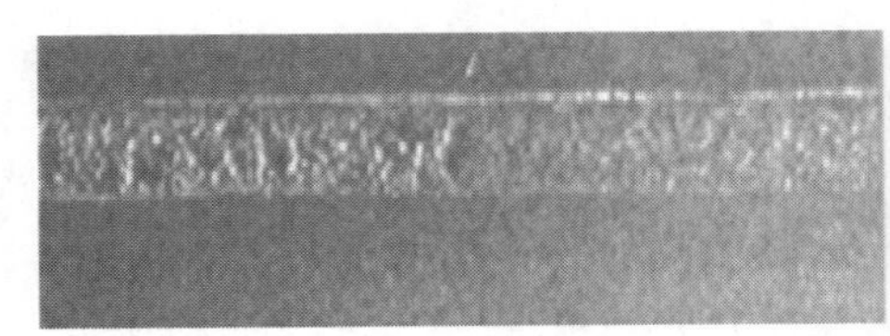

图 4-13-2　汽车板表面典型缺陷

## 二、项目来源

IF 钢生产工艺流程如图 4-13-3 所示。铁水经过 KR 铁水预脱硫，进入转炉冶炼成钢水，进 RH 精炼炉脱碳脱氮，进行微合金化、成分调整以及夹杂物去除，最后连铸成板坯，后续热轧、冷轧、连退或镀锌，形成汽车板。

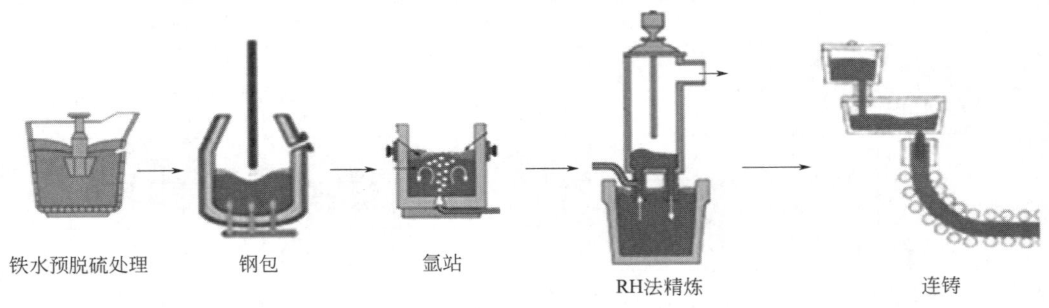


图 4-13-3　IF 钢生产工艺流程

目前存在的问题是：①大包钢水浇注后期，钢包顶渣（图 4-13-4）进入中间包钢水，是大型夹杂物的主要来源之一；②连铸过程结晶器浸入式水口结瘤（图 4-13-5），引起偏流，卷入保护渣产生大型夹杂物，此外，水口结瘤物脱落进入钢水，也是产生大型夹杂物的另一个主要原因。

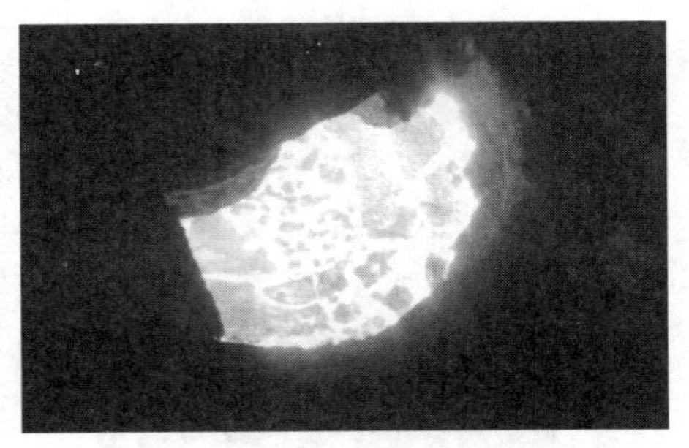

图 4-13-4　钢包顶渣

图 4-13-5　水口结瘤

## 三、问题分析与解决

针对上述钢包顶渣和水口结瘤引起的大型夹杂物问题，应用 TRIZ 创新方法进行分析解决，解题流程如图 4-13-6 所示。

### （一）运用矛盾分析

关于钢包顶渣问题，钢包顶渣会与钢中的 Al 元素反应产生 $Al_2O_3$ 夹杂，影响钢水洁净

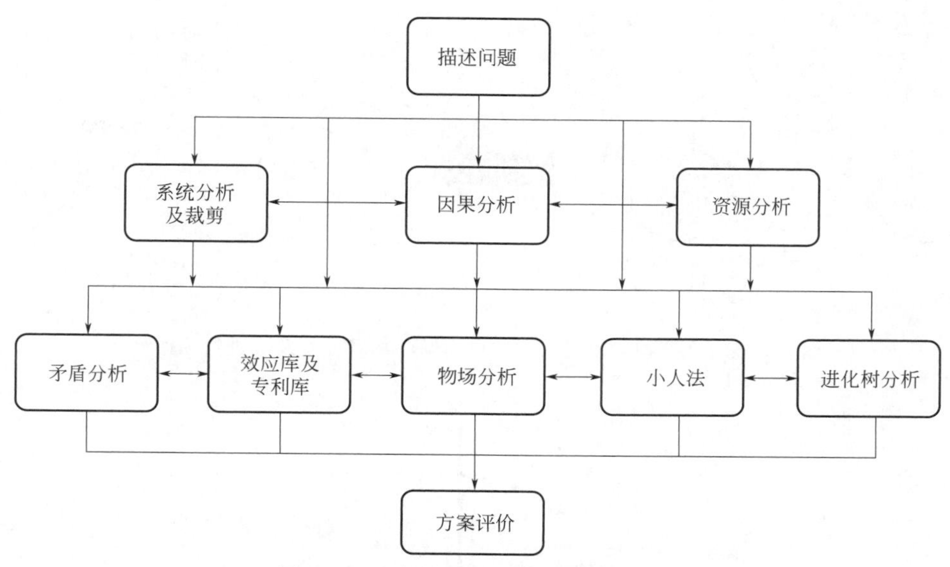

图 4-13-6 应用 TRIZ 解题的流程示意

度，在浇注后期，顶渣还会进入中间包钢水。传统的做法是采用留钢操作（9～10t）来减少顶渣进入中间包。

如果采用留钢操作（浇铸后期把钢水留在钢包内），那么可以减少顶渣进入中间包，但会造成钢水浇铸不完全（钢水量损失）引起成本增加，存在技术矛盾。

改善的参数：作用于物体的有害因素；

恶化的参数：物质的量。

查找矛盾矩阵得到推荐的发明原理有：35 物理或化学参数改变原理、33 均质性原理、29 气压与液压结构原理、31 多孔材料原理。

根据推荐的"35 物理或化学参数改变原理"，得出钢包顶渣改质的技术方案，降低炉渣的氧化性、提高黏度形成渣壳，进而减少下渣，最终减少留钢量。具体做法：

① RH 精炼结束后，在钢包水口正上方的渣面上加入高熔点渣剂 CaO、MgO、$CaCO_3$、$MgCO_3$ 和金属铝，降低渣中全铁含量，提高炉渣碱度及其熔点黏度。

② 吊运钢包至连铸大包回转台，静置 5～10min；高熔点渣剂及渣面上炉渣在钢包吊运、静置及连铸过程中结壳形成大的渣球，在浇铸末期，结壳的渣球挡渣从而减少下渣。

申请发明专利 1 项——一种减少钢包下渣的方法及其加料装置（申请号：201410328839.8，申请公布号：CN104070144A）。

## （二）运用物场分析

针对"夹杂物黏附浸入式水口造成危害"问题，用传统的降低拉速或提高塞棒棒位的方法来解决水口结瘤的问题，可以改善浇注的持续性，但不能改善夹杂物，冶金缺陷比例仍然高达 2.91%。因此，进行 TRIZ 物场分析，建立的问题物场模型及改善的物场模型如图 4-13-7 所示。

采用标准解法 Class 1.2 拆解物场——用场 $F_2$ 来抵消有害作用，引入机械场，得出方案：通过塞棒（系统内组件）往水口内吹氩（图 4-13-8），产生气泡带走部分夹杂物，并在水口内壁形成气幕（膜），减少夹杂物的黏附。

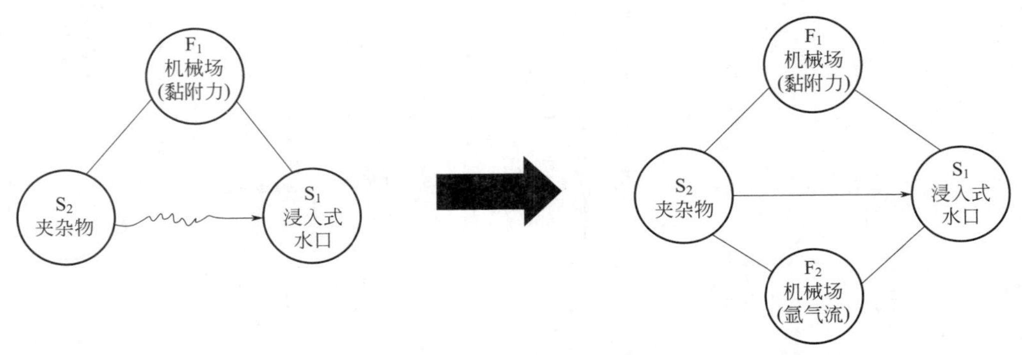


图 4-13-7　夹杂物黏附浸入式水口问题的物场模型及改进物场模型

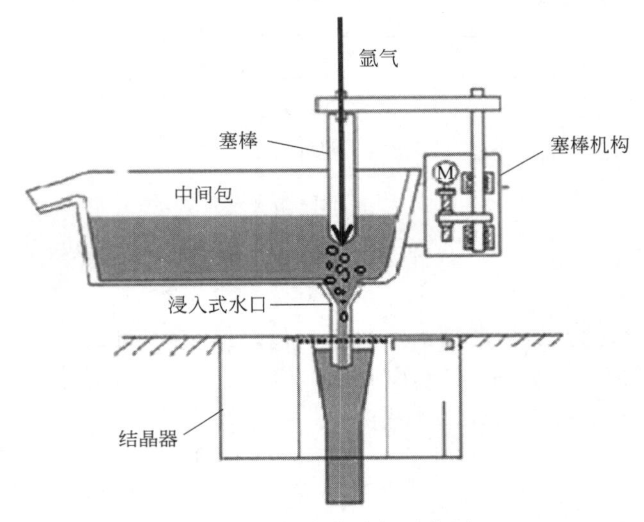


图 4-13-8　塞棒吹氩示意图

## （三）运用三轴分析

针对“水口结瘤有害”问题，从能否预先减少夹杂物的角度出发，运用三轴分析，如图 4-13-9 所示。

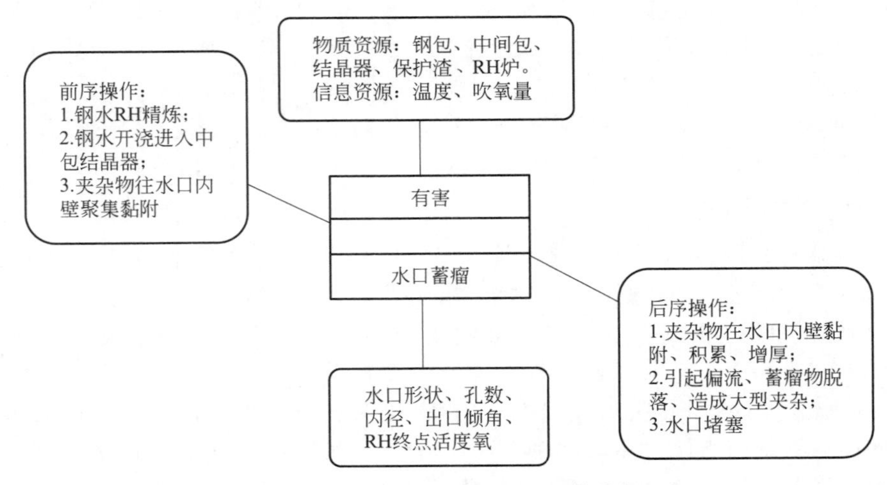


图 4-13-9　水口结瘤问题的三轴分析

RH 精炼终点温度的稳定控制是降低连铸拉速波动进而减少夹杂物的关键。然而，精炼过程中因缺乏温度连续自动检测装置，无法及时准确地指导吹氧加铝升温，导致吹氧时机滞后、吹氧过量，既使夹杂物数量激增，又使温度波动。根据三轴分析法操作轴分析的前序操作的启示，开发一套实时在线检测 RH 精炼钢液温度的装置，及时获得钢液温度，进而开发温度控制模型，实现精准控制吹氧量，预先减少夹杂物含量。

发明专利 1 项：一种实时在线检测 RH 精炼钢液温度的装置及其检测方法（申请号：2014107997213，申请公布号：CN104451037A）。

主要创新成果：

创新成果 1：研究开发了一种减少钢包下渣的方法及其加料装置，解决了连铸过程下渣引起的夹杂物（图 4-13-10）。

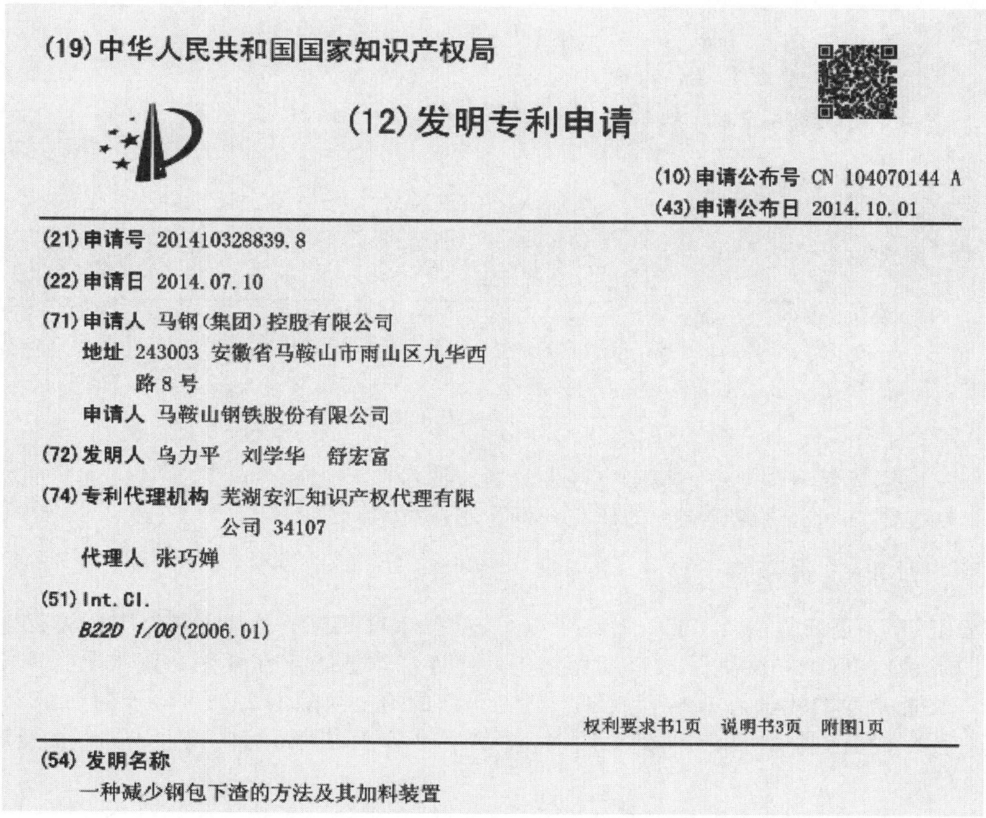

(19) 中华人民共和国国家知识产权局

(12) 发明专利申请

(10) 申请公布号 CN 104070144 A
(43) 申请公布日 2014. 10. 01

(21) 申请号 201410328839. 8

(22) 申请日 2014. 07. 10

(71) 申请人 马钢（集团）控股有限公司
地址 243003 安徽省马鞍山市雨山区九华西路 8 号
申请人 马鞍山钢铁股份有限公司

(72) 发明人 乌力平 刘学华 舒宏富

(74) 专利代理机构 芜湖安汇知识产权代理有限公司 34107
代理人 张巧婵

(51) Int. Cl.
*B22D 1/00*(2006. 01)

权利要求书1页 说明书3页 附图1页

(54) 发明名称
一种减少钢包下渣的方法及其加料装置

图 4-13-10 专利申请 1

创新成果 2：研究开发了一种实时在线检测 RH 精炼钢液温度的装置及其检测方法（图 4-13-11），解决了来料钢水因吹氧升温引起的夹杂物偏高的问题，缓解了连铸过程的水口蓄瘤。

创新成果 3：授权发明专利四项。

① 一种 340MPa 级深冲用高强度冷轧钢板及其生产方法；

② 一种 440MPa 级冷轧高强度汽车结构钢及其制造方法；

③ 抗拉强度 400MPa 级高强度碳锰结构钢的制造方法；

④ 一种可提高自开率的钢包水口。

创新成果 4：安徽省科学技术奖二等奖 2 项。

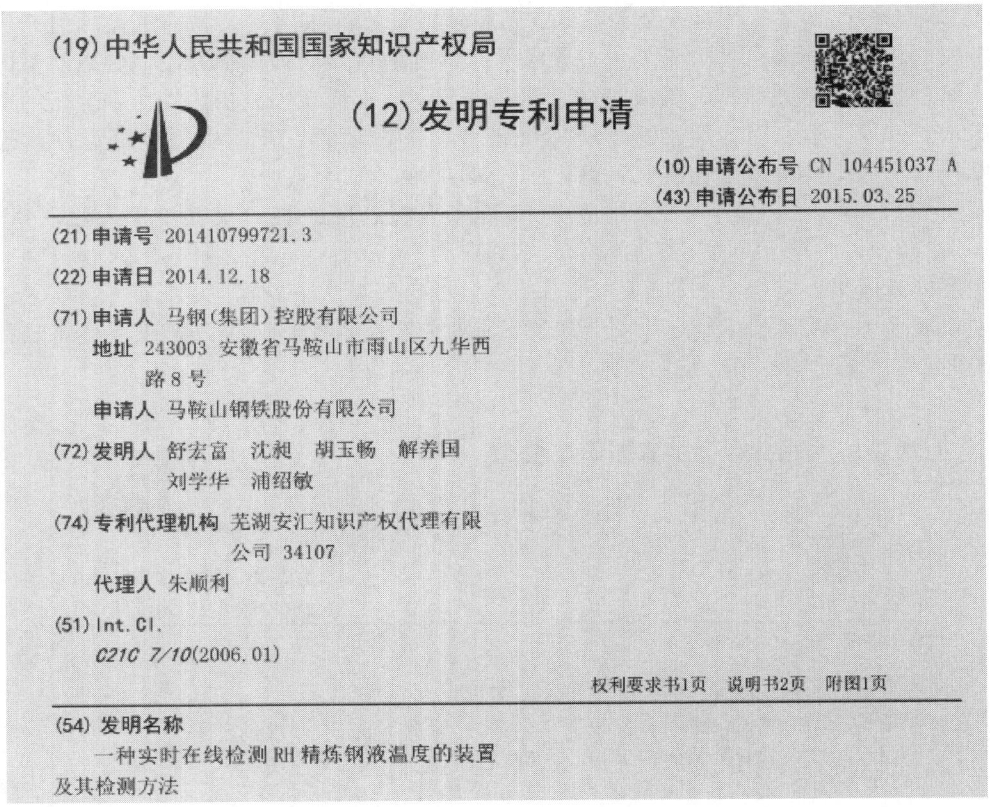

(19) 中华人民共和国国家知识产权局

(12) 发明专利申请

(10) 申请公布号 CN 104451037 A
(43) 申请公布日 2015.03.25

(21) 申请号 201410799721.3

(22) 申请日 2014.12.18

(71) 申请人 马钢（集团）控股有限公司
地址 243003 安徽省马鞍山市雨山区九华西路 8 号
申请人 马鞍山钢铁股份有限公司

(72) 发明人 舒宏富 沈昶 胡玉畅 解养国 刘学华 浦绍敏

(74) 专利代理机构 芜湖安汇知识产权代理有限公司 34107
代理人 朱顺利

(51) Int. Cl.
*C21C 7/10*(2006.01)

权利要求书1页 说明书2页 附图1页

(54) 发明名称
一种实时在线检测 RH 精炼钢液温度的装置及其检测方法

图 4-13-11 专利申请 2

① 家电用环保型热镀锌钢板研究开发与制造技术；

② 功能型自润滑热镀锌钢板的研究开发与制造技术。

## 四、预期成果及应用

运用 TRIZ 创新方法及工具，解决了以“转炉→RH 精炼→板坯连铸”工艺流程生产 IF 钢产生的夹杂物问题，降低了水口蓄瘤比例，使连浇炉数稳定在 6 炉，钢水收得率提高了 1.6%，由此产生的效益为 7.1 元/吨钢。夹杂引起的冶金缺陷由 2.91%降低到 0.98%。

该项目方案已成功应用在马钢第四钢轧总厂，年产 IF 钢 60 万吨以上，年直接经济效益达 420 万元以上。

此外，由于 IF 钢是超低碳钢系列大类用钢的代表钢种，所建立的超低碳洁净钢夹杂物控制的工艺技术平台为汽车板、高档家电板、硅钢等品种开发和稳定批量生产奠定了扎实基础。国内大型化、现代化常规流程条件下的大型转炉＋RH＋板坯连铸机产品大纲中汽车板、家电面板都占有相当大的比重，面临相同的共性问题，具有较强的推广应用价值。

# 案例 14：钢材弯曲度测量仪创新设计

## 一、项目来源

### （一）传统测量系统存在的问题

该技术系统的功能为测量钢材弯曲度，即测量 1m 范围内，钢材偏离基准的最大距离

（弧高），也就是通常所说的钢材的每米弯曲度，如图 4-14-1 所示。

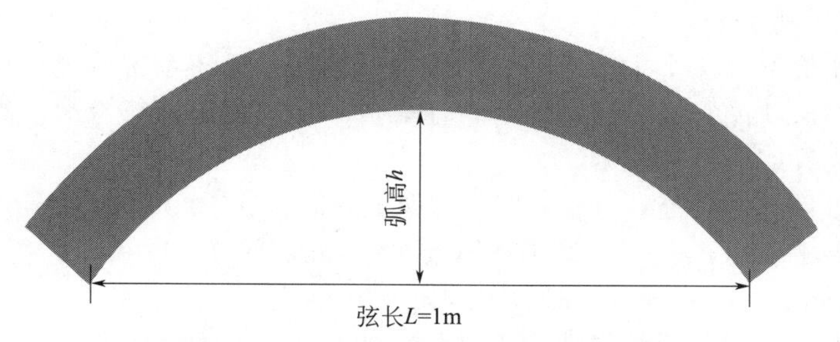

图 4-14-1 钢材的每米弯曲度测量示意图

该测量方法目前存在问题是测量误差大、周期长（一般为 5～10min），而且单人无法独立操作（需一个人双手扶住并固定在钢材水平直线上，另一个人手持塞尺进行测量并累加读数），费时、费力、费工，且测量结果不准确，久而久之弯曲度测量未起到真正的监测目的，不能成为过程控制的关键点。

### （二）新系统的要求

①单人可以操作；②找到弯曲点后，10s 内可以读数；③测量结果精确到 0.1mm。

## 二、问题分析与解决

### （一）问题分析工具选取与应用

1. 功能模型建立过程

通过确定元件、制品、超系统，进行作用（或连接）分析，具体如图 4-14-2 所示。

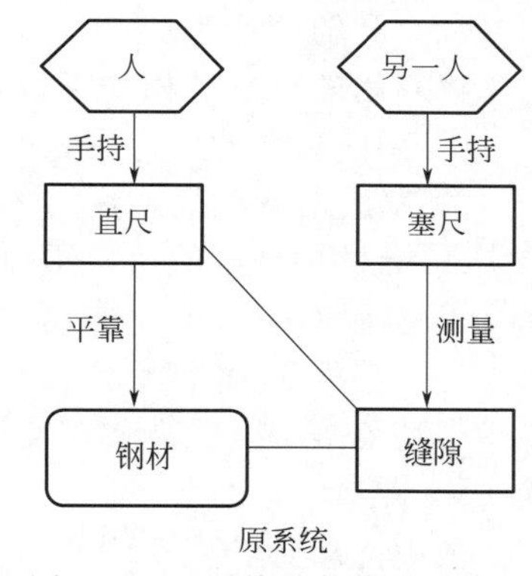

图 4-14-2 系统功能模型示意图

2. 根原因分析法

通过建立根原因映射图，确定问题产生的根本原因，如图 4-14-3 所示。

3. 冲突区域确定

问题为用直尺＋塞尺测量钢材弯曲度时，需要多人配合且测量效率低下。该问题发生的冲突区域为两个：一是使用塞尺测量烦琐；二是直尺无法准确定位钢材中心线进行测量。

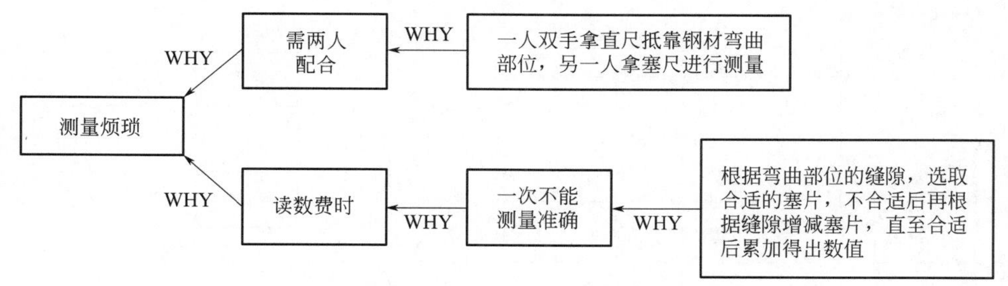

图 4-14-3 根原因分析示意图

最终理想解为钢材在线过程即可以完成弯曲度测量工作（不影响生产），并且能及时将数据反馈至数据库。次理想解为现阶段制作一种便携测量工具实现单人操作、快速读数的功能。

## （二）问题求解工具选取与应用

1. 工具 1——裁剪分析

按照最低功能价值方法中主动元件的作用由其他元件或超系统替代进行裁剪，确定裁剪元件的先后顺序，从功能等级、问题的严重性与成本三个方面进行考虑，具体如下。

（1）根据功能等级的计算规则

设定功能等级最低的功能，其值等于 1，即 $Rank(A_2)=1$；

$Rank(A_{i-1})=Rank(A_i)+1$，即 $Rank(A_1)=Rank(A_2)+1=2$；

$Rank(B)=Rank(A_1)+2=4$；即 $Rank(B)=4$。

根据裁剪规则，各功能元件的功能等级数值如图 4-14-4 所示。

| 项目 | 功能等级数值 |
|---|---|
| 人 | 2 |
| 另一人 | 2 |
| 直尺 | 4 |
| 塞尺 | 1 |

转化为标准格式：

| 项目 | 功能等级数值 |
|---|---|
| 人 | 5 |
| 另一人 | 5 |
| 直尺 | 10 |
| 塞尺 | 2.5 |

图 4-14-4　功能等级数值示意图

（2）问题的严重性

将问题的严重性做如下设定：

① 直尺对人的反作用力的问题严重性参数定为 7。

② 塞尺对人的反作用力的问题严重性参数定为 9。

③ 钢材对直尺的反作用力的问题严重性参数定为 4。

④ 缝隙对塞尺的反作用力的问题严重性参数定为 12。

（3）功能价值计算

将功能等级和问题的严重性代入功能元件的价值公式：

$$Value=F\times F/(P+C)$$

式中，$F$ 为功能等级；$P$ 为问题严重性；$C$ 为成本。由于没有定义成本，其值为 0。功能价值及裁剪顺序如图 4-14-5 所示，裁剪前后功能模型如图 4-14-6 所示。

| 项目 | 功能价值 | 裁剪顺序 |
|---|---|---|
| 塞尺 | 0.63 | 1 |
| 另一人 | 3.33 | 2 |
| 人 | 4.29 | 3 |
| 直尺 | 30.03 | 4 |

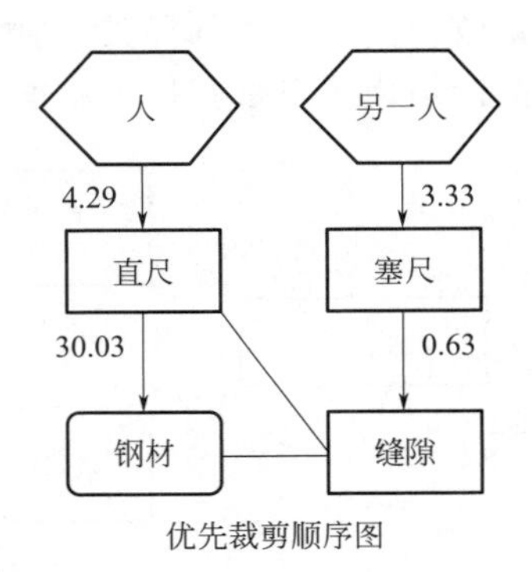


图 4-14-5　功能价值及裁剪顺序

方案 1：对现有资源进行分析，直尺和人为可利用资源，即将塞尺裁剪掉，其功能由直尺或人代替（或将直尺和塞尺进行功能组合），实现其测量功能。但经过裁剪后，随即引出的问题是如何准确测量弯曲度数值。

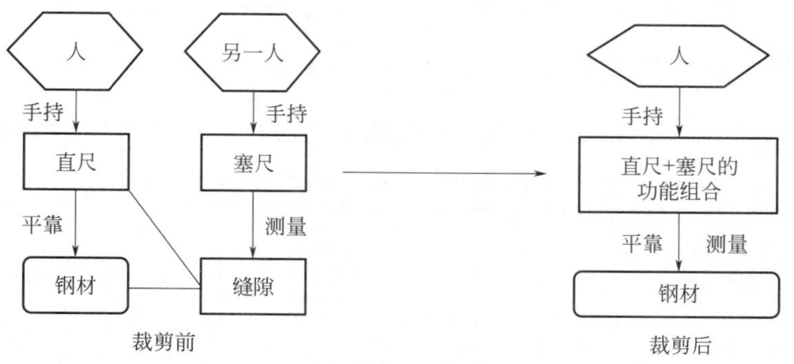


图 4-14-6 裁剪前后的功能模型

2. 工具 2——效应求解

效应 1：实现功能。准确测量弯曲度数值。

效应 2：转化为标准问题。即将“如何准确测量弯曲度数值”转化为“指示位置和位移”。

效应 3：得到效应。搜索效应库，得到标记物、磁场、磁性材料、弹性变形、电场、电弧、电晕、发光体、反射、放电、放射现象、感光材料、光谱、火花放电、塑性变形、永久磁性等原理的效应。其中“弹性变形原理”和“反射原理”均能实现“指示位置和位移”的功能，且在该案例中有可能会被应用。

按照效应求解过程，得到以下解决方案。

方案 2：由“弹性变形原理”测量位移可以联想到百分表或千分表，即在直尺上固定一个百分表，利用数显百分表现有的测量系统实现次理想求解。

方案 3：由“反射原理”测量位移可以联想到红外测距或激光测距，即在直尺上固定一个测距仪，利用发射—反射—接收的原理实现次理想求解。

3. 工具 3——冲突解决理论

技术冲突解决过程具体如下：

① 冲突描述。为了改善测量的准确度，在直尺的两端装配 V 形槽式支点，起到固定作用。由于不同规格的钢材和 V 形槽的接触点不同，为保证校准的准确性，就构成了装置的形状和适应性与多用性之间的技术矛盾。

② 将技术矛盾转换成 TRIZ 标准冲突。

改善的参数：物体形状。

恶化的参数：适应性与多用性。

③ 查找冲突矩阵，得到发明原理：1 分割原理、15 动态化原理、29 气压或液压构造原理。

1 分割原理：把物体分割成不同部分；制作物件的标准组件（或模块）；增加分割或分裂的程度。

15 动态化原理：允许或设计一个物体的特性，通过外部环境或使其变化达到最佳或找到最佳的操作条件。

29 气压或液压构造原理：用物体的气体或液体部分代替固定部分（例如膨胀、用液体灌入、气垫、水压）。

④ 依据选定的发明原理，得到问题的解。

方案 4：选择发明原理 1（分割原理）和 15（动态化原理），即将 V 形槽和平面固定块作为 2 个单独的结构形式存在，V 形槽可以通过弹簧沿垂直方向移动；测量时，首先通过 V 形槽进行钢材中心定位，操作人员抵靠钢材后，在直尺的自重下 V 形槽通过弹簧的作用回弹，最终达到 V 形槽起到定心夹持、固定块的平面起到固定测量的作用；校准原理同上。

## 三、可实施技术方案的确定与评价

依据上面得到的若干创新解，通过评价，确定最终解，如表 4-14-1 所示。

**表 4-14-1　可实施技术方案的确定与评价**

| 序号 | 方案 | 所用创新原理 | 可用性评价 |
| --- | --- | --- | --- |
| 1 | 将塞尺裁剪掉，由直尺或人代替其实现其测量功能 | 裁剪原理 | 是 |
| 2 | 在直尺上固定一个百分表 | 效应原理 | 是 |
| 3 | 在直尺上固定一个红外/激光测距仪 | 效应原理 | 是 |
| 4 | 将 V 形槽通过弹簧嵌套到平面固定块中 | 冲突原理 | 是 |

最终解 1：方案 1＋方案 2＋方案 4

将塞尺裁剪掉，其功能由安装在直尺上的数显百分表实现，在直尺的两端安装 2 个支点，将 V 形槽通过弹簧嵌套到平面固定块中。测量时，首先通过 V 形槽进行钢材中心定位，随着操作人员用力抵靠钢材后，通过弹簧的作用 V 形槽回弹，固定块的平面即起到固定作用。直尺中间部位安装一个可上下、左右移动的结构，该结构和钢材直接接触，利用机械传递原理，通过测量装置的移动传递到百分表表针上，实现测量的传递，如图 4-14-7 所示。

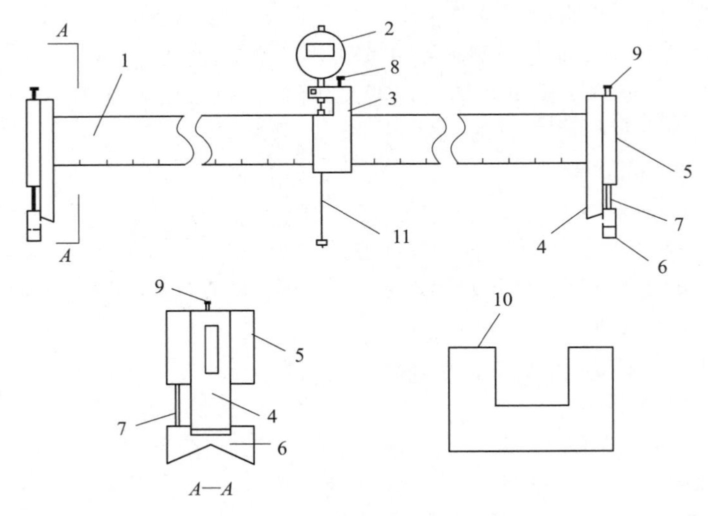


图 4-14-7　解 1 示意图

1—尺身；2—数显百分表；3—游尺座；4—固定块；5—棒材卡；6—V 形卡槽；7—弹簧杆；8—游尺座锁紧螺栓；9—固定块锁紧螺栓；10—标准块；11—测量针

最终解 2：方案 1＋方案 3＋方案 4

将塞尺裁剪掉，其功能由安装在直尺上的激光位移传感器实现，在直尺的两端安装 2 个支点，将 V 形槽通过弹簧嵌套到平面固定块中。测量时，首先通过 V 形槽进行钢材中心定位，随着操作人员用力抵靠钢材后，通过弹簧的作用，V 形槽回弹，固定块的平面即起到固定作用。直尺中间部位安装一台激光位移传感器，通过测距仪的激光发射和接收，实现测量过程，如图 4-14-8 所示。

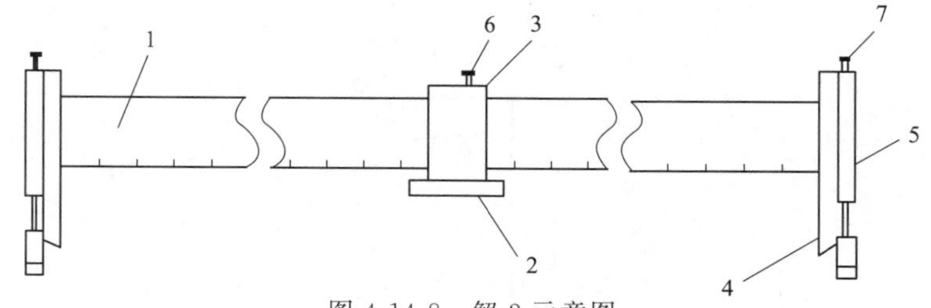


图 4-14-8　解 2 示意图

1—尺身；2—激光测距传感器；3—游尺座；4—固定块；5—棒材卡；6—游尺座锁紧螺栓；7—固定块锁紧螺栓

## 四、预期成果及应用

上述 2 个最终解均已申报发明专利且被授权，分别为：一种棒材弯曲度测量仪（专利号：ZL201510177276.1）；一种便携式棒材弯曲度激光测量仪（专利号：ZL201510177207.0）。

基于 TRIZ 理论的钢材弯曲度测量仪已制成成品并应用到了生产现场。试用后，达到以下效果：

① 单人可在线进行钢材的弯曲度测量。

② 425mm 以上的棒材测量完毕后，该设备可以在棒材上停留，便于抄录。

③ 找到弯曲点后，每次测量时间在 10s 以内。

④ 弯曲度检测精度能达到 0.1mm。

⑤ 该设备不仅能够测量钢材的每米弯曲度，还可以通过移动支点机构测量 200～1000mm 之间的弯曲度。

⑥ 通过数显百分表的数值正负可以快速判断钢材的弯曲方向。

⑦ 本发明不仅可以测量棒材的弯曲度，对板材、管材和有平面、弧面的异型钢均能够测量。

⑧ 测量针的底部不是一个点，而是一条线，避免了钢材 $X$ 方向和 $Y$ 方向同时弯曲造成的测量误差。

采用 TRIZ 方法，通过现状和根原因分析，确定冲突区域，利用裁剪、效应等工具将复杂的系统简单化，并产生了一系列的创新解，通过优化和评价将创新解转化为实物应用于现场。不仅提高了钢材的弯曲度测量效率和精度，还申报了专利，并得到授权。将 TRIZ 理论与现场的工艺、设备相结合，利用先进的光学成像、2D 激光位移传感等方法解决了实际生产中的问题，推动了企业的技术创新。

# 案例 15：锌液腐蚀试验机技术改进

## 一、项目情况介绍

为了研究锌液对特定材料的腐蚀机理，研制了一种锌液腐蚀试验机，模拟锌槽内的工作条件，但锌液腐蚀会导致锌液严重氧化，形成浮渣浮在表面，当浮渣积累到一定程度时，锌液就会变得黏稠，影响试样的运动。

## 二、项目来源

为了进一步研究能够抵抗熔融镀锌层腐蚀的镀锌钢板，延长镀锌钢板的轧辊使用寿命，建立了一个熔融锌腐蚀试验机模拟工况。测试人员长时间开发测试，比如两周或六周，直到样品破碎。图 4-15-1 是测试器的示意图。锌罐内的试样连续旋转，模拟连续镀锌生产线中沉降辊的运动。

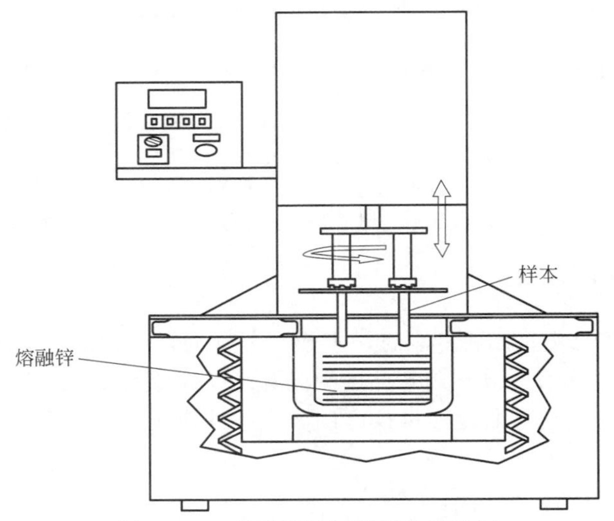


图 4-15-1　锌液腐蚀试验机的示意图

该仪器的主要特点是样品与锌液相对运动，一次可以应用四个标本。首先对涂层材料进行比较和确定，采用相同的喷雾参数喷涂不同的热喷涂粉末，然后对它们进行测试，以决定最佳方案，一旦确定了最佳的喷涂材料，就进一步优化喷涂参数。对同一粉末不同喷涂参数的涂料进行测试，找出最佳的喷涂工艺。有两个途径：一个是寻找最好的粉末，另一个是寻找最好的参数。因此建立了沉辊热喷涂技术，并应用于炼钢厂的连续镀锌生产线中。

试验锌的熔化温度为 420℃，操作温度为 460℃。通常，锌液表面容易氧化，一旦形成一层氧化锌，即可将新鲜的锌从空气中分离出来，防止进一步氧化。然而，当样品旋转时，它们会搅动熔化的锌并打破氧化层，因此，更多的新鲜锌会暴露在空气中，导致更多的氧化。氧化锌的熔化温度为 1975℃，远远高于操作温度。氧化锌越多，熔化的锌就变得越黏稠。换句话说，熔融锌转化为固体氧化锌，锌液的量越来越少。氧化锌会变得越来越厚，最终影响样品的旋转。图 4-15-2 显示了在表面形成的新鲜锌和氧化锌。

(a) 新鲜锌(未氧化)

(b) 氧化锌

图 4-15-2　熔融锌表面

由于氧化问题，需要经常清洗氧化锌，重新填充锌料。当氧化锌从锌罐中舀出时，锌液的水平就降低了，这将使样品在熔融锌中的接触面积不足，因此需要加锌使锌液保持在同一水平。在不到 40h 内，氧化锌将达到阻碍样品旋转的临界厚度。一旦检测到样品的异常运动，通过保护装置将样品举起，试验将中断。换句话说，每天的清洁和补充是必需的。但是，过多的干扰会影响试验。如果能尽量减少氧化，延长时间，以减少达到临界厚度的氧化锌层，可以更好地组织和执行试验。例如，如果样品预计每 7 天检查一次，那么氧化锌层生长到临界厚度的时间最好超过 7 天。因此，可以在样品被检查时进行清洗和填充。

## 三、问题分析与解决

与静态试验不同，锌液腐蚀试验是在 CGL 的锌罐中动态模拟环境的。锌罐内的槽辊不是静止的，而是旋转输送钢板的。当试样静浸在锌液中时，由于锌液与试样之间相互扩散，试样附近的局部浓度会与本体浓度不同。这种不均匀的浓度与实际环境相差甚远，会影响测试结果。采用锌液与试样相对运动的动态试验，可以更好地均匀浓度，模拟锌罐中沉辊的运行。

锌液通常是有活性的，表面容易氧化。锌和氧化锌的相对密度分别为 7.17 和 5.61。氧化锌的熔点是 1975℃，远高于锌的熔点 420℃。因此，氧化锌会浮在熔融锌的表面。一旦表面形成一层氧化锌，它将保护下面的新鲜锌免受进一步氧化。但是，如果氧化锌层被搅动，就会有更多的新鲜锌暴露在空气中，从而形成更多的氧化锌。氧化锌在 460℃（操作温度）时处于固相，当固体氧化锌积累到一定程度时，会阻碍样品的移动，影响检测结果。

（1）定义

根据功能属性分析，锌液腐蚀试验机的情况如图 4-15-3 所示。氧化锌的出现是因为新鲜的锌与氧气发生反应。在本案例的情况下，如果表面的氧化锌层没有破裂，新鲜的锌就不会暴露在空气中。另一方面，如果阻止氧气进入测试环境，氧化锌也不会形成。因此，我们定义了两个因素：一个是氧化锌层断裂；另一个是氧气侵入。如果能从测试系统中消除其中一个因素，问题就可能得到解决。

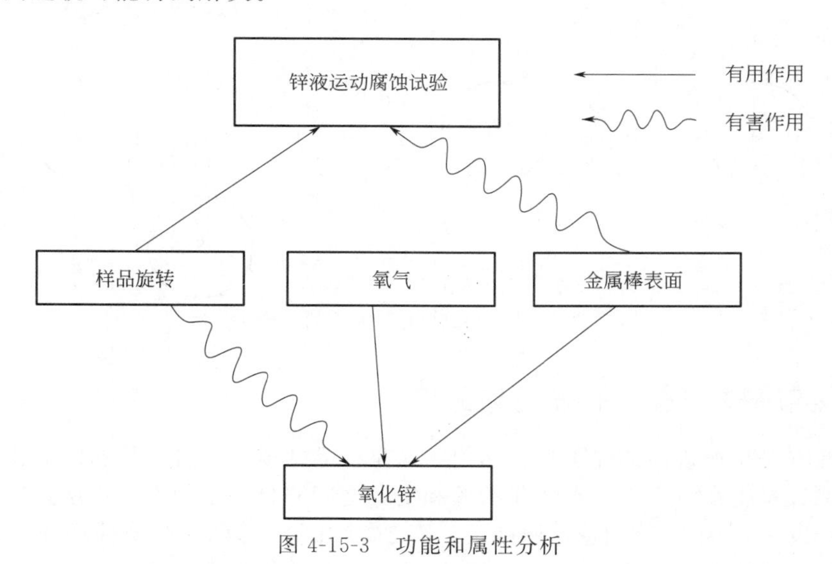


图 4-15-3　功能和属性分析

（2）选择工具

有两种方法可供选择工具。一种是尝试每一个工具序列，以找到合适的工具；另一种是应用 S 曲线。检查 S 曲线的位置，然后选择求解工具，如图 4-15-4 所示。

在本案例中，由于没有找到合适的参数来拟合 39 个工程参数，故从矛盾矩阵中无法得到任何创造性的原理。因此，利用 S 场分析来获得有用的思路和方向。

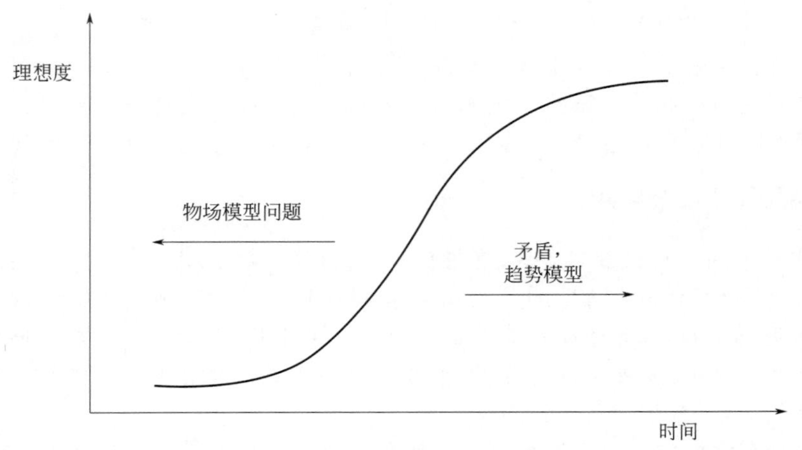

图 4-15-4　参考 S 曲线选择求解工具

为了解决氧化问题，采用 S 场模型对系统进行分析。试样 $S_1$ 在机械力 $F_1$ 的驱动下搅拌熔融锌 $S_2$。然而，这将导致意想不到的氧化从 $S_2$ 到 $S_1$，并将导致有害的影响。TRIZ 认为，当系统出现不良影响时，有七个方向可以解决问题。它们是修饰现有物质、修饰场、添加新物质、添加新场、添加新物质和场、过渡到超体系、过渡到子系统。在本案例中加入了一种新的物质。换句话说，如果在 $S_1$ 和 $S_2$ 之间插入对象 $S_3$，则有害元素将从系统中删除，如图 4-15-5 所示。

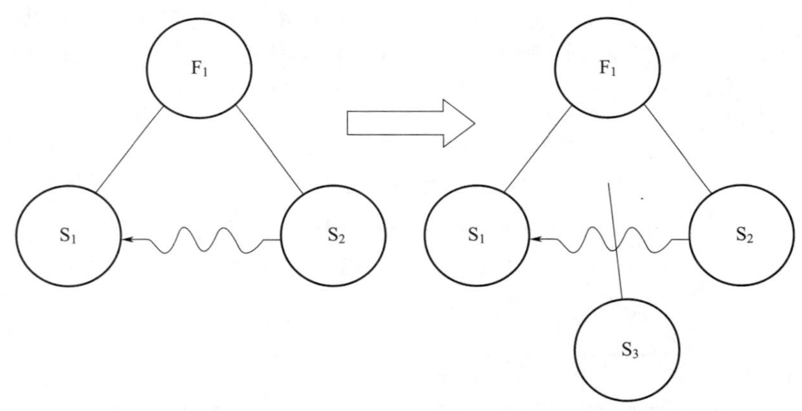

图 4-15-5　解决不良影响的建议

## 四、可实施技术方案的确定与评价

氧化锌原本是锌液表面的保护物，然而问题是样品的搅动会打破静态的氧化层，导致更多新鲜的熔融锌暴露在空气中。在熔化的锌和空气之间需要一个静态保护层，以防止进一步的氧化。我们发现，在 40 个创造性原则中，第 24 个中介和第 39 个惰性环境是解决这个问题的可能方法。参照类似案例，在锌液表面喷涂一层氧化锌粉末，并注入氮气，如图 4-15-6 所示。虽然在系统中添加了保护层，但问题仍然存在，这是因为保护层仍然不是静止的，搅拌样品会破坏它。注氮系统不是一个封闭系统，其保护能力也受到限制。由于它不是一个封闭的系统，空气会进入锌罐，使锌液氧化。

由于氧化锌断裂是不可避免的，因此需要无氧或低氧环境来解决问题。用真空吸干整个测试仪是不容易的。然而，使坩埚成为一个封闭的空间是可能的。在旋转装置和坩埚之间添

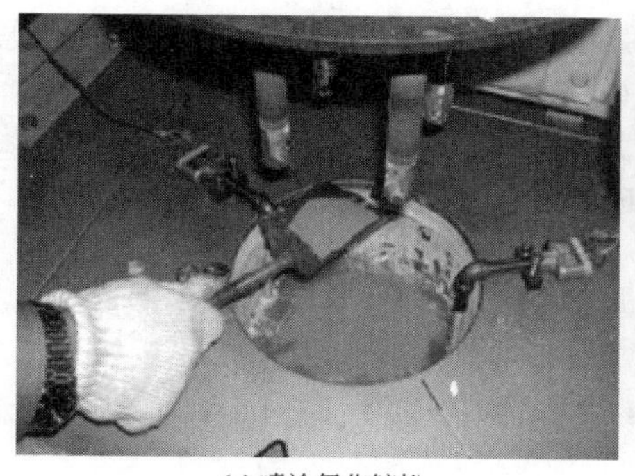
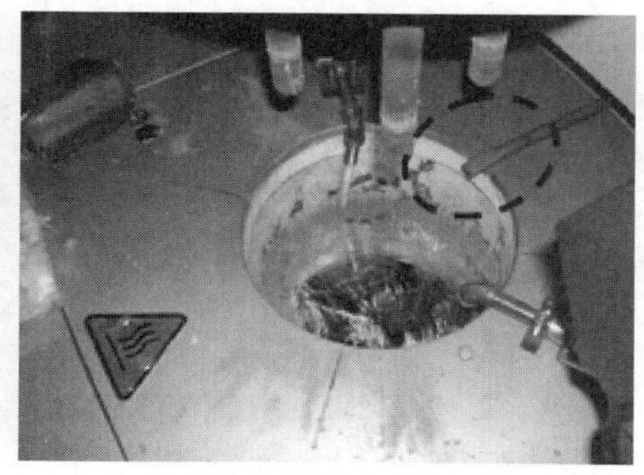
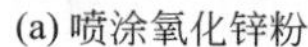
(a) 喷涂氧化锌粉　　(b) 向系统注入氮气

图 4-15-6　实施方案 1

加一个物体以覆盖间隙，通过注入氮气使空间保持正压，氧气将被有效地阻止进入系统。该目标函数，可实现氧化锌的还原。

如图 4-15-7(a) 所示，一个钢环被添加到系统中，当样品进入测试时，用于覆盖旋转装置和坩埚之间的间隙。从图 4-15-7(b) 可以看出，可以形成一个封闭的空间。

(a) 钢圈　　(b) 样品下降时形成的封闭空间

图 4-15-7　设备改进

由于在系统中引入了钢圈，使锌液腐蚀试验得到了很大的改进。钢圈封闭锌罐的空间，氮气排出空气。换句话说，氮气排出如图 4-15-8 所示的氧气。通过排出氧气，氧化被抑制。试验现在可以连续运行 3 天，而不会因挖氧化锌和添加锌补充剂而中断。

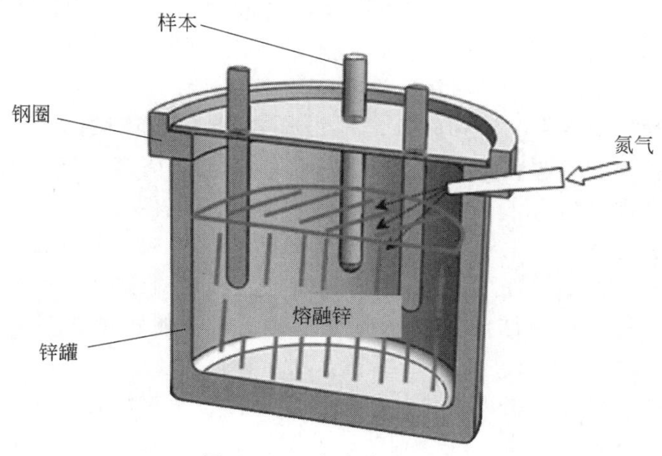

图 4-15-8　氮气排出空气

安装钢圈后，锌的氧化性能有了很大的提高。测试可以连续执行 3 天或更长时间而不中断。除改进试验外，还节省了大量的锌材料。以前每天生成 2.6kg 氧化锌，现在每三天生成 2.52kg。每周可节约锌 12.32kg。图 4-15-9 显示了带和不带钢圈的锌废料估计数。换句话说，改善后，锌的流失将减少到三分之一。通过应用 TRIZ 方法进行改进，证明了该方法的有效性。

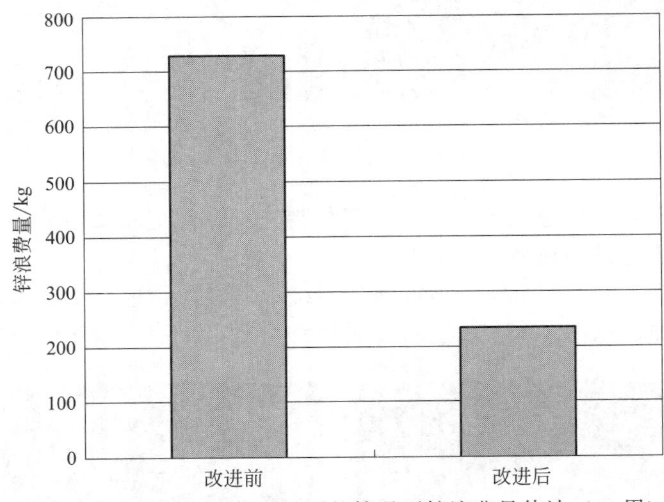


图 4-15-9 使用和不使用钢圈的情况下锌浪费量估计（40 周）

## 案例 16：解决飞溅问题的新型高效焊接工艺

### 一、项目情况介绍

近十几年来，随着社会的进步和经济的发展，汽车工业飞速发展，汽车已经渗入社会生活中的每一个角落。汽车不仅是生活中不可缺少的交通工具，汽车工业也成为我国的支柱产业之一，在我国国民经济中占据重要地位。2005 年中国汽车产量已达 570 万辆，2009 年中国汽车产销量更是突破 1000 万辆，总产销量也首次超过日本，成为世界第一大汽车生产销售国家，2010 年中国汽车产销均超过 1800 万辆，再次成为全球销量第一，截止到 2016 年中国已经连续八年蝉联全球汽车销量第一。汽车工业快速发展，不断融入生活，带来诸多便利的同时，也不可避免地带来了许多问题，比如温室效应和噪声污染等。特别是进入 21 世纪之后，能源问题、环境问题和安全问题使汽车工业面临着诸多挑战，也促使着汽车工业不断改革创新，节能减排成为汽车工业发展的必然趋势。

在汽车车体制造过程中，主要通过电阻点焊来进行车体板材的连接。车体各部分由于承担作用不同，选用板材也不同（图 4-16-1）。例如，为满足对乘用人的安全保护和防腐蚀性能，车体 B 柱多选用镀铝硅涂层的热冲压成型板材，为兼顾轻量化要求，覆盖件多选取镀锌涂层板材。

电阻点焊工艺中，焊接时出现熔化的母材金属从搭接板材结合面飞出或者从板材和电极接触面飞出的现象，称为“飞溅”（图 4-16-2）。发生飞溅现象后，溅射的金属附着在电极表面，影响电极的焊接效果，进而使电极修磨频繁，电极使用寿命变短；飞溅还会造成点焊接

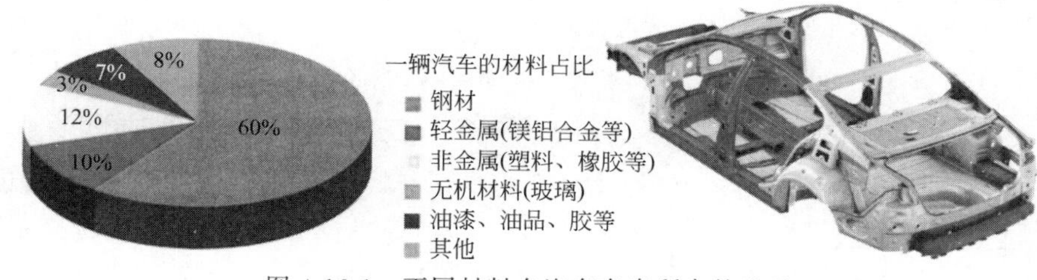


图 4-16-1 不同材料在汽车车身所占的比重

头的内部缺陷，影响焊接接头强度。一般将发生飞溅时的电流称为飞溅电流或者上限电流，保证基准熔核直径的电流称为下限电流。上、下限电流之间的电流范围是评价电阻点焊工艺的重要标准，称为工艺窗口。

在车体焊接时发生飞溅，除会影响最终的焊接接头性能，以及造成电极修磨频繁、电极使用寿命减少之外，溅射的金属附着在车体表面，影响车体表面美观，后期需要清除处理，增加生产成本。在实际生产线生产中，由于焊机电流稳定性以及一致性的原因，实际电流值往往在设定值的上下百分之十左右浮动，以获得较宽的工艺窗口，避免飞溅发生，具有很强的实际意义。

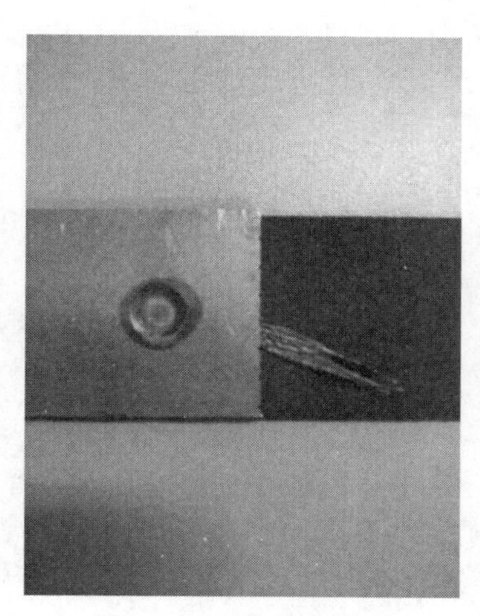

图 4-16-2 传统电阻点焊工艺造成“飞溅”

## 二、项目来源

### （一）系统功能及组成

下面将结合电阻点焊工艺方法的实施装置示意图（图 4-16-3），对本例的电阻点焊机（系统）工作原理进行说明。

首先，对待焊工件进行搭接，并将第一钢工件 9、第二钢工件 10 构成的工件搭接体置于点焊电极 11a、11b 之间。图 4-16-3 中的加压装置 12 提供压力，点焊电极 11a、11b 对工件搭接体的搭接处施加压力并保持。

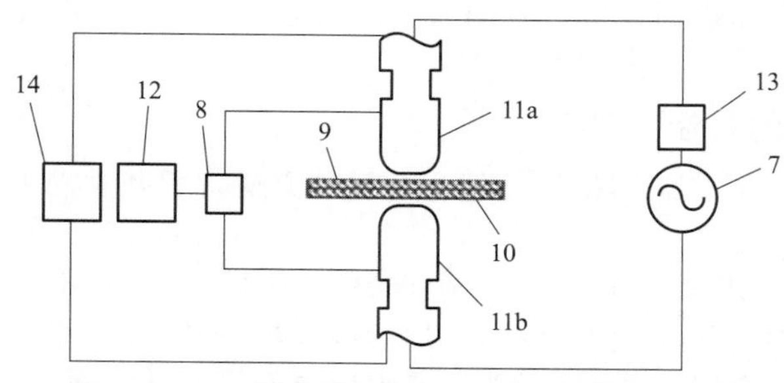


图 4-16-3 电阻点焊工艺方法的实施装置示意图

构成工件搭接体的第一钢工件 9 和第二钢工件 10 分别为镀锌涂层板和镀铝硅涂层板。点焊电极 11a、11b 通常为铬铜材质，其圆形顶部有一定直径的平端面，平端面直径优选范围为 4～8mm。本例中，点焊电极的平端面直径为 6mm。

压力通过加压装置 12 提供，压力产生可基于伺服电机或压缩空气。点焊电极 11a、11b 相对夹持，对工件搭接体实现加压作用，压力输出的大小及保持时间由加压控制器 8 控制。

把工件置于电极 11a、11b 之间用一定的力夹紧，然后利用接电通过工件所析出的电阻热使材料（第一钢工件 9 和第二钢工件 10）熔化，待冷却后形成可靠焊接点。

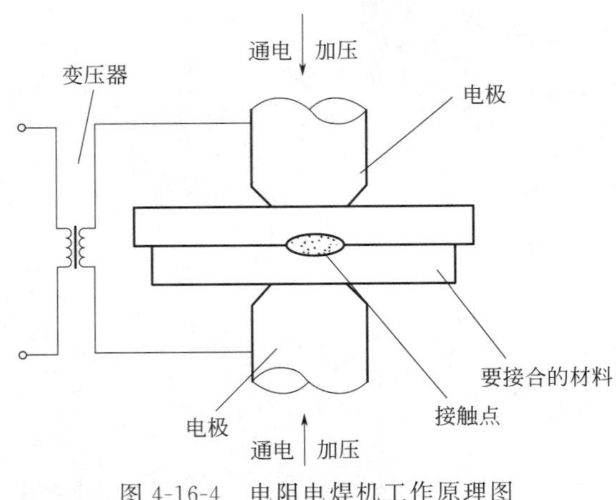

图 4-16-4　电阻电焊机工作原理图

## （二）电阻焊工作原理

电阻焊是把工件置于一定的电极力间夹紧，然后利用电流通过工件所析出的电阻热使材料熔化，待冷却后形成可靠点的焊接方法。电阻焊基本形式如图 4-16-4 所示，将要接合的材料 3 夹紧于两电极 2 之间，在施加一定的压力后，接通变压器 1 在接通区释放较大的电流，并持续一定的时间，直到件的接触面间出现了真实的接触点后，再继续加大接通电流让熔核持续生长，此时被焊接材料的接触位置的原子不断被激活后形成熔化核心。最后关掉接通变压器停止通电，被熔化件材料遇冷凝固为点。

## （三）存在的问题

在汽车车体制造生产中，有对带涂镀层钢工件的电阻点焊，如对 DP950 镀锌涂层板与镀铝硅 1500MPa 级热冲压板的焊接。对这种焊接关系的电阻点焊进行研究发现：

现有焊接工艺在焊接过程中，接通焊接电流后，两种材料的镀层先后融化，形成熔融态的涂层。锌涂层与铝硅涂层在厚度、熔点、沸点、电阻率等方面存在差异，具体为锌涂层先熔化，铝硅涂层后熔化，且在焊接电极的压力作用下，部分熔融态涂层被挤压排出。

之后在焊接电流作用下，热输入不断增加，温度达到锌沸点，液态锌发生汽化现象，此时界面处存在熔融态铝硅、熔融态锌、汽化锌三种状态的涂层材料，而这三种状态的涂层材料不能很好地排出。在之后形成焊核的过程中，未排出的涂层材料影响焊接电流的热输入作用，造成热输入不均匀，进而在较小的电流下就发生飞溅。在车体制造焊接中发生飞溅，除会影响最终的焊接接头性能以及造成电极修磨频繁、电极使用寿命减少之外，溅射的金属附着在车体表面，影响车体表面美观，后期需要清除处理，增加生产成本，且造成工艺窗口较窄。

## （四）解决方案的限制条件

① 人：所有工艺改进实施需操作（编程）简单方便，所有改进工艺均可通过现有技术人员实现。

② 机：所有改进工艺均可通过现有电阻点焊焊机的相应功能部件（子系统）来实现。

③ 料：为满足对乘用人的安全保护和防腐蚀性能，车体 B 柱多选用镀铝硅涂层的热冲压成型板材，为兼顾轻量化要求，覆盖件多选取镀锌涂层板材。

④ 法（技）：

a. 在焊接电流作用下，热输入不断增加，温度达到锌沸点，液态锌发生汽化现象，此时界面处存在熔融态铝硅、熔融态锌、汽化锌三种状态的涂层材料，而这三种状态的涂层材料不能很好地排出。在之后的形成焊核的过程中，未排出的涂层材料影响焊接电流的热输入作用，造成热输入不均匀，进而在较小的电流下就发生飞溅，影响最终的焊接接头性能，且造成工艺窗口较窄。

b. 所使用的板材为镀锌涂层板和热冲压处理的镀铝硅涂层板。热冲压处理的镀铝硅涂层板表面上易形成氧化物，镀锌涂层板在表面也会形成以锌为主要成分的氧化物，在电阻点焊时易引起飞溅。

c. 带有镀铝硅涂层的热冲压板表面的铝硅涂镀层硬度高，在微观上，其表面凹凸不平，搭接后接触电阻大，易造成通电瞬间热输入不均衡而引发飞溅。

d. 熔融态的锌液在自然状态（无压头压力）下，不易向焊头周围扩散。

e. 焊后冷却速度过快，熔合区内碳扩散不充分，均匀性差，焊后接头的韧性较差。

综合上述分析可知，在既定的工艺条件下，通过对该事件进行科学原理理解，整合现有生产资源，对工艺进行改进创新，同时不增加生产成本，才是解决问题的最好方向。

### （五）已有解决方案及不足

目前的生产条件下，存在两种解决方案。①调整工艺参数，降低焊接电流，抑制飞溅，但是降低电流会影响点焊接头强度，只能通过增加焊点数量来弥补焊点强度，严重影响了焊接节拍，降低了生产效率，提升了生产成本。②人工消除飞溅带来的问题，虽然改善了白车身的表面质量问题，但是不能消除飞溅带来的焊点强度降低的问题，并且增加了人工成本。

## 三、问题分析与解决

### （一）问题分析工具选取与应用

1. 逻辑分析

本项目人员首先对现阶段的问题进行了逻辑分析，对问题产生的原因进行深入分析发现，现有焊接工艺在焊接过程中，接通焊接电流后，两种材料的镀层先后融化，形成熔融态的涂层。锌涂层与铝硅涂层在厚度、熔点、沸点、电阻率等方面存在差异，具体为锌涂层先熔化，铝硅涂层后熔化，且在焊接电极的压力作用下，部分熔融态涂层被挤压排出。之后在焊接电流作用下，热输入不断增加，温度达到锌沸点，液态锌发生汽化现象，此时界面处存在熔融态铝硅、熔融态锌、汽化锌三种状态的涂层材料，而这三种状态涂层材料不能很好地排出。在之后形成焊核的过程中，未排出的涂层材料影响焊接电流的热输入作用，造成热输入不均匀，进而在较小的电流下就发生飞溅。在车体制造焊接中发生飞溅，除会影响最终的焊接接头性能，以及造成电极修磨频繁、电极使用寿命减少之外，溅射的金属附着在车体表面，影响车体表面美观，后期需要清除处理，增加生产成本，且造成工艺窗口较窄。

对现阶段下解决该工艺的限制条件进行分析发现：所有工艺改进实施需操作（编程）简单方便，所有改进工艺均可通过现有技术人员实现；所有改进工艺均可通过现有电阻点焊焊机的相应功能部件（子系统）来实现；为满足对乘用人的安全保护和防腐蚀性能，车体B柱多选用镀铝硅涂层的热冲压成型板材，为兼顾轻量化要求，覆盖件多选取镀锌涂层板材。

2. 因果分析

鱼骨图分析法如图4-16-5所示。通过鱼骨图分析法，我们从人、环境、测量、设备、方法、材料六个子项分析了可能影响镀层板电阻点焊工业化生产的因素。我们发现除了方法，其他五个方面的影响都是可以控制或者避免的，因此该生产问题的解决主要还应该集中在工艺方法的改进和调整上。

3. 技术系统动态进化原则

根据提高理想度法则，我们推测技术系统会向如下方向进化：转变电流输入模式，避免

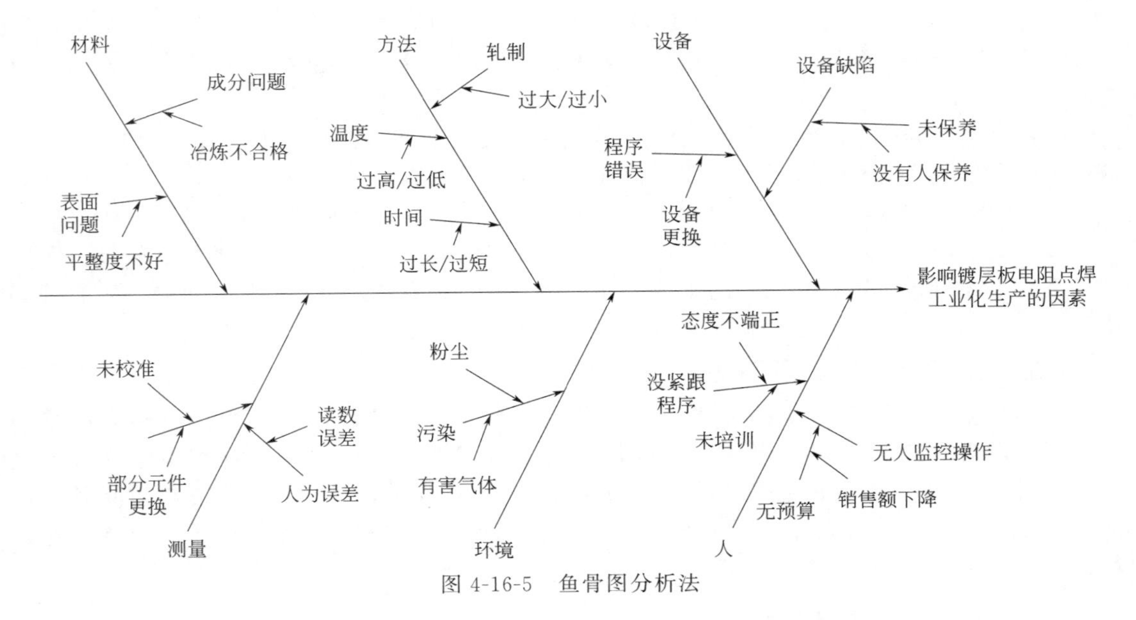


图 4-16-5 鱼骨图分析法

高电流大输入引起飞溅，同时延长双脉冲间保压时间，确保锌液充分流出。通过“低脉冲、保压、高脉冲”工艺，有效抑制飞溅，提高工件外观品质，进而省略清理工件表面毛刺的工序，提高生产效率。

基于这种途径我们提出了如下方案，并进行了思考：

① 传统点焊工艺，在焊接电流作用下，热输入不断增加，温度达到锌沸点，液态锌发生汽化现象，此时界面处存在熔融态铝硅、熔融态锌、汽化锌三种状态的涂层材料，而这三种状态的涂层材料不能很好地排出。在之后的形成焊核的过程中，未排出的涂层材料影响焊接电流的热输入作用，造成热输入不均匀，进而在较小的电流下就发生飞溅。如果可以使锌层在焊接前先排出焊接区域，则可以减少焊接飞溅。

② 弱电流小能量输入可以避免锌层表面温度过高而达到锌沸点发生汽化，从而有效地抑制飞溅，但此时界面处存在的熔融态铝硅、熔融态锌不能很好地排出，在此后的大能量焊接过程中仍会发生飞溅。故在点焊电极停止输出第一焊接电流后，于压力状态下持续保持第二时间 $t_2$，在 $t_2$ 工序中上一工序中被破坏的涂镀层从焊接部位完全排出。为保证排出效果，第一时间 $t_1$ 与第二时间 $t_2$ 之和大于或等于 600ms。

4.九屏幕图分析

TRIZ 理论是基于系统论的。系统论包括系统思维的建立建模和系统方法的应用研究。系统思维就是把认识对象作为系统，从系统和要素、要素和要素、系统和环境的相互联系、相互作用中综合地考察、认识对象的一种思维方法。系统方法是把对象作为系统进行定量化、模型化和择优化研究的科学方法。TRIZ 系统功能分析是对系统功能进行建模的过程，分析的结果是建立功能模型，明确功能关系，改善功能结构。TRIZ 功能分析是现代 TRIZ 理论中一个非常重要的分析问题的工具，是后续许多工具如因果链分析、功能导向搜索等的基础。

系统由若干要素（物质组件）以一定的结构形式联结构成，是为满足人们的需要而实现某种功能的有机整体。系统包括工程系统和超系统。工程系统就是整体的研究对象，比如我们要研究的双脉冲电阻电焊技术系统。超系统是包含被分析的工程系统的系统，在超系统中，我们所要分析的系统只是其中的一个组件。比如“当代工业全部的材料连接技术”，可以视为“双脉冲电阻电焊技术”的超系统。工程系统和超系统的划分没有严格的界限，完全取决于项目的需要。

要素又称为组件，是工程系统或超系统的组成部分，要执行一定的功能。这些组成部分是广义上的物体，是物质、场或物质与场的组合。物质是指具有静质量的物体，场没有静质量，是可以在物质之间传递能量的实体。比如，我们要研究涂镀板电阻电焊技术，可选定“双脉冲电阻电焊技术”为工程系统（或技术系统）。那么，电流、电压、热输入、压力、保压时间等都是组件；考虑系统的运行和维护，那么环境中温度场、湿度场、电磁场等也是组件。

功能是研究对象能够满足人们某种需要的一种属性，表现为改变了物质对象的某种状态（参数）。我们分析功能的时候，要首先考虑这种设备（或系统）为满足某种状态，需要具备什么属性？功能是如何执行的？功能的描述方式包括功能的载体、功能的对象和作用。载体是指执行功能的组件。对象是指某个参数由于功能的作用而得到了保持或发生了改变的组件，即接受功能的组件。参数是组件可以比较、测量的某个属性，比如温度、位置、质量、长度等。

明确了以上概念后，可以使用功能分析进行建模，具体步骤包括组件分析、相互作用分析和功能模型绘制。通过建模，我们可以有效地识别系统和超系统组件的功能和它们的特点，并能分析其成本。

双脉冲电阻电焊技术的工作目标是控制输出设备的工作参数和焊接模式，故把“带有涂镀层钢工件的双脉冲电阻点焊方法”作为此技术系统的控制对象，将“防止飞溅并获得比较宽的工艺窗口”作为技术功能，九屏幕分析如图 4-16-6 所示。

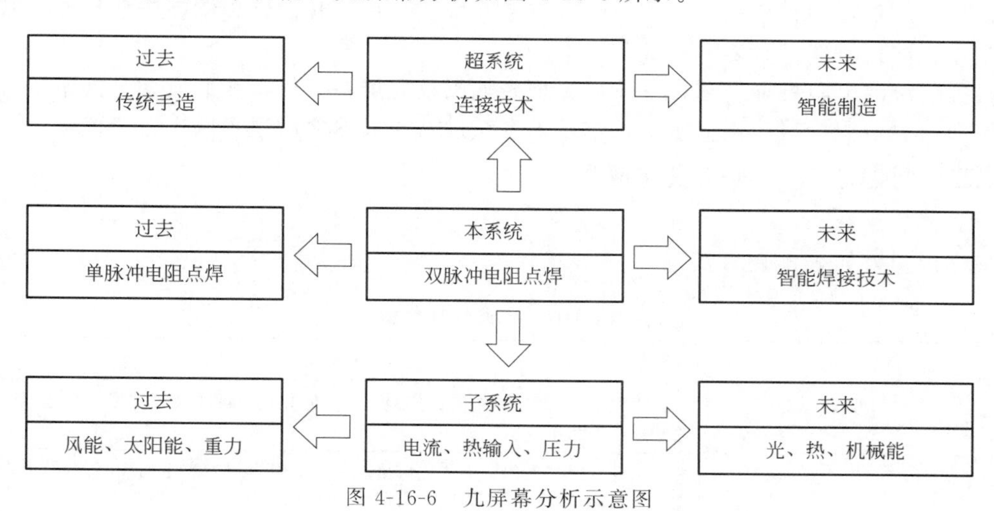


图 4-16-6　九屏幕分析示意图

5. 资源分析

TRIZ 理论认为，解决发明问题必须指明“给定条件”和“应得的结果”。发明创造的过程从分析发明情景开始，包含技术、生产、研究、生活、军事等各种资源情景，对系统资源分析得越详细、越深刻，就越能接近问题的理想解。解决问题的实质是对资源的合理利用。资源又可分为外部资源和内部资源。这里我们更关注内部资源，即在矛盾发生时，区域内存在的资源。双脉冲电阻电焊技术系统包括电阻点焊机、加压装置、电极、交流伺服电机、涂镀钢板和冷却系统。选择资源的顺序如表 4-16-1 所示，我们对本系统的各项资源进行了比较，并对空间资源、能量资源和时间资源进行了分析（表 4-16-2）。

表 4-16-1　选择资源顺序

| 资源属性 | 选择顺序 |
| --- | --- |
| 价值 | 免费→廉价→昂贵 |
| 数量 | 无限→足够→不足 |
| 质量 | 有害→中性→有益 |
| 可用性 | 成品→改变后可用→需要建造 |

表 4-16-2　现有资源比较

| 资源类型 | 价值 | 数量 | 质量 | 可用性 |
| --- | --- | --- | --- | --- |
| 焊机 | 昂贵 | 足够 | 中性 | 成品 |
| 加压装置 | 昂贵 | 足够 | 中性 | 成品 |
| 电极 | 昂贵 | 足够 | 中性 | 成品 |
| 交流伺服电机 | 昂贵 | 足够 | 中性 | 成品 |
| 涂镀钢板 | 昂贵 | 足够 | 中性 | 成品 |

通过对区域内存在的资源进行分析，我们发现所有的资源数量都是足够的，对工作人员也没有伤害，并且不需要额外建造，虽然其价格昂贵，但是使用寿命较长、产品的附加值高，所以不需要额外考虑其资源成本。

目前，该种汽车镀层板双脉冲电阻点焊方法需要焊机＋加压装置＋电极＋交流伺服电机＋涂镀钢板＋冷却系统，根据最终理想解分析及九屏幕分析，我们发现空间资源目前已基本成形，工业化前暂时还没必要特意优化。

根据传统的电阻点焊工艺，基于最终理想解以及九屏幕分析，我们发现其能量资源、时间资源和人力资源均属于正常水平，在技术系统进一步成熟之后还可以进一步优化。

## (二) 问题求解工具选取与应用

1. 最终理想解

最终理想解如表 4-16-3 所示。

表 4-16-3　最终理想解

| 问题 | 分析结果 |
| --- | --- |
| 设计最终目标? | 获得无飞溅、高外观品质、宽工艺窗口、良好接头性能及高效率适应连续工业生产的焊接新技术 |
| 理想化最终结果? | 应用现有生产条件解决传统焊接工艺下电阻点焊时产生的飞溅问题，并获得较宽的工艺窗口及良好的焊接接头韧性 |
| 达到理想解的障碍是什么? | 锌层在高能量输入下焊接会产生飞溅；熔融的锌液难以排离焊接区域 |
| 出现这种障碍的结果是什么? | 高能量输入下，锌层会瞬间汽化并产生汽化应力；熔融态的锌液黏稠、流动性差 |
| 不出现这种障碍的条件是什么? | 避免大电流高能量输入而使锌层发生汽化；利用外部手段提高锌液的流动性 |
| 创造这些条件所用的资源是什么? | 双脉冲技术可使锌层先发生熔化；双脉冲间的保压环节可增加熔融态锌的流动性 |

2. 技术矛盾

技术矛盾是指两个或者多个参数之间的冲突，当努力改善产品或流程的某个参数时，其他参数可能会出现问题。

在现有的工艺 1 中，涂镀汽车板电阻点焊的原理是加热焊接，即利用接电流通过件所析出的电阻热使工件的搭接处处于熔融状态。因此，涂镀板在焊接的时候需要大电流高热量输入。但是，大电流高热量的输入会使镀锌板表面锌层温度达到锌沸点，液态锌发生汽化现象而发生焊接飞溅，导致不能工业化制造。小电流低热量输入又不能使涂镀板基体熔融，导致无法焊接。这就构成了热输入量（温度）与制造精度（制造精度）的矛盾。

在现有的工艺 2 中，大电流高热量的输入会使镀锌板表面锌层温度达到锌沸点，液态锌发生汽化现象而产生焊接飞溅。为了抑制涂镀板锌层瞬间汽化而产生飞溅，采用了双脉冲工艺，即先用小电流低能量输入，在防止锌层汽化的基础上将锌层融化，后用大电流高热量输入，使涂镀板基体熔融后焊合。研究表明，小电流低能量输入可以避免锌层表面温度过高而达到锌沸点发生汽化，从而有效地抑制飞溅，但此时界面处存在熔融态铝硅、熔融态锌不能很好排出，在此后的大能量焊接过程中仍会发生飞溅。这就构成了热输入量（温度）与制造精度（制造精度）的矛盾。

通过技术矛盾向物理矛盾的转化，我们发现技术系统中的技术矛盾是由系统中矛盾的物理性质造成的。

3. 物理矛盾

在第一种工艺中，热输入量与制造精度的技术矛盾就是涂镀板电阻点焊过程中施加电流大与小的物理矛盾。涂镀汽车板电阻点焊需要工件在局部高温状态下熔融完成连接，因此涂镀板焊接需要大电流输入。大电流带来的高温会使表面锌层温度达到锌沸点，液态锌发生汽化现象而发生焊接飞溅，导致不能工业化制造。

在第二种工艺中，热输入量与制造精度的技术矛盾就是锌层受热温度高与低的物理矛盾。镀锌板表面锌层受高温达到锌沸点，液态锌发生汽化现象而发生焊接飞溅。而低温熔化锌层虽可以有效抑制锌层汽化飞溅，但熔融态的锌液流动性差不能很好地排出焊接区域，在此后的大能量焊接过程中仍会发生飞溅，因此失去了双脉冲焊接的意义。

解决物理矛盾的核心是实现矛盾双方的分离，TRIZ 理论中的分离原理包括：空间分离、时间分离、条件分离、整体与部分分离四种类型，如图 4-16-7 所示。

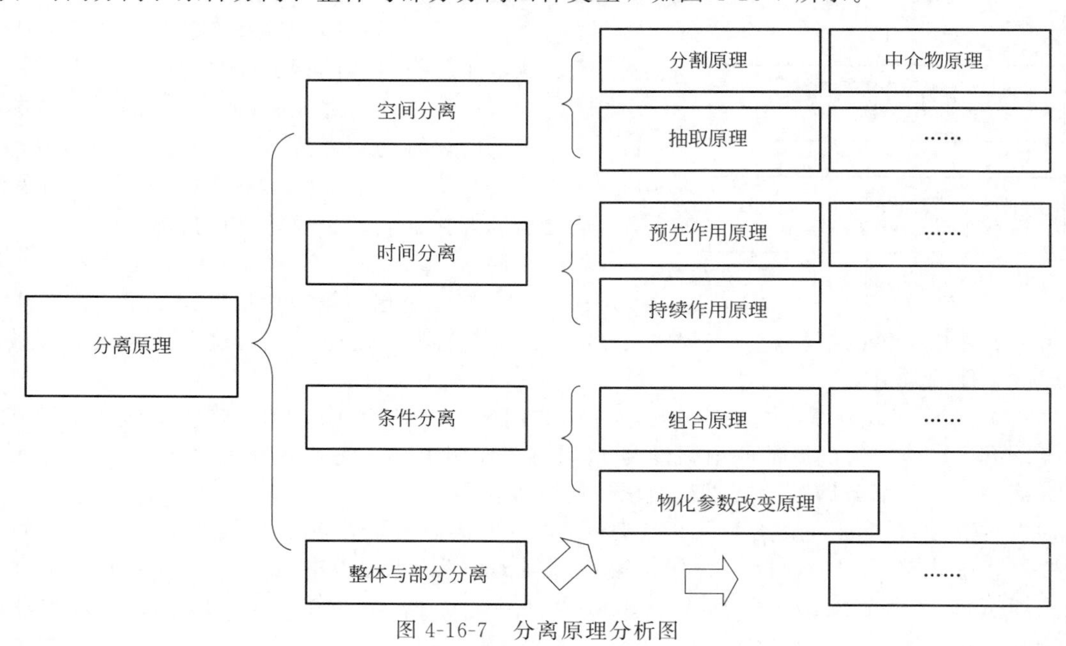


图 4-16-7　分离原理分析图

查阅矛盾矩阵表以及 TRIZ 创新原理表。运用空间分离中“2 抽取原理”抽取电阻点焊中“低脉冲熔化锌液，防止飞溅”以及“高脉冲融化钢材，完成焊接”的两大工艺特点，并根据“1 分割原理”将传统的涂镀板电阻单脉冲点焊工艺分割为“低脉冲”和“高脉冲”两个部分。

我们也可以利用“时间分离”中的“11 预先作用原理”和“20 持续作用原理”，结合“条件分离”与“整体与部分分离”中的“35 物理化学参数改变原理”以及“空间分离”中的“中介物原理”。具体地，首先使用“预先作用原理”使“低脉冲”预先作用于涂镀板，使表面锌层熔化而不汽化，避免飞溅。然后结合“中介物原理”，利用电极这一中介物，在第一次脉冲结束后对焊接区域加压，并结合“持续作用原理”使电极压力保持一定的时间。三者共同作用于锌液的排出，以避免后续高脉冲下的二次飞溅。最后，结合“条件分离”中的“组合原理”。通过组合“低脉冲熔锌”“加压”“保压排锌”“高脉冲焊合”来实现汽车用涂镀钢板的高质量焊接。

## 四、可实施技术方案的确定与评价

### （一）全部技术方案及评价

下面将结合图 4-16-8、图 4-16-3 以及图 4-16-9 对本方案改进实施例的电阻点焊方法进行说明。

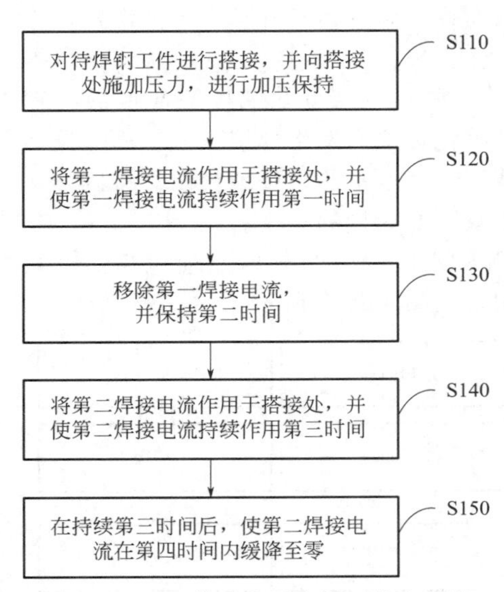

图 4-16-8　双脉冲电阻点焊工艺流程图

设置 S110 工序是为了使焊接电极与工件搭接体之间、构成工件搭接体的钢工件之间密贴，以降低接触电阻。例如带有镀铝硅涂层的热冲压板，表面的铝硅涂镀层硬度高，在微观上，其表面凹凸不平，搭接后接触电阻大，易造成通电瞬间热输入不均衡而引发飞溅，加压使搭接处各接触面密贴，可以减小这种接触电阻，且在焊接过程中，保持加压还可促进排锌并限制熔融态金属喷溅。

进一步地，为保证焊接电极与工件搭接体之间、构成工件搭接体的钢工件之间的密贴效果，在输出焊接电流之前，加压需持续一定的时间，这一时间内的时序称为预紧阶段，与现有工艺类似，预紧阶段持续时间一般为 300～600ms。而在预紧阶段之后的焊接期间，也要始终保持加压。

工序 S110 之后，继续图 4-16-8 中所示的工序 S120，点焊电极输出第一焊接电流，第一焊接电流作用于工件搭接体的搭接处，点焊电极 11a、11b 之间为电流通路，通过电流热效应，破坏待焊钢工件的涂镀层。

图 4-16-9 所示为焊接电流的输出时序示意图，工序 S120 中，第一焊接电流为工频交变电流，第一焊接电流的脉冲峰值强度为 $I_1$，持续作用第一时间 $t_1$，在工序 S120 中，涂镀层被熔融、汽化，部分熔融涂镀层在加压作用下被排出。

之后继续进行图 4-16-8 所示的工序 S130，焊接电流输出状态如图 4-16-9 所示，点焊电极停止输出第一焊接电流，并保持第二时间 $t_2$，在 $t_2$ 时序中上一工序中被破坏的涂镀层从焊接部位完全排出。为保证排出效果，第一时间 $t_1$ 与第二时间 $t_2$ 之和大于或等于 600ms。

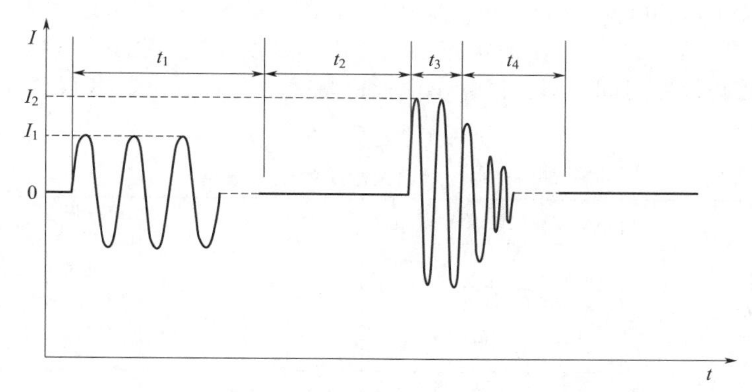


图 4-16-9　焊接电流输出时序图

工序 S130 之后，继续图 4-16-8 中的工序 S140，焊接电流输出状态如图 4-16-9 所示，点焊电极输出第二焊接电流，作用于工件搭接体的搭接处。第二焊接电流为工频交变电流，持续第三时间 $t_3$，第二焊接电流的脉冲峰值强度为 $I_2$，且第二焊接电流的脉冲峰值强度大于第一焊接电流的脉冲峰值强度，即 $I_2$ 大于 $I_1$。

第二焊接电流用于加热焊接，以使工件搭接体的搭接处处于熔融状态。由于之前工序中镀层材料的排出以及第一焊接电流额外的预热作用，本工序中加热焊接的热影响区较大，有利用提高最终焊接接头的力学性能。

工序 S140 之后，继续图 4-16-8 中的工序 S150，第二焊接电流在持续第三时间之后，点焊电极输出的第二焊接电流在第四时间 $t_4$ 内缓降至零，具体见图 4-16-9。工序 S150 中这种缓降的焊接电流，可以减缓搭接处焊点的冷却速度，进而熔融的焊点逐渐冷却，以促进熔核区域的均匀性扩散，有利于提高最终焊接接头的力学性能。$t_4$ 的优选范围为 80～240ms。例如，将 $t_4$ 取为 200ms。

最后，与现有工艺相同，电阻焊机输出降为零后，对焊接接点继续保持加压一段时间，继续冷却，以使焊接点形成熔核。

进一步地，在保持加压的同时，通过图 4-16-3 中的 14，提供循环冷却水并从点焊电极处流出，以对焊点进行冷却，从而提高焊点的冷却速度以改善最终熔核的力学性能。本案例中，冷却水的流速为 $2cm^3/s$。

在保持加压一段时间后，去除加压，该工件搭接体的该焊点的焊接作业完成。

此外，本工艺改进均可通过现有电阻焊机的相应功能部件（子系统）来实现。例如本工艺改进实施例中工艺实施所采用的单相交流电阻焊机。

### （二）试验方案

下面通过两组对比试验（26 个方案），对获得较佳工艺窗口的有益效果做进一步说明。

对比试验 1、2（对比试验 1 方案 1～12，对比试验 2 方案 13～26）中，通过固定部分参数，设置第二焊接电流的峰值电流为变量进行电阻点焊，以此得出保证焊接接头为基准熔核直径的下限电流值以及不发生飞溅的上限电流值，其中基准熔核直径为 $5\sqrt{t}$（$t$ 为被焊接工件中较厚板材厚度）。点焊接头焊核直径通过在 Leica 显微镜下的微观组织测得，点焊时通过目测确认飞溅是否存在。

对比试验 1、2，点焊设备都为基于压缩空气加压式的单相交流电阻点焊机，点焊电极的平端面直径为 6mm。被焊接工件分别选用热浸镀锌涂层 DP590 工业用板和镀铝硅涂层 1500MPa 级热冲压工业用板。其中锌层及其合金化厚度约为 28$\mu$m，铝硅涂层及其合金化厚度约为 35μm，尺寸为 30mm×100mm。加压压力为 3.5kN，冷却水速率为 $2cm^3/s$。

对比试验 1、2 中，试验编号 1 的实施案例采用本发明工艺方法，试验编号 2 的比较案例作为对比，采用较短停留时间，对比试验 1 中板材厚度均为 1.2mm，获得试验数据如表 4-16-4 所示。

**表 4-16-4　对比试验 1 的试验数据**

| 编号 | 第一焊接电流 | | 停留时间/ms | 第二焊接电流 | | 缓降时间/ms | 焊接情况 | 最大拉剪力/kN | 熔核尺寸/mm | 第一焊接电流通电时间+停留时间/ms | 工艺窗口/kA | 最大拉剪力/工件总厚度/$\times 10^3$MPa | 备注 |
|---|---|---|---|---|---|---|---|---|---|---|---|---|---|
| | 峰值电流/kA | 通电时间/ms | | 峰值电流/kA | 通电时间/ms | | | | | | | | |
| 1 | 4.0 | 500 | 300 | 6.5 | 400 | 200 | 正常 | 12.6 | 5.7 | 800 | 2.5 | 5.2 | 实施案例 |
| | 4.0 | 500 | 300 | 7.0 | 400 | 200 | 正常 | 13.0 | 6.2 | | | 5.4 | |
| | 4.0 | 500 | 300 | 7.5 | 400 | 200 | 正常 | 14.0 | 6.6 | | | 5.8 | |
| | 4.0 | 500 | 300 | 8.0 | 400 | 200 | 正常 | 14.9 | 6.8 | | | 6.2 | |
| | 4.0 | 500 | 300 | 8.5 | 400 | 200 | 正常 | 16.5 | 7.2 | | | 6.8 | |
| | 4.0 | 500 | 300 | 9.0 | 400 | 200 | 正常 | 15.9 | 7.5 | | | 6.6 | |
| | 4.0 | 500 | 300 | 9.5 | 400 | 200 | 飞溅 | — | — | | | — | |
| 2 | 4.0 | 500 | 40 | 6.5 | 400 | 200 | 正常 | 10.5 | 5.4 | 540 | 1.5 | 4.3 | 比较案例 |
| | 4.0 | 500 | 40 | 7.0 | 400 | 200 | 正常 | 11.1 | 5.9 | | | 4.6 | |
| | 4.0 | 500 | 40 | 7.5 | 400 | 200 | 正常 | 11.9 | 6.5 | | | 4.9 | |
| | 4.0 | 500 | 40 | 8.0 | 400 | 200 | 正常 | 12.8 | 6.8 | | | 5.3 | |
| | 4.0 | 500 | 40 | 8.5 | 400 | 200 | 飞溅 | — | — | | | — | |

方案 1：

① 对待焊钢工件进行搭接，并向搭接处施加压力，进行加压（$F_1=3\sim8$kN）并保持；

② 将第一焊接电流（$I_1=4$kA）作用于搭接处，并使第一焊接电流持续作用第一时间（$t_1=500$ms）；

③ 在持续第一时间后，移除第一焊接电流，并保持第二时间（$t_2=300$ms）；

④ 在保持第二时间后，将第二焊接电流（$I_2=6.5$kA）作用于搭接处，并使第二焊接电流持续作用第三时间（$t_3=400$ms）；

⑤ 在持续第三时间后，使第二焊接电流在第四时间（$t_4=200$ms）内缓降至零，其中，第二焊接电流大于第一焊接电流，第一时间与第二时间之和大于 600ms；

⑥ 在使第二焊接电流缓降至零后，对搭接处保持加压，同时对搭接处通冷却水。

方案 2：

① 对待焊钢工件进行搭接，并向搭接处施加压力，进行加压（$F_1=3\sim8$kN）并保持；

② 将第一焊接电流（$I_1=4$kA）作用于搭接处，并使第一焊接电流持续作用第一时间（$t_1=500$ms）；

③ 在持续第一时间后，移除第一焊接电流，并保持第二时间（$t_2=300$ms）；

④ 在保持第二时间后，将第二焊接电流（$I_2=7$kA）作用于搭接处，并使第二焊接电流持续作用第三时间（$t_3=400$ms）；

⑤ 在持续第三时间后，使第二焊接电流在第四时间（$t_4=200$ms）内缓降至零，其中，

第二焊接电流大于第一焊接电流，第一时间与第二时间之和大于 600ms；

⑥ 在使第二焊接电流缓降至零后，对搭接处保持加压，同时对搭接处通冷却水。

方案 3：

① 对待焊钢工件进行搭接，并向搭接处施加压力，进行加压（$F_1=3\sim8$kN）并保持；

② 将第一焊接电流（$I_1=4$kA）作用于搭接处，并使第一焊接电流持续作用第一时间（$t_1=500$ms）；

③ 在持续第一时间后，移除第一焊接电流，并保持第二时间（$t_2=300$ms）；

④ 在保持第二时间后，将第二焊接电流（$I_2=7.5$kA）作用于搭接处，并使第二焊接电流持续作用第三时间（$t_3=400$ms）；

⑤ 在持续第三时间后，使第二焊接电流在第四时间（$t_4=200$ms）内缓降至零，其中，第二焊接电流大于第一焊接电流，第一时间与第二时间之和大于 600ms；

⑥ 在使第二焊接电流缓降至零后，对搭接处保持加压，同时对搭接处通冷却水。

方案 4：

① 对待焊钢工件进行搭接，并向搭接处施加压力，进行加压（$F_1=3\sim8$kN）并保持；

② 将第一焊接电流（$I_1=4$kA）作用于搭接处，并使第一焊接电流持续作用第一时间（$t_1=500$ms）；

③ 在持续第一时间后，移除第一焊接电流，并保持第二时间（$t_2=300$ms）；

④ 在保持第二时间后，将第二焊接电流（$I_2=8$kA）作用于搭接处，并使第二焊接电流持续作用第三时间（$t_3=400$ms）；

⑤ 在持续第三时间后，使第二焊接电流在第四时间（$t_4=200$ms）内缓降至零，其中，第二焊接电流大于第一焊接电流，第一时间与第二时间之和大于 600ms；

⑥ 在使第二焊接电流缓降至零后，对搭接处保持加压，同时对搭接处通冷却水。

方案 5：

① 对待焊钢工件进行搭接，并向搭接处施加压力，进行加压（$F_1=3\sim8$kN）并保持；

② 将第一焊接电流（$I_1=4$kA）作用于搭接处，并使第一焊接电流持续作用第一时间（$t_1=500$ms）；

③ 在持续第一时间后，移除第一焊接电流，并保持第二时间（$t_2=300$ms）；

④ 在保持第二时间后，将第二焊接电流（$I_2=8.5$kA）作用于搭接处，并使第二焊接电流持续作用第三时间（$t_3=400$ms）；

⑤ 在持续第三时间后，使第二焊接电流在第四时间（$t_4=200$ms）内缓降至零，其中，第二焊接电流大于第一焊接电流，第一时间与第二时间之和大于 600ms；

⑥ 在使第二焊接电流缓降至零后，对搭接处保持加压，同时对搭接处通冷却水。

方案 6：

① 对待焊钢工件进行搭接，并向搭接处施加压力，进行加压（$F_1=3\sim8$kN）并保持；

② 将第一焊接电流（$I_1=4$kA）作用于搭接处，并使第一焊接电流持续作用第一时间（$t_1=500$ms）；

③ 在持续第一时间后，移除第一焊接电流，并保持第二时间（$t_2=300$ms）；

④ 在保持第二时间后，将第二焊接电流（$I_2=9$kA）作用于搭接处，并使第二焊接电流持续作用第三时间（$t_3=400$ms）；

⑤ 在持续第三时间后，使第二焊接电流在第四时间（$t_4=200$ms）内缓降至零，其中，第二焊接电流大于第一焊接电流，第一时间与第二时间之和大于 600ms；

⑥ 在使第二焊接电流缓降至零后，对搭接处保持加压，同时对搭接处通冷却水。

方案7：

① 对待焊钢工件进行搭接，并向搭接处施加压力，进行加压（$F_1=3\sim8kN$）并保持；

② 将第一焊接电流（$I_1=4kA$）作用于搭接处，并使第一焊接电流持续作用第一时间（$t_1=500ms$）；

③ 在持续第一时间后，移除第一焊接电流，并保持第二时间（$t_2=300ms$）；

④ 在保持第二时间后，将第二焊接电流（$I_2=9.5kA$）作用于搭接处，并使第二焊接电流持续作用第三时间（$t_3=400ms$）；

⑤ 在持续第三时间后，使第二焊接电流在第四时间（$t_4=200ms$）内缓降至零，其中，第二焊接电流大于第一焊接电流，第一时间与第二时间之和大于600ms；

⑥ 在使第二焊接电流缓降至零后，对搭接处保持加压，同时对搭接处通冷却水。

方案8：

① 对待焊钢工件进行搭接，并向搭接处施加压力，进行加压（$F_1=3\sim8kN$）并保持；

② 将第一焊接电流（$I_1=4kA$）作用于搭接处，并使第一焊接电流持续作用第一时间（$t_1=500ms$）；

③ 在持续第一时间后，移除第一焊接电流，并保持第二时间（$t_2=40ms$）；

④ 在保持第二时间后，将第二焊接电流（$I_2=6.5kA$）作用于搭接处，并使第二焊接电流持续作用第三时间（$t_3=400ms$）；

⑤ 在持续第三时间后，使第二焊接电流在第四时间（$t_4=200ms$）内缓降至零，其中，第二焊接电流大于第一焊接电流，第一时间与第二时间之和小于600ms；

⑥ 在使第二焊接电流缓降至零后，对搭接处保持加压，同时对搭接处通冷却水。

方案9：

① 对待焊钢工件进行搭接，并向搭接处施加压力，进行加压（$F_1=3\sim8kN$）并保持；

② 将第一焊接电流（$I_1=4kA$）作用于搭接处，并使第一焊接电流持续作用第一时间（$t_1=500ms$）；

③ 在持续第一时间后，移除第一焊接电流，并保持第二时间（$t_2=40ms$）；

④ 在保持第二时间后，将第二焊接电流（$I_2=7kA$）作用于搭接处，并使第二焊接电流持续作用第三时间（$t_3=400ms$）；

⑤ 在持续第三时间后，使第二焊接电流在第四时间（$t_4=200ms$）内缓降至零，其中，第二焊接电流大于第一焊接电流，第一时间与第二时间之和小于600ms；

⑥ 在使第二焊接电流缓降至零后，对搭接处保持加压，同时对搭接处通冷却水。

方案10：

① 对待焊钢工件进行搭接，并向搭接处施加压力，进行加压（$F_1=3\sim8kN$）并保持；

② 将第一焊接电流（$I_1=4kA$）作用于搭接处，并使第一焊接电流持续作用第一时间（$t_1=500ms$）；

③ 在持续第一时间后，移除第一焊接电流，并保持第二时间（$t_2=40ms$）；

④ 在保持第二时间后，将第二焊接电流（$I_2=7.5kA$）作用于搭接处，并使第二焊接电流持续作用第三时间（$t_3=400ms$）；

⑤ 在持续第三时间后，使第二焊接电流在第四时间（$t_4=200ms$）内缓降至零，其中，第二焊接电流大于第一焊接电流，第一时间与第二时间之和小于600ms；

⑥ 在使第二焊接电流缓降至零后，对搭接处保持加压，同时对搭接处通冷却水。

方案11：

① 对待焊钢工件进行搭接，并向搭接处施加压力，进行加压（$F_1=3\sim8kN$）并保持；

② 将第一焊接电流（$I_1=4$kA）作用于搭接处，并使第一焊接电流持续作用第一时间（$t_1=500$ms）；

③ 在持续第一时间后，移除第一焊接电流，并保持第二时间（$t_2=40$ms）；

④ 在保持第二时间后，将第二焊接电流（$I_2=8$kA）作用于搭接处，并使第二焊接电流持续作用第三时间（$t_3=400$ms）；

⑤ 在持续第三时间后，使第二焊接电流在第四时间（$t_4=200$ms）内缓降至零，其中，第二焊接电流大于第一焊接电流，第一时间与第二时间之和小于600ms；

⑥ 在使第二焊接电流缓降至零后，对搭接处保持加压，同时对搭接处通冷却水。

方案12：

① 对待焊钢工件进行搭接，并向搭接处施加压力，进行加压（$F_1=3\sim8$kN）并保持；

② 将第一焊接电流（$I_1=4$kA）作用于所述搭接处，并使第一焊接电流持续作用第一时间（$t_1=500$ms）；

③ 在持续第一时间后，移除第一焊接电流，并保持第二时间（$t_2=40$ms）；

④ 在保持第二时间后，将第二焊接电流（$I_2=8.5$kA）作用于搭接处，并使第二焊接电流持续作用第三时间（$t_3=400$ms）；

⑤ 在持续第三时间后，使第二焊接电流在第四时间（$t_4=200$ms）内缓降至零，其中，第二焊接电流大于第一焊接电流，第一时间与第二时间之和小于600ms；

⑥ 在使第二焊接电流缓降至零后，对搭接处保持加压，同时对搭接处通冷却水。

对比试验2中DP590板厚度为1.2mm，镀铝硅热冲压板厚度为1.8mm，获得试验数据如表4-16-5所示。

**表4-16-5　对比试验2的试验数据**

| 编号 | 第一焊接电流 | | 停留时间/ms | 第二焊接电流 | | 缓降时间/ms | 焊接情况 | 最大拉剪力/kN | 熔核尺寸/mm | 第一焊接电流通电时间+停留时间/ms | 工艺窗口/kA | 最大拉剪力/工件总厚度/(×$10^3$MPa) | 备注 |
|---|---|---|---|---|---|---|---|---|---|---|---|---|---|
| | 峰值电流/kA | 通电时间/ms | | 峰值电流/kA | 通电时间/ms | | | | | | | | |
| 1 | 4.0 | 300 | 300 | 6.5 | 400 | 200 | 正常 | 15.0 | 6.0 | 600 | 2.0 | 5.0 | 实施案例 |
| | 4.0 | 300 | 300 | 7.0 | 400 | 200 | 正常 | 15.5 | 6.3 | | | 5.2 | |
| | 4.0 | 300 | 300 | 7.5 | 400 | 200 | 正常 | 16.5 | 6.9 | | | 5.5 | |
| | 4.0 | 300 | 300 | 8.0 | 400 | 200 | 正常 | 17.1 | 7.3 | | | 5.7 | |
| | 4.0 | 300 | 300 | 8.5 | 400 | 200 | 正常 | 16.8 | 7.6 | | | 5.6 | |
| | 4.0 | 300 | 300 | 9.0 | 400 | 200 | 正常 | 17.3 | 7.9 | | | 5.8 | |
| | 4.0 | 300 | 300 | 9.5 | 400 | 200 | 正常 | 17.0 | 8.1 | | | 5.7 | |
| | 4.0 | 300 | 300 | 10.0 | 400 | 200 | 飞溅 | — | — | | | — | |
| 2 | 4.0 | 300 | 40 | 6.5 | 400 | 200 | 正常 | 13.9 | 5.8 | 340 | 1.0 | 4.6 | 比较案例 |
| | 4.0 | 300 | 40 | 7.0 | 400 | 200 | 正常 | 14.3 | 6.0 | | | 4.8 | |
| | 4.0 | 300 | 40 | 7.5 | 400 | 200 | 正常 | 14.7 | 6.8 | | | 4.9 | |
| | 4.0 | 300 | 40 | 8.0 | 400 | 200 | 正常 | 15.4 | 7.0 | | | 5.1 | |
| | 4.0 | 300 | 40 | 8.5 | 400 | 200 | 正常 | 16.0 | 7.3 | | | 5.4 | |
| | 4.0 | 300 | 40 | 9.0 | 400 | 200 | 飞溅 | — | — | | | — | |

方案13：

① 对待焊钢工件进行搭接，并向搭接处施加压力，进行加压（$F_1=3\sim8$kN）并保持；

② 将第一焊接电流（$I_1=4$kA）作用于搭接处，并使第一焊接电流持续作用第一时间（$t_1=300$ms）；

③ 在持续第一时间后，移除第一焊接电流，并保持第二时间（$t_2=300$ms）；

④ 在保持第二时间后，将第二焊接电流（$I_2=6.5$kA）作用于搭接处，并使第二焊接电流持续作用第三时间（$t_3=400$ms）；

⑤ 在持续第三时间后，使第二焊接电流在第四时间（$t_4=200$ms）内缓降至零，其中，第二焊接电流大于第一焊接电流，第一时间与第二时间之和等于600ms；

⑥ 在使第二焊接电流缓降至零后，对搭接处保持加压，同时对搭接处通冷却水。

方案14：

① 对待焊钢工件进行搭接，并向搭接处施加压力，进行加压（$F_1=3\sim8$kN）并保持；

② 将第一焊接电流（$I_1=4$kA）作用于搭接处，并使第一焊接电流持续作用第一时间（$t_1=300$ms）；

③ 在持续第一时间后，移除第一焊接电流，并保持第二时间（$t_2=300$ms）；

④ 在保持第二时间后，将第二焊接电流（$I_2=7$kA）作用于搭接处，并使第二焊接电流持续作用第三时间（$t_3=400$ms）；

⑤ 在持续第三时间后，使第二焊接电流在第四时间（$t_4=200$ms）内缓降至零，其中，第二焊接电流大于第一焊接电流，第一时间与第二时间之和等于600ms；

⑥ 在使第二焊接电流缓降至零后，对搭接处保持加压，同时对搭接处通冷却水。

方案15：

① 对待焊钢工件进行搭接，并向搭接处施加压力，进行加压（$F_1=3\sim8$kN）并保持；

② 将第一焊接电流（$I_1=4$kA）作用于搭接处，并使第一焊接电流持续作用第一时间（$t_1=300$ms）；

③ 在持续第一时间后，移除第一焊接电流，并保持第二时间（$t_2=300$ms）；

④ 在保持第二时间后，将第二焊接电流（$I_2=7.5$kA）作用于搭接处，并使第二焊接电流持续作用第三时间（$t_3=400$ms）；

⑤ 在持续第三时间后，使第二焊接电流在第四时间（$t_4=200$ms）内缓降至零，其中，第二焊接电流大于第一焊接电流，第一时间与第二时间之和等于600ms；

⑥ 在使第二焊接电流缓降至零后，对搭接处保持加压，同时对搭接处通冷却水。

方案16：

① 对待焊钢工件进行搭接，并向搭接处施加压力，进行加压（$F_1=3\sim8$kN）并保持；

② 将第一焊接电流（$I_1=4$kA）作用于搭接处，并使第一焊接电流持续作用第一时间（$t_1=300$ms）；

③ 在持续第一时间后，移除第一焊接电流，并保持第二时间（$t_2=300$ms）；

④ 在保持第二时间后，将第二焊接电流（$I_2=8$kA）作用于搭接处，并使第二焊接电流持续作用第三时间（$t_3=400$ms）；

⑤ 在持续第三时间后，使第二焊接电流在第四时间（$t_4=200$ms）内缓降至零，其中，

第二焊接电流大于第一焊接电流，第一时间与第二时间之和等于 600ms；

⑥ 在使第二焊接电流缓降至零后，对搭接处保持加压，同时对搭接处通冷却水。

方案 17：

① 对待焊钢工件进行搭接，并向搭接处施加压力，进行加压（$F_1=3\sim8$kN）并保持；

② 将第一焊接电流（$I_1=4$kA）作用于搭接处，并使第一焊接电流持续作用第一时间（$t_1=300$ms）；

③ 在持续第一时间后，移除第一焊接电流，并保持第二时间（$t_2=300$ms）；

④ 在保持第二时间后，将第二焊接电流（$I_2=8.5$kA）作用于搭接处，并使第二焊接电流持续作用第三时间（$t_3=400$ms）；

⑤ 在持续第三时间后，使第二焊接电流在第四时间（$t_4=200$ms）内缓降至零，其中，第二焊接电流大于第一焊接电流，第一时间与第二时间之和等于 600ms；

⑥ 在使第二焊接电流缓降至零后，对搭接处保持加压，同时对搭接处通冷却水。

方案 18：

① 对待焊钢工件进行搭接，并向搭接处施加压力，进行加压（$F_1=3\sim8$kN）并保持；

② 将第一焊接电流（$I_1=4$kA）作用于搭接处，并使第一焊接电流持续作用第一时间（$t_1=300$ms）；

③ 在持续第一时间后，移除第一焊接电流，并保持第二时间（$t_2=300$ms）；

④ 在保持第二时间后，将第二焊接电流（$I_2=9$kA）作用于搭接处，并使第二焊接电流持续作用第三时间（$t_3=400$ms）；

⑤ 在持续第三时间后，使第二焊接电流在第四时间（$t_4=200$ms）内缓降至零，其中，第二焊接电流大于第一焊接电流，第一时间与第二时间之和等于 600ms；

⑥ 在使第二焊接电流缓降至零后，对搭接处保持加压，同时对搭接处通冷却水。

方案 19：

① 对待焊钢工件进行搭接，并向搭接处施加压力，进行加压（$F_1=3\sim8$kN）并保持；

② 将第一焊接电流（$I_1=4$kA）作用于搭接处，并使第一焊接电流持续作用第一时间（$t_1=300$ms）；

③ 在持续第一时间后，移除第一焊接电流，并保持第二时间（$t_2=300$ms）；

④ 在保持第二时间后，将第二焊接电流（$I_2=9.5$kA）作用于搭接处，并使第二焊接电流持续作用第三时间（$t_3=400$ms）；

⑤ 在持续第三时间后，使第二焊接电流在第四时间（$t_4=200$ms）内缓降至零，其中，第二焊接电流大于第一焊接电流，第一时间与第二时间之和等于 600ms；

⑥ 在使第二焊接电流缓降至零后，对搭接处保持加压，同时对搭接处通冷却水。

方案 20：

① 对待焊钢工件进行搭接，并向搭接处施加压力，进行加压（$F_1=3\sim8$kN）并保持；

② 将第一焊接电流（$I_1=4$kA）作用于搭接处，并使第一焊接电流持续作用第一时间（$t_1=300$ms）；

③ 在持续第一时间后，移除第一焊接电流，并保持第二时间（$t_2=300$ms）；

④ 在保持第二时间后，将第二焊接电流（$I_2=10$kA）作用于搭接处，并使第二焊接电

流持续作用第三时间（$t_3=400\text{ms}$）；

⑤ 在持续第三时间后，使第二焊接电流在第四时间（$t_4=200\text{ms}$）内缓降至零，其中，第二焊接电流大于第一焊接电流，第一时间与第二时间之和等于 600ms；

⑥ 在使第二焊接电流缓降至零后，对搭接处保持加压，同时对搭接处通冷却水。

方案 21：

① 对待焊钢工件进行搭接，并向搭接处施加压力，进行加压（$F_1=3\sim8\text{kN}$）并保持；

② 将第一焊接电流（$I_1=4\text{kA}$）作用于搭接处，并使第一焊接电流持续作用第一时间（$t_1=300\text{ms}$）；

③ 在持续第一时间后，移除第一焊接电流，并保持第二时间（$t_2=40\text{ms}$）；

④ 在保持第二时间后，将第二焊接电流（$I_2=6.5\text{kA}$）作用于搭接处，并使第二焊接电流持续作用第三时间（$t_3=400\text{ms}$）；

⑤ 在持续第三时间后，使第二焊接电流在第四时间（$t_4=200\text{ms}$）内缓降至零，其中，第二焊接电流大于第一焊接电流，第一时间与第二时间之和小于 600ms；

⑥ 在使第二焊接电流缓降至零后，对搭接处保持加压，同时对搭接处通冷却水。

方案 22：

① 对待焊钢工件进行搭接，并向搭接处施加压力，进行加压（$F_1=3\sim8\text{kN}$）并保持；

② 将第一焊接电流（$I_1=4\text{kA}$）作用于搭接处，并使第一焊接电流持续作用第一时间（$t_1=300\text{ms}$）；

③ 在持续第一时间后，移除第一焊接电流，并保持第二时间（$t_2=40\text{ms}$）；

④ 在保持第二时间后，将第二焊接电流（$I_2=7\text{kA}$）作用于搭接处，并使第二焊接电流持续作用第三时间（$t_3=400\text{ms}$）；

⑤ 在持续第三时间后，使第二焊接电流在第四时间（$t_4=200\text{ms}$）内缓降至零，其中，第二焊接电流大于第一焊接电流，第一时间与第二时间之和小于 600ms；

⑥ 在使第二焊接电流缓降至零后，对搭接处保持加压，同时对搭接处通冷却水。

方案 23：

① 对待焊钢工件进行搭接，并向搭接处施加压力，进行加压（$F_1=3\sim8\text{kN}$）并保持；

② 将第一焊接电流（$I_1=4\text{kA}$）作用于搭接处，并使第一焊接电流持续作用第一时间（$t_1=300\text{ms}$）；

③ 在持续第一时间后，移除第一焊接电流，并保持第二时间（$t_2=40\text{ms}$）；

④ 在保持第二时间后，将第二焊接电流（$I_2=7.5\text{kA}$）作用于搭接处，并使第二焊接电流持续作用第三时间（$t_3=400\text{ms}$）；

⑤ 在持续第三时间后，使第二焊接电流在第四时间（$t_4=200\text{ms}$）内缓降至零，其中，第二焊接电流大于第一焊接电流，第一时间与第二时间之和小于 600ms；

⑥ 在使第二焊接电流缓降至零后，对搭接处保持加压，同时对搭接处通冷却水。

方案 24：

① 对待焊钢工件进行搭接，并向搭接处施加压力，进行加压（$F_1=3\sim8\text{kN}$）并保持；

② 将第一焊接电流（$I_1=4\text{kA}$）作用于搭接处，并使第一焊接电流持续作用第一时间（$t_1=300\text{ms}$）；

③ 在持续第一时间后，移除第一焊接电流，并保持第二时间（$t_2$＝40ms）；

④ 在保持第二时间后，将第二焊接电流（$I_2$＝8kA）作用于搭接处，并使第二焊接电流持续作用第三时间（$t_3$＝400ms）；

⑤ 在持续第三时间后，使第二焊接电流在第四时间（$t_4$＝200ms）内缓降至零，其中，第二焊接电流大于第一焊接电流，第一时间与第二时间之和小于600ms；

⑥ 在使第二焊接电流缓降至零后，对搭接处保持加压，同时对搭接处通以冷却水。

方案25：

① 对待焊钢工件进行搭接，并向搭接处施加压力，进行加压（$F_1$＝3～8kN）并保持；

② 将第一焊接电流（$I_1$＝4kA）作用于搭接处，并使第一焊接电流持续作用第一时间（$t_1$＝300ms）；

③ 在持续第一时间后，移除第一焊接电流，并保持第二时间（$t_2$＝40ms）；

④ 在保持第二时间后，将第二焊接电流（$I_2$＝8.5kA）作用于搭接处，并使第二焊接电流持续作用第三时间（$t_3$＝400ms）；

⑤ 在持续第三时间后，使第二焊接电流在第四时间（$t_4$＝200ms）内缓降至零，其中，第二焊接电流大于第一焊接电流，第一时间与第二时间之和小于600ms；

⑥ 在使第二焊接电流缓降至零后，对搭接处保持加压，同时对搭接处通冷却水。

方案26：

① 对待焊钢工件进行搭接，并向搭接处施加压力，进行加压（$F_1$＝3～8kN）并保持；

② 将第一焊接电流（$I_1$＝4kA）作用于搭接处，并使第一焊接电流持续作用第一时间（$t_1$＝300ms）；

③ 在持续第一时间后，移除第一焊接电流，并保持第二时间（$t_2$＝40ms）；

④ 在保持第二时间后，将第二焊接电流（$I_2$＝9kA）作用于搭接处，并使第二焊接电流持续作用第三时间（$t_3$＝400ms）；

⑤ 在持续第三时间后，使第二焊接电流在第四时间（$t_4$＝200ms）内缓降至零，其中，第二焊接电流大于第一焊接电流，第一时间与第二时间之和小等于600ms；

⑥ 在使第二焊接电流缓降至零后，对搭接处保持加压，同时对搭接处通冷却水。

### （三）最终确定方案

我们对上述26个方案进行了综合评价，每项的满分10分。通过综合评价我们发现，最优方案为方案19。

通过组合“低脉冲熔锌”“加压”“保压排锌”“高脉冲焊合”来实现高强度涂层板的电阻点焊，解决了飞溅问题，提升了焊点质量，实现了汽车用涂镀钢板的高质量焊接。具体方案如下：

① 对待焊钢工件进行搭接，并向搭接处施加压力，进行加压（$F_1$＝3～8kN）并保持；

② 将第一焊接电流（$I_1$＝4kA）作用于搭接处，并使第一焊接电流持续作用第一时间（$t_1$＝300ms）；

③ 在持续第一时间后，移除第一焊接电流，并保持第二时间（$t_2$＝40ms）；

④ 在保持第二时间后，将第二焊接电流（$I_2$＝7.5kA）作用于搭接处，并使第二焊接电流持续作用第三时间（$t_3$＝400ms）；

⑤ 在持续第三时间后，使第二焊接电流在第四时间（$t_4$＝200ms）内缓降至零，其中，第二焊接电流大于第一焊接电流，第一时间与第二时间之和大于或等于600ms；

⑥ 在使第二焊接电流缓降至零后，对搭接处保持加压，同时对搭接处通冷却水。

## 五、预期成果及应用

该种汽车用涂镀钢板双脉冲电阻点焊方法解决了现今涂镀钢板工业焊接上的两大难题，进行工业化生产后，消除焊接飞溅，可以减少人工去除毛刺的工艺过程，节省了大量的人力物力，提升了焊接生产效率。焊点力学性能的提升，可以减少车身焊点设计，节约大量电力能源，同时提升生产效率。

目前钢铁材料约占汽车车身总体质量的 60%，高强涂镀板若能替代其中的三分之一，即每个零件减重 25%，即可实现汽车车身减重 5%。每辆白车身有接近 4000 个焊点，近 1500 个焊点是对镀锌板的连接，按照我国目前汽车年产量为 2000 万辆，存在焊接飞溅的焊点近 300 亿个，改进后的焊接工艺力学性能提升 15%，在焊点数量设计上，焊点数量减少 10%。因此，本工艺改进可以直接给车企带来巨大的经济效益，同时节约能源，社会效益巨大。

# 案例 17：解决地基光学望远镜磁致伸缩促动器输出不足的方法

## 一、项目情况介绍

天文望远镜的诞生和发展，揭开了浩瀚宇宙的神秘面纱。地基光学望远镜一直是天文观测的重要工具，但由于其接收的可见光在经过大气层时会受到大气湍流的影响，所以它的成像质量较低。

为了解决这一问题，专家们在望远镜光路中引入了自适应光学系统，大大提高了地基光学望远镜的成像质量。自适应光学系统的主要工作原理是：使系统内可变形镜面和受大气湍流影响的光线达到同步的抖动，起到补偿矫正的作用，如图 4-17-1 所示。

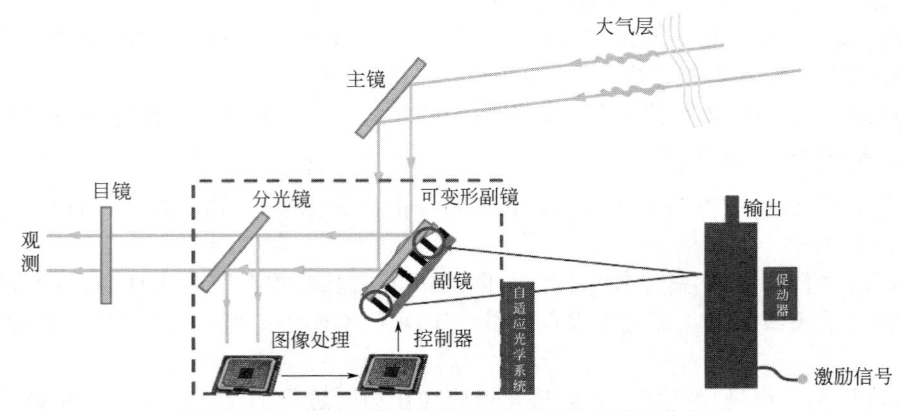


图 4-17-1　地基光学望远镜自适应光学系统工作原理

本案例分析的对象就是自适应光学系统中最核心的部分：促动器。多个促动器密排在副镜镜面下端，支撑并控制副镜。通过控制器的输入信号来控制促动器的输出，可以使镜面产生瞬间变形。可变形副镜下密排的促动器如图 4-17-2 所示。

为了适应下一代更大口径自适应光学系统，包头稀土研究院与中科院南京天光所合作，研发了新一代促动器产品。其目的是研究出“小体积，大输出”，用于当前以及未来更大口径的自适应光学系统。

图 4-17-2 可变形副镜下密排促动器

## 二、项目来源

### （一）问题描述

图 4-17-3 中，左侧为单个促动器实物图，右侧为单个促动器示意图，两图上部细小部分为促动器输出部分。促动器包括 11 个组成部分，如图 4-17-4 所示。

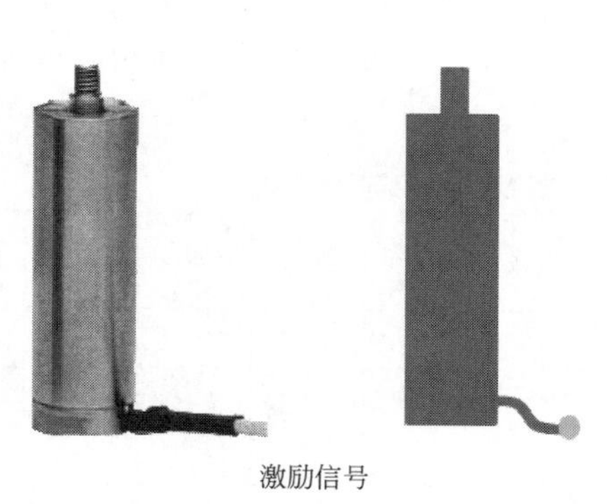


图 4-17-3 促动器实物与促动器示意图

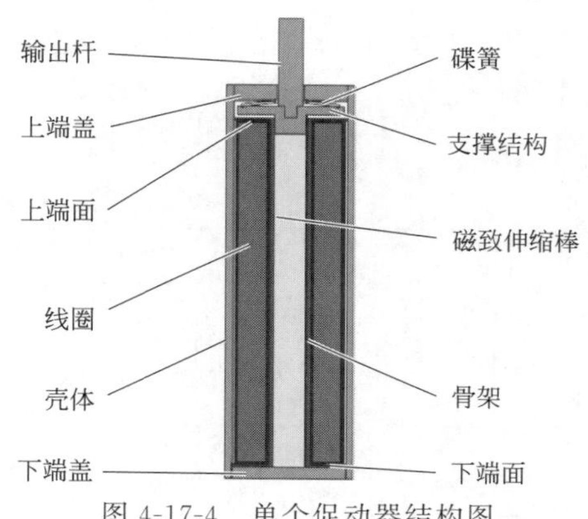


图 4-17-4 单个促动器结构图

其工作原理是：线圈产生轴向磁场，使磁致伸缩棒磁化，产生伸缩，带动输出杆，通过控制电流大小来控制输出，最终调节镜面微区位置。

当前该产品小体积这一目标已经基本达成，部分技术指标已经达到要求。但该促动器还存在输出不足并发热严重问题。发热会影响产品质量，输出不足会导致对副镜的控制不足，从而影响望远镜的观测质量。

该项目目标为：在保持促动器小体积的情况下，达到额定输出能力。

### （二）问题初步分析

在常规情形下，如果要保证输出能力，就需要放大促动器的体积。但由于实际需要，促动器保持小体积是必须要保证的，从而产生矛盾。

根据前面的描述，定义该系统名称为磁致伸缩促动系统；定义该系统的功能为改变副镜镜面位置；定义该系统的作用对象为副镜镜面。

## 三、问题分析与解决

### （一）问题分析工具选取与应用

1. 系统功能分析

（1）组件分析

进行组件分析之前，要根据应用需求找到单个促动器的超系统和子系统，之后列出系统组件和超系统组件。根据图 4-17-1、图 4-17-4 和前面定义的技术系统，得到该磁致伸缩促动系统的组件模型，如表 4-17-1 所示。

**表 4-17-1　磁致伸缩促动系统的组件分析**

| 工程系统 | 系统组件 | 超系统组件 |
| --- | --- | --- |
| 磁致伸缩促动系统 | 壳体<br>端盖<br>输出杆<br>磁致伸缩棒<br>线圈骨架<br>线圈<br>碟簧<br>支撑结构<br>端面 | 镜面<br>电源 |

（2）相互作用分析

将表 4-17-1 中的所有组件列出来，构建一个相互作用矩阵表。如果任意两个组件之间有相互作用，则用“＋”来标记在相互交叉的表格位置，否则用“－”标记在相应位置。矩阵表中有“＋”意味着这两个组件之间可能存在功能，如表 4-17-2 所示。

**表 4-17-2　磁致伸缩促动系统的相互作用矩阵**

| 组件 | 壳体 | 上端盖 | 输出杆 | 磁致伸缩棒 | 线圈骨架 | 线圈 | 碟簧 | 支撑结构 | 端面 | 镜面 | 电源 | 下端盖 |
| --- | --- | --- | --- | --- | --- | --- | --- | --- | --- | --- | --- | --- |
| 壳体 |  | ＋ | － | － | － | ＋ | － | － | － | － | － | ＋ |
| 上端盖 | ＋ |  | ＋ | － | － | ＋ | ＋ | － | ＋ | － | － | － |
| 输出杆 | － | ＋ |  | － | － | － | － | ＋ | － | ＋ | － | － |
| 磁致伸缩棒 | － | － | － |  | － | ＋ | － | ＋ | － | － | － | ＋ |
| 线圈骨架 | － | － | － | － |  | ＋ | － | － | － | － | － | － |
| 线圈 | ＋ | ＋ | － | ＋ | ＋ |  | － | － | ＋ | － | ＋ | － |
| 碟簧 | － | ＋ | － | － | － | － |  | ＋ | － | － | － | － |
| 支撑结构 | － | － | ＋ | ＋ | － | － | ＋ |  | － | － | － | － |
| 端面 | － | ＋ | － | － | ＋ | ＋ | － | － |  | － | － | ＋ |
| 镜面 | － | － | ＋ | － | － | － | － | － | － |  | － | － |
| 电源 | － | － | － | － | － | ＋ | － | － | － | － |  | － |
| 下端盖 | ＋ | － | － | ＋ | － | － | － | － | ＋ | － | － |  |

（3）功能分析

对表 4-17-2 中部分标注“＋”的单元格对应的两个组件之间的功能进行分析，得到表 4-17-3 所示的功能分析表。

表 4-17-3 磁致伸缩促动系统的功能分析

| 功能 | 等级 | 性能水平 | 得分 |
| --- | --- | --- | --- |
| 上端盖 | | | |
| 挤压碟簧 | 辅助功能 | 正常 | 1 |
| 导通输出杆 | 辅助功能 | 正常 | 1 |
| 下端盖 | | | |
| 支撑磁致伸缩棒 | 辅助功能 | 正常 | 1 |
| 磁致伸缩棒 | | | |
| 带动支撑结构 | 辅助功能 | 不足 | 1 |
| 支撑结构 | | | |
| 带动输出杆 | 辅助功能 | 不足 | 1 |
| 输出杆 | | | |
| 带动镜面 | 基本功能 | 不足 | 3 |
| 线圈 | | | |
| 磁化上端盖 | 辅助功能 | 正常 | 1 |
| 加热磁致伸缩棒 | 有害功能 | | |
| 碟簧 | | | |
| 挤压支撑结构 | 辅助功能 | 正常 | 1 |
| 壳体 | | | |
| 支撑上下端盖 | 辅助功能 | 正常 | 1 |
| 电源 | | | |
| 供电线圈 | 附加功能 | — | — |

从表 4-17-3 中可以看出，该系统中存在多个有问题的功能（不足作用或有害作用）。如磁致伸缩棒带动支撑结构作用不足、支撑结构带动输出杆作用不足、输出杆带动镜面作用不足、线圈加热磁致伸缩棒作用有害等。

（4）功能模型图（图 4-17-5）

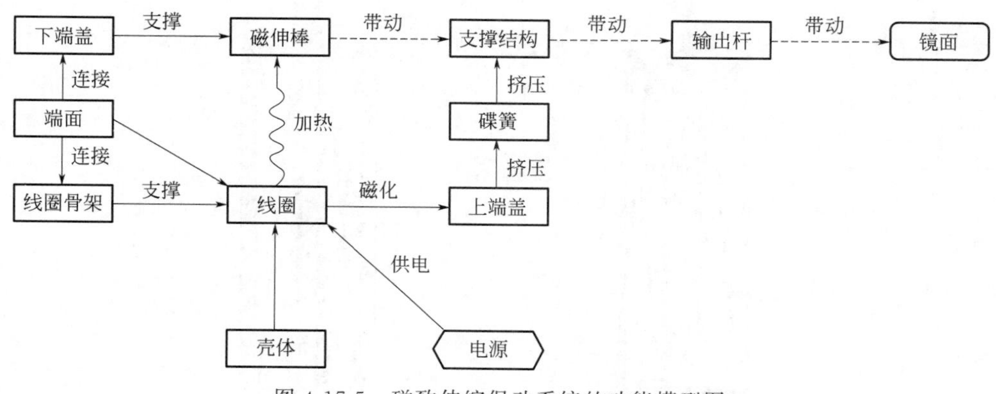


图 4-17-5 磁致伸缩促动系统的功能模型图

(5) 功能缺陷

根据功能模型图可以看出，虚线功能（不足功能）3 个，曲线功能（有害功能）1 个。可依这四个功能为切入点进行下一步分析。

2. 系统因果分析

根据前面的功能分析，该系统的主要问题是输出杆带动镜面不足，即输出不足。其直接原因是磁致伸缩棒体积小或者是磁质伸缩棒的伸长小，二者是“或”的关系。

磁致伸缩棒体积小是系统要求，没有其他原因。而磁质伸缩棒的伸长小有应变小或激励磁场小两个原因，二者是“或”的关系。

进一步寻找原因，得到图 4-17-6。

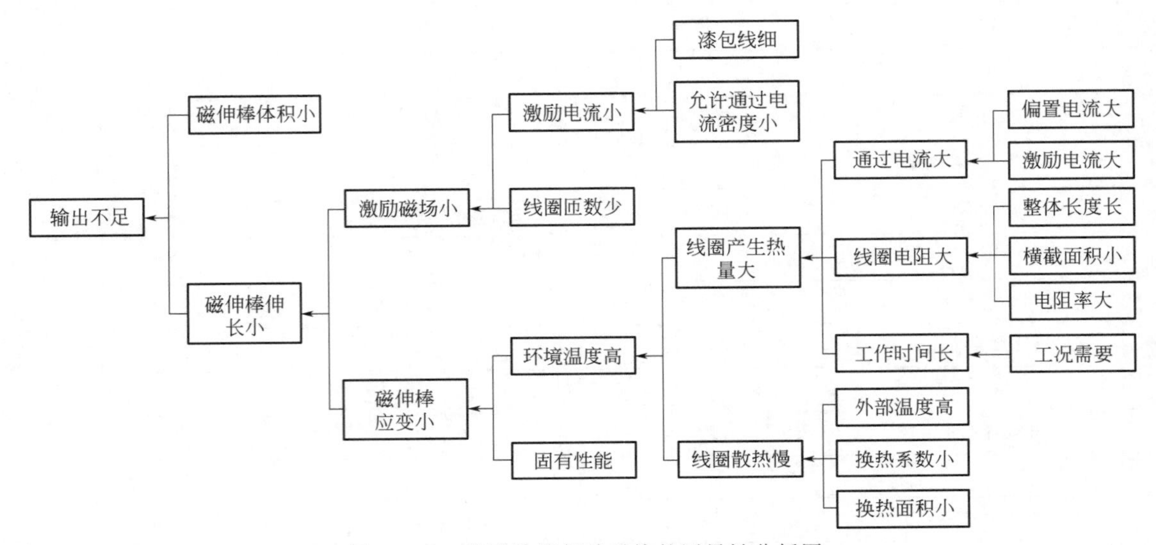


图 4-17-6 磁致伸缩促动系统的因果链分析图

从图 4-17-6 中可以看出，有两个需要解决的主要问题：偏置电流大和线圈散热慢。

3. 裁剪

根据功能模型图 4-17-5 和功能分析表 4-17-3，对促动器结构进行功能裁剪。裁剪掉分数最低且全是辅助功能的碟簧及支撑结构，裁剪后降低了系统复杂性。得到方案 1：裁剪掉支撑结构及碟簧。如图 4-17-7 所示为促动器裁剪前后对比示意图。

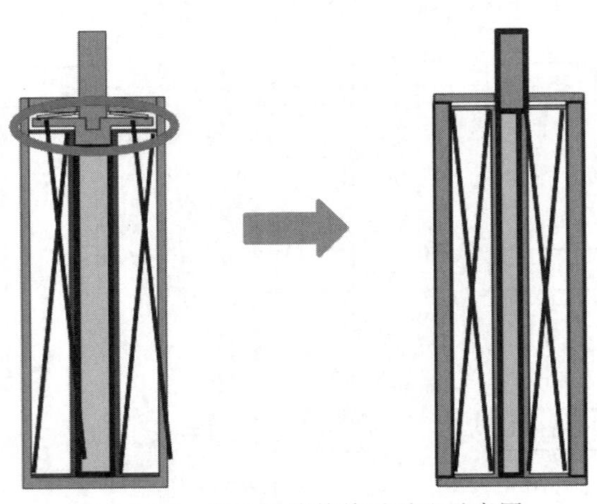

图 4-17-7 促动器裁剪前后对比示意图

## （二）问题求解工具选取与应用

1. 技术矛盾分析

根据因果分析，从偏置电流大这点来切入，使线圈电流增加产生偏置磁场，减小促动器体积，但增加了发热量，从中提取出技术矛盾，如表 4-17-4 所示。

表 4-17-4　磁致伸缩促动系统的技术矛盾

| 项目 | 如果 | 那么 | 但是 |
|---|---|---|---|
| 技术矛盾 1 | 采用大电流提供偏置磁场 | 促动器直径可以减小<br>（改善促动器截面积） | 线圈会产生较大热量<br>（恶化线圈发热量） |
| 技术矛盾 2 | 采用小电流提供偏置磁场 | 线圈会产生较小热量<br>（改善了线圈发热量） | 促动器直径需要加大<br>（恶化促动器截面积） |

根据实际问题，本项目要解决的是技术矛盾 1，用 39 个通用工程参数表示，需要改善的特性为静止物体的面积（6），系统恶化的特性为物体产生的有害作用（31）。根据改善静止物体的面积，查找矛盾矩阵，得到 22 变害为利原理、1 分割原理和 40 复合材料原理。

由分割原理的提示和对系统技术原理的分析，得到方案 2：分割棒体加永磁体，即将磁致伸缩棒体分割。将永磁体及导磁体放置于中部，为其提供磁场强度大小合适及均匀度较高的偏置磁场。原理图与实物图如图 4-17-8 所示。

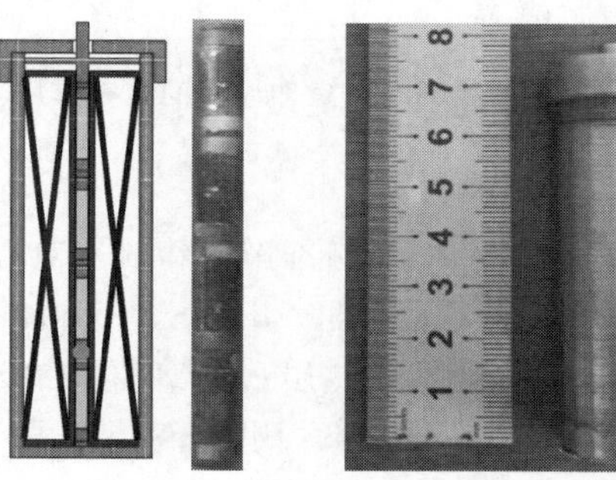

图 4-17-8　方案 2 的原理图与实物图

2. 物理矛盾分析

接下来从线圈散热慢这点来切入解决发热问题，最简单的方法就是加入散热机构，但是加入散热机构明显会增大促动器的体积，为了保证体积我们又得去除散热机构。增加和去除散热机构就构成了一对物理矛盾。

由于促动器本身对体积有较严格的要求，但促动器外部空间并无要求，所以我们利用空间分离方法，将散热机构移至外部，进行整体散热，得到方案 3：整体散热。

3. 资源分析

根据组件分析及现场分析，得到该系统的资源分析表，如表 4-17-5 所示。

表 4-17-5　磁致伸缩促动系统资源列表

| 项目 | 物质资源 | 能量资源 | 空间资源 |
|---|---|---|---|
| 子系统 | 壳体端盖输出杆<br>磁致伸缩棒<br>线圈骨架<br>线圈<br>碟簧<br>支撑结构<br>端面 | — | 壳体内部端盖下侧<br>伸缩棒周围骨架内部<br>线圈间隙 |
| 系统 | 磁致伸缩促动器 | 磁能<br>热能 | 促动器周围 |
| 超系统 | 空气<br>台面<br>镜面<br>电源 | 重力 | 台面上部镜面下部 |

通过分析，发现系统资源中的线圈骨架这一资源并没有利用起来。综合之前的分割原理，将线圈骨架分割，加入永磁体，提供偏置磁场。未分割棒保证了整体输出性能；未将磁体加在壳体上，使磁场封闭在促动器外部，磁场对外部影响较小，同时受外部影响较小。得到方案 4：将线圈骨架分割，加入永磁体提供偏置磁场。

4. 物场分析

如功能模型图（部分）图 4-17-9 所示，根据其中线圈对磁致伸缩棒的有害作用建立物场模型（图 4-17-10），以解决线圈发热严重的问题。

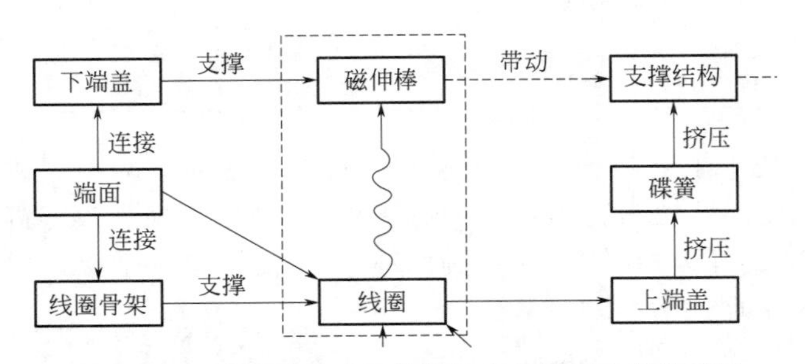


图 4-17-9 线圈对磁致伸缩棒的有害作用功能模型图

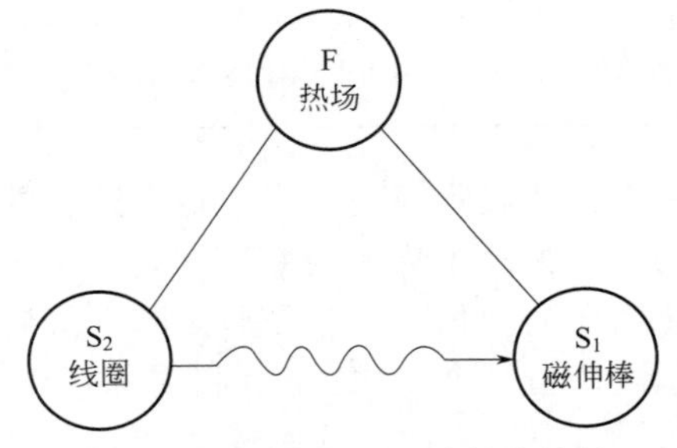


图 4-17-10 线圈对磁致伸缩棒的有害作用物场模型图

通过查找相应的标准解，得到 2 种标准解方案。

根据标准解 1.2.1，引入 $S_3$，消除有害作用，如图 4-17-11 所示。产生方案 5：线圈及磁致伸缩棒中间加隔热层；方案 6：加吸热层；方案 7：在线圈外部加导热层。

根据标准解 1.2.4，引入 $F_2$，抵消产生的热量，如图 4-17-12 所示。产生方案 8：线圈及磁致伸缩棒中间加散热装置；方案 9：线圈外部加散热装置。

5. 知识库分析

为了解决输出不足问题，通过知识库检索，我们得到最优的柔性铰链杠杆放大机构，但这种放大机构存在一个问题，为了保证竖直向上的输出以及放大倍数，放大机构本身结构需要是对称的，这导致横向体积较大，为了保证横向体积，又需要放大机构不是对称的，这形成了一个物理矛盾。

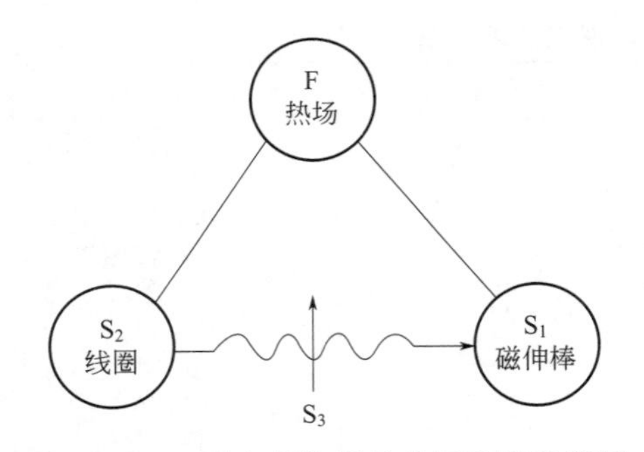


图 4-17-11 引入新物质后的标准解示意图

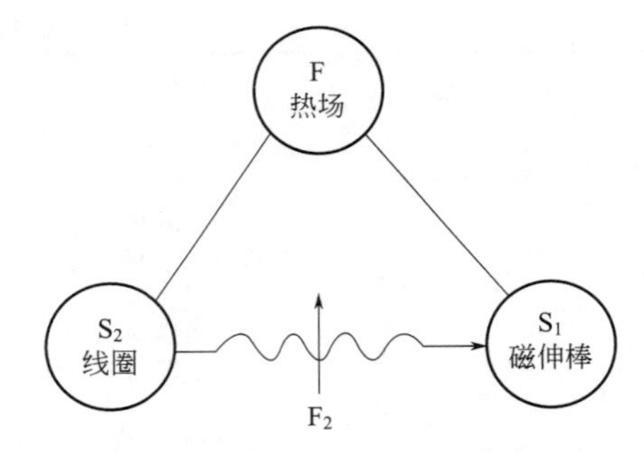


图 4-17-12 引入新场后的标准解示意图

利用系统级别分离方法中的分割及反向作用原理，将对称形式的放大机构分割为不对称的放大机构，并翻转 180°贴合，将矛盾分离在不同的层次中。最终得到方案 10：非轴对称放大机构。

## 四、可实施技术方案的确定与评价

汇总以上各方案得到表 4-17-6。

**表 4-17-6　磁致伸缩促动系统技术方案汇总**

| 序号 | 方案 | 可实施性 | 成本 | 创新性 |
|---|---|---|---|---|
| 1 | 去掉支撑机构及碟簧 | 高 | 极低 | 低 |
| 2 | 棒体分段加永磁柱 | 较高 | 较低 | 中 |
| 3 | 整体散热 | 高 | 较低 | 中 |
| 4 | 将线圈骨架分割,加入永磁体提供偏置磁场 | 低 | 中 | 高 |
| 5 | 线圈及磁伸棒之间加隔热层 | 高 | 较低 | 低 |
| 6 | 线圈及磁伸棒之间加吸热层 | 低 | 较低 | 低 |
| 7 | 线圈外部加导热层 | 中 | 高 | 低 |
| 8 | 线圈及磁伸棒之间加散热装置 | 低 | 低 | 低 |
| 9 | 线圈外部加散热装置 | 中 | 高 | 低 |
| 10 | 非轴对称放大机构 | 较高 | 较低 | 高 |

根据可实施性、成本、创新性三个方面对以上 10 个方案综合评估，得到骨架分段加永磁环，隔热、导热、整体散热系统，非轴对称放大机构的实际方案，在工作频率范围内满足要求且输出稳定。

改进后的促动器发热量减少，体积达标。发热量降低 50%，散热效果显著，体积达标，在工作频率范围内满足要求且输出稳定。如图 4-17-13 所示。

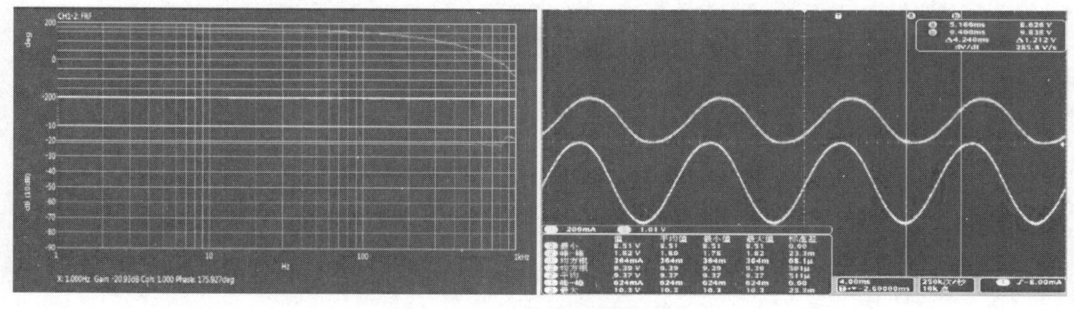

图 4-17-13　最终方案测试图

## 五、预期成果及应用

1. 经济效益

国内现有 20 余处观测站，保守估计使用促动器共 2000 个，单价 3 万元/个，共 6000 万，自主研发促动器成本 0.03 万元/个以内，共 60 万。总计可节约 5940 万。

2. 社会效益

目前国际上所有的自适应副镜主要由意大利 Microgates 公司制造，采用音圈电机作为促动器，该技术相比我们研发的磁致伸缩促动器技术落后且价格昂贵。未来，该磁致伸缩促动器将在宇宙探测、微电子、航空航天、军事领域产生颠覆性革命，打破国际技术垄断，填补国内大口径自适应镜面的空白。

# 案例 18：驰影核磁诊疗车系统成像质量技术改进

## 一、项目情况介绍

稀土核磁诊疗车是包钢集团向稀土终端应用产品进军的代表。为加快稀土转化，延长、完善稀土产业链，包钢集团北方稀土成立稀宝博为医疗系统有限公司，研发永磁共振，致力于发挥资源优势、解决民生问题。稀土磁共振是单台稀土用量最大的终端应用产品。稀宝医疗研发的磁共振系统体积仅为传统磁共振的三分之一，可实现进口设备 90% 以上的功能。公司研发了国内首台磁共振诊疗车，如图 4-18-1 所示。

图 4-18-1　核磁诊疗车

核磁诊疗车的特点是可移动诊疗，偏远地区没有经济实力购置核磁共振仪器，看病难，看病慢。随着人们生活水平的提高以及老龄化的日益严重，对医疗及诊断的要求越来越高。在大型传染疾病暴发时，可移动检测机器可以减少交叉感染。核磁诊疗车部署灵活，机动性强，且减少交叉，广泛用于基层扶贫、抗震救灾、野战就医等领域。

## 二、项目来源

核磁诊疗车前期研发过程中，固定式磁共振移动后导致伪影现象严重，诊断困难。而移动式核磁系统与固定式核磁系统的工作方式有所区别，导致核磁系统成像质量下降，影响诊断结果。

## 三、问题分析与解决

### （一）问题分析工具选取与应用

1. 组件分析

图 4-18-2 所示为移动核磁诊疗成像系统结构图。表 4-18-1 为组件分析表。

**表 4-18-1　组件分析表**

| 系统级别 | 组件列表 |
| --- | --- |
| 系统组件 | 外壳；上、下保温层；上、下加热层；上、下轭铁；上、下磁体；上、下梯度线圈；上、下发射线圈；负载；接收线圈；计算机；病床 |
| 超系统组件 | 电磁信号；空气；铁磁性材料 |
| 作用对象 | 影像胶片 |

2. 功能分析

定义技术系统为移动核磁诊疗成像系统，系统的作用对象为影像胶片，系统的功能为输出影像胶片。通过对组件进行组件间的相互作用分析及功能分析，得到功能模型，如图 4-18-3 所示。

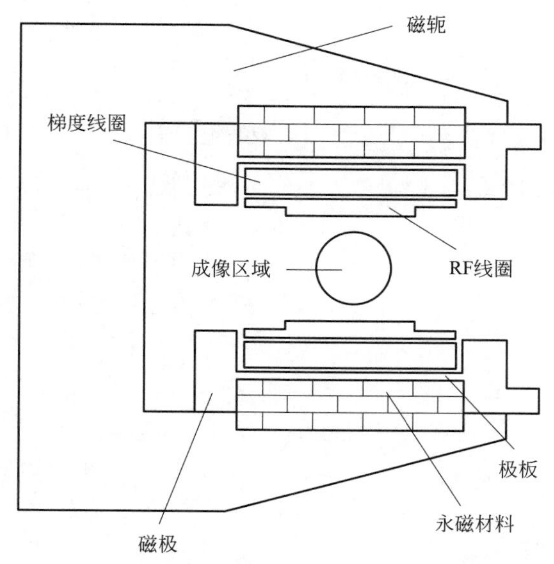


图 4-18-2　移动核磁诊疗成像系统结构图

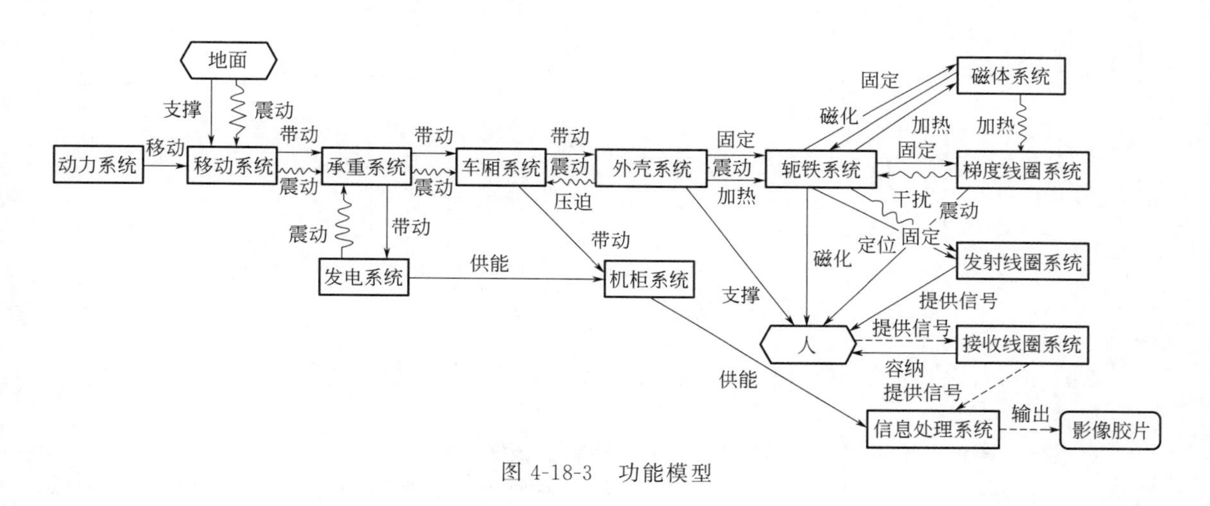


图 4-18-3　功能模型

3. 原因分析

对系统的功能模型进行分析：由于地面不平整，导致核磁诊疗车系统移动时产生震动，震动传递至发射线圈系统时会对其产生一个有害的作用，最终导致输出的影像胶片质量不好；同理，发电系统在工作时也会产生同样的结果；另一方面，由于磁体系统工作时温度较高，会对梯度线圈系统产生一个加热的有害作用，影响其正常工作。

利用因果分析（图 4-18-4）对导致影像胶片质量不高的根本原因进一步分析。导致影像胶片成像不好的原因包括受检对象提供的信号质量不好与接收线圈的电磁信号受到影响。

通过试验验证，确定了五个根本原因：

① 磁体加热梯度线圈导致其定位错误；

② 外界传递及发电系统产生的震动影响发射线圈信号；

③ 磁块数量减少导致磁场强度下降；

④ 磁块排布方式导致磁体边缘磁场不均匀；

⑤ 磁体直径小和梯度线圈磁场导致磁体内部磁场不均匀。

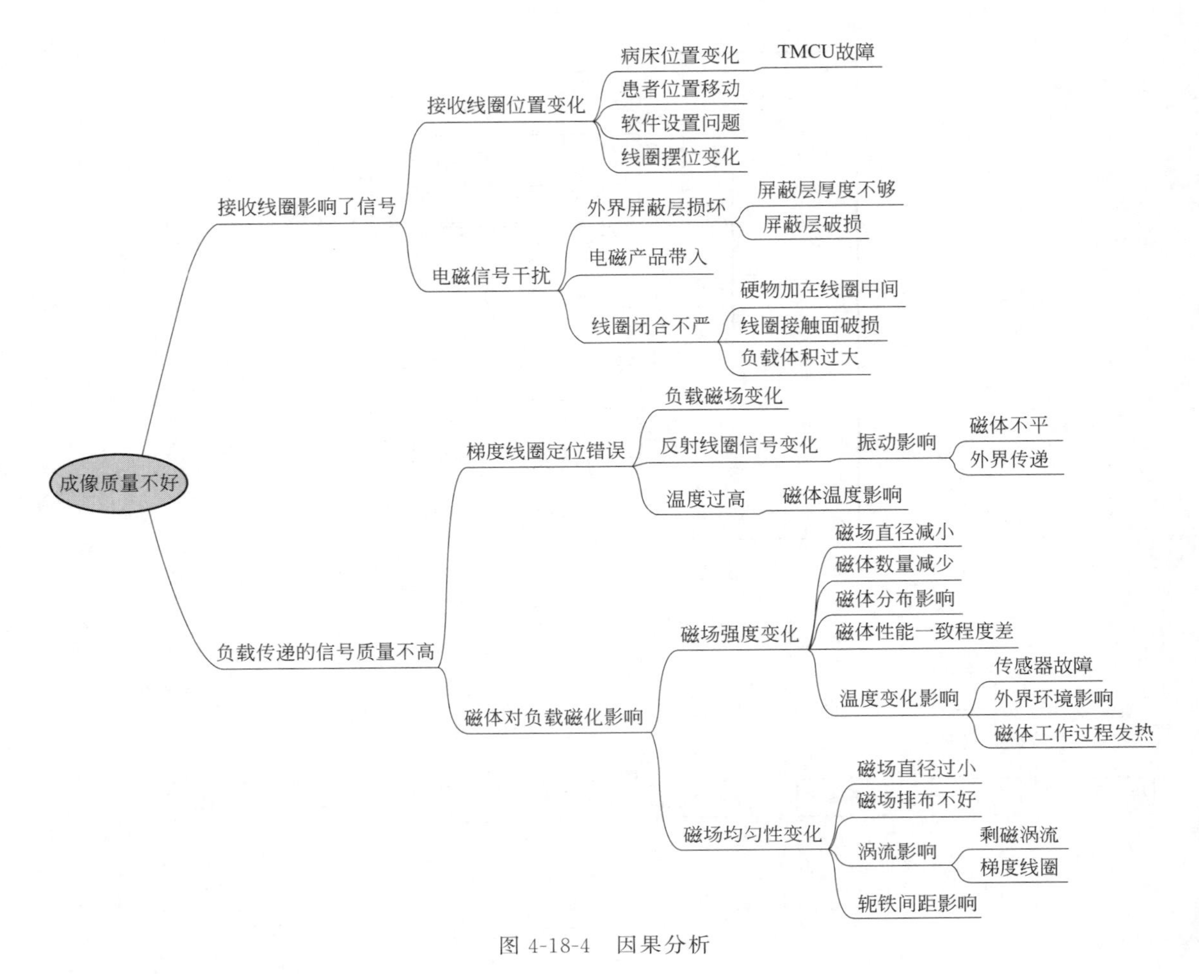


图 4-18-4 因果分析

这些原因都会影响受检对象提供的信号，导致影像胶片成像质量下降。

4. 资源分析

对系统（核磁系统，图 4-18-5），子系统（轭铁、发射线圈、梯度线圈及磁体，图 4-18-5），超系统（车厢）进行资源分析（表 4-18-2），减少磁块用量，可以减小永磁体厚度，从而减轻质量，但是会降低磁场强度，影响成像质量。减小轭铁间距可以改善上述问题，但受操作

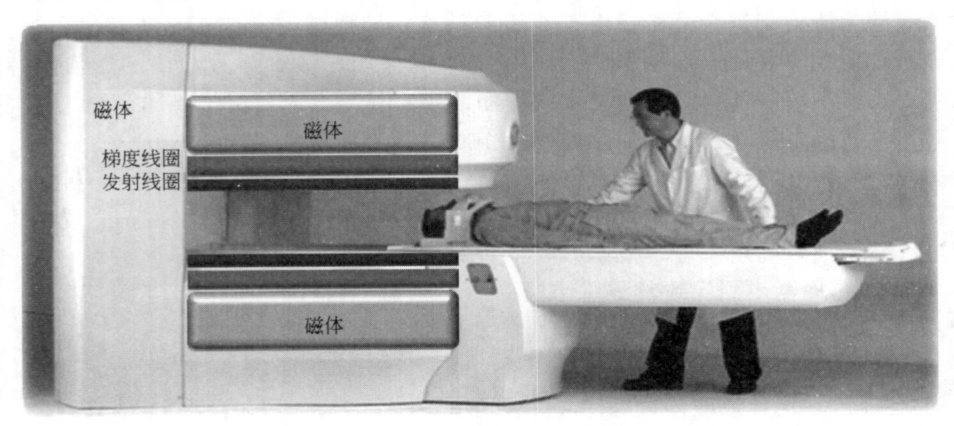


图 4-18-5 移动核磁诊疗成像系统

空间约束，轭铁间距无法改变。对核磁系统进行了空间资源分析，发现发射线圈与轭铁距离、梯度线圈与轭铁距离、磁体与轭铁距离及内部检测空间是可以利用的资源，得到方案1：将发射线圈转移至磁体上方；方案2：将发射线圈转移至外部；方案3：将梯度线圈转移至磁体上方；方案4：将梯度线圈转移至外部。

**表 4-18-2　资源分析表**

| 系统界别 | 子系统 | | | | 系统 | 超系统 |
|---|---|---|---|---|---|---|
| 组件 | 轭铁 | 发射线圈 | 梯度线圈 | 磁体 | 核磁系统 | 车厢 |
| 空间资源 | 轭铁直径 | 发射线圈直径 | 梯度线圈直径 | 磁体的直径 | 内部检测空间 | 车厢宽度 |
| | 上下轭铁间距离 | 发射线圈与轭铁距离 | 梯度线圈与轭铁距离 | 磁体与轭铁距离 | 外部剩余空间 | 车厢高度 |
| | 轭铁体积 | 发射线圈体积 | 梯度线圈体积 | 磁体的体积 | 核磁系统体积 | 车厢长度 |

## （二）问题求解工具选取与应用

1. 技术矛盾分析

就发电系统震动影响成像这一问题，找到技术矛盾。

如果：将发电系统放置在车头与车体之间；

那么：可以消除发电系统震动对核磁系统的影响；

但是：会增大车头与车体的间距。

改善的参数：作用于物体的有害因素（30）；恶化的参数：静止物体的尺寸（4）。

查找矛盾矩阵，得到发明原理：1 分割原理，18 机械振动原理。

运用创新原理 1 分割，得到方案 5：将发电系统散热风扇放置在顶部。

2. 物理矛盾——磁场的直径减小导致磁场变化影响成像

对技术系统分析发现成像效果和永磁体体积对永磁体直径有着大和小两个相反的要求（图 4-18-6），增加圆形永磁体直径，可以提高磁场强度，从而提高成像质量；减小圆形永磁体直径，可以减小核磁仪体积。我们既希望永磁体直径大，又希望永磁体直径小，因此形成了物理矛盾。考虑物理矛盾两个需求分别对应的空间，要求永磁体直径小的空间是横向空间，要求永磁体直径大的空间是纵向空间，两个空间并不重合，因此可以使用空间分离的方法解决。得到方案 6：将永磁体做成椭圆形，纵向为长轴，横向为短轴，病床方向为长轴。

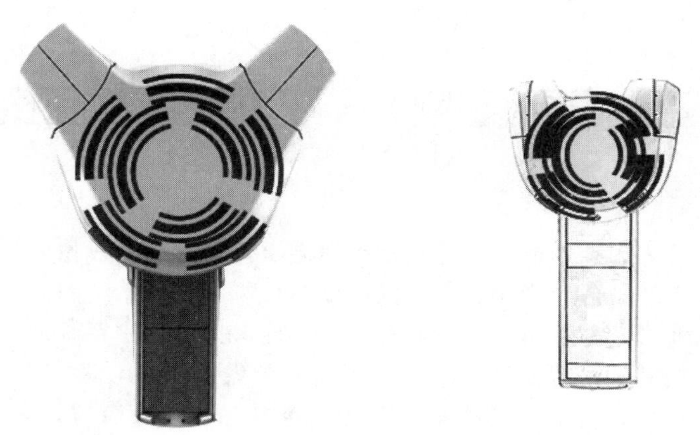

图 4-18-6　成像效果和永磁体体积对永磁体直径有大和小两个相反的要求

3. 小人法

问题：磁块排布方式导致磁场不均匀影响成像。

减小永磁体体积和质量，会产生一个次生问题：横向永磁体直径减小，影响成像边缘磁场的均匀性。运用小人法进行分析，通过改造磁体两侧的磁块，使用异形磁块，补偿磁场均匀性。灰色区域放置斜形磁块，得到方案 7，如图 4-18-7 所示。

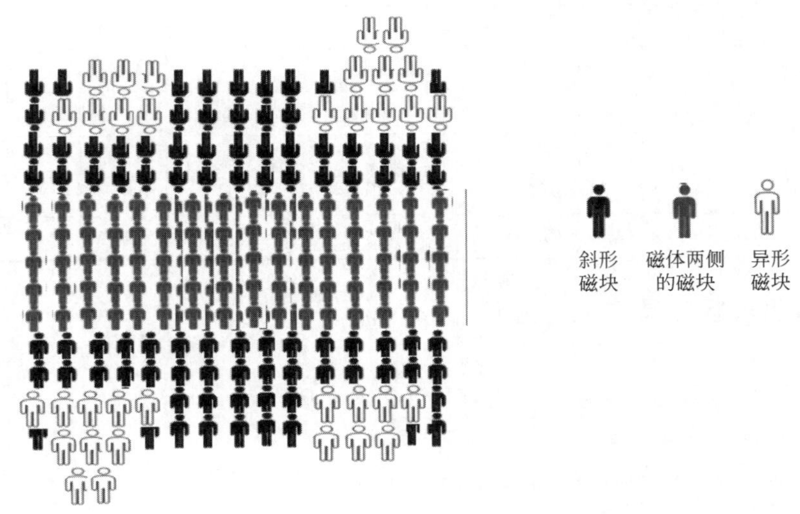


图 4-18-7 小人法分析

4. 物场模型

针对问题——磁体热量传递至梯度线圈影响成像和梯度线圈信号干扰影响成像，建立物场模型（图 4-18-8）。利用标准解 1.2.1，得到方案 8：在梯度线圈和磁体中间加入水冷层；利用标准解 1.2.2，得到方案 9：对梯度线圈进行改变，做成双层梯度线圈。将方案 8 和方案 9 进行组合，得到方案 10：梯度线圈改为双层梯度线圈，中间加入冷却水层，同时加入多层匀场线圈来和反向梯度线圈一起抵消原梯度线圈的涡流场（图 4-18-9）。

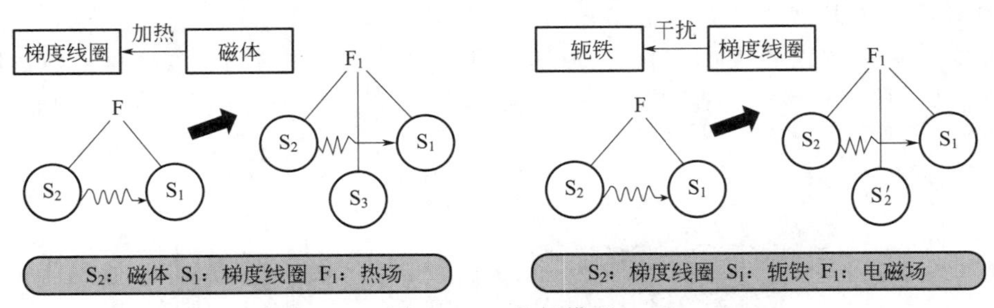


图 4-18-8 物场模型

5. How-to 模型

核磁系统受到外界震动影响，会导致梯度线圈定位错误影响成像质量，因此考虑给核磁系统加入减震装置来缓解震动影响。过大的震动不仅影响核磁系统的成像质量，还会导致诊疗车车厢产生大的变形，导致诊疗车车厢开裂。因此考虑给核磁系统加入减少扭矩的装置来缓解。分别对两个关键词进行专利检索，得到参考的发明专利，获得方案 11：为核磁系统设计气垫型减震装置；方案 12：在车辆底盘加入空气悬挂减震装置；方案 13：为诊疗车增加无扭矩装置。

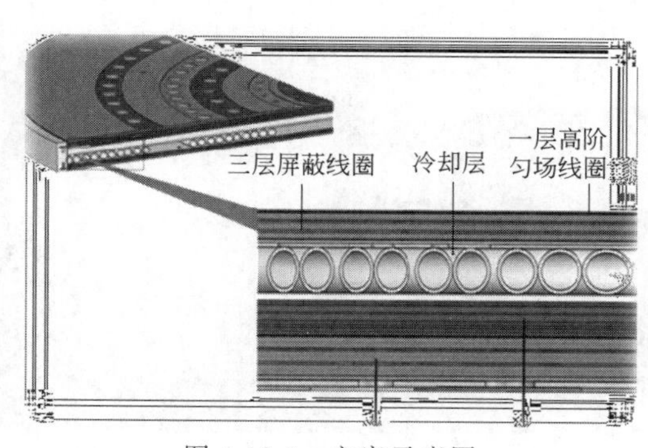

图 4-18-9　方案示意图

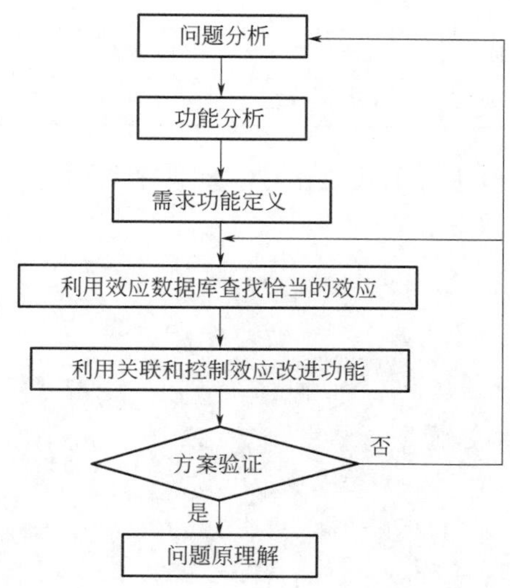

图 4-18-10　How-to 模型问题分析流程图

6. 技术进化法则

利用 TRIZ 技术进化法则对诊疗车的减震系统进行进化分析，参照动态进化法则的提高柔性进化路线。最初没有减震系统，车厢与底盘是刚性连接，当前使用的弹性减震装置是单铰链，而无扭矩方案属于多铰链，空气悬挂减震方案属于气体连接，下一步进化方向为场，于是，得到方案 14：利用现有资源——永磁体磁场，通过场的方式来实现减震。

## 四、可实施技术方案的确定与评价

对初步方案评估，结合实际情况，最终得到多层梯度线圈、椭圆形磁体、无扭矩系统等实际方案，根本解决了核磁诊疗车的伪影问题，表 4-18-3 所示为所有方案。

**表 4-18-3　所有方案**

| 序号 | 方案 | 改造成本 | 难易程度 | 实用性 | 可用性评估 |
|---|---|---|---|---|---|
| 1 | 将发射线圈转移至磁体上方 | 高 | 中 | 中 | 不选 |
| 2 | 将发射线圈转移至外部 | 低 | 中 | 强 | 可选 |
| 3 | 将梯度线圈转移至磁体上方 | 高 | 易 | 中 | 不选 |
| 4 | 将梯度线圈转移至外部 | 中 | 中 | 中 | 不选 |
| 5 | 将发电系统散热风扇放置顶部 | 中 | 易 | 强 | 可选 |
| 6 | 将永磁体做成椭圆形 | 低 | 中 | 强 | 可选 |
| 7 | 使用异形磁块 | 中 | 难 | 强 | 可选 |
| 8 | 在梯度线圈和磁体中间加入水冷层 | 低 | 易 | 中 | 不选 |
| 9 | 双层梯度线圈 | 低 | 易 | 中 | 不选 |
| 10 | 双层梯度线圈＋水汽层 | 中 | 易 | 强 | 可选 |
| 11 | 为核磁系统设计气垫型减震装置 | 高 | 难 | 差 | 不选 |
| 12 | 在车辆底盘加入空气悬挂减震装置 | 中 | 中 | 强 | 可选 |

续表

| 序号 | 方案 | 改造成本 | 难易程度 | 实用性 | 可用性评估 |
|---|---|---|---|---|---|
| 13 | 为诊疗车增加无扭矩装置 | 低 | 中 | 强 | 可选 |
| 14 | 通过磁场的方式来实现减震 | 高 | 难 | 差 | 不选 |

改进后的核磁诊疗车获得了与固定磁共振相同的临床图像（图 4-18-11），得到业内专家的一致好评。

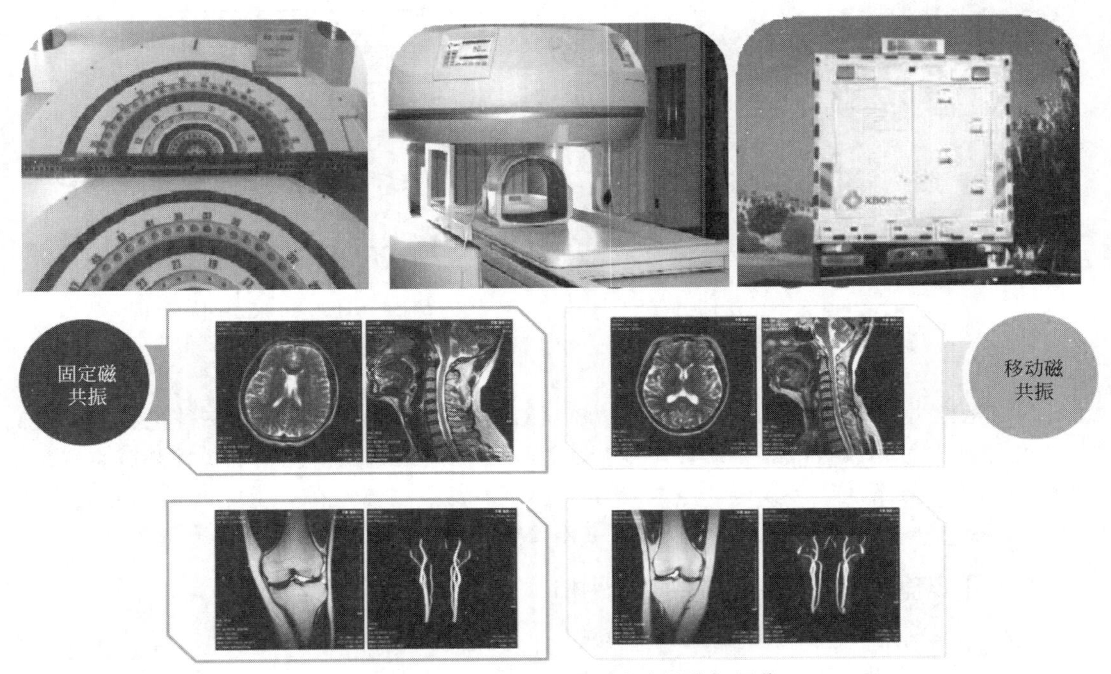


图 4-18-11　固定磁共振和移动磁共振图像

## 五、预期成果及应用

本项目实施后，公司申报了 20 余项专利，部分专利已授权，不仅带来了可观的直接经济效益，而且带动了稀土镨钕的产量，产生了更大的间接经济效益，同时很大程度上改变了稀土产业“挖土卖土”的局面，实现了点“土”成“金”，推动了稀土产业的升级。同时完善了移动医疗综合服务，助力“全民健康”中国战略的有效实施。

# 参 考 文 献


[1] 孙永伟，等. TRIZ打开创新之门的金钥匙 [M]. 北京：科学出版社，2021.

[2] 吕玉明，吕冀平. 我国创造学发展的历史回顾与展望 [N]. 哈尔滨船舶工程学院学报，1993 (6).

[3] 阿里特舒列尔. 创造是精确的科学 [M]. 莫斯科：莫斯科苏维埃无线电出版社，1979.

[4] 付金会. 交给学生科学的金钥匙——记中国矿业大学的创造学教育 [J]. 中国人才，1997 (12)：15.

[5] 孟保仓，张怀军，陈建新. TRIZ理论在钢铁行业技术创新中的应用 [J]. 包钢科技，2016 (4).

[6] 杨军岐. 简析冶金企业应用TRIZ理论加强设备隐患排查治理工作 [C]. 2014年十一省 (市) 金属 (冶金) 学会冶金安全环保学术交流会论文集，2014：41-44.

[7] 徐峰. 国外企业应用创新方法的经验与启示 [J]. 中国科技论坛，2009，8：140-144.

[8] 陈学军. 田口方法的思想与原理 [J]. 电子产品可靠性与环境试验，1995 (2)：34-37.

[9] 陈晓华. 汽车行业的六西格玛先锋 [J]. 中国质量，2006 (2)：50-52.

[10] 崔剑平，王晓强. 并行工程及其实施 [J]. 现代制造技术与装备，2006 (1)：36-38.

[11] 林志航，车阿大. 质量功能配置研究现状及进展——兼谈对我国QFD研究与应用的看法 [J]. 机械科学与技术，1998 (1)：119-122.

[12] 科学技术部，发展改革委，教育部，中国科协. 关于加强创新方法工作的若干意见 [EB/OL]. http：//www.gdstc.gov.cn/HTML/zwgk/zcfg/zxzcfg/1225335072929177922601490858700l.html，2008-07-09/2016-12-13.

[13] 徐克庄. 国内外TRIZ理论研究和应用概况 [J]. 杭州科技，2008 (4)：50-55.

[14] 王蕾，牛树刚，殷朝海，等. 马钢应用创新方法详解 [J]. 科技创新与品牌，2018 (7)：60-63.

[15] 佚名. 汇萃智慧创新发展——莱钢TRIZ创新方法学习应用介绍 [J]. 企业科协，2014 (1)：32-33.

[16] 牛树刚. TRIZ，助推马钢自主创新 [J]. 企业管理，2017 (10)：67-70.

[17] 吴永志，曹俊强，李乃川，等. TRIZ技术创新方法在企业中推广模式研究 [J]. 黑龙江科学，2012 (1)：43-46.

[18] 牛树刚，李恒伟，王蕾，等. TRIZ理论导入马钢培训的研究与实践 [J]. 安徽工业大学学报 (社会科学版)，2015 (1)：43-46.

[19] 刘送杰，黄兆军，郭德福，等. 创新方法在湖南华菱涟源钢铁有限公司的应用与推广模式探讨 [J]. 海峡科学，2020 (11)：69-71.

[20] 刘赞扬，张敏. 促升级 谋发展——马钢持续开展创新方法培训 [J]. 安徽科技，2013 (8)：29-30.

[21] 李荒野. 发挥TRIZ优势——提升企业创新能力 [J]. 科技创新，2012 (6)：21-26.

[22] 刘晶晶，冯高阳. 方法"引擎"助创新——马钢积极探索创新方法本土化推广模式 [J]. 安徽科技，2013 (9)：26-27.

[23] 端强，牛树刚. 钢铁企业技术创新评价与TRIZ培训作用分析 [J]. 安徽科技，2015 (6)：33-35.

[24] 魏建新. 钢铁企业推行TRIZ的思考 [J]. 发展战略，2012 (3)：18-20.

[25] 李荒野. 技术创新方法在钢铁企业中的应用 [J]. 世界钢铁，2013 (2)：64-68.

[26] 潘贻芳. 面向钢铁企业技术创新模式与方法研究 [D]. 天津：天津大学，2003.

[27] 魏建新. 浅谈提升中央钢铁企业专利水平的对策措施 [J]. 科技创新，2015 (5)：44-47.

[28] 刘祖法，鲁萍丽. 营造TRIZ理论学习氛围——实现企业技术创新新突破 [J]. 创新方法，2011 (47)：18-21.

[29] 何文波. 中国钢铁行业以强大且丰富的产能能力支撑了中国经济的快速复苏 [N]. 中国冶金报，2020 (1).

[30] 檀润华. 创新设计 [M]. 北京：机械工业出版社，2002.

[31] 赵新军. 技术创新理论 (TRIZ) 及应用 [M]. 北京：化学工业出版社，2004.

[32] 韩德春. 精益六西格玛在炼铁厂烧结生产中的应用研究 [D]. 马鞍山：安徽工业大学，2014.

[33] 宋建新. 六西格玛管理法在轧钢质量控制中的应用 [D]. 上海：上海交通大学，2009.

[34] 朱静. 基于精益6σ的B公司焊接产品质量改进研究 [D]. 阜新：辽宁工程技术大学，2018.

[35] 周桂成，张小伟. 六西格玛在降低炼钢铝耗中的应用 [J]. 现代冶金，2019，47 (1)：67-70.

[36] 田冲. 六西格玛在T公司的热轧不锈钢产品质量改进中的应用 [D]. 上海：上海交通大学，2016.

[37] 李扬，丁顺玉，许猛，等. 基于六西格玛方法的高温合金焊接工艺改进技术研究 [J]. 电焊机，2020，50 (3)：102-109.

[38] 李辉. 基于DOE的无铅波峰焊接工艺优化的研究 [D]. 哈尔滨：哈尔滨工业大学，2008.

[39] 曹建学. DOE试验设计在量化高炉炉温控制中的应用 [J]. 山西冶金，2020，1：76-77.

[40] 李超杰，袁绍国. DOE试验设计在选矿工艺参数优化中的应用 [J]. 矿业工程，2017，15 (2)：25-28.

[41] 刘志斌. DOE在焊接插针设备优化中的运用研究 [D]. 上海：上海交通大学，2012.

[42] 向青春，张伟，邱克强，等. 基于 DOE 的大型下架体铸钢件铸造工艺优化研究 [J]. 机械工程学报，2017，53（6）：88-93.
[43] 刘儒军，周朝辉，杜曙威. DOE 在高频电流感应钎焊焊接工艺参数优化中的应用 [J]. 工艺与新技术，2014，43（9）：33-36.
[44] 杨运李. FMEA 质量工具在管头焊接监理检验过程中的运用 [J]. 设备监理，2020（3）：32-35.
[45] 罗世杰. 多车型共线生产车顶激光焊接质量管理 [D]. 上海：上海交通大学，2014.
[46] 王刘宝，刘艳章，李伟，等. 基于 FMEA 的金山店铁矿主溜井堵塞故障风险分析 [J]. 工业安全与环保，2019，45（1）：47-50.
[47] 李嫚，吴祥伟，瞿黄杰. 基于 PFMEA 的筒体焊接质量控制与改进 [J]. 锅炉技术，2013，44（1）：57-62.
[48] 张正，王钧，程伟. PFMEA 在车身顶盖激光机器人焊接中的分析、应用与研究 [J]. 汽车工艺师，2018（11）：39-45.
[49] 李涛，李芳，顾勇，等. 基于田口方法的铸铝 A356 焊接工艺参数优化研究 [J]. 热加工工艺，2016（9）：43-47.
[50] 毛志伟，徐伟，周少玲，等. 基于田口方法旋转电弧焊接工艺参数优化 [J]. 热加工工艺，2016，45（11）：169-173.
[51] 王计敏，闫红杰，周孑民，等. 田口方法在优化铝熔炼炉工艺参数中的应用 [J]. 铸造技术，2011（10）：44-47.
[52] 刘在龙，孔祥华，李文浩，等. 用田口方法确定 U75V 重轨钢脱碳关键影响因素的研究 [J]. 河北冶金，2012（7）：11-14.
[53] 陈松林，张大童，张文，等. 基于田口方法的 AZ31 镁合金搅拌摩擦点焊工艺参数优化 [J]. 电焊机，2015，45（11）：78-83.
[54] Chia N，Wang W C，et al. Apply TRIZ to Improve the Molten Zinc Corrosion Tester in Steel Manufacturing [J]. Journal of Testing and Evaluation，2014.
[55] 樊华. 创新思维与方法导论 [M]. 南京：南京大学出版社，2019.
[56] 赵新军，孔祥伟. TRIZ 创新方法及应用案例分析 [M]. 北京：化学工业出版社，2020.
[57] 阿尔夫·雷恩. 深度创新方法 [M]. 冯愿，译. 杭州：浙江大学出版社，2020.
[58] 谢尔盖·伊克万科. TRIZ 的艺术发明问题解决理论 [M]. 秦皇岛：燕山大学出版社，2020.
[59] 刘训涛，曹贺，陈国晶. TRIZ 理论及应用 [M]. 北京：北京大学出版社，2011.
[60] 周苏，张丽娜，陈敏玲. 创新思维与 TRIZ 创新方法 [M]. 北京：清华大学出版社，2018.
[61] 赵敏，史晓凌，段海波. TRIZ 入门及实践 [M]. 北京：科学出版社，2016.
[62] 赵敏，张武城，王冠殊. TRIZ 进阶及实战 [M]. 北京：机械工业出版社，2015.
[63] 檀润华. TRIZ 及应用技术创新过程与方法 [M]. 北京：高等教育出版社，2010.
[64] 檀润华. C-TRIZ 及应用——发明过程解决理论 [M]. 北京：高等教育出版社，2020.
[65] 成思源，周金平，杨杰. 技术创新方法——TRIZ 理论及应用 [M]. 北京：清华大学出版社，2021.